KB097945

SPSS®

아카데미 시리즈

SPSS 17.0

사회과학
통계분석

강병서 · 김계수 지음

한나래아카데미

SPSS 17.0
사회과학 통계분석

1998년 8월 24일 1판 1쇄 발행
2001년 6월 28일 2판 1쇄 발행(10K 개정)
2005년 1월 10일 3판 1쇄 발행(12K 개정)
2009년 3월 5일 4판 1쇄 발행(17.0 개정)
2020년 2월 25일 4판 7쇄 발행

지은이 | 강병서 · 김계수
펴낸이 | 한기철

펴낸곳 | 한나래출판사
등록 | 1991. 2. 25. 제22-80호
주소 | 서울시 마포구 토정로 222, 한국출판콘텐츠센터 309호
전화 | 02) 738-5637 · 팩스 | 02) 363-5637 · e-mail | hannarae91@naver.com
www.hannarae.net

ⓒ 2009 강병서 · 김계수
ISBN 978-89-5566-085-2 94310
ISBN 978-89-5566-051-7(세트)

우리들은 지식, 정보, 지혜가 중요시되는 시대에 살고 있다. 우리는 살아가면서 매일 의사 결정을 하게 된다. 우리가 수많은 문제에 대해서 절차와 체계를 따지면서 의사 결정을 할 수 있는 것은 아니다. 지식 정보 사회에서 전문가라면 체계적인 의사 결정에 관한 분야에 관심을 갖고 이에 대한 지식을 보유하도록 끊임없이 노력해야 할 것이다.

통계학은 불확실한 상황에서 합리적인 의사 결정을 위해서 객관적인 정보를 수집·정리·분석하는 체계적인 학문이다. 통계학은 학문의 근간으로 인식되어 심층적인 관련 학문을 연구하기 위한 기초 과목이다. 통계학에 관한 기본 지식을 다지는 일은 사회과학 통계분석 학습에 앞서 무엇보다 중요하다. 통계학의 기본이 무너지면 프로그램을 통해서 사회과학 통계분석을 익히는 데 흥미를 잃을 수 있다.

저자들은 그간 사회과학 통계를 출간한 이래로 2005년도에 출시한 한글 12.0까지 지속적인 수정을 거듭해 왔다. 그러나 학교 일과 강의를 핑계로 그 이후 버전에 대해서는 새로운 작업을 하지 못하였다. 저자들은 SPSS 17.0 프로그램 출시를 계기로 의기투합하였다. 이번을 계기로 책의 내용을 보강하고 새롭게 등장하는 통계분석을 추가하여 통계 초심자나 전문가가 쉽게 사용할 수 있도록 노력하였다.

이 책은 연구 방법론이나 사회과학 방법론을 공부하는 학부생, 그리고 대학원생들을 위해서 쓰였다. 또한 리서치 분야, 연구 기관 등의 전문가들이 실무 분야에 적용할 수 있도록 집필하였다. 그동안 학교에서의 강의 노트, 실무 분야의 전문가들과의 만남은 책을 준비하는 데 좋은 참고 자료가 되었고, 특히, 강의 시간에 학생들과 주고받은 대화는 책을 집필하는 데 큰 자극제가 되었다.

SPSS 17.0은 향상된 분석 기능, 리포팅 기능, 다국어 지원, 그리고 다양한 분석(능형회귀, 근접거리 분석, RFM 분석) 등이 추가되었다. 이 책에서는 통계의 기본적인 내용, 중급 과정, 고급 분석 I, II 등으로 구분하여 다양한 통계분석 방법을 다루었다. 특히 고급 분석 II에서는 최근에 실무 분야에서 새롭게 사용되고 있는 의사결정나무, 인공신경망, RFM 분석을 삽입하였다.

차례는 다음과 같이 구성되었다.

이 책을 집필하면서 바라는 마음은 이 책을 접하는 독자들이 열정적인 삶을 통해서 공부와 현업에서 성공하는 것이다. 독자들이 성공하면 이 책은 가치를 다하는 것이다. 저자들은 이 책의 독자들이 뛰어난 통계분석 능력에 기획력, 글쓰기 능력을 갖춰 개인적인 성취를 이루고 조직에 도움을 줄 수 있기를 간절히 기원한다.

끝으로 이 책을 출간하는 데 아낌없이 도움을 주신 한나래 출판사 한기철 사장님, 조광재 이사님, 그리고 편집부 여러분께 진심으로 감사 인사를 드린다.

2009년 2월

강병서 · 김계수

초급 과정

중급 과정

고급 분석 I

고급 분석 II

SPSS

1장 SPSS 설치 및 운영

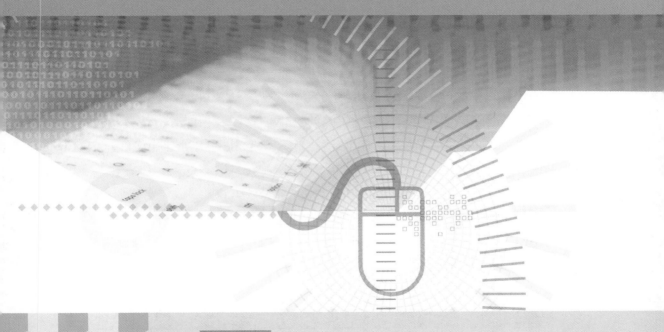

학습 목표

SPSS의 특징은 단순한 기술통계로부터 복잡한 다변량 통계분석까지 쉽게 할 수 있다는 데 있다. 이 장에서는 다음과 같은 학습 목표를 갖는다.

1. SPSS의 설치 방법과 SPSS의 기본 구성에 대하여 알아본다.
2. 능수능란하게 SPSS를 활용하기 위한 동기 부여 진작 차원에서 상관분석을 실행할 수 있다.
3. SPSS 운영하는 법을 알아두고 편리한 기능들이 사용할 수 있다.
4. SPSS 버전별 특징을 이해한다.

1.1 SPSS란 무엇인가?

SPSS(Statistical Package for Social Science)는 컴퓨터를 이용하여 복잡한 자료를 편리하고 쉽게 처리 분석할 수 있도록 만들어진 통계분석 전용 소프트웨어이다. 특히 SPSS는 1967년 미국 시카고 대학에서 처음 개발되어 사용되기 시작하면서, 지금까지 주로 사용되는 통계 패키지 중의 한 분야로서 개인용 컴퓨터(Personal Computer)에 이용할 수 있도록 만들어진 우수한 프로그램이다. SPSS 이외에도 널리 보급되고 사용되고 있는 패키지로는 SAS(Statistical Analysis System)가 있으며, 이것도 PC용으로 개발되어 있다. 미국의 경우에도 두 패키지가 거의 반반 비율 정도 사용되고 있는 것으로 알려져 있다. 우리나라에서는 SPSS와 SAS 모두가 보급되어 있는 형편이다. 국내에서는 SPSS가 보급되고 있어, SPSS 사용의 확산 정도는 SAS를 능가할 것으로 예상된다.

SPSS를 이용하면 연구자들은 원하는 통계 결과를 신속하고 용이하게 얻어 낼 수 있다. 이 통계 프로그램은 단순한 기술통계(記述統計)부터 복잡한 다변량 통계분석(多變量 統計分析)까지 원하는 결과를 비교적 쉽게 얻어 낼 수 있게 해준다. 이뿐만 아니라, 일반 데이터베이스에서 작성된 자료를 이용할 수 있는 장점도 지니고 있다.

최근 개인용 컴퓨터의 대중적인 수요가 날로 증가 추세에 있다. 이 책에서 소개하는 SPSS는 주로 PC를 통하여 이용할 수 있도록 1993년에 MS 윈도용 SPSS 5.0이 처음 개발되었고 최근에는 SPSS for Windows 17.0까지 개발되어 시판되고 있다. 이 책에서 소개하는 내용들은 SPSS 17.0을 기준으로 설명하겠다.

SPSS의 변화 과정	
1967년	시카고 대학에서 개발
1968년	SPSS 발매
1968~1975년	제품화
1983년	SPSS-X 발매
1984~1992년	도스형 PC시대
1992~1997년	윈도우형 시대
1997~2002년	인터프라이즈형으로 변화
2006년	SPSS 14K
2008년	SPSS 16.0
2009년	SPSS 17.0

1.2 SPSS 17.0 설치

SPSS 17.0 사용을 위한 하드웨어와 소프트웨어의 최소 필요 사양은 다음과 같다.

중앙처리장치(CPU)	펜티엄급 이상의 마이크로프로세서를 가진 PC
운영 체제	Window XP 또는 Vista(32비트 또는 64비트 버전)
메모리(RAM)	512MB 이상의 RAM(Random Access Memory), 1GB 추천
하드 디스크 드라이브	6500MB 이상의 하드 디스크 공간
디스크 드라이브	CD-ROM 드라이브
모니터	800×600 해상도(SVGA) 이상의 그래픽 어댑터

이상과 같은 환경에서 SPSS 프로그램을 다음과 같이 설치한다.

1. SPSS 17.0 CD-ROM을 CD-ROM 드라이브에 삽입한다. 자동 실행 기능으로 메뉴가 나타난다. 다음 [그림 1-1]과 같이 SPSS 17.0 환경 설치 화면이 나타난다.

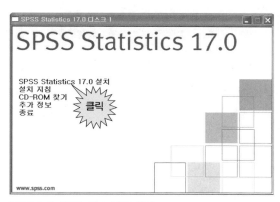

[그림 1-1] SPSS 17.0 환경 설치

2. 위 화면에서 [SPSS Statistics 17.0 설치] 단추를 누르면, 설치 과정이 진행된다.

3. SPSS Statistics 17.0-Installshield Wizard를 실행한다. 다음 중에서 해당 사항을 지정한다.

○ 단일 사용자

○ 사이트 라이센스

○ 네트워크 라이센스

4. 사용권 계약서의 조건에 동의함(A)을 누른다.

5. 설치 진행 과정상 프로그램 설치 경로를 지정하고 지시 사항에 따라

   사용자 이름(U): 홍길동

   조직(O): 주식회사 데이터솔루션

   사용권코드(L): #######, 20자리 숫자를 입력한다.

   자동 진행 순서에 따라 설치 진행을 하면 된다.

1.3 SPSS의 기본 구성

SPSS에서는 강력한 통계분석과 데이터 관리 시스템을 그래픽 환경에서 제공하며 쉬운 메뉴와 간단한 대화 상자를 통해 각 사용자에 적합한 작업을 수행할 수 있다

　　SPSS는 기본적으로 3개의 창(WINDOW)으로 구성되어 있다. 이를 차례로 나열하면 변수 보기, 데이터 보기, 출력 결과 창 등으로 구성되어 있다. 다음 표는 각 창에 대한 내용을 설명하고 있다.

Window(창)	설명
변수 보기	변수 명칭을 부여하고 변수의 성격을 정의하는 데 사용된다.
데이터 보기	변수를 정의한 다음 데이터의 성격을 확인하고 분석에 사용한다.
출력 결과	분석 결과를 확인하고 편집할 수 있다.

[표 1-1] SPSS의 기본 창

1) 데이터 편집기 창

데이터 편집기 창은 SPSS 작업할 때 자동으로 열리는 창을 말한다. 데이터 편집기 창에서는 자료를 입력하거나 기존 파일을 데이터 편집기로 수정할 수 있는 창이다.

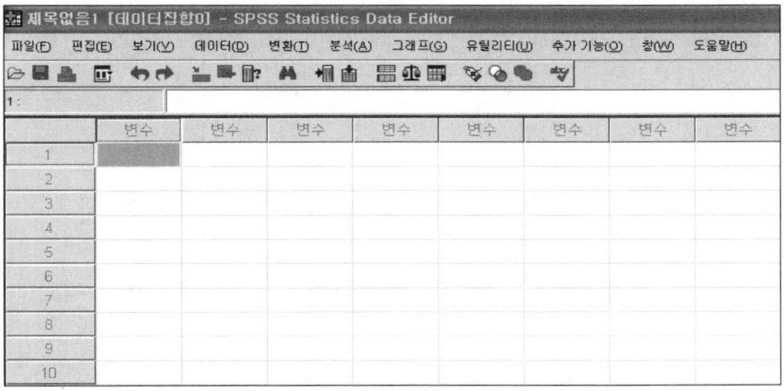

[그림 1-2] 편집기 창 화면 구성

SPSS데이터 편집기는 자료를 입력하여 분석을 가능하게 하는 창이다. 이 창의 주요 메뉴를 살펴보면 다음과 같다.

메뉴	설명
파일(F)	새로 SPSS 파일을 작성하거나 기존의 작성된 파일을 불러올 수 있고, text 파일 및 기타 응용 프로그램에서 작성된 파일을 변환하여 읽어 들인다.
편집(E)	편집 메뉴로 작성된 자료와 명령문을 편집, 복사하는 역할을 수행한다.
보기(V)	상태 표시 바와 툴바의 표시, 글꼴, 격자 선을 설정하거나 해제하고 변수값 설명이나 데이터 설명에 대한 출력을 제어한다.
데이터(D)	데이터 메뉴에서 작성된 자료를 사용자가 원하는 방식으로 정렬, 병합, 전치, 변환시킴으로써 자료 파일에 전반적인 변화를 가져오게 한다.
변환(T)	데이터 파일에서 이미 작성된 자료와 변수들을 새로운 값과 수식을 가지는 자료와 변수로 변환시킨다.
분석(A)	각종 통계분석 방법을 사용하여 자료를 분석한다.
그래프(G)	막대도표, 원도표, 산점도 같은 그래프를 작성하여 분석을 보다 용이하게 한다.
유틸리티(U)	파일이나 변수의 정보를 표시하고 변수 세트를 설정한다.
추가 기능(O)	맞춤법 오류를 찾는 데 사용한다.
창(W)	창 메뉴로 SPSS 창 간에 전환하거나 열려 있는 SPSS 창을 모두 아이콘 표시화할 수 있다.
도움말(H)	도움말 메뉴로 SPSS 인터넷 홈페이지에 연결하거나 SPSS에서 사용할 수 있는 기능에 대한 온라인 도움말을 볼 수 있다.

[표 1-2] 데이터 편집기의 주요 메뉴

그리고 나머지 변수 보기, 출력 결과 창에 대해서 다음에서 자세히 다루기로 한다.

1.4 SPSS의 초보 시작

1) 연구 현황

이 절에서는 SPSS의 실행 절차에 대하여 상세히 설명하기로 한다. 여기서 설명하는 내용은 극히 초보적인 것으로서, 누구나 쉽게 이해할 수 있도록 단계별로 풀어서 설명한다. 이를 위해 간단한 예제를 제시하고, 문제의 제기, 자료 수집, 분석 등에 관하여 기술한다.

[상황 설정]

최근 A백화점의 사장실에서는 매출이 감소하고 있다는 사실을 주목하고, 이에 대한 문제를 해결하도록 기획실에 요청하였다. 기획실에서는 이 문제를 파악하기 위하여 우선 매장 종업원들의 의견을 종합한 결과, 고객들이 매장에 머무는 시간과 매출 사이에 상관 관계가 있다는 가설을 제시하였다. 제시된 가설을 검정하기 위하여 다음과 같이 자료를 수집하였다.

(단위: 시간, 원)

고객	쇼핑시간(hour)	구입액(amount)	백화점 만족도*
1	2	5,000	3
2	3	10,000	4
3	1	10,000	4
4	4	20,000	5
5	2	15,000	4
6	4	30,000	5
7	5	20,000	4
8	1	5,000	2
9	2	10,000	4
10	2	5,000	2
11	2	5,000	2
12	3	20,000	5
13	1	5,000	3
14	4	20,000	5

[표 1-3] 고객들의 쇼핑시간, 구입액, 만족도 자료

※ 백화점 만족도에서 1-매우불만, 2-불만, 3-그저 그렇다, 4-만족, 5-매우 만족을 나타냄.

기획실에서는 위 가설을 검정하기 위하여 고객들의 쇼핑시간과 구매액 사이의 상관 관계

를 분석하기로 하였다. 이를 위해 SPSS의 분석 절차를 설명하면 다음과 같다.

2) 분석 절차

(1) 변수 보기에서 자료 입력

1단계 변수 보기 창 부르기

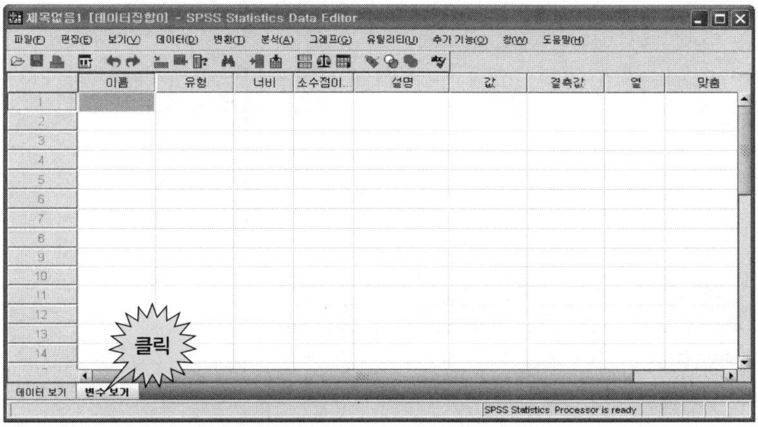

[그림 1-3] SPSS의 초기 화면

수집된 자료를 입력하기 위하여 변수 보기 초기 화면을 누르면 위 [그림 1-3]과 같다.

2단계 변수 보기 화면에 작성하기

[그림 1-4] 변수 보기 화면

3단계 첫 번째 변수 이름을 입력하기

먼저 '쇼핑시간' 변수를 입력하는 방법을 익혀보도록 하자. 1행과 이름 이 만나는 곳에 '쇼핑시간'이라고 입력한다. 그러면 다음과 그림과 같은 화면이 나타난다.

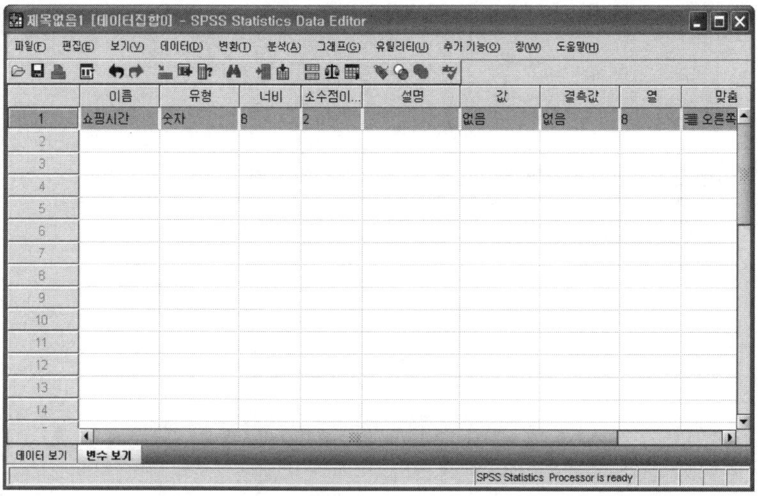

[그림 1-5] 변수 이름의 입력 화면 (1)

1행과 유형 이 만나는 란에는 초기 지정값인 숫자가 자동으로 선택된다. 여기서 유형 은 변수의 형태를 나타내는데 숫자는 양적 변수, 문자열(R)은 질적 변수를 입력하는 데 사용된다.

너비 란은 입력 자료의 자리수를 결정하는 것으로 여기서는 8자리로 되어 있음을 알 수 있다. 통계분석가가 자리수를 임의 조정하고 싶은 자리수에 마우스를 올려놓고 상·하 화살표가 나타나면 원하는 자리수를 결정할 수 있다.

소수점이하자리 란은 소수점 이하의 자리수를 결정하는 것으로 여기서는 소수점 둘째자리수로 되어 있다. 앞의 자리수와 같은 방법으로 통계분석가가 임의로 자리수를 결정할 수 있다.

설명 란은 변수의 설명을 나타내고자 하는 경우에 사용된다.

값 은 변수값의 구체적인 설명을 나타내는 경우에 사용된다. 입력 방법은 '백화점 만족도' 변수 입력시 구체적으로 설명하기로 한다.

결측값 은 무응답치(결측값)를 처리하는 방법으로 여기서는 없기 때문에 초기 지정값인 '없음'을 선택하기로 한다.

       열 은 변수를 입력하는 자리수를 의미하는데, 통계분석가는 자리수를 늘려 조정할 수 있다. 초기 지정값은 '8'이다.

       맞춤 은 자료 입력을 하는 데 있어 정렬 방식을 결정하는 것으로 마우스를 이용하여 정할 수 있다. 여기서는 오른쪽 정렬 방식 방식이 지정되어 있음을 알 수 있다.

       측도 는 척도를 결정하는 것으로, 여기서는 척도(비율척도)가 지정되어 있음을 알 수 있다.

▶ 4단계 ◀ 두 번째 변수 입력하기

다음으로 '구입액' 변수를 입력하기 위해서는 앞의 [그림 1-5]의 2행과 이름 이 만나는 란에 '구입액'이라고 입력한다. 이것을 그림으로 나타내면 다음과 같다.

	이름	유형	너비	소수점이...	설명	값	결측값	열	맞춤
1	쇼핑시간	숫자	8	2		없음	없음	8	≡ 오른쪽
2	구입액	숫자	8	2		없음	없음	8	≡ 오른쪽
3									
4									
5									
6									
7									
8									
9									
10									
11									
12									
13									
14									

[그림 1-6] 변수 이름의 입력 화면 (2)

▶ 5단계 ◀ 세 번째 변수 입력하기

다음으로 '백화점 만족도' 변수를 입력하기 위해서는 3행과 이름 이 만나는 란에 '만족도'라고 입력한다. 참고로 한글로 변수명을 입력할 경우 최대 4글자를 입력할 수 있다. 이것을 그림으로 나타내면 다음과 같다. 3행과 유형 이 만나는 란에는 숫자를 선택한다. 이것을 그림을 나타내면 다음과 같다.

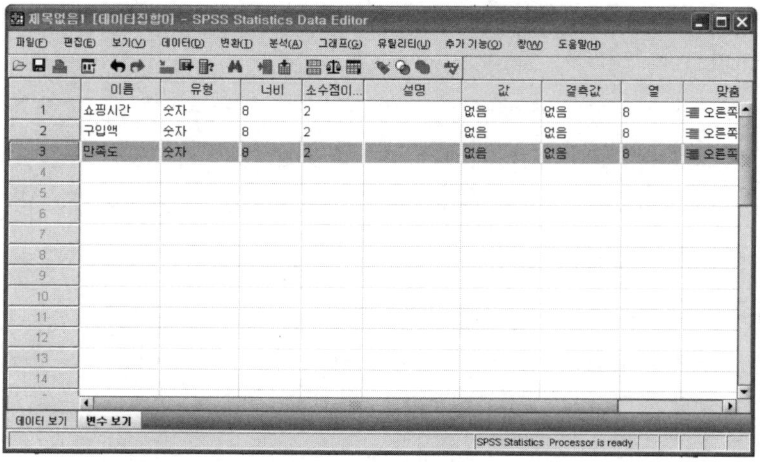

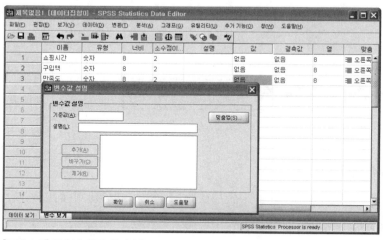

[그림 1-7] 변수 이름의 입력 화면 (3)

여기서 '만족도'의 변수 정의를 위해서 3행과 　값　 이 만나는 곳의 　없음　 단추를 누른다. 그러면 다음과 같은 화면을 얻을 수 있다.

6단계　변수값 확정하기

[그림 1-8] 변수값 확정 화면 (1)

앞의 변수값 설명란의 기준값(A)란에는 '1' 설명(L)란에는 매우 불만을 입력한다. 그러면 다음과 같은 화면을 얻을 수 있다.

[그림 1-9] 변수값 확정 화면 (2)

위 화면에서 추가(A) 단추를 눌러 변수값 설명을 삽입한다. 그러면 다음과 같은 화면을 얻을 수 있다.

[그림 1-10] 변수값 확정 화면 (3)

그리고 같은 방법으로 나머지 변수값 설명(2-불만, 3-그저 그렇다, 4-만족, 5-매우 만족)을 추가한다. 그러면 다음과 같은 화면을 얻을 수 있다.

[그림 1-11] 변수값 확정 화면 (4)

위 화면에서 확인 단추를 누르면 '만족도' 변수에 대한 설명이 끝난다. 그러면 다음과 같은 화면을 얻는다.

[그림 1-12] 변수 보기 마지막 창

7단계 자료 입력하기

자료를 입력하기 위해서는 앞의 화면의 하단에서 데이터 보기 를 누른다. 그런 다음 모든 변수에 해당되는 앞의 [표 1-3]의 자료를 입력하면 된다. 이것을 그림으로 나타내면 다음과 같다.

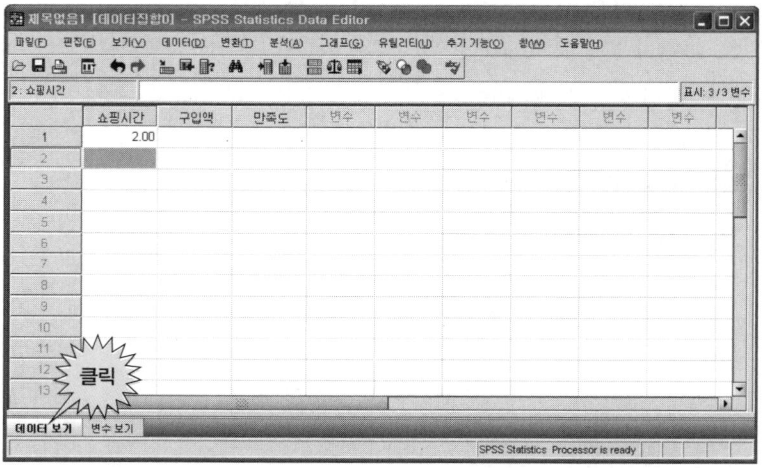

[그림 1-13] 자료 입력하기

[그림 1-13]은 시간 변수에 대한 자료를 입력하는 초기 화면을 보여 주고 있다. 현재의 셀 상태에서 관찰치 2를 타이핑하고 나서, 아래 방향키(↓)를 누르면, 현재의 셀에 그 수치가 입력된다. 그리고 셀은 시간 변수 열의 2번째 행으로 내려간다. 그 다음의 자료를 계속해서 입력하려면 이와 동일한 방법으로 시행하면 된다.

셀의 위치를 변경하는 또 다른 방법으로 마우스를 이용할 수도 있다. 입력하고자 하는 셀 위치에 마우스를 지정한 후에 자료를 입력하면 된다.

8단계 자료 전체를 입력하기

	쇼핑시간	구입액	만족도	변수	변수	변수	변수	변수	변수
1	2.00	5.00	3.00						
2	3.00	10.00	4.00						
3	1.00	10.00	4.00						
4	4.00	20.00	5.00						
5	2.00	15.00	4.00						
6	4.00	30.00	5.00						
7	5.00	20.00	4.00						
8	1.00	5.00	2.00						
9	2.00	10.00	4.00						
10	2.00	5.00	2.00						
11	2.00	5.00	2.00						
12	3.00	20.00	5.00						
13	1.00	5.00	3.00						
14	4.00	20.00	5.00						

[그림 1-14] 전체 자료의 입력 화면

위 화면은 시간(쇼핑시간) 변수, 구입액(구입액), 만족도(백화점 만족도) 변수를 입력한 결과를 나타내고 있다.

이상에서 본 바와 같이, 1단계부터 8단계까지 자료의 입력에 필요한 절차를 상세히 설명하였다. 자료의 입력 과정은 중요하며 또한 SPSS의 초기 사용자에게는 복잡한 것처럼 보이기 때문에 여러 단계로 나누어 설명하였다. 이제 입력된 자료는 파일을 통하여 저장되며, 또한 저장된 자료가 정확한지 여부를 확인하여야 할 것이다. 이를 차례로 설명하여 보자.

(2) 입력된 자료를 다른 이름으로 저장하기

[그림 1-15] 자료 저장 화면

입력된 자료를 저장하기 위해서

> **파일(F)**
>   **저장(S)...**

을 클릭하면, 파일 이름(N) 란이 빈칸으로 나온다. 이곳에 여러분이 원하는 디렉터리와 파일명
(확장자: ***.sav)을 결정하고 **저장** 단추를 누르거나 Ctrl + S를 누르면, 입력된 자료는 지정
된 파일에 저장된다. 위 화면에서는 C드라이브의 사회과학 통계분석의 하부 디렉터리인 데이
터에 OK1.sav 파일로 저장하고 있음을 나타내고 있다(C:\사회과학통계분석\데이터\OK1.sav). 다음
그림은 저장되기 위해 운용된 명령문 창이다.

[그림 1-16] 자료 저장 화면

여기서 OK1.sav로 저장되어 있음을 알 수 있다. ![OK1.sav [데이터...] 단추를 누르면 다음과 같은 데이터 입력 화면을 확인할 수 있다.

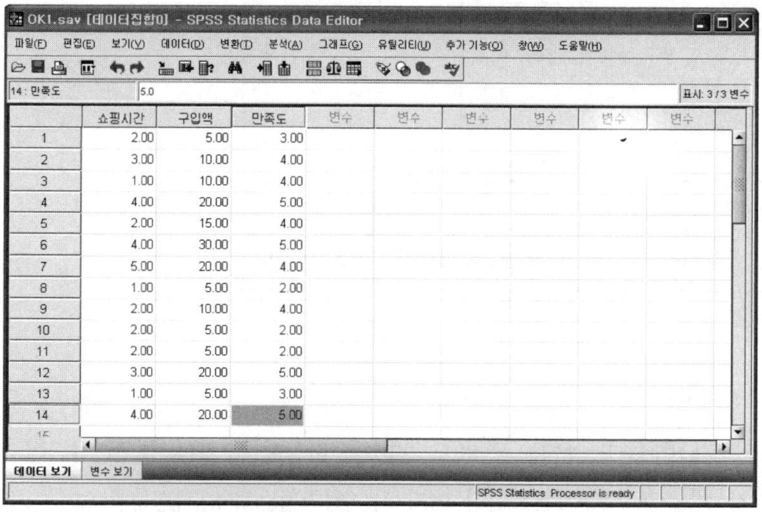

[그림 1-17] 저장된 파일의 완성 화면

위 [그림 1-17]에서 최상단을 살펴보면 ![OK1.sav [데이터집합0] - SPSS Statistics Data Editor] 로 저장되어 있음을 알 수 있다. 그리고 파일 이름으로 변경하여 저장할 경우에도 위와 동일하게 실행하면 된다.

(3) 저장된 파일의 입력 확인

❶ OLAP 큐브

OLAP(Online Analytical Processing) 큐브는 집단변수와 요약변수 사이의 합계, 평균, 기타 통계량 등을 구해서 집단별 차이를 손쉽게 확인하는 방법이다. OLAP 큐브를 실행하기 위해서는 다음과 같은 절차로 진행을 하면 된다.

분석(A)

    보고서(P) ▶

        OLAP(A)...

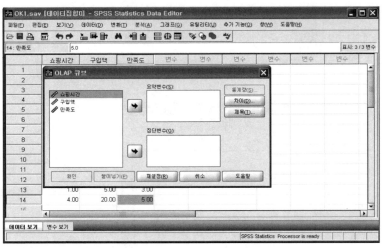

[그림 1-18] OLAP 초기 화면

위 [그림 1-18]에서 요약변수(S) 창에는 양적변수인 '쇼핑시간'을 지정한 다음 ➡ 단추를 이용하여 보낸다. 그리고 집단변수(G) 창에는 '만족도' 변수를 지정한다. 기본적으로 집단변수 창에는 질적 변수를 지정하는 것을 원칙으로 하나 여기서는 예외적으로 양적변수를 보내기로 한다. 그러면 다음과 같은 화면을 얻을 수 있다.

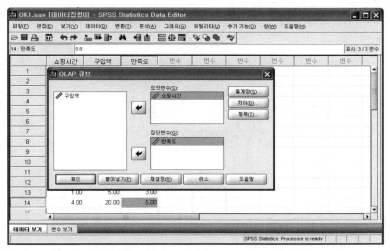

[그림 1-19] OLAP 변수 화면

여기서 　통계량(S)...　 단추를 누른다. 그러면 다음과 같은 그림을 얻을 수 있다.

[그림 1-20] OLAP 통계량 지정

위 [그림 1-20]에서 왼쪽 통계량(S) 창으로부터 셀 통계량(C) 창에 연구자가 파악하고 싶은
통계량을 지정하면 된다. 여기서는 초기 지정 통계량을 파악하기 위해서 　계속　 단추를 누른
다. 그러면 앞의 [그림 1-19] 화면으로 복귀한다. 여기서 　확인　 단추를 누르면 다음의 결과를
얻을 수 있다.

변수 이름 확인

케이스 처리 요약

	케이스					
	포함		제외		합계	
	N	퍼센트	N	퍼센트	N	퍼센트
쇼핑시간 * 만족도	14	100.0%	0	.0%	14	100.0%

[결과 1-1]의 설명

[쇼핑시간*만족도 포함 N 14, 퍼센트 100.0%] 쇼핑시간과 만족도에 대한 질문에 응답한 인원수는 14명이며, 이것은 100%의 응답률을 나타내고 있다.

[쇼핑시간*만족도 제외 N 14, 퍼센트 100.0%] 쇼핑시간과 만족도에 대하여 무응답한 인원수는 0명이며, 이것은 100%의 응답률을 나타내고 있다.

결과 1-2 OLAP 큐브

OLAP 큐브

만족도:합계

	합계	N	평균	표준편차	전체 합계 퍼센트	전체 수 퍼센트
쇼핑시간	36.00	14	2.5714	1.28388	100.0%	100.0%

[결과 1-2]의 설명

[만족도 포함 쇼핑시간 합계 36.00, N 14, 평균 2.5714, 표준편차 1.2839] 만족도 전체(합계)대비 쇼핑시간은 36시간, 전체 표본은 14, 평균 2.5714, 표준편차 1.2839임을 나타내고 있다.

여기서 연구자가 만족도에 따른 쇼핑시간을 살펴보기를 원한다면, 앞의 [결과 1-2] OLAP 화면에서 '만족도·합계' 부분에 마우스를 올려놓고 두 번 누르면 다음과 같은 화면을 얻을 수 있다.

OLAP 큐브

만족도 [합계 ▼]

	합계	N	평균	표준편차	전체 합계 퍼센트	전체 수 퍼센트
쇼핑시간	36.00	14	2.5714	1.28388	100.0%	100.0%

[그림 1-20] 집단별 통계량 요약

위 [그림 1-20]에서 [만족도 합계 ▼]의 화살표를 누르면 집단별 쇼핑시간을 확인할 수 있다. 여기서는 만족도가 '그저 그렇다(3)'의 경우의 통계량을 알아보기로 한다.

이를 위해서는 [만족도 합계 ▼] 단추를 눌러 '그저 그렇다'를 지정하면 된다. 그러면 다음과 같은 결과 화면을 얻을 수 있다.

➡ **결과 1-3** 집단별 OLAP 큐브

	합계	N	평균	표준편차	전체 합계 퍼센트	전체 수 퍼센트
쇼핑시간	3.00	2	1.5000	.70711	8.3%	14.3%

[결과 1-3]의 설명

[만족도 만족, 쇼핑시간 합계 3, N 2, 평균 1.5000, 표준편차 0.70711] 만족도가 3인 경우 쇼핑시간은 3시간, 표본 수는 2, 평균은 1.5000, 표준편차는 0.70711임을 알 수 있다.

❷ 보고서 작성

이제는 입력된 변수 이름과 자료가 실제 내용과 일치하는지 여부를 확인하여야 한다. 이 과정은 변수 및 데이터 수가 적은 경우에는 한 화면에서 직접 확인하는 것이 가능하므로 별로 필요 없다. 그러나 그 수가 많은 경우에는 다음의 절차를 진행한다.

분석(A)
　　보고서(P) ▶
　　　　케이스요약(M)...

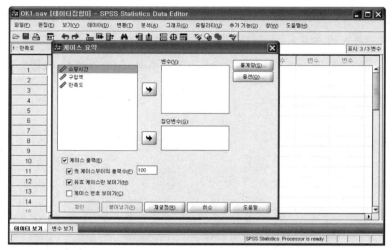

[그림 1-22] 변수 이름 확인 화면 1

이제 왼쪽 사각형에 있는 쇼핑시간과 구입액을 마우스로 지정한 후에 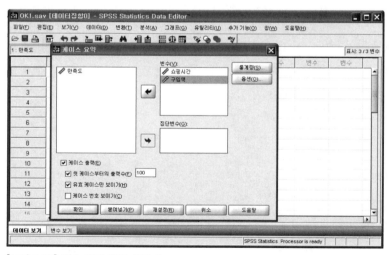 단추를 누르면 다음 [그림 1-23]의 오른쪽 변수(V): 란에 두 변수가 옮겨진다.

[그림 1-23] 변수 이름 확인 화면 2

여기서 [확인] 단추를 누르면, 다음에서 보는 바와 같이 그 변수 이름과 변수값의 결과를 각각 확인할 수 있다.

케이스 처리 요약[a]

	케이스					
	포함		제외		합계	
	N	퍼센트	N	퍼센트	N	퍼센트
쇼핑시간	14	100.0%	0	.0%	14	100.0%
구입액	14	100.0%	0	.0%	14	100.0%

a. 처음 100 케이스로 제한됨.

[결과 1-4]의 설명

[구입액 포함 N 14, 퍼센트 100.0%] 구입액에 대한 질문에 응답한 인원수는 14명이며, 이것은 100%의 응답률을 나타내고 있다.

[쇼핑시간 포함 N 14, 퍼센트 100.0%] 쇼핑시간에 대한 질문에 응답한 인원수는 14명이며, 이것은 100%의 응답률을 나타내고 있다.

→ 결과 1-5 변수값 확인

케이스 요약[a]

	쇼핑시간	구입액
1	2.00	5.00
2	3.00	10.00
3	1.00	10.00
4	4.00	20.00
5	2.00	15.00
6	4.00	30.00
7	5.00	20.00
8	1.00	5.00
9	2.00	10.00
10	2.00	5.00
11	2.00	5.00
12	3.00	20.00
13	1.00	5.00
14	4.00	20.00
합계 N	14	14

a. 처음 100 케이스로 제한됨.

[결과 1-5]의 설명

이 결과는 파일에 입력된 각 변수의 값을 보여 준다. 이와 같은 검색을 통하여 입력 과정에서 오류가 있는 경우는 OK1.sav를 다시 불러 수정한 후 저장하면 된다.

(4) 자료의 분석

기획실에서는 입력되고 확인된 자료를 이용하여 쇼핑시간과 구입액 사이의 관계를 검정하기 위하여 상관분석을 실시하였다.

상관분석을 실시하려면,

를 클릭한다. 그러면, 상관분석의 대화 상자가 [그림 1-24]와 같이 열린다.

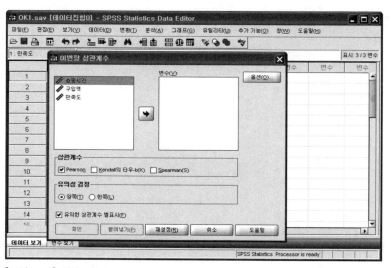

[그림 1-24] 상관분석 1

이제 왼쪽 사각형에 있는 쇼핑시간과 구입액을 마우스로 지정한 후에 ➡ 단추를 누르면, 다음 페이지의 [그림 1-25]의 오른쪽 변수(V): 란에 두 변수가 옮겨진다.

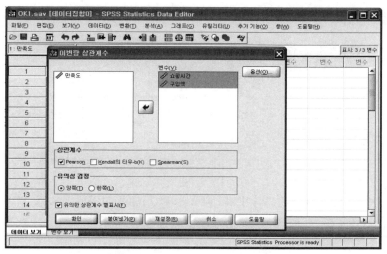

[그림 1-25] 상관분석 2

[그림 1-25]는 쇼핑시간과 구입액 사이의 상관계수를 구하기 위한 것이다. 이 분석에서는 **피어슨(N) 상관계수**를 구하며, **유의성 검정**에 있어서 양측검정인 **양쪽(T)**을 지정하고 있다. 초기지정으로 ☑ 유의한 상관계수 별표시(F)가 지정되어 있다.

그리고 확인 단추를 누르면, 다음에서 보는 바와 같이 상관분석의 결과를 확인할 수 있다.

결과 1-6 상관분석의 결과

상관계수

		쇼핑시간	구입액
쇼핑시간	Pearson 상관계수	1	.801**
	유의확률 (양쪽)		.001
	N	14	14
구입액	Pearson 상관계수	.801**	1
	유의확률 (양쪽)	.001	
	N	14	14

**. 상관계수는 0.01 수준(양쪽)에서 유의합니다.

[결과 1-6] 해설

쇼핑시간과 구입액 사이의 상관 관계는 매우 높으며(.801), 또한 통계적으로 매우 유의하다고(**) 할 수 있다. 따라서 이 백화점에서 매출을 높이려면, 고객들이 될 수 있는 대로 백화점 안에서 오래 머무르도록 하는 방안을 강구하여야 할 것이다.

(5) 결과 파일의 저장

분석이 끝난 결과물을 저장하기 위해서는 다음과 같이

> **파일(F)**
>> **다른 이름으로 저장(A)...**

을 선택한다. 그리고 [그림 1-25]와 같이 C 드라이브의 디렉터리(데이터)에 파일(OK1.spv)을 결정하고 [저장] 단추를 누르면 저장된다. 이 경우에 확장자는 spv이다.

[그림 1-25] 결과 파일의 저장 화면

지금까지 SPSS 17.0 위주로 설명하였다. 현재 버전 17.0, 기존 6.0, 그리고 12.0 이상 버전과 비교하여 입력 및 결과 파일의 차이점을 설명하면 다음과 같다.

구 분	SPSS 17.0	SPSS 10.0 이상	SPSS 6.0
입력 파일명	***.sav	***.sav	***.sav
명령문 파일명		***.sps	
결과 파일명	***.spv	***.spo	***.lst

[표 1-4] 저장 방법 비교 설명

(6) 결과 파일의 출력

분석이 끝난 결과물을 출력하기 위해서는 [그림 1-25]에서 다음을 선택하면 된다.

> 파일(F)
>   인쇄(P)...

(7) 결과 파일의 편집

논문 작성시나 결과 파일을 그대로 편집에 사용할 경우 다음과 같은 순서로 진행하면 편리하다.

1. SPSS 출력 결과 항해사 창에 나타난 상관계수를 마우스로 한 번 클릭한다.
2. 마우스의 오른쪽을 한 번 누르면 다음과 같은 그림을 얻을 수 있다.
3. [그림 1-27]과 같이 복사 단추를 선택한다. 그런 다음 한글이나 워드 화면에서 붙여넣기 (Ctrl + V)를 하면 된다.

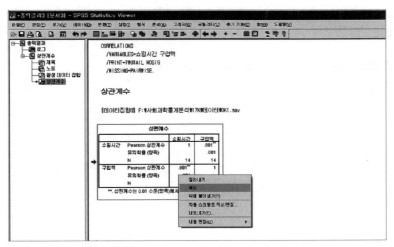

[그림 1-27] 결과 파일 편집

4. 한글이나 MS워드 화면에서 Ctrl + V를 누르면 결과물이 그대로 복사된다.

(8) 알아두면 편리한 것

❶ 설명문 보기

데이터에 대한 통계분석을 하는 데 있어 해당 통계분석 키워드가 무엇을 나타내는지 정확하게 알지 못하는 경우, 해당 분석란의 도움말을 참고하면 된다. 이것을 그림으로 나타내면 다음과 같다.

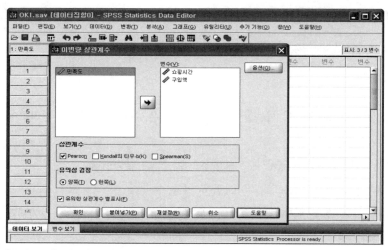

[그림 1-28] 도움말 보기 1

[그림 1-28]에서 [도움말] 단추를 누르면 다음과 같은 화면을 얻을 수 있다.

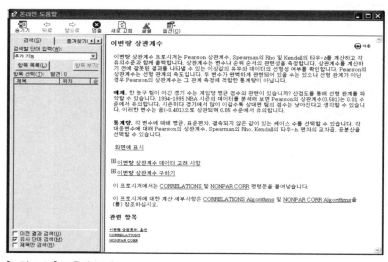

[그림 1-28] 도움말 보기 2

❷ 다국어 지원

SPSS 특징 중의 하나는 다국어(한국어, 영어, 프랑스어, 독일어, 이탈리아어, 일본어, 폴란드어, 러시아어, 중국어, 스페인어) 지원에 있다. 여기서는 한국어를 영어로 바꾸는 연습을 하여 보기로 한다. 사용자에 적합한 언어를 지정하기 위해서 다음과 같은 절차를 따르면 된다.

> **편집(E)**
>
>   **옵션(I)...**

[그림 1-29] 다국어 지원

초기에 한국어로 지정되어 있는 것을 언어(G): 영어, 사용자 인터페이스 언어(G): 영어로 지정하였다. 그런 다음 [적용(A)] 단추를 누른다. 그리고 [확인] 단추를 누르면 SPSS 창이 영어로 변경된 것을 확인할 수 있다.

1.5 SPSS 17.0 추가 사항

1) SPSS의 개발 방향 추이

SPSS는 1967년 미국 시카고 대학에서 개발되어 범용으로 이용되고 있다. SPSS의 개발은 크게 통계분석 기법, 데이터 처리와 활용(그래픽 포함), 대용량 자료 처리(Server) 등 세 가지 분야에서 진행되고 있다고 할 수 있다. 이것을 그림으로 나타내면 다음과 같다.

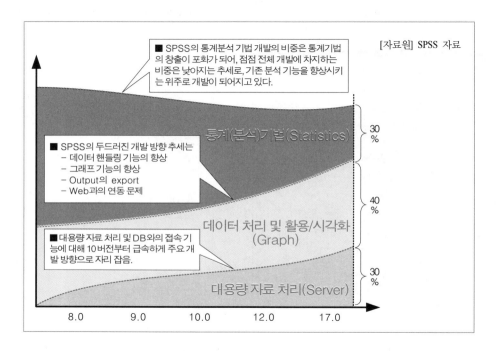

앞의 그림에서 보는 것과 같이 통계분석 기법의 발전은 포화 상태를 보이고 있으며 고객 관련 정보를 분석하는 CRM 툴과 시각화 기능들이 추가되고 있는 추세이다. 또한, 대용량 자료 와 실시간 데이터베이스(DB: Data Base) 분석을 위한 서버의 확장이 계속되고 있다.

2) SPSS 버전별 추가 사항

· SPSS 11.0
SPSS 11.0에서는 비율 통계량(Descriptive Ratio Statistics)과 선형혼합모형(Linear mixed models)이 추

가되었다.

· SPSS 11.5

SPSS 11.5에서는 2단계 군집분석(Two Step Cluster Analysis)이 추가되었다.

· SPSS 12.0

SPSS 12.0에서는 단계선택 다항 로지스틱 회귀분석(Stepwise multinomial logistic regression)과 복잡한 표본의 기능이 추가되었다.

· SPSS 13.0

SPSS 13.0에서는 다중 대응일치분석(Multiple Correspondence Analysis), 복합표본 일반선형모형(Complex Samples General Linear Model, Logistic Regression, Ordinal Regression), 의사결정나무 기능(CART/QUEST/CHAID/Exhaistove CHAID)이 추가되었다.

· SPSS 14.0

SPSS 14.0에서는 선호 척도(Preference scaling), 데이터 타당화 절차(Data Validation Procedure), 다변량 이상치 진단(Anomaly Detection for multivariate Outliers) 기능이 추가되었다.

· SPSS 15.0

SPSS 15.0에서는 일반 선형모형(Generalized Linear Models), 일반화 추정 방정식(Generalized Estimating Equations)이 추가되었다.

· SPSS 16.0

SPSS 16.0에서는 PLS 회귀분석(Partial Least Square Regression), 복합표본 콕스 회귀분석(Complex Samples Cox Regression), 신경망(Neural Networks)이 추가되었다.

· SPSS 17.0

SPSS 17.0에서는 능형회귀분석(Ridge Regression), 라소 회귀분석(Lasso Regression), Elastic Net, 가장 가까운 이웃분석(Nearest Neighbor Analysis), RFM 분석이 추가되었다.

3) SPSS 17.0의 특징

SPSS 17.0 프로그램은 크게 향상된 연구 기능, 향상된 리포팅 기능, 개발, 분석 등 네 가지 분야에서 개선이 이루어졌다. 이를 표로 정리하면 다음과 같다.

특징	추가기능	설명
향상된 연구 기능 (Improved Research)	코드북 프로시저 (Code Book Procedure)	· 데이터 셋을 전체적으로 볼 수 있게 나타내 줌 · 변수 이름, 변수의 설명, 값 설명, 결측값, 빈도와 같은 사전적인 정보를 포함
	다변수 대체 (Multiple Imputation)	· 결측값 대체를 1개 값으로 하지 않고 임의의 여러 값으로 대체
	중앙값 기능 (Median Function)	· 개체별 선택 변수의 중앙값 계산 기능
	강력한 라인드 함수 (Aggrssive Round Function)	· 소수점 자리에서 가장 가까운 정수 변환 기능
	향상된 명령문 (Improved Syntax Editor)	· 명령문(Syntax)을 더욱 빠르고 쉽게 하며, 오류를 쉽게 발견할 수 있는 자동 완성 기능이 있음
향상된 리포팅 기능 (Improved Reporting)	결과물 내보내기 (Exporting)	· 결과물을 MS Office(Excel)에 내보내기 기능이 가능하여 보고서 작성시 시간과 경비 절감
	그래픽 보드(Graphic Board)	· 그래픽 보드를 통해서 2/3차 그래픽 제공 가능
개발(Development)	한국어 버전	· 7개국 언어 지원
	성능(Performance)	· 데이터 처리 속도 향상
	고객화된 대화 생성 기능 (Custom Dialog Builder)	· 사용자 중심의 대화 상자
	향상된 프로그램 능력 (Improved Program Ability)	· 기능 강화(Pyton, VB.net, R-Plug-ins) · R그래픽 지원가능
분석(Analysis)	향상된 종류별 회귀 예측 (Improved Categorical Regression Predictions)	· 다중공선성 문제 해결을 위한 독립변수 제거, 능형 회귀(Ridge Regression), Lasso 회귀(Lasso Regression), Elastic Net
	가장 근접 분석 (Nearest Neighbor Analysis)	· 데이터 유사성을 기준으로 케이스를 분류하는 방법
	RFM	· 고객 세분화 방법으로 고객 가치를 최근성(Recency), 빈도(Frequency), 금액(Monetary)기준으로 분류하는 방법

[표 1-5] SPSS 17.0 특징

초급
과정

SPSS

2장   SPSS의 본격 실행

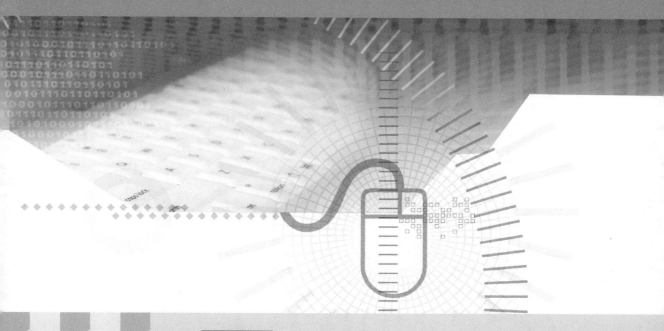

학습 목표

이 장을 마치면 다음과 같은 것을 이행할 수 있다.

1. 연구자는 설문지를 수거한 후, 설문 결과를 입력할 수 있다.
2. 한글, 엑셀에서 입력한 자료를 SPSS 화면으로 불러오기를 할 수 있다.
3. SPSS 자료 편집기 창에서 직접 자료를 입력하는 방법, 변수를 정의하는 방법, 그리고 자료를 편집하는 방법 등을 익힌다.

2.1 자료의 수집

1) 상황 설정

다음은 휴대 전화 회사에 대한 만족도 조사에서 사용된 설문지이다.

설문지

I. 만족도에 대한 조사

다음 사항에 대하여 귀하가 느끼는 만족 정도를 ✔ 표시하여 주십시오.

	매우 불만 1	2	보통 3	4	매우 만족 5
1. 통화 품질					
(1) 지상 수신율	___	___	___	✔	___
(2) 지하 공간 수신율	___	___	✔	___	___
2. 서비스					
(3) 절차의 용이성	___	___	✔	___	___
(4) 절차의 신속성	___	___	___	✔	___
(5) 직원의 친절성	___	___	___	___	✔
(6) 직원의 업무 처리 능력	___	___	___	✔	___
(7) 타 회사와 비교한 가격	___	___	___	✔	___
3. 이미지					
(1) 회사 이미지	___	___	___	✔	___
(2) 제품의 이미지	___	___	___	✔	___
(3) 브랜드 이미지	___	___	___	___	✔
(4) 광고 이미지	___	___	___	✔	___
4. 전반적인 만족도	___	___	___	✔	___

II. 개인 신상에 대한 조사

(1) 귀하의 성별은?　　　　　　① 남 (✔)　　　② 여 ( )

(2) 최종 학력은?　① 고졸 이하 ( )　② 전문대졸 ( )　③ 대졸 이상 (✔)

(3) 현재의 직업?　① 학생 (✔)　　② 직장인 ( )　　③ 개인사업 ( )
　　　　　　　　④ 전업 주부 ( )　⑤ 기타 ( )

(4) 당신의 연령?　(42)세

(5) 현재 가입 회사?　① SK텔레콤(011)　　　　② 한국통신프리텔(016)
　　　　　　　　　③ 한국통신엠닷컴(018)　④ 신세기통신 (017)
　　　　　　　　　⑤ LG텔레콤(019)

(6) 한 달 평균 통신 요금? (25)천 원

수집된 설문지의 자료를 입력하기 위하여 다음과 같이 정리하였다.

01	4	4	3	4	4	3	4	3	3	4	4	5	1	3	3	42	1	25
02	4	·	4	2	2	3	3	4	4	4	3	3	2	2	3	28	3	28
03	3	·	4	2	3	2	3	3	2	4	3	4	1	1	3	·	5	30
04	3	3	3	2	2	4	2	3	2	4	3	3	2	3	1	·	2	20
05	4	3	4	5	2	3	2	3	2	5	3	4	1	3	4	35	1	30
06	4	3	4	2	2	2	3	5	5	2	2	3	1	3	1	30	2	29
07	3	4	2	3	3	2	3	2	2	3	4	4	2	2	3	31	3	30
08	4	4	3	4	3	4	4	4	3	4	3	4	1	1	3	22	4	25
09	4	3	4	4	4	3	3	2	3	3	4	3	2	3	1	35	5	30
10	4	3	4	5	4	3	4	3	4	4	3	4	1	3	4	28	2	35
11	3	4	4	5	3	3	2	3	4	5	4	4	1	3	2	40	5	34
12	5	5	5	3	2	2	3	4	5	3	2	4	2	2	3	30	4	20
13	4	3	3	4	4	4	4	3	4	4	3	1	1	3	37	1	20
14	5	4	4	2	2	2	5	4	4	3	2	4	2	3	1	32	1	25
15	4	5	2	3	3	3	2	3	3	3	4	5	1	3	4	30	3	27
16	3	3	3	3	4	3	4	4	4	3	2	4	1	3	1	31	4	29
17	3	4	3	3	4	2	5	3	3	3	4	3	2	2	3	32	1	30
18	4	5	3	2	3	3	2	3	3	4	2	3	1	1	3	28	1	32
19	4	4	2	5	4	3	5	4	4	5	4	4	2	3	2	45	3	35
20	3	3	5	2	3	4	3	2	3	3	4	1	3	4	27	4	40
21	4	2	3	4	4	2	2	3	4	4	3	1	3	1	25	1	20
22	4	5	4	2	2	2	4	5	4	2	2	4	2	2	3	23	2	25
23	4	4	2	5	4	3	3	3	5	4	4	1	1	3	40	3	40
24	3	3	5	3	2	2	2	5	3	2	4	2	3	1	30	5	30
25	4	5	3	4	4	3	4	2	3	4	3	5	1	3	4	35	1	27
26	3	4	4	1	2	3	2	3	4	3	3	4	1	3	1	26	2	29
27	5	5	1	2	1	2	2	5	3	4	4	4	2	2	3	31	5	40
28	3	3	2	1	2	3	3	3	2	4	3	4	1	1	3	35	1	26
29	3	4	1	5	4	3	2	4	5	4	2	3	2	39	5	40
30	4	4	5	2	2	2	3	4	5	2	2	5	1	3	4	34	2	29

[표 2-1] 개인 휴대 통신 만족도 조사(PCS.TXT)
* 여기서 점(·)은 무응답치를 의미함

위의 자료 파일에 대한 항목별 세부 사항은 다음과 같다.

변수명	내용	코딩 형식	칼럼
V1	번호	1 ~ 30	1~2
		매우 불만　　　　보통　　　　매우 만족 ①　　②　　③　　④　　⑤	
V2	지상 수신율	├──┼──┼──┼──┤	4
V3	지하 공간 수신율	├──┼──┼──┼──┤	6
V4	절차의 용이성	├──┼──┼──┼──┤	8
V5	절차의 신속성	├──┼──┼──┼──┤	10
V6	직원의 친절성	├──┼──┼──┼──┤	12
V7	직원의 업무 처리 능력	├──┼──┼──┼──┤	14
V8	타 회사와의 비교 가격	├──┼──┼──┼──┤	16
V9	회사의 이미지	├──┼──┼──┼──┤	18
V10	제품의 이미지	├──┼──┼──┼──┤	20
V11	브랜드 이미지	├──┼──┼──┼──┤	22
V12	광고 이미지	├──┼──┼──┼──┤	24
V13	전반적인 만족도	├──┼──┼──┼──┤	26
V14	성별	1. 남자　　2. 여자	28
V15	최종 학력	1. 고졸 이하　　　　2. 전문대졸　　3.대졸 이상	30
V16	직업	1. 학생　　2. 직장인　　3. 개인 사업 4. 전업주부　5. 기타	32
V17	연령	(　　)세	34~35
V18	현재 가입 회사	① SK텔레콤(011)　　② 한국통신프리텔(016) ③ 한국통신엠닷컴(018) ④ 신세기통신(017)　　⑤ LG텔레콤(019)	37
V19	한 달 평균 통신 요금	(　　)천 원	39-40

[표 2-2] 자료 파일에 대한 해설

2.2 자료의 입력

[표 2-2]의 자료를 SPSS 데이터 편집기에서 입력하는 방법에 대해서는 이미 앞의 1장에서 설명하였다. 여기에서는 HWP(한글)에서 정리된 자료(자유 형식)를 SPSS의 데이터 편집기에 입력하여 분석하는 방법에 대하여 설명하기로 한다.

우선 [표 2-1]의 자료 파일(PCS.hwp)을 한글에서 **아스키**(ASCII) **파일**인 완성형(PCS.txt)으로 저장한다. 아스키 파일로 저장하려면, 단축키 [Alt]+[V]를 누르고 나서, **완성형텍스트(*.txt)** 를 선택한 후에 **저장하기** 단추를 누른다. 여기서는 이 아스키 파일을 C 디렉터리에 C:\사회과학통계분석\데이터\PCS.txt로 저장한다.

1) 한글에서 입력한 자료를 불러오기

1. 아스키로 저장된 파일을 부르기 위해서 SPSS에서 아래와 같이 실행하면,

파일(F)
　　　　텍스트 데이터 읽기(R)...

다음의 화면이 나온다.

[그림 2-1] 텍스터 데이터 부르기 1

2. 아스키 파일을 SPSS 창으로 부르기 위해서 **찾아보기(I)...** 옆의 드롭다운 단추를 누른다. 연구자는 찾고자 하는 경로(C:\사회과학통계분석\17k\데이터)를 탐색한 후, **파일 유형(T):** 텍스트(*.txt,

*.dat)를 선택한다. 다음으로 불러오고자 하는 파일 PCS를 선택하면 다음과 같은 그림을 얻는다.

[그림 2-2] 텍스트 데이터 부르기 2

3. 위 화면에서 [열기] 단추를 누르면, [그림 2-3]과 같이 텍스트 가져오기 마법사 1(6단계 중 1단계)의 화면을 얻을 수 있다.

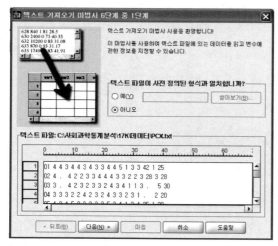

[그림 2-3] 텍스트 가져오기 6단계 중 1단계

4. '텍스트 파일이 사전 정의된 형식과 일치합니까?' 란에서 ⊙ 아니오를 선택하고 하단 부분에

서 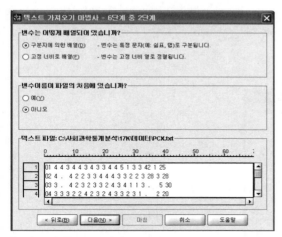 단추를 누르면 다음과 같은 화면을 얻을 수 있다.

[그림 2-4] 텍스트 가져오기 6단계 중 2단계

    그림에 나타난 것처럼 '변수는 어떻게 배열되어 있습니까?' 란에는 ◉ 구분자에 의한 배열 (D) - 변수는 특정 문자(예: 쉼표, 탭)를 누른다. 또한 '변수 이름이 파일의 처음에 있습니까?' 란 에서는 ◉ 아니오란을 선택한다. 이유는 최초 한글에서 입력할 당시 어떠한 변수명을 부여하지 않았기 때문이다.

5. 위 그림에서 단추를 누르면 아래의 화면을 얻을 수 있다.

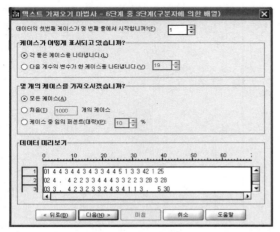

[그림 2-5] 텍스트 가져오기 마법사 - 6단계 중 3단계(구분자에 의한 배열)

초기 지정값 '데이터의 첫 번째 케이스가 몇 번째 줄에서 시작합니까?(F) [   ]'을 선택한다. 그리고 '케이스가 어떻게 표시되고 있습니까? ⦿ 각 줄은 케이스를 나타냅니다.(L)'를 선택하고 '몇 개의 케이스를 가져오시겠습니까? ⦿ 모든 케이스(A)'를 선택한다. [다음(N) »] 단추를 누르면 다음과 같은 화면을 얻을 수 있다.

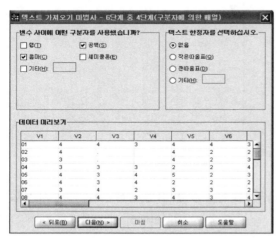

[그림 2-6] 텍스트 가져오기 마법사 – 6단계 중 4단계(구분자에 의한 배열)

위 그림의 '변수 사이에 어떤 구분자를 사용했습니까'에서 ☑ 공백(S), ☑ 콤마(C)를 선택한다. [다음(N) »]을 누르면 다음과 같은 화면이 나타난다.

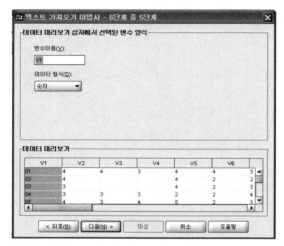

[그림 2-7] 텍스트 가져오기 마법사 6단계 중 5단계

데이터 미리보기 화면에서는 오른쪽의 드롭다운 단추를 이용하여 정확하게 자료 불러오기가 실행되었는지 여부를 확인할 수 있다. 확인 결과 앞의 [표 2-1]과 같이 자료가 잘 입력되어 있음을 알 수 있다. 여기서 다음(N) > 단추를 누르면 다음과 같은 화면을 얻을 수 있다.

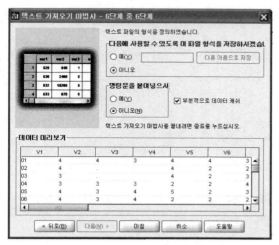

[그림 2-8] 텍스트 가져오기 마법사 – 6단계 중 6단계

위 화면에서 볼 수 있듯이 '텍스트 파일의 형식을 정의하였습니다.'라는 문구를 발견할 수 있다. 다음에 사용할 수 있도록 이 파일 형식을 저장하겠습니까? ⊙ 아니오 단추를 지정한다. 다음으로 명령문을 붙여 넣으시겠습니까? ⊙ 아니오 단추를 누른다. 초기값으로 지정되어 있는 ☑ 부분적으로 데이터 캐쉬를 선정한다. 데이터 캐쉬는 데이터 파일의 완전한 사본이며 임시 디스크 공간에 저장된다. 데이터 파일을 캐쉬로 만들면 성능을 향상시킬 수 있다. 마침 단추를 누르면 최종화면을 얻을 수 있다.

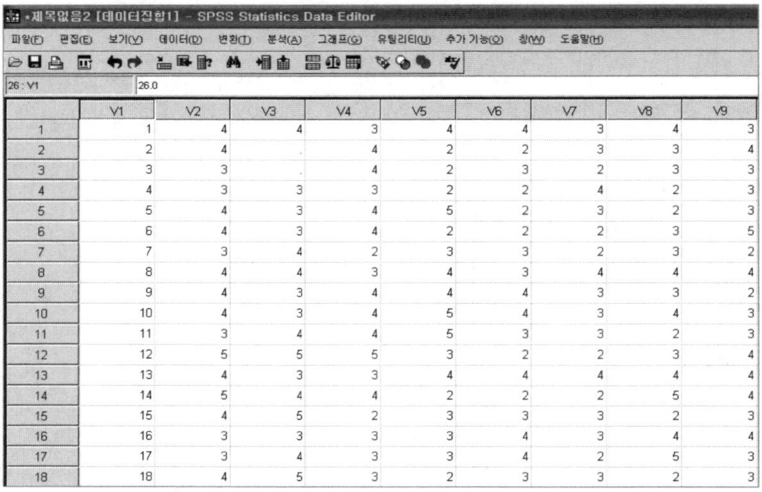

	V1	V2	V3	V4	V5	V6	V7	V8	V9
1	1	4	4	3	4	4	3	4	3
2	2	4	.	4	2	2	3	3	4
3	3	3	.	4	2	3	2	3	3
4	4	3	3	3	2	2	4	2	3
5	5	4	3	4	5	2	3	2	3
6	6	4	3	4	2	2	2	3	5
7	7	3	4	2	3	3	2	3	2
8	8	4	4	3	4	3	4	4	4
9	9	4	3	4	4	4	3	3	2
10	10	4	3	4	5	4	3	4	3
11	11	3	4	4	5	3	3	2	3
12	12	5	5	5	3	2	2	3	4
13	13	4	3	3	4	4	4	4	4
14	14	5	4	4	2	2	2	5	4
15	15	4	5	2	3	3	3	2	3
16	16	3	3	3	3	4	3	4	4
17	17	3	4	3	3	4	2	5	3
18	18	4	5	3	2	3	3	2	3

[그림 2-9] 파일 부르기(최종 화면)

다음으로 각자 파일(F) 창에서 C:\사회과학통계분석\데이터\PCS.sav로 저장하여 보자.

2.3 엑셀에서 작성한 자료 파일 불러오기

1. 엑셀 창에서 앞의 [표 2-1] 개인 휴대 통신 만족도 조사 자료를 다음 그림과 같은 작업을 한다. 자료를 입력하는 것을 이른바 코딩(coding)한다고 한다.

[그림 2-10] 엑셀에서 작업하기

2. 엑셀에서 입력된 자료를 다음과 같은 방법으로 저장한다. 엑셀 화면에서

> **파일(F)**
>> **다른 이름으로 저장(A)...**

를 누른다. 그러면 다음과 같은 화면을 얻을 수 있다.

[그림 2-11] 엑셀에서 다른 이름으로 저장하기

위 그림에서 저장 경로는 C:\사회과학통계분석\데이터이다. 파일 이름(N): PCS을 입력하고 **파일 형식(T)** 란에서 **Excel 통합 문서**를 찾아 지정한 후, ▢ 저장(S) ▢ 단추를 누르면 된다. 그러면 지정 경로에 저장되어 있는 것을 확인할 수 있을 것이다.

3. SPSS 프로그램에서 엑셀 입력 자료를 불러오기 위해서 다음과 같이 실행하면 [그림 2-12]의 화면이 나온다.

[그림 2-12] 엑셀 파일 부르기 1

찾아보기(I) 단추를 이용하여 찾을 데이터의 경로를 지정한다. 엑셀 파일의 저장 경로 C:\사회 과학통계분석\데이터를 탐색한 후 파일 이름(N):의 빈칸에 PCS를, 파일 형식(T): 란에 Excel(*.xls, *.xlsx, *.xlsm)을 선택하고 [열기] 단추를 누르면, [그림 2-13]과 같은 화면이 나온다.

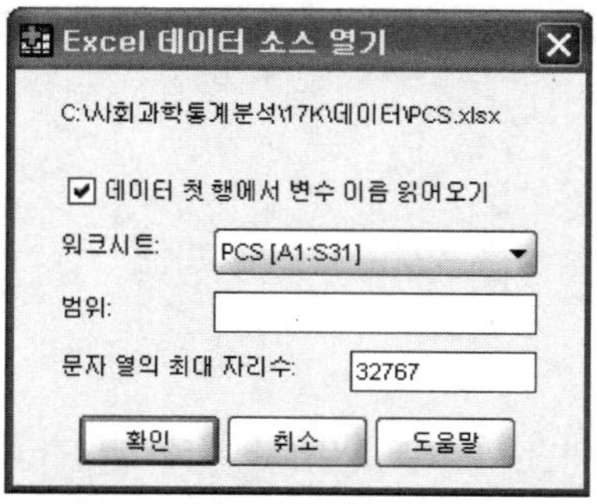

[그림 2-13] 엑셀 파일 부르기 2

[그림 2-13]의 파일 열기 옵션 창에서 ☑ **데이터 첫 행에서 변수 이름 읽기오기**를 지정하고
[확인] 단추를 클릭하면, 앞 절의 [그림 2-9]와 같은 최종 화면을 얻을 수 있다.

2.4 데이터 편집기

1) 변수 정의

지금까지 SPSS의 본격적인 실행 방법에 대하여 설명하였다. 실제 데이터 편집기에 입력하는 방
법뿐만 아니라, 한글이나 엑셀에서 입력된 데이터를 SPSS 창으로 불러들이는 방법에 대하여도
상세히 설명하였다.

여기에서는 데이터 입력이나 저장 시에 알아두어야 할 부분을 자세하게 설명하기로 한다.
특히 **변수 정의**를 위해서는 SPSS를 실행한 다음 **변수 보기**를 누르면 된다.

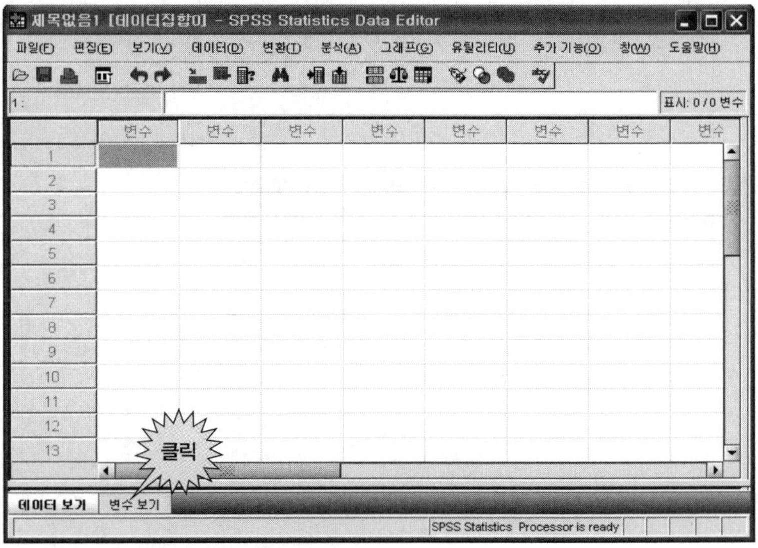

[그림 2-14] SPSS데이터 편집기 불러오기

변수 보기 창을 누르면 다음과 같은 그림을 얻을 수 있다.

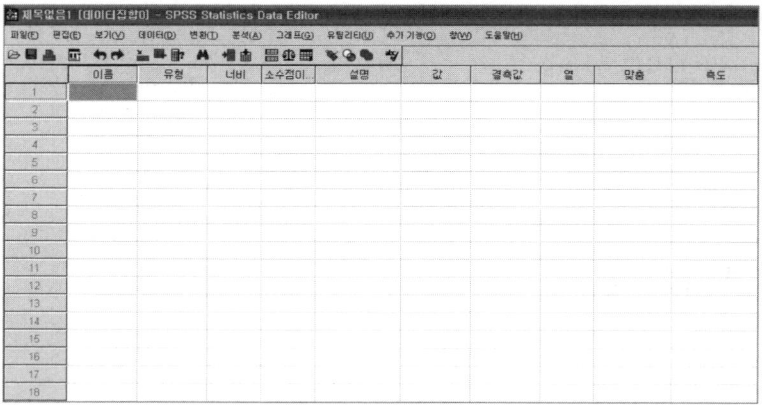

[그림 2-15] SPSS 데이터 편집기 불러오기

SPSS 데이터 편집기 창에는 이름, 유형, 자리수, 소수점이하자리, 설명, 값, 결측값, 열, 맞춤, 측도 등 10가지의 선택 메뉴가 있다.

(1) 변수 이름

새로운 변수를 입력하기 위해서는 1행과 이름이 만나는 곳에 예를 들어 'v1'이라고 입력을 하면 된다. 여기서는 변수(v1: 번호)를 입력하는 절차를 설명하고자 한다. 이것을 그림으로 나타내면 다음과 같다.

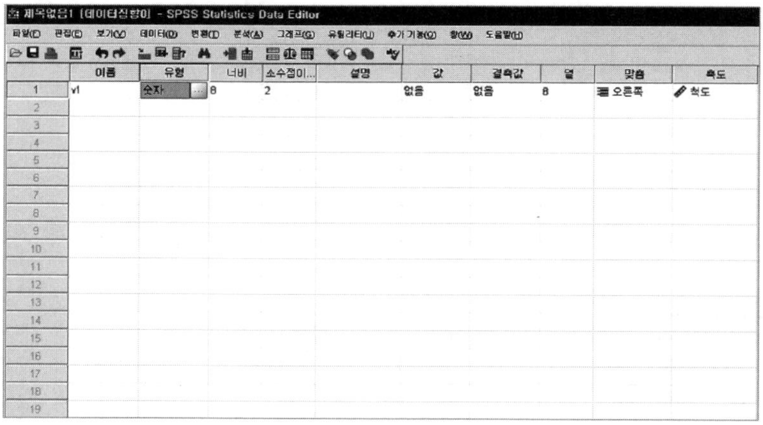

[그림 2-16] 변수 이름

(2) 변수 유형

변수 유형은 관찰 자료를 표기하는 방식을 설명해 준다. 일반적으로 SPSS의 변수 값들은 **숫자 (N) 형식**으로 간주하나, 적합한 통계분석을 위해서 변수의 형식을 임의로 바꿀 수 있다.

유형 의 오른쪽 ... 단추를 누르면 [그림 2-17]과 같은 화면을 얻을 수 있다.

[그림 2-17] 변수 유형 정의 대화 상자

[그림 2-17]에 나타난 변수 유형의 정의 상자의 내용을 [표 2-3]에 정리하였다.

출력 형식	내용
너비(W)	데이터의 전체 길이를 의미한다(디폴트 영문자 기준 8자리).
소수점이하자리수(P)	소수점 이하 자리수를 의미한다(디폴트 2자리).
⊙ 숫자(N)	변수의 값이 수치인 경우
○ 콤마(C)	세 자리마다 콤마를 표기하는 경우(예: 1,234.56)
○ 점(D)	세 자리마다 점을 표기하는 경우(예: 1.234,56)
○ 지수표기(S)	지수 형식으로 표기하는 경우(예: 1.2E+03은 123*103)
○ 날짜(A)	날짜 및 시간을 표기하는 경우
○ 달러	미국 화폐를 접두어로 표기하는 경우(예: $1,234.56)
○ 사용자 통화(U)	옵션 대화 상자의 통화 탭에서 정의한 사용자 정의 통화 형식으로 표시된 숫자 변수
○ 문자	문자, 숫자, 특수 문자를 표기하는 경우, 디폴트는 80이다.

[표 2-3] 변수 유형의 지정

앞의 [그림 2-17]에서 변수 유형의 정의를 끝내고 □확인 단추를 누르면 된다. 유형의 오른쪽 열에는 자리수, 소수점이하자리가 나타나 있다. 이것은 변수 유형에서 이미 지정될 수 있는 것이므로 설명하지 않기로 한다.

(3) 설명 정의

다음으로 변수 설명에 대하여 설명하기로 한다. 설명 정의는 변수 이름과 변수값에 대한 이해를 돕기 위하여 사용되는 설명문이다. 설명의 종류에는 변수 이름의 의미를 설명하는 **변수 설명(V)**과 변수값의 의미를 설명하는 변수값 설명이 있다. 여기서는 v2(지상 수신율) 변수에 대하여 설명하기로 한다. 연구자는 2행과 이름란에 'v2'를 입력한다.

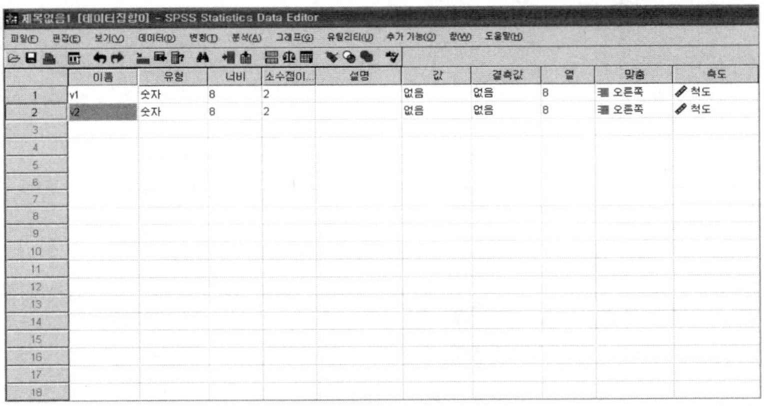

	이름	유형	너비	소수점이.	설명	값	결측값	열	맞춤	척도
1	v1	숫자	8	2		없음	없음	8	오른쪽	척도
2	v2	숫자	8	2		없음	없음	8	오른쪽	척도
3										
4										
5										
6										
7										
8										
9										
10										
11										
12										
13										
14										
15										
16										
17										
18										

[그림 2-18] 변수 이름 입력

이제 변수 설명을 위해서 2행과 □설명 란이 만나는 곳에 "지상 수신율"이라고 입력하면 된다. 다음은 변수 설명값을 입력한 화면이다.

[그림 2-19] 변수 설명 정의 화면 1

(4) 설명값

다음으로 2행의 ▨없음▨ … 의 단추를 누르면 다음과 같은 화면을 얻을 수 있다. 변수값의 설명란에서 기준값(A):에 '1'을 입력한다. 설명(L): 에는 '매우 불만'을 입력한다. 이것을 그림으로 나타내면 다음과 같다.

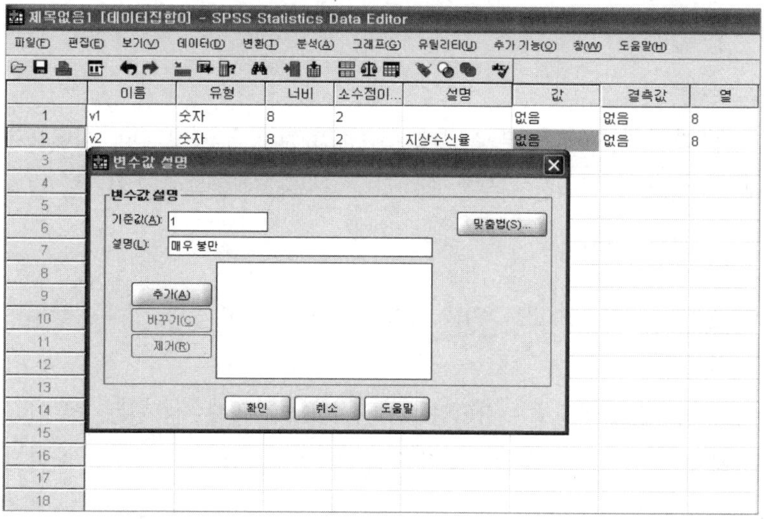

[그림 2-20] 변수값 정의

추가(A) 단추를 누르면 박스 안에 1 ='매우 불만'이 나타나게 된다. 이와 같은 과정을 변수값 5까지 계속 반복하면, [그림 2-21]과 같은 화면이 나온다.

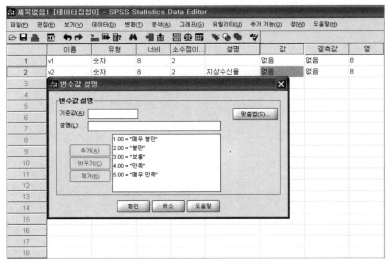

[그림 2-21] 변수 설명 정의 화면 2

[그림 2-21]에서 [확인] 단추를 누르면 변수값의 지정이 끝나게 된다.

(5) 결측값

2행-결측값을 설명하면 다음과 같다. **결측값**은 설문에 응답하지 않아서, 코딩 시에 여백으로 또는 특별한 수치(예컨대, 999) 등으로 처리한 경우를 의미한다. 결측값의 종류에는 시스템 결측값과 사용자 결측값의 두 가지가 있다.

· **시스템 결측값**: 응답치가 공백으로 처리된 경우, 이를 시스템 결측값이라고 한다. 이 무응답치는 점(.)으로 표시된다.
· **사용자 결측값**: 응답치가 구체적으로 어떻게 누락되었는가를 나타내기 위해 사용되는 경우이다. 설문조사에서 '잘 모르겠음'은 99, '해당 없음'은 999, '응답 거부'는 9999 등으로 사용자 무응답치를 지정한다.

2행-결측값 화면에서 [없음 ...] 단추를 누르면 [그림 2-22]와 같은 '결측값의 정의' 대화 상자가 열린다.

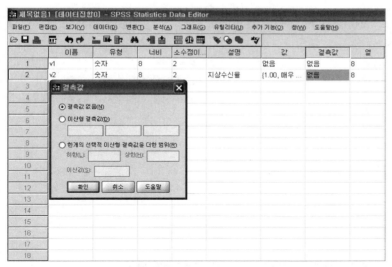

[그림 2-22] 결측값의 정의 대화 상자 화면

위 화면에서 ⦿ **이산형 결측값(D)**을 선택한 후, "잘 모르겠음"이 있는 경우에는 예컨대, 99를 입력하면 된다. 각 키워드에 대한 자세한 내용은 다음의 표와 같다.

선택 키워드	내용 설명
⦿ 결측값 없음 (N)	사용자 결측값(무응답치)이 없는 경우, 모든 변수값들은 유효한 (Valid)값으로 나타난다.
○ 이산형 결측값 (D)	최대 3개까지의 수치를 결측값으로 지정한다.
○ 한 개의 선택적 이산형 결측값으로 더한 범위(R)	하한값에서 상한값 사이의 모든 수치를 결측값으로 지정한다.

[표 2-4] 결측값 형식의 지정

그리고 2행-열란에서 열은 자리수를 결정하는 것으로 초기 지정값으로 8이 지정되어 있다.

(6) 맞춤

맞춤은 편집 창의 셀 안에서 자료의 정렬 방식을 알려준다. 앞의 [그림 2-19]의 변수 정의는 왼쪽, 오른쪽, 가운데에 대한 맞춤 방식이 나타나 있다. 다음은 여기에 대한 설명이다.

선택 키워드	내용 설명
■ 텍스트 맞춤	
○ 왼쪽(L)	좌측 정렬
○ 가운데	중앙 정렬
◉ 오른쪽	우측 정렬

[표 2-5] 열 형식정의 지정

(7) 측도

마지막으로 측도는 변수의 척도를 결정하는 방식을 의미한다. 이것을 그림으로 나타내면 다음과 같다.

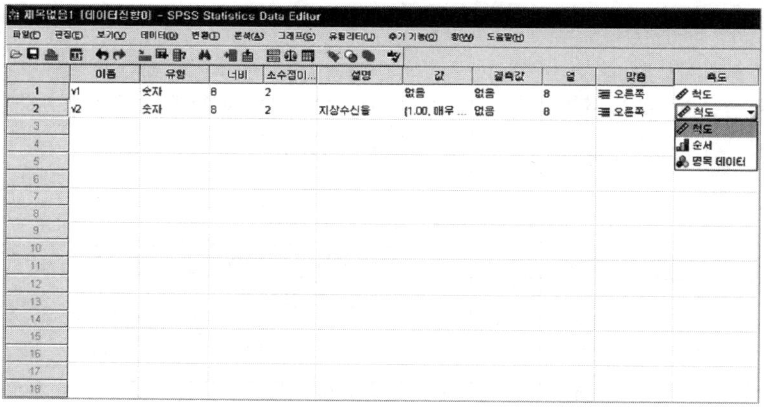

[그림 2-23] 측도

척도는 등간척도와 비율척도에 해당되는 변수를 지정할 경우에 사용된다. 순서척도는 서열척도를 지정하는 경우, 명목척도는 분류, 구분하는 경우에 사용되는 척도를 말한다.

2) 여러 변수의 동시 정의

여러 변수의 **동시 정의**는 선택한 여러 변수들을 한꺼번에 정의하는 것으로서 코딩의 번거로움을 덜어 준다. 예를 들어, 변수 v2와 v3의 값을 동일하게 지정하려면 다음과 같이 3행-이름란에 v3을 입력한다. 그리고 3행-설명에 '지하 공간 수신율'을 입력한다.

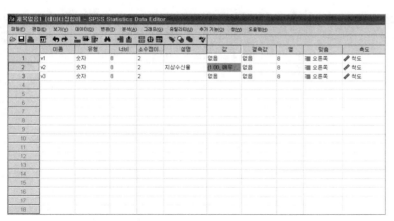

[그림 2-24] 데이터 양식 1

여기서 2행-값의 란 {1.00, 매우 ...} 에 마우스를 올려놓고 단축키 Ctrl + C 를 통해서 복사를 한다.

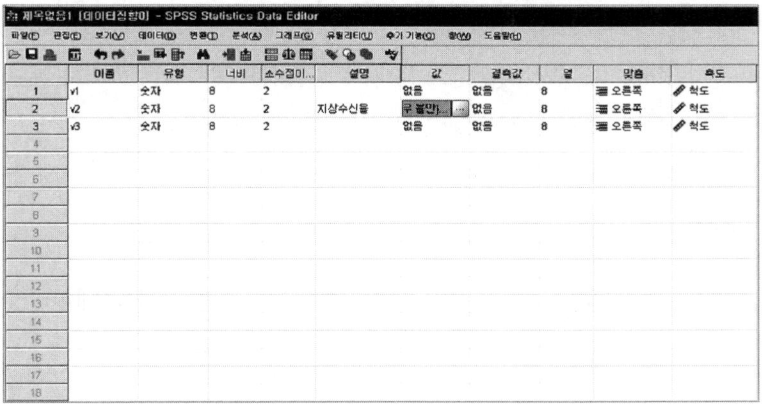

[그림 2-25] 데이터 양식 2

여기서 복사를 누르고 3행-값란에 마우스를 올려놓고 Ctrl + V 를 누르면 다음과 같이 변수값이 복사되는 것을 알 수 있다.

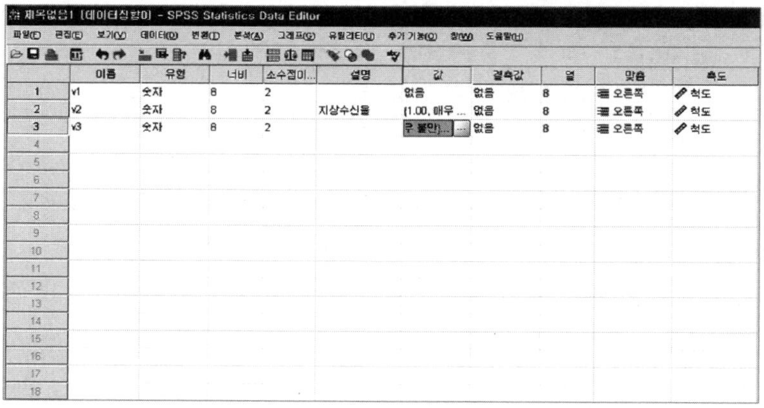

[그림 2-26] 데이터 양식 3

　　한꺼번에 여러 변수값을 입력하려면 이러한 절차를 반복하면 된다. 마지막으로 **데이터 보기**를 눌러 해당 변수의 값을 입력하면 된다.

3) 데이터의 편집

편집(E)은 데이터의 내용을 수정하거나 복사하는 데 사용되는 메뉴이다. 여기서는 데이터 복구하기, 수정하기, 잘라내기, 복사하기, 붙이기 등에 관하여 설명하고자 한다.

(1) 지워진 데이터 복구하기

입력된 데이터가 지워진 경우, **복구(U)**를 누르거나 Ctrl + Z 단추를 누르면, 원래의 데이터를 복구할 수 있다.

(2) 입력된 자료의 수정

이미 입력된 자료를 수정하려면 셀에 마우스의 포인트를 이동시켜 자료를 입력한 뒤 Enter 키를 누르거나, 화살표의 방향키를 누르면 자료 값이 바뀌게 된다.

(3) 잘라내기, 복사하기, 붙이기

자료를 잘라내거나, 복사하거나, 붙이기를 위해서는 **편집(E)** 메뉴에서 작업을 진행하면 된다.

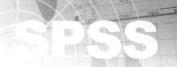

> **편집(E) → 잘라내기(T) (Ctrl+X)**
> **편집(E) → 복사(C) (Ctrl+C)**
> **편집(E) → 붙여넣기(P) (Ctrl+V)**

- 자료 잘라내기: 잘라내는 범위를 정한 후 **편집(E)** 메뉴에서 **잘라내기(T)**(Ctrl + X)를 누른다.
- 자료 복사하기: 복사하는 범위를 정한 후 **편집(E)** 메뉴에서 **복사(C)**(Ctrl + C)를 누른 후 복사할 곳을 마우스로 위치시켜 놓은 후 **붙여넣기(P)** (Ctrl + V)를 누르면 된다.

4) 새로운 사례 및 변수의 삽입과 삭제

(1) 새로운 사례의 삽입

이미 입력된 파일에 새로운 사례(case)를 추가할 경우, [그림 2-27]과 같이 삽입하고자 하는 사례를 지정한다.

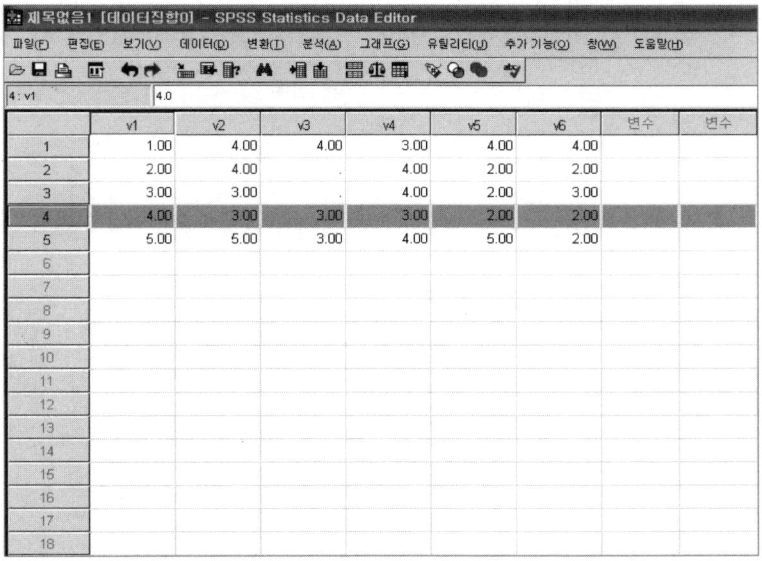

	v1	v2	v3	v4	v5	v6	변수	변수
1	1.00	4.00	4.00	3.00	4.00	4.00		
2	2.00	4.00	.	4.00	2.00	2.00		
3	3.00	3.00	.	4.00	2.00	3.00		
4	4.00	3.00	3.00	3.00	2.00	2.00		
5	5.00	5.00	3.00	4.00	5.00	2.00		
6								
7								
8								
9								
10								
11								
12								
13								
14								
15								
16								
17								
18								

[그림 2-27] 사례 추가하기 1

위 [그림 2-27]의 화면에서 보는 것처럼, 삽입하고자 하는 사례(Case) 4행을 마우스로 지정

하면 4행이 검은색으로 반전되어 나타나 있다. 여기서

편집(E)
　　　케이스 삽입(I)

을 선택하면 [그림 2-28]과 같은 화면이 나타난다.

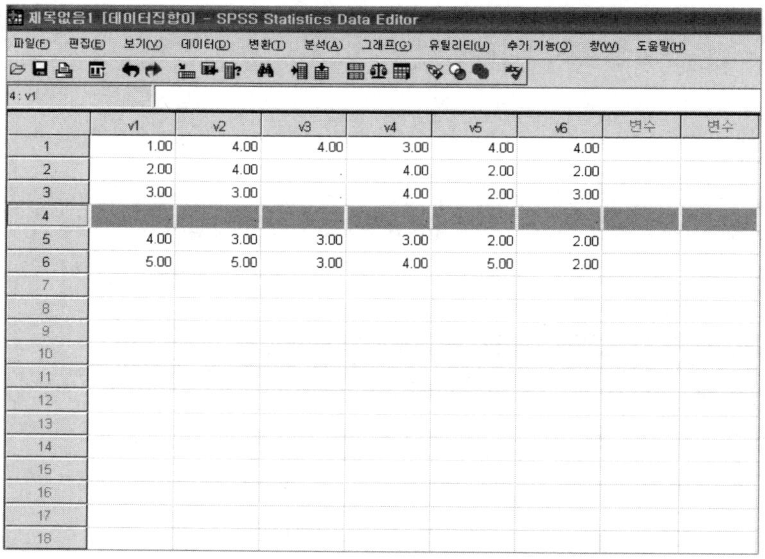

제목없음1 [데이터집합0] - SPSS Statistics Data Editor

파일(F)　편집(E)　보기(V)　데이터(D)　변환(T)　분석(A)　그래프(G)　유틸리티(U)　추가 기능(O)　창(W)　도움말(H)

4 : v1

	v1	v2	v3	v4	v5	v6	변수	변수
1	1.00	4.00	4.00	3.00	4.00	4.00		
2	2.00	4.00		4.00	2.00	2.00		
3	3.00	3.00	.	4.00	2.00	3.00		
4								
5	4.00	3.00	3.00	3.00	2.00	2.00		
6	5.00	5.00	3.00	4.00	5.00	2.00		
7								
8								
9								
10								
11								
12								
13								
14								
15								
16								
17								
18								

[그림 2-28] 사례 추가하기 2

　　새로운 행이 공란으로 추가되며 사례 4행의 각 셀은 점(.)으로 나타난다. 기존 4행은 5행으로 밀려난다. 삽입된 새로운 4행에 데이터를 입력하면 된다.

(2) 새로운 변수의 삽입 및 삭제

❶ 새로운 변수 삽입

새로운 변수를 삽입하는 것은 사례를 삽입하는 것과 유사하다. [그림 2-29]에서 보는 것처럼 v4 변수와 v6의 변수 사이에 v5 변수가 누락되어 있음을 알 수 있다.

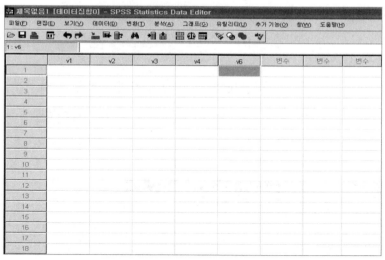

[그림 2-29] 변수 추가 전의 자료 화면

    v5 변수를 추가하기 위해서는 [그림 2-28]의 v6 변수에 블록을 설정한 후, 다음을 실행하면 [그림 2-30]과 같이 v4와 v6 사이에 var00001이 생성되게 된다.

> 편집(E)
>
>   변수 삽입(V)

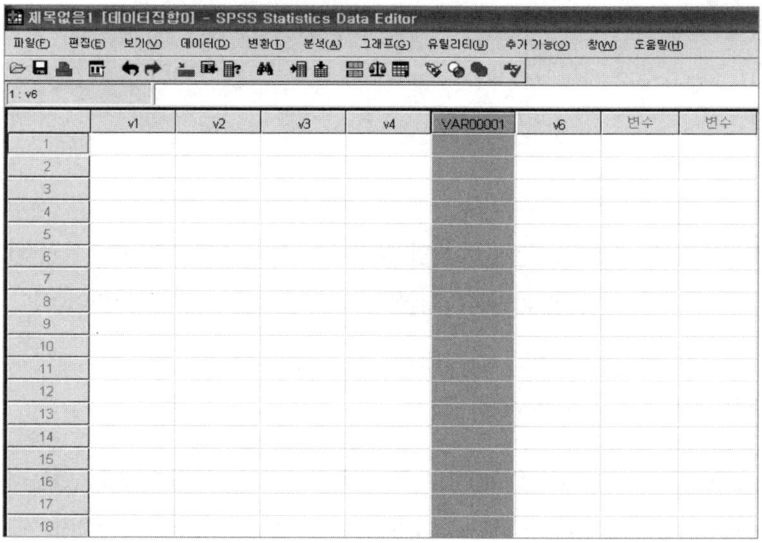

[그림 2-30] 변수 추가 데이터 화면

여기서 변수 이름 넣기에서 v5 변수를 입력할 수 있다.

❷ 변수 삭제

변수를 삭제하고자 하는 경우는 삭제하고자 하는 변수를 마우스로 선택한 후, **Edit** 메뉴에서
편집(E) → 지우기(E)(Del)를 누르거나, 마우스의 오른쪽 단추를 눌러 [그림 2-31] 화면에서 **잘**
라내기(T)나 **지우기(E)**를 선택하면 변수가 삭제된다.

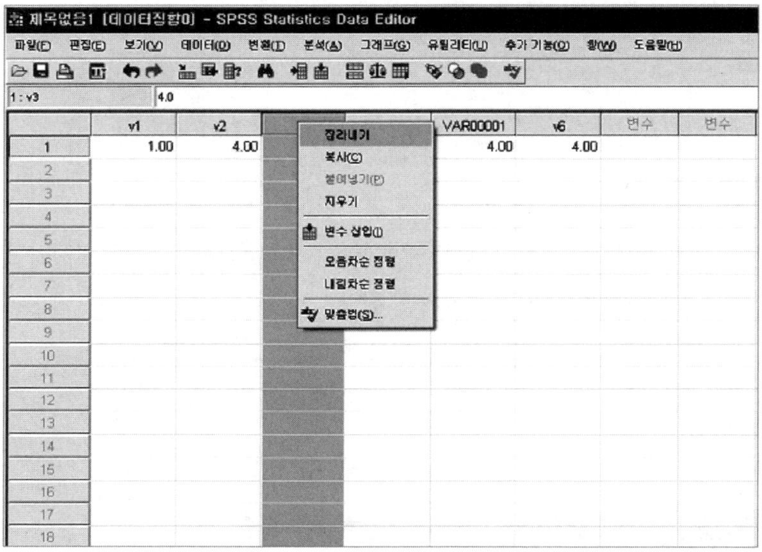

[그림 2-31] 변수 삭제 화면

5) 파일의 결합

SPSS에서 파일을 결합하는 방법은, 사례(case)는 다르지만 동일한 변수 이름을 가진 파일들의 결
합, 변수 이름은 다르지만 사례들이 동일한 파일들을 결합하여 사용하는 두 가지 방법이 있다.

(1) 변수 이름이 동일한 사례의 파일 결합

[표 2-6]에서 보는 바와 같이, 변수 이름이 동일한 두 파일이 SPSS에 각각 C:\사회과학통계분석
\데이터PCS1.sav와 C:\사회과학통계분석\데이터\PCS2.sav라는 이름으로 저장되었다고 하자.

C:\사회과학통계분석\데이터\PCS1.sav			
	X1	X2	X3
1	4	4	3
2	4	·	4
3	3	·	4

C:\사회과학통계분석\데이터\PCS2.sav			
	X1	X2	X3
1	3	3	3
2	4	3	4
3	4	3	4

[표 2-6] 변수 이름이 동일한 사례의 두 파일

현재, 열려 있는 창의 파일 C:\PCS1.sav에서 새로운 파일 C:\PCS2.sav을 합하려면 다음과 같은 순서로 진행하면 된다.

데이터(D)
    파일 합치기(G) ▶
        케이스 추가(C)...

이것을 그림 화면으로 나타내면 다음과 같다.

[그림 2-32] 케이스 추가 지정 순서

여기서 ◉ 외부 SPSS 통계량 데이터 파일을 선정하다. 그리고 [찾아보기(B)...]를 연다. [그림 2-33]은 사용자가 결합하려는 **파일 이름(N):**의 빈칸에 PCS2를, **파일 형식(T):** 란에 SPSS(*.sav)를 지정한 것을 보여 주고 있다.

[그림 2-33] 케이스 결합 1

여기서 열기 단추를 누른다. 그리고 계속 단추를 누른다. 그러면 [그림 2-34]와 같은 화면을 얻을 수 있다.

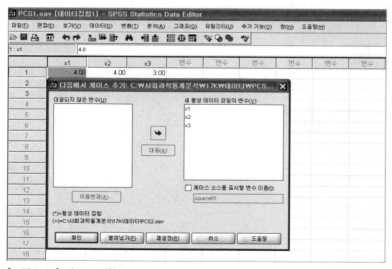

[그림 2-34] 케이스 결합 2

[그림 2-34] 화면에서 오른쪽에 있는 **새 활성 데이터 파일의 변수(V):** 란에는 x1, x2, x3 변수가 활성화되어 있음을 확인할 수 있다. 기존의 C:\사회과학통계분석\데이터\PCS1.sav 파일의 변수 x1은 (*) 표시로, C:\사회과학통계분석\데이터\PCS2.sav 파일의 x1은 (+) 표시로 인식하게 된다. 이 두 파일이 짝(Pair)을 이루어 통합이 되게 되는 것이다. 여기서 [확인] 단추를 누르면 다음과 같이 케이스(개체)가 추가된 것을 확인할 수 있다.

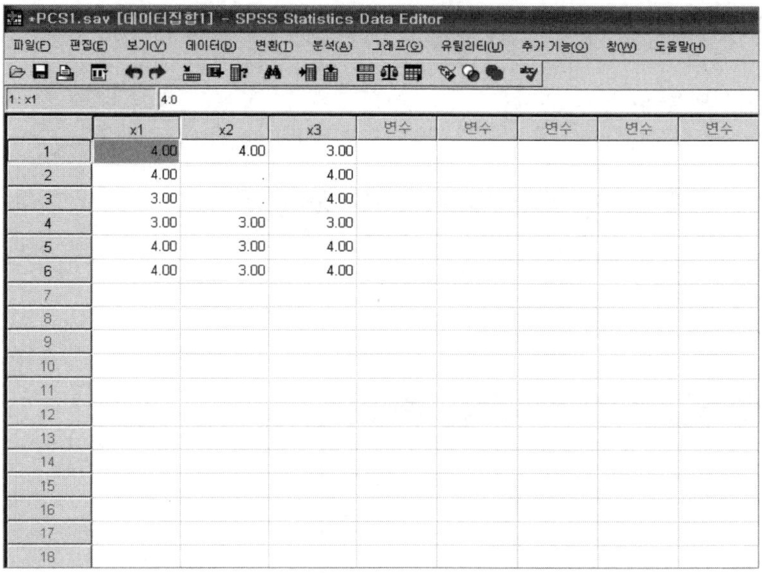

[그림 2-35] 케이스 결합 3

(2) 변수 이름이 다른 두 파일의 결합

아래 표에서 보는 바와 같이, 변수 이름이 다른 두 파일이 SPSS 창에 C:\사회과학통계분석\데이터\PCS3.sav와 C:\사회과학통계분석\데이터\PCS4.sav라는 이름으로 저장되었다고 하자.

C:\사회과학통계분석\데이터\PCS3.sav				C:\사회과학통계분석\데이터\PCS4.sav			
	x1	x2	x3		x4	x5	x6
1	4	4	3	1	3	3	3
2	4	·	4	2	4	3	4
3	3	·	4	3	4	3	4

[표 2-7] 변수 이름이 다른 두 파일

현재, 열려 있는 창의 파일 PCS3.sav에 새로운 파일 C:\PCS4.sav를 결합하고자 한다면, 다음과 같은 순서로 진행하여,

데이터(D)
　　　파일 합치기(G) ▶
　　　　　　　　　　　변수추가(V)...

[그림 2–36]과 같은 화면을 얻을 수 있다.

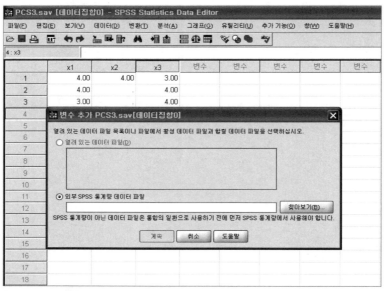

[그림 2–36] 변수 결합 1

여기서 ⊙ 외부 SPSS 통계량 데이터 파일을 선정하다. 그리고 ▐찾아보기(B)... ▐를 연다. 그러면 다음과 같은 화면을 얻을 수 있다.

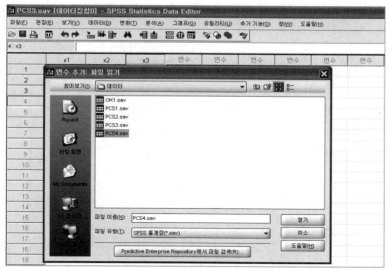

[그림 2-37] 변수 결합 2

[그림 2-37] 화면은 사용자가 결합하려는 PCS4를 **파일 이름(N):** 란에, 그리고 **파일 유형
(T):** 란에는 SPSS(*.sav)을 선정한 것을 보여 주고 있다. 여기서 | 열기 | 단추를 누른다. 이
어 | 계속 | 단추를 누른다. 그러면 [그림 2-38]과 같은 화면을 얻을 수 있다.

[그림 2-38] 변수 결합 3

[그림 2-38]에서 오른쪽 새 활성 데이터 파일(N): 란에는 C:\사회과학통계분석\데이터\PCS3.sav의 변수들(x1, x2, x3)은 (*) 표시로, 그리고 결합되는 파일 C:\사회과학통계분석\데이터\PCS4.sav의 변수들(x4, x5, x6)은 (+) 표시되어 나타난다. 이제 [확인] 단추를 누르면, [그림 2-39]와 같은 최종 화면이 나타난다.

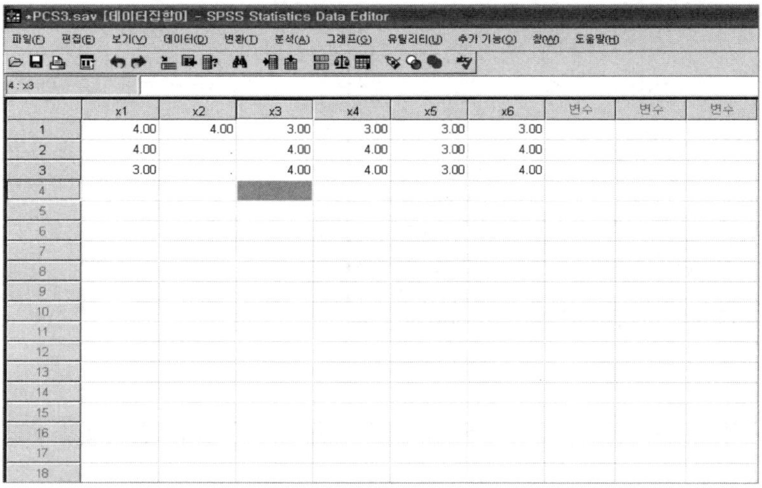

[그림 2-39] 변수 결합 4(최종 화면)

이 최종 화면은 C:\사회과학통계분석\데이터\PCS3.sav 창에 새로 추가된 사례의 자료들을 보여 주고 있다. 이 자료들을 적절한 다른 파일 이름으로 저장하면 변수의 결합은 끝나게 된다.

2.5 데이터 변환

연구자가 SPSS를 효율적으로 사용하기 위해서 알아두어야 할 기능키가 데이터 변환 키워드이다. 데이터 변환은 변수계산, 난수 시작값, 코딩 변경, 시계열변수 생성 등 다양한 작업을 할 수 있게 해준다. 여기서는 코딩 변경에 대하여 알아보기로 한다.

1) 코딩 변경

연구자는 분석을 수행함에 있어 변수값을 변화하고자 하는 경우가 발생할 수 있다. 이때 연구자는 코딩 변경 명령어를 이용하면 된다. 앞의 자료 수집 및 입력에서 예를 든 PCS.sav를 다시 불러오기를 실행하여 보자. v18변수(현재 가입 회사)의 경우 여기서 2(한국통신프리텔)와 3(한국통신엠닷컴)이 같은 한국통신 회사인 것을 알 수 있다. 따라서 연구자는 전체 한국통신 이용자를 파악하기 쉬울 것이다.

	v1	v2	v3	v4	v5	v6	v7	v8	v9
1	1.00	4.00	4.00	3.00	4.00	4.00	3.00	4.00	3.00
2	2.00	4.00	.	4.00	2.00	2.00	3.00	3.00	4.00
3	3.00	3.00		4.00	2.00	3.00	2.00	3.00	3.00
4	4.00	3.00	3.00	3.00	2.00	2.00	4.00	2.00	3.00
5	5.00	4.00	3.00	4.00	5.00	2.00	3.00	2.00	3.00
6	6.00	4.00	3.00	4.00	2.00	2.00	2.00	3.00	5.00
7	7.00	3.00	4.00	2.00	3.00	3.00	2.00	3.00	2.00
8	8.00	4.00	3.00	3.00	4.00	3.00	4.00	4.00	4.00
9	9.00	4.00	3.00	4.00	4.00	4.00	3.00	3.00	3.00
10	10.00	4.00	3.00	4.00	5.00	4.00	3.00	4.00	3.00
11	11.00	3.00	4.00	4.00	5.00	3.00	3.00	2.00	3.00
12	12.00	5.00	5.00	5.00	3.00	2.00	2.00	3.00	4.00
13	13.00	4.00	3.00	3.00	4.00	4.00	4.00	4.00	4.00
14	14.00	5.00	4.00	4.00	2.00	2.00	2.00	5.00	4.00
15	15.00	4.00	4.00	2.00	3.00	3.00	3.00	2.00	3.00
16	16.00	3.00	3.00	3.00	3.00	4.00	3.00	4.00	4.00
17	17.00	3.00	4.00	3.00	3.00	4.00	2.00	5.00	3.00
18	18.00	4.00	5.00	3.00	2.00	3.00	3.00	2.00	3.00

[그림 2-40] PCS.sav 화면　　　　　　　　　　　　　　[데이터: PCS.sav]

코딩 변경을 위해서는 다음과 같이 실행하면 된다.

변환(T)
　　　　X-Y 다른 변수로 코딩 변경(R)...

[그림 2-41] 새로운 변수로 코딩 변경 초기 화면

왼쪽 변수 창에서 변경하고자 하는 변수 v18을 지정하면 다음과 같은 화면을 얻을 수 있다.

[그림 2-42] 새로운 변수로 코딩 변경 초기 화면

조건(I)... 은 논리 조건에 따라 데이터 집단군에 대한 값을 선택적으로 변환하는 데 사용하는 키워드이다.

출력 변수 창에서 이름(N): 란에 "nv18"이라고 입력을 한다. 그리고 기존값 및 새로운 값(O)... 을 지정한다. 그러면 다음과 같은 화면을 얻을 수 있다.

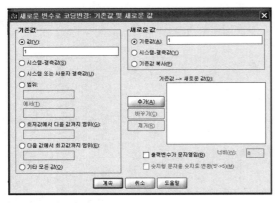

[그림 2-43] 새로운 값으로 대체 1

앞의 그림에 나타난 선택 단추들을 자세하게 표로 나타내면 다음과 같다.

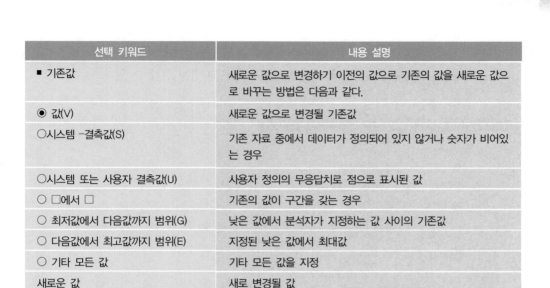

선택 키워드	내용 설명
■ 기존값	새로운 값으로 변경하기 이전의 값으로 기존의 값을 새로운 값으로 바꾸는 방법은 다음과 같다.
◉ 값(V)	새로운 값으로 변경될 기존값
○시스템 −결측값(S)	기존 자료 중에서 데이터가 정의되어 있지 않거나 숫자가 비어있는 경우
○시스템 또는 사용자 결측값(U)	사용자 정의의 무응답치로 점으로 표시된 값
○ □에서 □	기존의 값이 구간을 갖는 경우
○ 최저값에서 다음값까지 범위(G)	낮은 값에서 분석자가 지정하는 값 사이의 기존값
○ 다음값에서 최고값까지 범위(E)	지정된 낮은 값에서 최대값
○ 기타 모든 값	기타 모든 값을 지정
새로운 값	새로 변경될 값
◉ 값(L)	분석자가 지정하는 새로운 값
○ 시스템−결측값(Y)	시스템 무응답치
기준값 복사(P)	코딩값을 변경하지 않고 기존값을 그대로 유지하고자 하는 경우의 키워드

[표 2-6] 새로운 변수로 코딩 변경

18변수 중에서 "1＝SK텔레콤"이기 때문에 기존값 ◉ 값(V): 란에 1을 입력하고, 새로운 값 ◉ 기준값(A) 란에는 1을 입력한다. 그리고 　추가(A)　 단추를 누르면 기존값에 대한 지정이 끝난다. 다음으로 "2＝한국통신 프리텔"과 "3＝한국통신 엠닷컴"을 하나의 회사(한국통신)로 인식하기 위해서 ◉ 범위: 단추를 누르고 다음과 같이 입력을 한다.

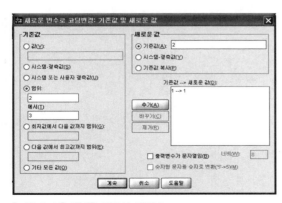

[그림 2-44] 새로운 값으로 대체 2

여기서 　추가(A)　 단추를 누른다. 그리고 같은 방법으로 "4＝신세기 통신"과 "5＝LG텔레콤"의 값을 앞의 방법과 동일하게 진행하면 다음과 같은 화면을 얻을 수 있다.

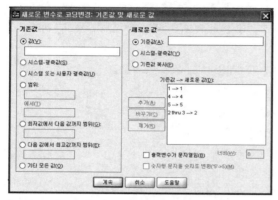

[그림 2-45] 새로운 값으로 대체 3

여기서 　계속　 단추를 누르면 다음과 같은 화면을 얻을 수 있다.

[그림 2-46] 새로운 값으로 대체 4

여기서 　바꾸기(H)　를 누른다. 그러면 다음과 같은 화면을 얻을 수 있다.

[그림 2-47] 새로운 값으로 대체 5

여기서 　확인　 단추를 누르면 다음과 같이 새로운 변수가 생성된 것을 알 수 있다.

	v13	v14	v15	v16	v17	v18	v19	nv18	변수
1	5.00	1.00	3.00	3.00	42.00	1.00	25.00	1.00	
2	3.00	2.00	2.00	3.00	28.00	3.00	28.00	2.00	
3	4.00	1.00	1.00	3.00		5.00	30.00	5.00	
4	3.00	2.00	3.00	1.00		2.00	20.00	2.00	
5	4.00	1.00	3.00	4.00	35.00	1.00	30.00	1.00	
6	3.00	1.00	3.00	1.00	30.00	2.00	29.00	2.00	
7	4.00	2.00	2.00	3.00	31.00	3.00	30.00	2.00	
8	4.00	1.00	1.00	3.00	22.00	4.00	25.00	4.00	
9	3.00	2.00	3.00	1.00	35.00	5.00	30.00	5.00	
10	4.00	1.00	3.00	4.00	28.00	2.00	35.00	2.00	
11	4.00	1.00	3.00	2.00	40.00	5.00	34.00	5.00	
12	4.00	2.00	2.00	3.00	30.00	4.00	20.00	4.00	
13	3.00	1.00	1.00	3.00	37.00	1.00	20.00	1.00	
14	4.00	2.00	3.00	1.00	32.00	1.00	25.00	1.00	
15	5.00	1.00	3.00	4.00	30.00	3.00	27.00	2.00	
16	4.00	1.00	3.00	1.00	31.00	4.00	29.00	4.00	
17	3.00	2.00	2.00	3.00	32.00	1.00	30.00	1.00	
18	3.00	1.00	1.00	3.00	28.00	1.00	32.00	1.00	

[그림 2-48] 새로운 값으로 대체 6

2) 변수 만들기(Compute)

앞의 만족도 설문지에서 통화 품질, 서비스, 이미지는 각각 다항목으로 측정되었다. 이 요인들을 하나의 변수로 만들려면 다음과 같이 하면 된다. 예컨대,

$$통화\ 품질\ X_1\ =\ \frac{1}{2}(지상\ 수신율\ +\ 지하\ 수신율)\ =\ \frac{1}{2}(V_2 + V_3)$$

$$서비스\ X_2\ =\ \frac{1}{5}(V_4 + V_5 + V_6 + V_7 + V_8)$$

$$이미지\ X_3\ =\ \frac{1}{4}(V_9 + V_{10} + V_{11} + V_{12})$$

SPSS에서 새로운 변수 x1, x2, x3를 만드는 방법에 대하여 알아보기로 한다. 먼저, 새로운 변수 x1을 만들기 위해서 다음과 같은 순서로 진행한다.

변환(T)
  변수 계산(C)...

[그림 2-49] 변수 계산 1

대상 변수(T): 란에 새로운 변수 x1을 입력한다. 그리고 오른쪽 함수 집단(G) 란에서 모두를 지정하고 함수 및 특수변수(F) 란에서 **SUM(숫자 표현식, 숫자 표현식....)**을 마우스로 지정하고 ⬆ 단추를 눌러 **숫자표현식(E)** 란에 보낸다. 그러면 다음과 같은 화면을 얻을 수 있다.

[그림 2-50] 변수 계산 2

여기서 왼쪽 하단의 변수란에서 v2를 마우스를 클릭하여 보낸다. 그리고 콤마(,) 다음에 v3 변수를 보낸다. 그러면 다음과 같은 화면을 얻을 수 있다.

[그림 2-51] 변수 계산 3

그런 다음 2로 나누기 위해서 나누기(█▋)단추를 누르고 2를 입력한다. 그러면 다음과 같은 화면을 얻을 수 있다.

[그림 2-52] 변수 계산 4

여기서 █ 확인 █ 단추를 누른다. 그러면, 다음의 화면처럼 새로운 변수(x1)가 생성된 것을 알 수 있다.

	v13	v14	v15	v16	v17	v18	v19	nv18	x1
1	5.00	1.00	3.00	3.00	42.00	1.00	25.00	1.00	4.00
2	3.00	2.00	2.00	3.00	28.00	3.00	28.00	2.00	2.00
3	4.00	1.00	1.00	3.00		5.00	30.00	5.00	1.50
4	3.00	2.00	3.00	1.00		2.00	20.00	2.00	3.00
5	4.00	1.00	3.00	4.00	35.00	1.00	30.00	1.00	3.50
6	3.00	1.00	3.00	1.00	30.00	2.00	29.00	2.00	3.50
7	4.00	2.00	2.00	3.00	31.00	3.00	30.00	2.00	3.50
8	4.00	1.00	1.00	3.00	22.00	4.00	25.00	4.00	4.00
9	3.00	2.00	3.00	1.00	35.00	5.00	30.00	5.00	3.50
10	4.00	1.00	3.00	4.00	28.00	2.00	35.00	2.00	3.50
11	4.00	1.00	3.00	2.00	40.00	5.00	34.00	5.00	3.50
12	4.00	2.00	3.00	3.00	30.00	4.00	20.00	4.00	5.00
13	3.00	1.00	1.00	3.00	37.00	1.00	20.00	1.00	3.50
14	4.00	2.00	3.00	1.00	32.00	1.00	25.00	1.00	4.50
15	5.00	1.00	3.00	4.00	30.00	3.00	27.00	2.00	4.50
16	4.00	1.00	3.00	1.00	31.00	4.00	29.00	4.00	3.00
17	3.00	2.00	2.00	3.00	32.00	1.00	30.00	1.00	3.50
18	3.00	1.00	1.00	3.00	28.00	1.00	32.00	1.00	4.50

[그림 2-53] 변수 계산 5

같은 방법으로 x2, x3 변수를 생성할 수 있다. 각자 실행하여 보도록 하자. 그리고 새로운 변수 x1, x2, x3을 독립변수로 하고 v13(전반적인 만족도)을 종속변수로 하여 회귀분석을 실시할 수 있다. 12장의 회귀분석 부분을 이해하고 실행하여 보도록 하자.

2.6 데이터 구조 변환

SPSS상에서는 필드(변수)와 레코드와 구분 없이 자유자재로 데이터 구조를 변환할 수 있다. 데이터 변환을 위해서는 다음과 같은 순서를 거쳐야 한다.

> **데이터(D)**
> **데이터 구조 변환(R)...**

1) 변수에서 케이스로

현재 데이터의 각 케이스에 새 데이터 집합의 관련 케이스 집단으로 재정렬하고자 하는 경우에 이 방법을 사용한다.

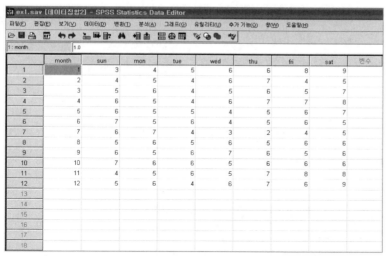

[그림 2-54] 데이터 입력   [데이터: ex1.sav]

먼저, C:\사회과학통계분석\데이터\ex1.sav 데이터를 불러온다. 다음으로 파일(F) ⇒ 새로 만들기(N) ⇒ 명령문(S)...순으로 클릭한다. 그러면 다음과 같은 화면을 얻을 수 있는데 여기서 아래와 같은 명령문 창을 작성하도록 한다.

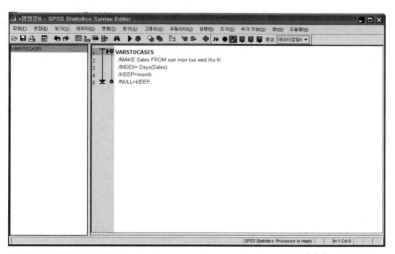

[그림 2-55] 명령문 입력   [데이터: ch2-1.sps]

① VARSTOCASES: 변수를 케이스로 변환하라는 명령문이다.

② /MAKE Sales FROM sun mon tue wed thu fri sat: 요일별 자료를 매출(Sales)로 계산

하라는 명령문이다.

③ /INDEX = Days(Sales): 요일(Days)이라는 변수를 표시하라는 명령어이다.

④ /KEEP = month.: month(달)의 변수는 그대로 자리를 유지하라는 명령어이다.

여기서 /(슬래시)는 명령 문장이 계속됨을 나타내며 맨 마지막 문장이 끝날 때는 마침표(., period)를 반드시 표시함을 잊지 않아야 한다. 정확하게 문장을 작성한 다음 마우스를 명령문 맨 앞에다 옮겨 놓고 실행 ▶ 단추를 누르면 다음과 같은 결과물을 얻을 수 있다.

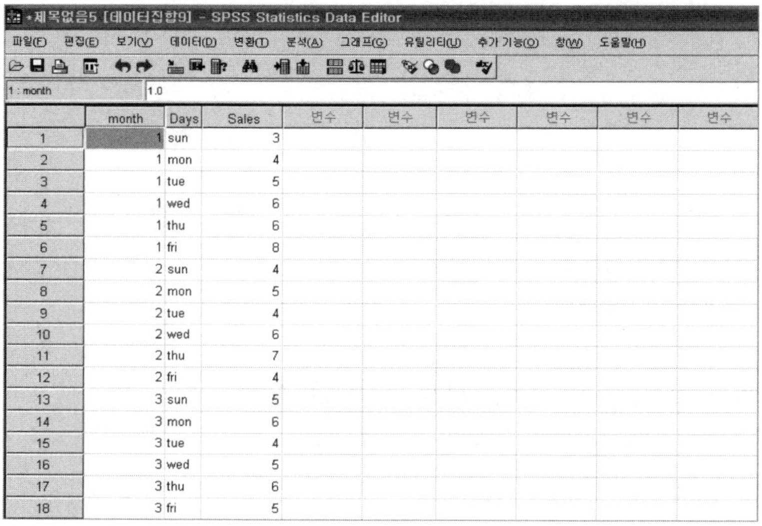

	month	Days	Sales	변수	변수	변수	변수	변수	변수
1	1	sun	3						
2	1	mon	4						
3	1	tue	5						
4	1	wed	6						
5	1	thu	6						
6	1	fri	8						
7	2	sun	4						
8	2	mon	5						
9	2	tue	4						
10	2	wed	6						
11	2	thu	7						
12	2	fri	4						
13	3	sun	5						
14	3	mon	6						
15	3	tue	4						
16	3	wed	5						
17	3	thu	6						
18	3	fri	5						

[그림 2-56] 자료 변환 일부분

2) 케이스에서 변수로 구조 변환

각 집단의 데이터가 새 데이터 집합의 단일 케이스로 표시되도록 재정렬하고자 하는 관련 케이스 집단이 있는 경우에 이 명령문을 사용한다.

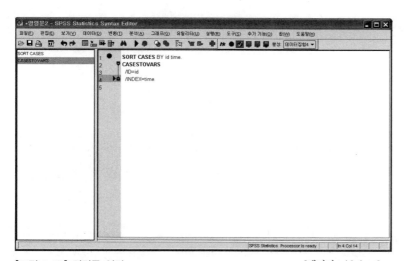

[그림 2-57] 데이터 입력   [데이터: ex2.sav]

C:\사회과학통계분석\데이터\ex2.sav 데이터를 불러온다. 다음으로 파일(F) ⇒ 새로 만들기
(N) ⇒ 명령문(S)...순으로 클릭을 한다. 그러면 다음과 같은 화면을 얻을 수 있는데 여기서 아래
와 같은 명령문 창을 작성하도록 한다.

[그림 2-58] 명령문 입력   [데이터: ch2-2.sps]

① SORT CASES BY id time.: id와 time에 의해서 정렬하라는 명령어이다.

② CASESTOVARS: 케이스를 변수로 변환하라는 명령문이다.

③ /ID=id: id라는 변수를 표시하라는 명령어이다.

④ /INDEX=time.: Time(시간)이라는 변수를 생성하라는 것을 나타낸다.

실행 결과는 각자 확인하여 원천 데이터와 확인하기 바란다.

3) 모든 데이터 전치

모든 데이터를 전치하려는 경우 이 방법을 선택한다. 새 데이터에서 행이 열이 되고 열이 행이 된다.

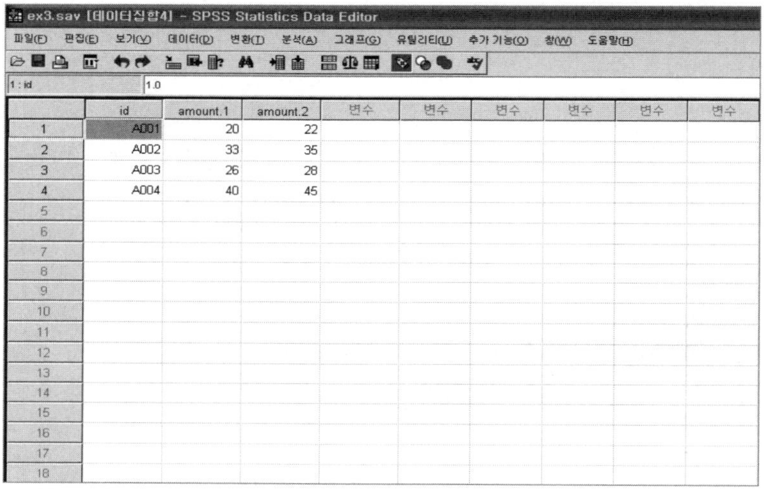

[그림 2-59] 명령문 입력   [데이터: ex3.sav]

각 집단의 데이터가 새 데이터 집합의 단일 케이스로 표시되도록 재정렬하고자 하는 관련 케이스 집단이 있는 경우에 이 명령문을 사용한다. 모든 데이터 전치를 위해서는 다음과 같은 순서로 진행하면 된다.

> **데이터(D)**
>   **데이터 구조 변환(R)...**

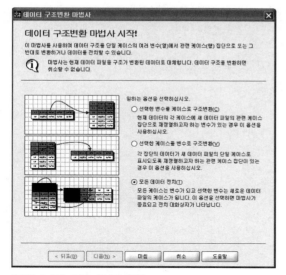

[그림 2-60] 모든 데이터 전치

'◉ 모든 데이터 전치(T)'를 누르고 ⌈ 다음(N) > ⌋ 단추를 누른다. 그러면 다음과 같은 화면을 얻을 수 있다.

[그림 2-61] 전치 선택 화면

변수(V) 란에 전치시키고자 하는 변수를 입력한다. 여기서는 amount 1, amount 2를 지정하였다. 이름지정변수(N): 란에는 id 변수를 입력한다. 그리고 ⌈ 확인 ⌋ 단추를 누르면 다음과 같은 결과 화면을 얻을 수 있다.

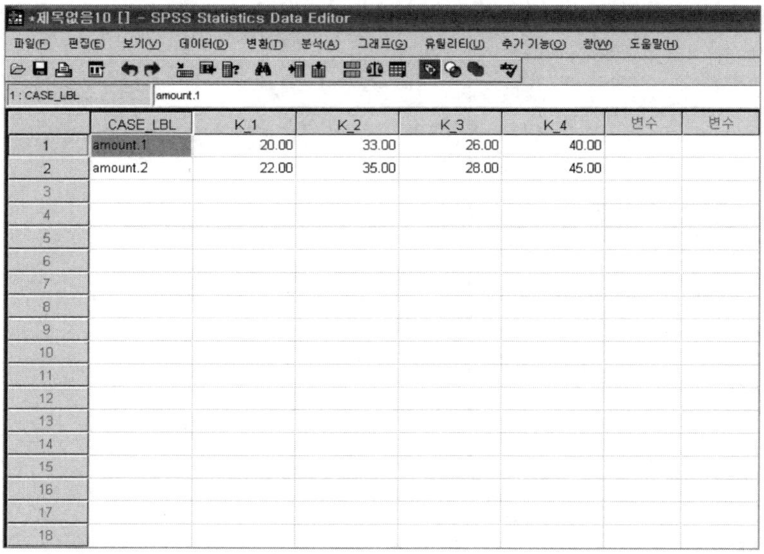

	CASE_LBL	K_1	K_2	K_3	K_4	변수	변수
1	amount.1	20.00	33.00	26.00	40.00		
2	amount.2	22.00	35.00	28.00	45.00		

[그림 2-62] 결과 화면

행과 열이 전치되면서 행에는 새로운 변수가 생성된 것을 알 수 있다.

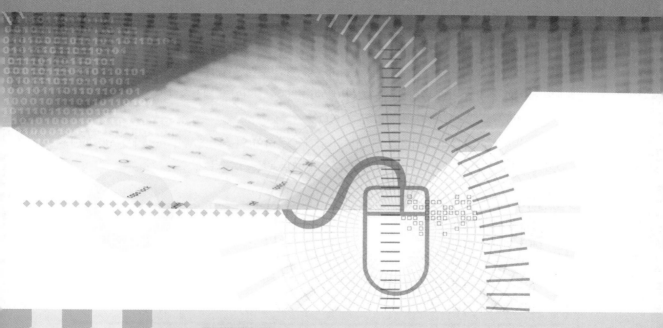

초급
과정

SPSS

3장   조사연구

학습 목표

3장에서는 기본적인 사회과학 조사연구 과정을 다룬다.

1. 연구 과정에서   알아두어야 할 연구 절차, 설문지 작성법을 이해한다.
2. 척도 종류와 연구 모형에 대하여 이해한다.
3. 가설 설정과 임계치에 대하여 정확하게 이해한다.

3.1 조사연구의 절차

연구를 수행하는 목적은 제기된 문제를 잘 이해하거나 또는 합리적인 의사 결정을 내릴 수 있는 지식과 정보를 얻기 위한 것이다. 이론적이든 또는 실제적이든 간에 조사연구는 문제를 해결하기 위하여 정보를 얻을 목적으로 이루어진다. 체계적인 연구를 하려면 문제 해결의 절차가 논리적으로 정연하여야 하며, 연구의 자료 및 결과가 타당성과 신뢰성을 가지고 있어야 한다. 다시 말하면, 자의적인 주관성을 배제하면서 경험적이고 객관적인 사실에 근거한 연구가 돼야 한다.

연구를 수행하는 데 있어 정보 획득에 필요한 기법이나 도구 등은 많이 개발되어 있다. 특히 컴퓨터의 자료 처리 능력 덕분에 방대한 자료를 신속하게 정보화할 수 있다. 그리고 전산 시스템을 이용한 새로운 계량분석 기법 및 통계분석 기법이 개발되어 있다. 이뿐만 아니라 의사소통 방법과 측정 기법도 많이 개선되고 있다. 이러한 분석 기법의 개선은 경영, 경제, 의학, 생물 등의 연구 분야에 커다란 영향을 주고 있다.

그러면 연구 과제가 주어졌을 때 어떠한 절차를 통하여 연구를 진행할 것인가를 생각하여 보자. 체계적인 연구 절차를 다섯 단계로 구분해 보면 다음과 같다.

> **(1) 문제의 제기**
> **(2) 연구의 설계**
> **(3) 자료의 수집**
> **(4) 결과의 분석 및 해석**
> **(5) 보고서 작성, 보고**

첫째, 문제의 제기란 실질적인 중요성과 적합성을 고려하여 문제를 제기하는 것을 의미한다. 연구 임무를 부여받은 연구자는 주어진 문제가 연구할 만한 가치가 있는지 여부를 우선 검토하여야 하며 또한 이에 대한 지식도 가지고 있어야 한다. 이렇게 하여야만 논리성이 정립되는 기초가 마련된다. 예를 들어, 어느 가전제품 회사에서는 유통 마진이 최근 계속 떨어지고 있어 이에 대한 대책을 수립한다고 하자. 연구자는 유통이나 소비자에 관한 책, 간행물, 회사 서류 등을 통하여 또는 유사한 연구 내용을 알고 있는 사람과의 면접을 통하여 이 연구가 가치 있는지 여부를 판단한다. 일반적으로 보면, 문제를 제기하고 인식하는 단계에서는 예비적인 조사를 통하여 연구 과제에 대한 지식을 얻는다.

둘째, 문제가 인식되면 연구 설계의 단계에 들어간다. 연구 설계는 연구 과제에 관련된 정보의 원천이나 종류를 명확히 밝히는 계획이며, 또한 자료의 수집 및 분석 방법을 계획한다. 앞의 가전제품 회사 연구자는 유통 관리에 관한 문헌 조사를 계획하며 이 이론을 바탕으로 중요 품목의 제조-보관-판매-배달의 실태를 면담이나 설문지를 통하여 직접 자료 수집할 것을 고려할 것이다. 분석 방법으로는 통계적 기법이나 계량적 기법의 이용을 설계할 것이다.

셋째, 자료 수집 단계에서는 실제 자료를 모으게 된다. 자료 수집의 방법은 한곳에서 얻을 수 있는 비교적 간단한 내용부터 시작하여 수개월 혹은 수년 동안 전국적으로 많은 사람을 인터뷰하여 얻은 내용까지 다양하다. 자료의 원천은 책이나 간행물 같은 것이 있는가 하면 대상을 직접 관찰 또는 조사하여 얻는 방법도 있다.

넷째, 원하는 자료가 다 모아지면 통계 패키지를 이용하여 분석하고 변수들의 연관성을 조사한다. 그리고 연구 목적에 맞추어 발견한 내용을 해석한 후에 보고서를 작성한다. 앞의 가전제품 회사 연구자의 경우에는 수집된 자료를 바탕으로 원가 절감 또는 유통이나 소비자에 대한 서비스 개선 방안을 작성하여 회사에 제출할 것이다.

다섯째, 결과 분석 및 해석의 단계가 끝나면 보고서를 작성하여 조사 의뢰자 및 이해 관계자에게 보고해야 된다. 보고는 간단명료하면서 조사 의뢰자의 가려운 곳을 긁어 줄 수 있어야 한다.

3.2 설문지 작성

연구자가 연구 목적을 이루기 위하여 사용하는 자료의 획득 방안을 두 가지 정도 생각해 보자. 첫째는 공인된 기관에서 발표한 자료들을 사용하는 것이고, 둘째는 자신이 직접 연구 목적에 적합한 방법을 사용해서 수집하는 것이다. 대부분 연구자는 자신의 연구 목적을 달성하기 위하여 관찰치들이 지닌 속성을 직접 측정해야 하는 상황에 직면한다. 특히 연구 대상이 인간의 심리적인 것에 관한 경우, 환경을 통제하고 실험해야 하는 경우, 또는 연구 대상 자체가 특수한 사례에 관한 연구일 경우에 더욱 그렇다. 여기에서는 면접법, 관찰법, 설문지법 등의 세 가지 방법을 설명하는데 이중에서 설문지법에 대하여 추가적으로 기술한다. 각 측정 방법은 경비와 시간상의 제약 그리고 연구자의 주관성 정도 등으로 인하여 장단점을 지니고 있다.

1) 면접법

전문가의 의견을 수집하거나 경험자의 경험담이 필요한 경우, 또는 심리학적으로 보다 상세한 자료가 요구되는 경우에 사용된다. 이 방법의 제약점은 시간과 비용이 많이 들고 면접 전문가를 구하는 것이 어렵다는 것이다. 연구 목적에 필요한 항목들을 객관적으로 획득할 수 있는 전문가를 구한다는 것은 상당히 어려운 일이다.

2) 관찰법

이는 연구자가 상황을 통제하거나 또는 자연스러운 상태에서 발생하는 상황들을 직접 관찰하고 그 변화의 정도를 기록하는 방식이다. 이 방법도 면접법과 마찬가지로 비용과 시간의 제약이 따르며 가장 큰 문제로는 피실험자가 자신이 관찰당하고 있다는 의식을 가짐으로써 본래의 자연스러운 행위가 아닌 조작된 행동을 하기 쉽다. 이 방법은 공학적 또는 생물학적 실험실 방법에서 유용하다고 할 수 있다.

3) 설문지법

사회과학 연구에서 가장 많이 사용되고 있는 방법으로서 시간과 경비라는 경제적인 측면에서는 우수성을 지니고 있으나, 설문 작성에 기술적 어려움이 많으며 상당 수준의 전문 지식이 필요하다. 우수한 설문이 되기 위해서는 연구자의 연구 의도가 응답자에게 드러나지 않아야 한다. 그 뿐만 아니라 연구하고자 하는 속성을 정확히 표현하고 그 측정치를 부여하는 방식과 내적 타당성을 지녀야 한다. 연구의 기본 가설에 대한 충분한 사전 연구가 있어야만 우수한 설문이 나올 수 있다는 사실을 명심할 필요가 있다.

그런데 최근 연구에 사용되는 설문지들을 보면 기본 가설에 대한 충분한 이론적 연구가 부족해서인지, 설문 문항수가 지나치게 많고 설문이 무엇을 겨냥하고 있는지 설문 자체를 이해하기 어려운 경우도 있다. 심지어는 응답자를 불쾌하게 만들기도 한다. 좋은 설문지를 만들려면, 조사에 들어가기 전에 우선 주위 사람들을 대상으로 몇 번 예비 설문을 실시하고 수정 보완하는 절차가 반드시 필요하다. 설문지 작성의 주의점을 간단하게 약술하면 다음과 같다.

첫째, 너무 많은 설문 문항은 응답자를 지치게 만든다. 설문지에 의하여 집계된 자료의 생명은 신뢰성, 즉 응답자의 성실성이다. 이를 끝까지 유지하기 위해서는 문항수가 적절해야 한다. 특히 그것이 개인의 가치관, 태도 또는 심리적인 것인 경우에는 문항의 수가 20~30개 또는 10~15분의 응답 분량 정도의 문항으로 구성하는 것이 좋다.

둘째, 추상적인 어휘를 피한다. 피설문자가 질문의 내용을 분명하게 알 수 있도록 구체적인 낱말을 사용해야 하며, 필요하다면 예를 들어서라도 충분한 설명이 되어야 한다. 특히 하부속성을 많이 지니는 용어들은 주의 깊게 사용하여야 한다. 예를 들어 민주화라는 단어는 그 안에 내포되어 있는 의미가 매우 포괄적이기 때문에 이러한 단어를 문항에 직접 사용하는 것은 피해야 할 것이다.

셋째, 응답 방식은 연구 목적과 사용할 분석 방법과 조화를 이루어야 한다. 즉 설문에 응답하는 방식을 4개 문항 중에서 하나만을 고르도록 할 것인지, 4개 전부의 순위를 정하라고 할 것인지, 또는 이중에 2개만을 고르도록 할 것인지 등을 결정해야 한다. 순위와 관계없이 2개를 고르는 경우에는 분석할 수 있는 기법 및 자료를 입력하는 방식에 영향을 주게 된다.

넷째, 설문의 시작과 끝을 부드럽게 한다. 설문지 첫 문항부터 응답자의 극히 개인적인 신상에 관한 질문으로 시작하면 응답자에게 불쾌감을 줄 수 있다. 따라서 첫 부분은 비교적 저항감이 적은 설문부터 시작하고 마감을 잘하는 것이 좋다.

다섯째, 대조적인 설문은 거리를 두어서 배치한다. 설문의 의도가 노출되어 발생하는 응답자의 왜곡을 막기 위해서 대조적인 설문 문항은 가급적 회피해야 한다. 물론 통계적으로 응답 태도의 진위를 가리기 위하여 대조 설문을 사용하는 경우가 있는데 이러한 경우에도 대조적인 문항은 가급적 공간적 거리를 두는 것이 응답 왜곡을 방지할 수 있다.

여섯째, 기존 연구에서 사용한 설문을 응용한다. 아주 특수한 경우가 아니면 기존의 연구에서 사용한 문항들은 기본 가정에서 어긋나지 않는 범위 내에서 응용하는 것이 좋다. 어떤 설문이 기존의 많은 연구에서 사용되어 왔다는 것은 경험적으로 보아 그 항목으로 측정하고자 하는 속성을 비교적 잘 반영하는 내적 타당성을 지니고 있다는 것을 의미한다.

일곱째, 설문의 내용이 응답자와 조화를 이루어야 한다. 연구자가 조사하고자 하는 속성을 응답자가 지니고 있거나 알고 있어야 한다. 예를 들어, 고등학생에게 그 집안의 한 달 평균 수입이나 소득 계층을 묻거나 부모에게 학생들의 용돈 사용처를 묻는 것은 설문이 잘못된 것이 아니라 응답자를 잘못 선택한 것이다.

여덟째, 사전 조사를 통해 응답자가 응답하기 어려워하는지 여부를 확인하고 질문을 수정하거나 삭제한다. 사전 조사를 통해 응답하기 곤란한 문항이나 까다로운 항목은 삭제함으로써 정확한 정보를 수집하여야 한다.

지금까지 조사연구의 절차와 주요 자료 수집법에 대하여 비교적 간단히 설명하였다. 조사 연구의 문제 해결을 위해서는 자료 수집 및 분석 단계를 거치게 된다. 이것은 조사연구의 신빙 성을 객관적으로 입증하려면 반드시 자료를 통하여야 한다는 의미이다. 자료는 어떤 대상에 대한 실험 또는 관찰의 결과로 얻어진 기본적인 사실들로 이루어져 있다. 자료를 체계적으로 수집하려면 이에 관련된 개념을 잘 알아 둘 필요가 있다.

3.3 자료 측정과 척도

1) 의의 및 측정

자료는 통계분석의 원재료이다. 필요한 자료를 수집하여 그것이 정확한가 혹은 사용 가능한가에 대하여 평가를 하지 않은 채로 실시한 통계분석은 신뢰할 만한 것이 못된다. 올바른 연구를 위해서는 적절한 자료를 수집하여야 한다. 자료에는 조직 내부용에서 수집하는 일상적인 것이 있으며, 정부 또는 사설 기관에서 수집하는 경제 및 사회 분야에 관한 것도 있다. 이와 같이 자료란 대상 또는 상황을 나타내는 상징으로서 수량, 시간, 금액, 이름, 장소 등을 표현하는 기본 사실들의 집합을 뜻한다.

적절한 자료를 얻으려면 관찰 대상에 내재하는 성질을 파악하는 기술이 있어야 한다. 이를 위해서는 규칙에 따라 관찰 대상에 대하여 기술적으로 수치를 부여하게 되는데, 이것을 측정이라고 한다. 여기서 규칙이란 어떻게 측정할 것인가를 정하는 것을 의미한다. 예를 들어, 세 종류의 자동차에 대하여 개인적인 선호도를 조사한다고 하자. 자동차에 대하여 개별적으로 좋다-보통이다-나쁘다 중에서 하나를 택하게 할 것인가 혹은 좋아하는 순서대로 세 종류에 대하여 순위를 매길 것인가 등의 여러 가지 방법을 고려해 볼 수 있다. 이와 같이 측정이란 관찰 대상이 가지는 속성의 질적 상태에 따라 값을 부여하는 것을 뜻한다.

2) 척도

측정 규칙의 설정은 척도의 설정을 의미한다. 척도란 일정한 규칙을 가지고 관찰 대상을 측정하기 위하여 그 속성을 일련의 기호 또는 숫자로 나타내는 것을 말한다. 즉, 척도는 질적인 자료를 양적인 자료로 전환시켜 주는 도구이다. 이러한 척도의 예로써 온도계, 자, 저울 등이 있다. 척도에 의하여 관찰 대상을 측정하면 그 속성을 객관화시킬 수 있으며 본질을 명백하게 파악할 수 있다. 그뿐만 아니라 관찰 대상들을 서로 비교할 수 있으며 그들 사이의 일정한 관계를 알 수 있다. 관찰 대상에 부여한 척도의 특성을 아는 것은 중요하다. 척도의 성격에 따라서 통계분석 기법이 달라질 수 있으며, 가설 설정과 통계적 해석의 오류를 사전에 방지할 수 있기 때문이다.

척도는 측정의 정밀성에 따라 명목척도, 서열척도, 등간척도, 비율척도로 분류한다. 이를 차례로 설명하면 다음과 같다.

(1) 명목척도

명목척도는 단지 구분을 목적으로 사용되는 척도이다. 이 숫자는 양적인 의미는 없으며 단지 자료가 지닌 속성을 상징적으로 차별하고 있을 뿐이다. 따라서 이 척도는 관찰 대상을 범주로 분류하거나 확인하기 위하여 숫자를 이용한다. 예를 들어, 회사원을 남녀로 구분한다고 하자. 남자에게는 1 여자에게는 2를 부여한 경우에, 1과 2는 단순히 사람을 분류하기 위해 사용된 것이지 여성이 남성보다 크다거나 남성이 여성보다 우선한다는 것을 의미하지는 않는다. 명목척도는 측정 대상을 속성에 따라 상호 배타적이고 포괄적인 범주로 구분하는 데 이용한다. 이것에 의하여 얻어진 척도값은 네 가지 척도의 형태 중에서 가장 적은 양의 정보를 제공한다.

(2) 서열척도

서열척도는 관찰 대상이 지닌 속성의 순서적 특성만을 나타내는 것으로 그 척도 사이의 차이가 정확한 양적 의미를 나타내는 것은 아니다. 예를 들어 좋아하는 운동 종목을 순서대로 나열한다고 하자. 1순위로 선정된 종목이 야구이고 2순위가 축구라고 할 때, 축구보다 야구를 2배만큼 좋아한다고 할 수는 없다. 이것이 의미하는 것은 단지 축구보다 야구를 상대적으로 더 좋아한다는 것뿐이다. 이 척도는 관찰 대상의 비교 우위를 결정하며 각 서열 간의 차이는 문제 삼지 않는다. 이들의 차이가 같지 않더라도 단지 상대적인 순위만 구별한다. 이 척도는 정확하게 정량화하기 어려운 소비자의 선호도 같은 것을 측정하는 데 이용된다.

(3) 등간척도

등간척도는 관찰치가 지닌 속성 차이를 의도적으로 양적 차이로 측정하기 위해서 균일한 간격을 두고 분할하여 측정하는 척도이다. 대표적인 것으로 리커트 5점 척도와 7점 척도가 있다. 이 5점 척도에서 1과 2, 4와 5 등의 각 간격의 차이는 동일하다. 등간척도에서 구별되는 단위 간격은 동일하며, 각 대상을 크고 작은 것 또는 같은 것으로 그 지위를 구별한다. 속성에 대한 순위는 부여하되 순위 사이의 간격이 동일하다. 측정 대상의 위치에 따라 수치를 부여할 때 이 숫자상의 차이를 산술적으로 다루는 것은 의미가 있다.

(4) 비율척도

비율척도는 앞에서 설명한 각 척도의 특수성에다 비율 개념이 첨가된 척도이다. 연구조사에서 가장 많이 사용되는 척도로 절대적 0을 출발점으로 하여 측정 대상이 지니고 있는 속성을 양적 차이로 표현하고 있는 척도이다. 이 척도는 서열성, 등간성, 비율성의 세 속성을 모두 가지고 있으므로 곱하거나 나누거나 가감하는 것이 가능하며, 그리고 그 차이는 양적인 의미를 지니게 된다. 이 척도는 거리, 무게, 시간 등에 적용된다. A는 B의 두 배가 되며, B는 C의 1/2배 등의 비율이 성립된다. 비율척도에서 값이 영인 경우에 이것은 측정 대상이 아무것도 가지고 있지 않다는 뜻이다.

이상에서 네 가지 종류의 척도에 대하여 알아보았다. 사실 측정 방법은 측정 대상과 조사자의 연구 목적에 따라 달라지며, 관찰 대상을 측정할 때 어떠한 척도 방법을 선택하는가에 따라 통계 작업이 영향 받는다. 조사연구를 할 때 자료가 지닌 성격을 정확히 파악하는 것도 중요한 일이지만 그러한 속성을 고정적인 것으로 보고 그 틀에 갇힐 필요는 없다. 자료의 기본 속성에서 크게 벗어나지 않는다면 연구 목적을 위해서 명목척도와 순위척도를 마치 등간척도나 비율척도처럼 사용하는 경우도 있다. 그러나 위의 네 가지 척도에서 정보의 수준이 높아져 가는 단계를 보면 명목척도, 서열척도, 등간척도, 비율척도의 순서이다. 이것을 표로 나타내면 다음과 같다.

특성 척도	범주	순위	등간격	절대 零
명목척도	유	무	무	무
서열척도	유	유	무	무
등간척도	유	유	유	무
비율척도	유	유	유	유

[표 3-1] 네 가지 척도의 정보 특성

명목척도와 서열척도로 측정된 자료는 비정량적 자료 또는 질적 자료라고 하며, 한편 등간 척도와 비율척도로 측정된 자료는 정량적 자료 또는 양적 자료라고 한다. 비정량적 자료에 적용 가능한 방법은 비모수 통계기법이며, 정량적 자료에는 모수 통계기법이 이용된다. 자료의 성격에 적합한 분석 기법을 선택하는 것은 중요하다. 비모수 통계분석은 주로 순위자료와 명목 자료로 측정된 자료에 대한 통계적 추론에 이용되는 분석 방법이다. 그러나 주로 사용하는 통계기법은 모수 통계분석인데, 이것은 주로 양적 자료를 대상으로 표본의 특성치인 통계량을 이용하여 모집단의 모수를 추정하거나 검정하는 분석 방법이다.

3.4 모형 설정

최근 자료 처리 방법 및 연구방법론에서는 현상을 구성하는 요소에 초점을 두는 시스템적인 접근이 크게 부각되고 있다. 이뿐만 아니라 이제까지 전개되어 온 여러 연구방법에서의 철학이나 아이디어를 통합하여 각기 다른 상황하에 문제 해결에 초점을 맞추고 있는 상황 적합적 연구방법도 주목을 받고 있다. 이 연구방법은 보편주의적 관리 원칙을 부정하는 입장에서 기업을 개방시스템으로 간주하는 것을 전제로 하며, 경영과 환경적 조건과의 대응 관계를 명확히 하는 데에 주안점을 두고 있다. 자료 처리에서는 현상을 이루는 주요 요인이 추출되며, 이 요인들은 상호 작용하며, 수학적으로 표현되는 것을 가정한다.

1) 모형의 개념과 유형

모형(model)이란 사물이나 현상의 특징을 모아 구성한 것으로서, 인과 관계나 상호 관계를 설명할 수 있는 좋은 수단이 된다. 모형은 전체적 또는 부분적으로 실제 프로세스와 시스템을 나타내며, 특정 변수 또는 요인 사이의 관계를 나타낸다. 모형의 종류를 살펴보면, 다음과 같다.

(1) 언어 모형

언어 모형(verbal model)은 현상을 나타내는 변수 사이의 관계를 문장체로 나타낸 모형을 말한다. 이 모형은 현상에 대한 서술 형식으로 나타낸다.

(2) 도형 모형

도형모형(graphical model)은 변수 사이의 관계를 시각적인 그림을 통해 제공하는 분석 모형을 말한다. 사각형(□), 원(○), 화살표(→), 꺾인 화살표 등으로 나타낸다.

(3) 수리 모형

수리 모형(mathematical model)은 의사 결정에서 가장 광범위하게 사용되는 모형이다. 이는 매우 복잡한 현상을 가정이나 전제를 활용하여 단순화하고, 이에 영향을 미치는 변수를 추출하여 분석하고 이를 특수한 기호로 표시하고 수학적인 방법으로 인과 관계를 표현할 수 있도록 모형화한 것이다. 특히 모형화 과정에서 영향 변수의 추출과 분석은 첫째로 계량화할 수 있는 변수를 우선적으로, 둘째로 영향력이 큰 변수를 우선적으로, 셋째로 소요되는 시간과 비용을 고려하여 영향 변수를 결정하는 것이 일반적이다.

2) 모형 설정

현상을 완벽하게 설명하는 모형을 설정하는 일은 대단히 어려운 일이다. 완벽에 가까운 모형을 설정하기 위해서는 과거의 연구 문헌을 참조하거나 현상에 대해 완전히 이해할 뿐만 아니라 이것을 논리적인 구성을 통해 형상화할 수 있어야 한다.

먼저, 언어 모형의 예를 들어 보자. 한 백화점의 경영자가 고객의 성향을 파악하고자 한다. 고객은 백화점에 대한 특성을 인식한 후, 백화점에 대하여 이해하고 평가하게 된다. 이러한 이해, 평가를 거쳐 선호의 정도를 보인다. 기준점을 넘게 되면 고객은 백화점을 애용할 것이다.

다음으로, 위의 언어 모형 예를 도형 모형으로 나타내면 다음과 같다.

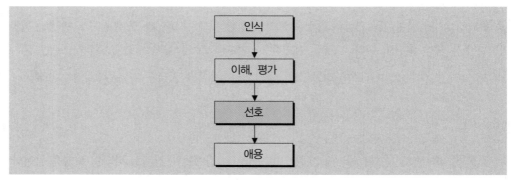

[그림 3-1] 도형 모형의 예

끝으로, 수리 모형의 한 형식으로 나타내려면,

$$y = a_0 + \sum_{i=1}^{n} a_i x_i$$

여기서 $y =$ 선호 정도

$a_0,\ a_i =$ 모수

$x_i =$ 선택 기준에 근거한 백화점 애용 요인

과 같다.

위에서 본 것처럼, 언어, 도형, 수리 모형들은 동일한 현상과 이론적인 틀을 각각 다른 형식으로 제공하고 있다. 특히 도형 모형은 연구 문제를 접근하는 데 있어 개념화를 훨씬 쉽게 할 수 있게 해준다.

언어 모형, 도형 모형, 수리 모형 등을 수립하면, 관련 연구 문제와 가정을 확인하는 데 도움을 준다. 조사의 주요 문제, 조사 질문, 가설, 객관적이고 이론적인 틀, 분석적인 모형 사이의 관계가 다음 그림에 나타나 있다.

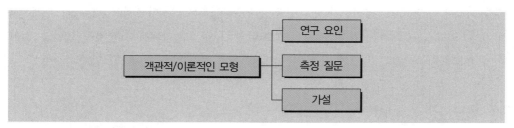

[그림 3-2] 연구 모형과 가설 개발

3.5 가설 설정과 검정

1) 가설의 의미

우리가 수행하는 조사연구의 내용 중에는 기존 또는 새로운 가설을 검정하여 결론을 제시하는 것이 있다. 가설이란 실증적인 증명에 앞서 세우는 잠정적인 진술이며 나중에 논리적으로 검정될 수 있는 명제이다. 그런데 검정 대상이 되는 가설은 반드시 확신에 근거를 두고 있는 것이 아니므로 연구 결과 기각될 수 있으며 또한 수정될 수 있다. 가설에는 귀무가설과 연구가설 두 가지가 있다.

귀무가설: 통계량의 차이는 단지 우연의 법칙에서 나온 표본 추출 오차로 생긴 정도라는 주장이다
(예, H_0: A 정당을 지지하는 유권자의 평균 나이는 35세이다. 또는 H_0: $\mu = 35$).

연구가설: 통계량의 차이는 우연 발생적인 것이 아니라 표본이 대표하는 모집단의 모수와 유의한
차이가 있다는 진술이다(예, H_1: $\mu \neq 35$).

요약하면, 귀무가설은 통계치가 제공하는 확률의 측면에서 평가하는 것이며 연구가설은 논리적 대안으로서 검정하고자 하는 현상에 관한 예측이다. 연구가설은 귀무가설을 부정하고 논리적인 대안을 받아들이기 위한 진술이므로 대립가설 또는 대체가설이라고도 한다. 따라서 이 두 가설은 모집단과 표본을 연결시켜 주는 역할을 한다. 예를 들어, 바둑돌을 오른손으로 두 번 가득 움켜잡은 뒤에 각각의 경우 바둑돌의 평균 무게를 알아보고, 이 바둑돌이 동일한 품질의 모집단에서 나왔는지의 여부를 결정한다고 하자. 논리적으로 보아 첫 번째 경우의 평균 무게와 두 번째 경우의 평균 무게가 비슷하다면 동일한 모집단에서 나왔다고 말할 수 있다. 그러나 임의추출 과정에서 생긴 표본추출오차 때문에 두 경우의 평균 무게는 다를 수 있다. 평균 무게에서 차이가 나더라도 그 차이가 표본추출오차 정도라면 동일한 모집단에서 나온 것이며, 만일 그 차이가 표본추출오차보다 더 크면 서로 다른 모집단에서 각각 나온 것이라고 말할 수 있다.

2) 가설검정의 절차

가설의 채택 또는 기각하는 절차를 **가설검정**이라고 하는데, 가설검정은 연구 실험 또는 실제 상황에서 예측한 것과 결과치를 비교하는 데 쓰인다. 가설검정의 절차에 대하여 간단히 살펴보면 다음과 같다.

① 귀무가설(H_0)과 연구가설(H_1)의 설정
② 유의수준과 임계치의 결정
③ H_0의 채택 영역과 기각 영역 결정
④ 통계량의 계산
⑤ 통계량과 임계치의 비교 및 결론

첫째, 귀무가설과 연구가설은 서로 반대이다. 두 개의 상반된 가설 중에서 어느 것을 귀무가설로 정하고 어느 것을 연구가설로 정할 것인가 하는 문제는 일반적으로 다음과 같다. 현재

까지 주장되어 온 것을 귀무가설로 정하며, 반대로 기존 상태로부터 새로운 변화 또는 효과가 존재한다는 주장을 연구가설로 정하게 된다.

가설검정의 종류는 크게 양측검정과 단측검정으로 나누며, 단측검정은 다시 왼쪽꼬리 검정과 오른쪽꼬리 검정으로 나눈다. 이것을 표로 나타내면 다음과 같다.

양측검정	단측검정	
	왼쪽꼬리 검정	오른쪽꼬리 검정
H_0: $\mu = 35$ H_1: $\mu \neq 35$	H_0: $\mu \geq 35$ H_1: $\mu < 35$	H_0: $\mu \leq 35$ H_1: $\mu > 35$

[표 3-2] 가설검정의 종류

위의 표에서 보면 양측검정은 등호를, 단측검정은 부등호를 가지고 있다. 검정방법을 선택하는 기준은 연구자의 관심에 달려 있다. 연구자의 연구가설에서 모평균이 진술된 값(여기서는 35)과 같지 않다고 주장하면 양측검정을 이용한다. 그리고 모평균이 진술된 값보다 작다면 왼쪽꼬리 검정, 진술된 값보다 크다면 오른쪽꼬리 검정을 이용한다. 양측검정에서는 진술된 가설이 참인가 아닌가만을 밝히며, 단측검정은 증감 방향을 구체적으로 검정한다. 귀무가설은 각각의 연구가설과 반대로 하면 된다. 그러나 유의할 것은 가설의 채택 또는 기각 대상이 귀무가설이라는 점이다.

둘째, 일반적으로 가설검정에서 α의 수준은 $\alpha = 0.10$, 0.05, 0.01 등으로 정한다. 이때 α를 유의수준이라고 한다. 다시 말하면 **유의수준**이란 제1종 오류 α의 최대치를 말한다. "유의하다"라고 할 때, 이것은 모수와 표본통계량의 차이가 현저하여 통계치의 확률이 귀무가설을 부정할 수 있을 만큼 낮은 경우를 뜻한다. 유의수준이 설정되었을 때 가설을 채택하거나 기각시키는 판단 기준이 있어야 하는데, 이 값을 임계치(臨界値)라고 한다. $\alpha = 0.05$ 수준에서 $P < 0.05$로 표기할 수 있는데, 이것은 계산된 확률 수준이 0.05보다 작으면 귀무가설을 기각시킨다는 의미이다. 이때 통계적으로 유의하다라고 해석한다. 만일 $P < 0.01$이면 매우 유의하다라고 한다. 여기서 P값은 귀무가설을 가정했을 때 주어진 표본 관측 결과 이상으로 귀무가설에서 먼 방향의 값이 나올 확률이다.

가설검정을 시행할 때에는 두 가지 오류를 범할 수 있다. 실제로 올바른 가설을 기각시키는 경우 또는 그릇된 가설을 채택하는 경우이다. 예를 들어, 무죄의 피의자를 유죄로 선고한다든지, 또는 유죄의 피의자를 무죄로 선고하는 경우이다. 전자의 경우를 제1종 오류라고 하여 α로 나타내고, 후자의 경우는 제2종 오류라고 하여 β로 나타낸다. 이 오류를 쉽게 설명하기 위하여 귀무가설의 검정결과에 대해 의사 결정을 하는 경우를 표로 나타내면 [표 3-3]과 같다.

실제 상태 \ 의사 결정	올바른 H_0	그릇된 H_0
H_0 채택	올바른 결정	제2종 오류, β 오류
H_0 기각	제1종 오류, α 오류	올바른 결정

[표 3-3] 두 종류의 오류

$$P(제1종\ 오류)=P(H_0\ 기각 \setminus H_0\ 진실)=\alpha$$
$$P(제2종\ 오류)=P(H_0\ 채택 \setminus H_0\ 거짓)=\beta$$

끝으로, 세 종류의 검정방법에서 H_0의 채택 및 기각 영역을 그림으로 나타내고, 계산된 통계량을 임계치에 기준해서 비교할 때에 귀무가설(H_0)이 어떻게 채택 또는 기각되는가를 살펴보자.

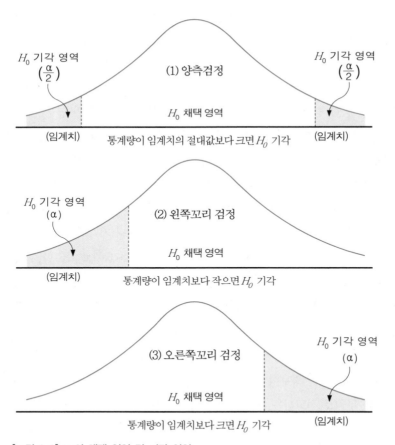

[그림 3-3] H_0의 채택 영역 및 기각 영역

3.6 자료 처리 분석 절차

연구자가 자신의 연구 목적을 달성하기 위하여 통계기법을 사용하고자 하는 경우에 다음과 같은 일반적인 절차를 거치게 된다.

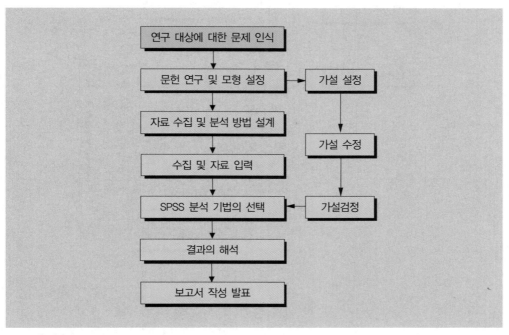

[그림 3-4] 통계분석 절차

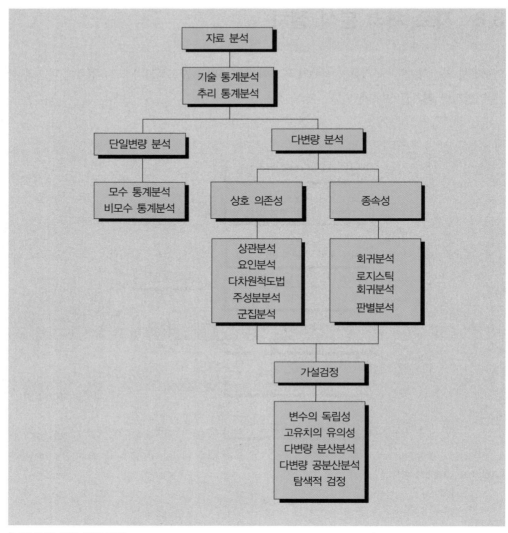

[그림 3-5] 자료 분석 방법

SPSS

4장 빈도분석

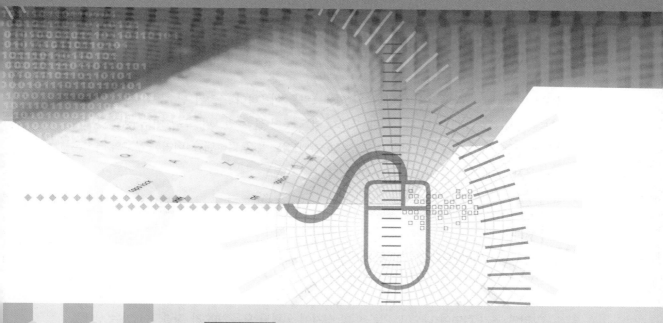

연구자는 각종 통계분석에 앞서 측정된 변수들이 지닌 분포의 특성을 알아볼 필요가 있다. 여기서 분포의 특성이란 자료가 어느 지점에 몰려 있는 정도, 또는 흩어져 있는 정도를 말한다.

1. 분포의 특성을 이해하기 위해서 평균, 분산을 이해한다.
2. 정규분포, 첨도, 왜도에 관한 내용을 설명할 수 있다.
3. 자료가 정규분포를 보이지 않을 경우, 막대그림의 구간 수정하여 정규분포화하는 방법을 실시할 수 있다.

4.1 연구 상황

마케팅실에 근무하는 김 대리는 마케팅실장으로부터 판매 중인 휴대폰 만족도에 대한 설문지 조사 결과를 검토하라는 지시를 받았다. 그는 우선 응답한 사람들의 연령층에 대한 분포를 조사하여 다음 날까지 보고하기로 하였다.

4.2 빈도분석 실행

빈도분석(Frequency Analysis)은 도수분포나 막대그림을 이용하여 측정된 변수들이 지닌 분포의 특성을 알게 해준다. 분포의 특성이란 자료가 어느 곳에 몰려 있으며, 또한 어느 정도 흩어져 있으며, 정규분포를 기준으로 어느 정도 뾰족한지의 정도 등을 나타낸다. 이러한 분포의 특성은 평균, 분산 등과 같은 수치로 파악할 수 있다.

> **분석(A)**
> 　　　　**기술통계량 ▶ 빈도분석(F)...**

그러면 초기 화면이 나오고, 왼쪽 대화 상자에 입력된 모든 변수가 정렬되어 있는 상태로 보인다.

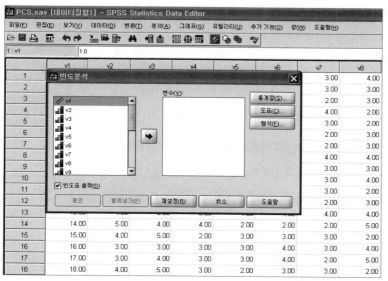

[그림 4-1] 빈도분석의 초기 화면   [데이터: PCS.sav]

여기에서 변수 v17(연령)을 지정한 후, ⬇를 클릭하면 다음과 같은 화면을 얻을 수 있다.

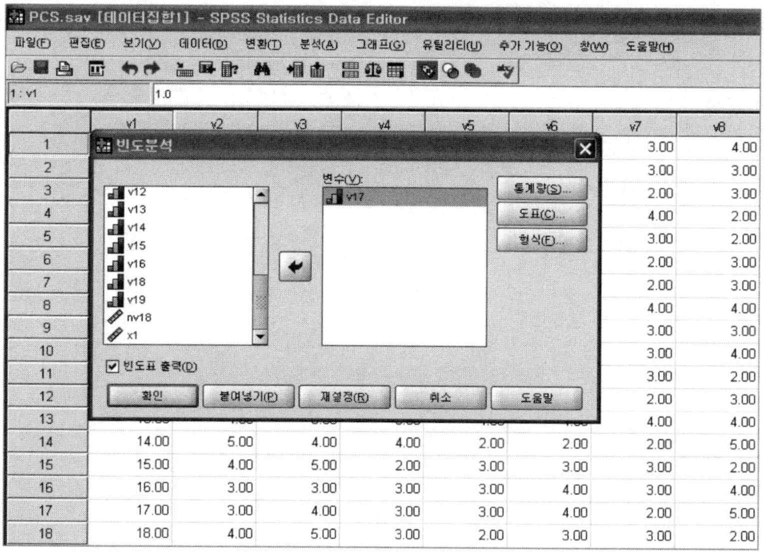

[그림 4-2] 빈도분석 화면

[그림 4-2]의 왼쪽 상단을 보면, ⎡통계량(S)...⎤ , ⎡도표(C)...⎤ , ⎡형식(F)...⎤ 등 세 개의 분석 단추

가 있다. 각각의 분석 단추를 통하여 필요한 정보를 얻는다. 이를 차례로 설명하면 다음과 같다.

1) 통계량 구하기

빈도분석에서 통계량을 얻기 위해 통계량(S)... 단추를 누르면, 다음 화면이 나온다.

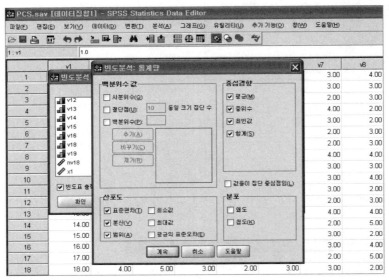

[그림 4-3] 빈도분석 통계량 상자

위 화면에서 백분위수 값, 중심경향, 산포도, 분포 등을 볼 수 있다. 그림에서처럼 중심경향, 산포도, 분포에 해당한 통계량을 지정한다. 이에 대한 내용은 [표 4-1]과 같다.

선택란	설명 내용
백분위수 값	□가 있어 2개 이상을 선택 가능
□ 사분위수(Q)	사분위수로서 25번째, 50번째, 75번째 비율을 출력
□ 절단점(U) □ 동일크기 집단수	전체 케이스를 지정한 수만큼의 동일 집단으로 나누는 기준값들 2와 10 사이 크기를 입력할 수 있음
□ 백분위수(P):	프로그램 사용자가 0과 100 사이의 값을 입력할 수 있으며, 입력 후 추가 단추를 누르면 된다.
중심경향	2개 이상 선택 가능
□ 평균(M)	산술 평균: 관찰치 전체를 합한 후에 자료의 관찰치 총 개수로 나눈 값
□ 중위수	중앙값: 데이터를 순서대로 배열한 상태의 정중앙값
□ 최빈값	자료의 분포에서 빈도수가 가장 높은 관찰치
□ 합계(S)	변수들의 총합
□ 값들이 집단 중심점임(L)	변수집단의 중앙값
산포도	
□ 표준편차(T)	분산의 제곱근
□ 분산(V)	각 편차 제곱의 합을 관찰치의 수로 나눈 값
□ 범위(A)	데이터의 최대값과 최소값의 차
□ 최소값	데이터의 최소값
□ 최대값	데이터의 최대값
□ 평균의 표준오차(E)	표본평균의 분산에 제곱근을 취한 표준편차
분포	2개 이상 선택 가능
□ 왜도	왜도: 분포의 편중(치우침)
□ 첨도(K)	첨도: 분포의 뾰족한 정도

[표 4-1] 빈도분석의 통계량 선택

2) 도표 그리기

다음으로 [그림 4-3]에서 원하는 통계분석을 선택한 후, [계속] 단추를 누르면, [그림 4-2] 화면이 나타난다. [도표(C)...] 단추를 클릭하면, [그림 4-4]와 같은 화면을 얻을 수 있다.

[그림 4-4] 빈도분석 도표 그리기 상자

위 화면에 나타난 도표 상자의 내용은 다음 표를 참조하면 된다.

선택란	설명 내용
도표 유형	□가 있어 2개 이상을 선택 가능
○ 없음	도표를 지정하지 않은 경우 디폴트(Default)
○ 막대도표(B)	막대그림표
○ 원도표(P)	원도표
◉ 히스토그램(H)	막대그림표
☑ 정규곡선 표시(W)	막대그림표를 나타내면서 정규분포 곡선을 그린다.
도표화 값	원도표를 누르면 나타나는 도표화 값
◉ 빈도(F)	빈도를 나타냄
○ 퍼센트	퍼센트

[표 4-3] 빈도분석의 도표

위 화면에서 ◉ 히스토그램(H)을 선택하면 자동적으로 ☑ 정규곡선 **표시(W)**가 지정되는데, 여기서 계속 단추를 누르면 막대그림표를 나타낸다.

3) 출력 결과 형식 정하기

빈도분석의 결과를 원하는 대로 출력하기 위해서는, [그림 4-2]의 빈도분석 화면에서 형식(F)... 을 선택하면 된다.

[그림 4-5] 출력 결과 형식 정하기

[표 4-4]는 위 화면의 내용을 자세히 설명한 것이다.

선택란	설명 내용
출력순서	아래 항목 중에서 한 가지를 선택하면 된다.
◉ 변수값 오름차순(A)	변수를 오름차순으로 배열
○ 변수값 내림차순(D)	변수를 내림차순으로 배열
○ 빈도값 오름차순(E)	빈도수에 따른 오름차순 정리
○ 빈도값 내림차순(N)	빈도수에 따른 내림차순 정리
다중변수	여러 변수를 처리하는 방법
◉ 변수들 비교(C)	여러 변수에 대한 통계표를 만들어 비교하는 방법
○ 각 변수별로 출력 결과를 나타냄(O)	각 변수별로 출력 결과를 나타내는 방법
☐ n 범주 이상은 표에 출력하지 않음(T) 최대 범주 수(M)	☐개에 지정된 값 이상의 변수는 표에 나타나지 않음을 나타냄. 최대 범주 수는 10임.

[표 4-4] 빈도분석 출력 형식

위 화면에서는 예를 들어, ◉ 변수값 오름차순(A)(디폴트임)을 선택한 후, [계속] 단추를 클릭하면 [그림 4-2] 화면으로 되돌아간다.

이상에서 본 바와 같이, 사용자가 [통계량(S)...], [도표(C)...], [형식(F)...] 등에 관하여 각각 필요한 정보를 선택한 후, [확인] 단추를 누르면 다음의 결과를 얻는다.

4.3 결과 설명

다음은 SPSS 실행 결과를 나타낸 것이다.

→ 결과 4-1 빈도분석의 통계량

통계량

v17

N	유효	28
	결측	2
평균		32.1786
중위수		31.0000
최빈값		30.00[a]
표준편차		5.67028
분산		32.152
왜도		.372
왜도의 표준오차		.441
첨도		-.211
첨도의 표준오차		.858
범위		23.00
합계		901.00

a. 여러 최빈값이 있습니다. 가장 작은 값이 나타납니다.

[결과 4-1]의 설명

[유효 28] 조사 대상자 30명 중 v17(연령) 문항에 응답한 숫자가 28명이다.

[결측 2] 조사 대상자 중 2명이 무응답을 한 경우를 나타낸다.

[평균 32.18] 조사 대상자의 평균 x16(연령)은 32.18세이다.

[중위수 31.00] 중앙값은 31.0세이다.

[최빈값 30] 최빈값은 30세이다.

[표준편차 5.67] 분포의 표준편차는 5.67세이다.

[분산 32.15] 분포의 분산은 32.15세이다.

[첨도 -.211] 첨도는 평균값을 중심으로 한 분포의 밀도를 나타낸다. 현재 -0.211로서 정규분포보다 넓게 확산되어 있음을 나타내고 있다. 첨도의 절대값이 0에 가까울수록 정규분포와 유사한 형태를 보이며, +값은 정규분포보다 좁게 밀집되어 뾰족한 분포 형태를 보이고, -값은 그

반대 형태의 분포를 보인다(다음의 [그림 4-6] 참조).

[왜도 0.372] 왜도는 분포의 편중(치우침)을 나타낸다. 현재 +0.372로서 오른쪽꼬리 분포를 보인다. 왜도의 절대값이 0에 가까울수록 정규분포와 유사한 대칭 모습을 보이고, +값은 오른쪽꼬리 분포를 보이고, −값은 왼쪽꼬리 분포를 보인다[그림 4-7] 참조).

[범위 23.00] 최소값과 최대값의 차이는 23세이다.

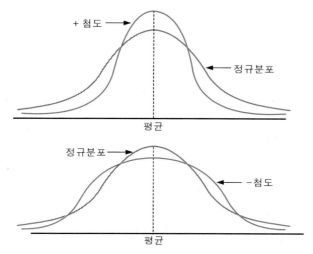

[그림 4-6] **정규분포와 첨도**

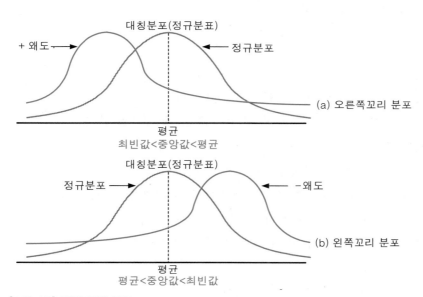

[그림 4-7] **정규분포와 왜도**

v17		빈도	퍼센트	유효 퍼센트	누적퍼센트
유효	22.00	1	3.3	3.6	3.6
	23.00	1	3.3	3.6	7.1
	25.00	1	3.3	3.6	10.7
	26.00	1	3.3	3.6	14.3
	27.00	1	3.3	3.6	17.9
	28.00	3	10.0	10.7	28.6
	30.00	4	13.3	14.3	42.9
	31.00	3	10.0	10.7	53.6
	32.00	2	6.7	7.1	60.7
	34.00	1	3.3	3.6	64.3
	35.00	4	13.3	14.3	78.6
	37.00	1	3.3	3.6	82.1
	39.00	1	3.3	3.6	85.7
	40.00	2	6.7	7.1	92.9
	42.00	1	3.3	3.6	96.4
	45.00	1	3.3	3.6	100.0
	합계	28	93.3	100.0	
결측	시스템 결측값	2	6.7		
합계		30	100.0		

[결과 4-2]의 설명

[유효] v17(연령)의 관찰치는 22세에서부터 45세까지 나타난다.

[빈도] 실제값이 나타나는 빈도 또는 도수이다. 여기서 22세는 1명뿐임을 알 수 있다.

[퍼센트] 전체 관찰치 개수 중에서 22라는 도수가 차지하는 백분율을 나타낸다. 총 30명 중에서 22세는 1명뿐이며 이를 퍼센트로 나타내면 1/30＝3.3%이다

[유효 퍼센트] 자료에 응답치가 없는 경우, 즉 결측값(무응답치)이 두 개 있으므로 전체를 28명으로 간주하여 유효한 백분율을 계산한다. 22세의 경우 1/28＝3.6%이다.

[누적 퍼센트] 누적 백분율을 의미한다. 예컨대, 25세의 10.7퍼센트는 22, 23, 25세의 각각 유효 퍼센트를 합계한 백분율이다.

[시스템 결측값] 결측값(무응답치)은 2로 전체의 6.7%이다.

▶ 결과 4-3 히스토그램

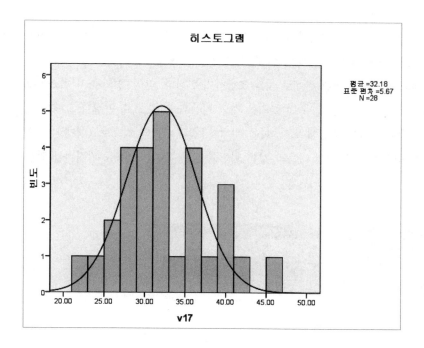

히스토그램

평균 =32.18
표준 편차 =5.67
N =28

v17

[결과 4-3]의 설명

[빈도]   빈도수를 의미한다.

[표준편차]   표준편차는 5.67세이다.

[평균]   조사 대상의 평균 나이는 32.2세이다

[N]   전체 응답 인원수 28명을 나타낸다.

　　빈도분석은 원시 자료를 디폴트(초기 지정값) 상태로 알아보는 것도 의미가 있으나, 연구자
의 연구 목적에 합당하게 정리하는 것이 더욱 중요하다. 일반적으로 말해서, 자료가 종 모양의
대칭분포, 즉 정규분포를 가지도록 하는 것이 바람직하다. 여기서는 종 모양의 대칭분포를 보임
을 확인할 수 있다.

4.4 도표 편집기 실행

지금도 마찬가지만 앞으로도 프레젠테이션 능력과 문서 작성 능력은 더욱 강조될 것이다. 여기서는 도표가 보다 돋보이도록 작성하는 방법을 몇 가지 언급할 예정이다.

　　앞의 히스토그램의 간격이 조밀한 관계로 이를 조정하기로 한다. 앞의 [결과 4-3] 히스토그램의 막대그림표에 마우스를 올려놓고 두 번 클릭을 하면 다음과 같은 도표 편집기 그림을 얻을 수 있다. 히스토그램의 구간을 조정해 보자. 이를 위해서 [결과 4-3]의 히스토그램에 마우스를 올려놓고 두 번 클릭을 한다. 그러면 다음과 같은 화면을 얻을 수 있다. 도표 편집기를 얻을 수 있다.

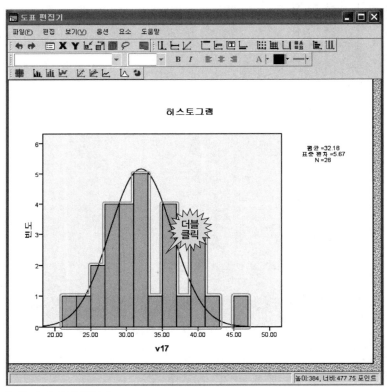

[그림 4-7] 도표 편집기

　　다시 히스토그램에서 마우스로 연속해서 두 번을 클릭을 하면 다음과 같은 도표 편집기 그림을 얻을 수 있다. 히스토그램의 구간을 조정해 보자. 이를 위해서 [결과 4–3]의 히스토그램에 마우스를 올려놓고 두 번 클릭을 한다. 그러면 다음과 같은 특성 화면을 얻을 수 있다.

[그림 4–8] 특성 화면

여기서 ⎡히스토그램 옵션⎤을 선택하여 X축을 선택하고 ⦿ 구간 수(N)를 다섯 개의 구간으로 좁히기 위해서 '5'를 입력한다. 그리고 ⎡적용⎤ 단추를 누르면 다음과 같은 구간이 조정된 히스토그램을 얻을 수 있다.

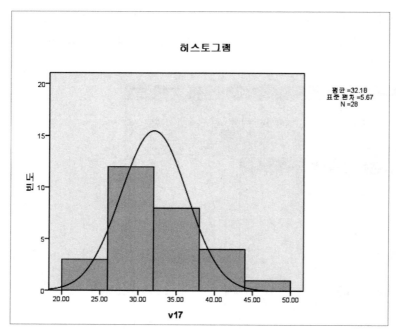

[그림 4-10] 조정된 히스토그램

도표 편집기 창에는 파일, 편집, 보기, 도표, 그리고 도움말 단추가 있다. 파일 단추는 양식을 저장하거나 XML로 도표 내보내기 등을 실행할 수 있다. 편집 단추는 그림을 보다 세련되게 꾸밀 수 있게 해주며 보기는 화면에 나타나는 그림 단추들의 표시를 나타낸다. 도표는 그림을 다양한 형태로 바꿀 수 있도록 한다. 도움말에서는 SPSS와 관련된 정보를 얻을 수 있다.

각자 시험 삼아 각 기능키를 확인하면서 연습해 보기 바란다.

SPSS

5장 교차분석과 복수 응답 처리 분석

학습 목표

연구자가 복잡한 자료를 상황표로 만들어서, 변수 사이의 상관 관계를 파악할 수 있는 것이 교차분석이다. 교차분석에서 두 변수가 상호 독립적인지 아니면 관련성이 있는지를 분석하는 것이 카이자승 검정이다. 설문조사 과정에서 응답자들에게 한 가지만을 선택하게 하는 경우, 선택의 폭이 크지 못해 충분한 정보를 획득하기가 어려운 경우가 발생한다. 이런 경우, 응답자들에게 복수 응답을 실시한 후, 이것을 처리하는 방법이 복수 응답 분석법이다.

1. 교차분석의 절차와 해석 방법에 대하여 이해한다.
2. 복수 응답 처리 방법 중 이분형 처리, 다중범주형 처리 방법에 대하여 알아본다.

5.1 연구 상황

김 대리는 부장으로부터 휴대폰 만족도에 관한 조사 자료 중 v5(절차의 신속성)와 v14(성별)에 대한 결과를 쉽게 이해할 수 있도록 분석표를 작성하라는 지시를 받았다. 이에 김 대리는 고심 끝에 SPSS 통계분석상에 교차분석이 있음을 발견하였다. 교차분석을 실행하기 위해서는

분석(A)

　　　　기술통계량 ▶

　　　　　　　　교차분석(C)...

을 진행 순서를 화면으로 나타내면 [그림 5-1] 화면과 같다.

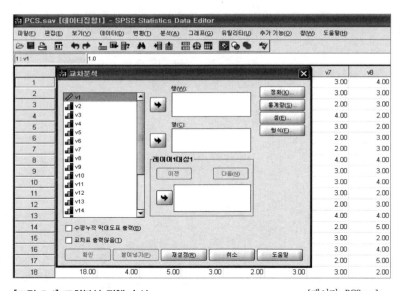

[그림 5-1] 교차분석 진행 순서　　　　　　　　　　　　　　[데이터: PCS.sav]

연구자가 절차의 신속성과 직원의 업무 처리 능력이 서로 연관되어 있는지 여부를 알아보기 위하여, 화면 우측에서 행에 v5(절차의 신속성)를 지정한 후 열에는 v14(성별)를 클릭한다. 일반적으로 행에는 종속변수(v5), 열에는 독립변수(v14)를 위치시킨다. [그림 5-1]을 진행하고 나서, 행과 열에 변수를 선택하면, [그림 5-2]와 같은 화면이 나온다.

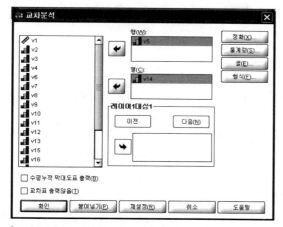

[그림 5-2] 교차분석을 위한 변수 선택

위 화면에서, ☐ **수평누적 막대도표 출력(B)**을 선택하면 수평누적 막대도표 결과를 얻을 수 있고, ☐ **교차표 출력않음(T)**을 선택하면 교차분석표가 안 나오며, 반대로 선택하지 않으면 교차분석표가 나온다. 여기서는 후자를 선택한다(디폴트 상태로 놓아 둠). 다음으로, 우리는 화면에서 정확(X)… , 통계량(S)… , 셀(E)… , 형식(F)… 등 네 개의 분석 단추가 있음을 알게 된다. 이들을 차례로 설명하여 보자.

1) 정확한 검정

교차분석의 정확한 검정을 위하여 정확(X)… 단추를 누른다. 그러면 다음과 같은 정확한 검정 화면이 나타난다.

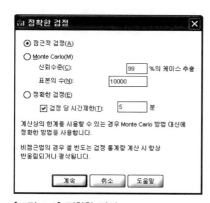

[그림 5-3] 정확한 검정

[그림 5-3]에서는 초기 지정 상태(디폴트 상태)로 선택하고 있음을 보여 주고 있다. [표 5-1] 교차분석의 정확한 검정에 대한 설명을 나타낸 것이다.

키워드	내용 설명
○ 점근적 검정(A)	검정통계량의 점근적 분포, 데이터가 많음을 가정한다
○ Monte Carlo(M)	점근적 방법 가정에 관계없이 데이터 군이 큰 경우, Monte Carlo(M) 단추를 누르면, 원하는 신뢰 수준(C), 표본의 수(N):를 지정할 수 있다.
○ 정확한 검정(E)	관측 결과의 확률 또는 더 많은 극단값의 출현 확률을 정확하게 계산하는데, 이 키워드를 누르면 검정당 제한 시간을 얻을 수 있다.

[표 5-1] 정확한 검정

2) 통계량 구하기

교차분석의 통계량을 구하려면, 통계량(S)… 단추를 누른다. 그러면 다음과 같은 교차분석: 통계량이 열린다.

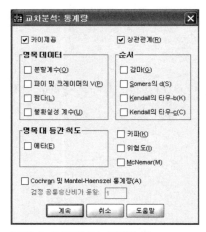

[그림 5-4] 교차분석: 통계량 창

위 화면에서 ☑ **카이제곱**과 ☑ **상관 관계(R)**를 선택하고 있음을 나타내고 있다. [표 5-2]는 교차분석 통계량을 설명한 것이다.

키워드	내용 설명
☐ 카이제곱	Pearson 카이제곱, 우도비카이제곱, 선형대결합 카이제곱값을 제시한다.
☐ 상관 관계(R)	두 변수 간의 선형결합을 나타내는 Pearson 상관계수 및 두 변수의 등간척도의 Spearman 상관계수를 제시한다.
명목 데이터	명목자료의 통계량인 경우 아래의 하나를 선택하면 된다.
☐ 분할계수(O)	카이제곱을 기초로 한 결합값(0과 1 사이에 존재)
☐ 파이 및 크레이머의 V(P)	카이제곱의 값을 표본의 수로 나눈 다음 제곱을 취한 경우의 값
☐ 람다(L)	독립변수를 통해 종속변수를 예측하는 정도로 1은 완전한 예측을 나타내고, 0은 독립변수가 종속변수를 전혀 예측 못하는 것을 나타낸다.
☐ 불확실성 계수(U)	첫 번째 변수를 통한 두 번째 변수의 정보를 얻는 정도로 상한값 1에 가까울수록 첫 번째 변수 값에 대한 정보를 더 많이 예측한 것이 되고, 0에 가까울수록 두 번째 변수에 대한 정보를 얻지 못하는 경우를 말한다.
명목 대 등간척도	명목척도와 구간척도일 경우 다음과 같은 통계량을 사용한다.
☐ 에타(E)	구간척도(등간척도)에 대해 측정된 종속변수와 범주 데이터(명목척도)를 가지는 독립변수에 대한 적합한 결합 측정값. 두 개의 에타값이 계산된다. 하나는 열의 명목변수에 관한 것이며, 다른 하나는 행의 명목변수에 관한 것이다.
순서	변수가 서열척도인 경우 아래의 통계량에서 하나 이상을 선택한다.
☐ 감마(G)	카이자승 검정을 마친 후에 쓰이는 보충 설명 자료
☐ Somers의 d(S)	독립변수에 대한 대응변수가 비대칭을 이루는 분포
☐ Kendall의 타우-b(B)	동률을 고려한 비모수 통계의 상관계수
☐ Kendall의 타우-c(C)	동률을 고려하지 않은 비모수 통계 상관계수
☐ 카파(K)	같은 개체에 대해 평가를 내린 평가자의 동의를 나타내는 값으로, 1은 완전 동의, 0은 동의가 없음
☐ 위험도(I)	요인의 존재와 사건의 발생 간 결합 강도의 측정값
☐ McNemar(M)	명목변수와 순위변수로 되어 있는 두 변수 간의 분포 차이 검정
☐ Cochran 및 Mantel-Haenzel 통계량(A)	한 개 이상의 레이어(통제)변수를 정의되는 공변량 방법에 따라, 이분형 요인변수와 이분형 응답변수 간의 독립성을 검정. 한 레이어에 한해서 계산 가능

[표 5-2] 교차분석 통계량

[그림 5-4]에서 계속 단추를 누르면 [그림 5-2]가 재등장한다. 이 화면에서 셀(E)… 을 클릭하면, [그림 5-5]와 같은 셀 형식을 표기하는 교차분석 셀 출력 창이 열린다.

3) 셀 형식 표기

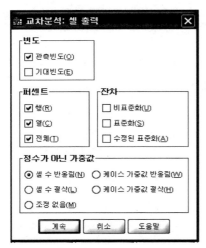

[그림 5-5] 교차분석: 셀 출력 창

[표 5-3]은 교차분석: 셀 출력 창의 셀 형식을 나타낸 것이다.

키워드	내용 설명
빈도	빈도수 표시를 나타내는 것이다.
☑ 관측빈도(O)	실제 관측된 사례의 빈도수(기본 설정됨)
☐ 기대빈도(E)	행 변수와 열 변수가 통계적으로 독립되어 있으며, 서로 관련되어 있지 않은 경우, 셀에 기대되는 케이스 수
퍼센트	백분율 표시를 다음 중 하나 이상 선택 가능
☑ 행(R)	행의 퍼센트를 나타냄
☑ 열(C)	열의 퍼센트를 나타냄
☑ 전체(T)	각 셀의 총합 퍼센트를 나타냄
잔차	잔차 표시로 다음 중 하나 이상 선택할 수 있다.
☐ 비표준화(U)	표준화되지 않은 잔차
☐ 표준화(S)	표준화된 잔차
☐ 수정된 표준화(A)	수정된 표준화 잔차

[표 5-3] 셀 형식의 표기

교차분석의 셀 출력은 각 셀에 속한 사례수, 기대빈도, 백분율(%), 잔차 등을 표시하도록 한다. [그림 5-5]에서 확인 을 누르면, 앞의 [그림 5-2]가 재등장한다. 이 화면에서 형식(F)··· 단추를 클릭하면, [그림 5-6]의 교차분석: 표 형식 창이 나온다.

4) 출력 형식 정하기

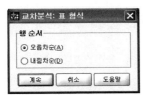

[그림 5-6] 교차분석: 표 형식 창

출력 형식은 교차분석 결과의 표 형식을 결정해 준다. [표 5-4]는 교차분석표의 출력 형식의 내용을 설명해 준다.

키워드	내용 설명
행 순서	다음 중 하나를 선택하면 된다.
◉ 오름차순(A)	열변수값의 오름차순으로 출력한다(기본 설정).
○ 내림차순(D)	열변수값의 내림차순으로 출력한다.

[표 5-4] 출력 형식 정하기

이제 [그림 5-6]에서 계속 단추를 누르면, [그림 5-2]가 재등장한다. 이 화면에서 확인 단추를 누르면 다음의 결과를 얻을 수 있다.

5) 교차분석의 결과

교차분석표

v5 * v14 교차표

			v14(성별)		전체
			1.00	2.00	
v5(절차의 신속성)	1.00	빈도	2	0	2
		v5 중 %	100.0%	.0%	100.0%
		v14 중 %	11.1%	.0%	6.7%
		전체 %	6.7%	.0%	6.7%
	2.00	빈도	4	5	9
		v5 중 %	44.4%	55.6%	100.0%
		v14 중 %	22.2%	41.7%	30.0%
		전체 %	13.3%	16.7%	30.0%
	3.00	빈도	3	4	7
		v5 중 %	42.9%	57.1%	100.0%
		v14 중 %	16.7%	33.3%	23.3%
		전체 %	10.0%	13.3%	23.3%
	4.00	빈도	5	1	6
		v5 중 %	83.3%	16.7%	100.0%
		v14 중 %	27.8%	8.3%	20.0%
		전체 %	16.7%	3.3%	20.0%
	5.00	빈도	4	2	6
		v5 중 %	66.7%	33.3%	100.0%
		v14 중 %	22.2%	16.7%	20.0%
		전체 %	13.3%	6.7%	20.0%
전체		빈도	18	12	30
		v5 중 %	60.0%	40.0%	100.0%
		v14 중 %	100.0%	100.0%	100.0%
		전체 %	60.0%	40.0%	100.0%

[결과 5-1]의 설명

각 셀의 통계 수치는 위에서부터 빈도수, 행 백분율, 열 백분율, 전체 백분율 순으로 제시된다. 각 행의 오른쪽 끝에는 종속변수의 그룹별 합계가 제시되며, 각 열의 최하단에는 독립변수의 그룹별 합계가 제시된다. 예를 들어, 표의 첫 번째 셀을 보면 '남자'이면서, 절차의 신속성 측면에서 '매우 불만'을 느끼고 있는 사람은 2명이다. 이 2명은 절차의 신속성 측면에서 '매우 불만'

을 느끼고 있는 행의 전체 2명 중 2명이 되어 100%임을 나타내고, 최하단의 18명 중 2명(11.1%)이 절차의 신속성에 대해 '매우 불만'을 느끼고 있음을 나타낸다. 그리고 이 셀에 속하는 2명은 전체 응답 인원 30명의 6.7%에 해당된다.

결과 5-2 카이자승 검정

카이제곱 검정

	값	자유도	점근 유의확률 (항측검정)
Pearson 카이제곱	4.570[a]	4	.334
우도비	5.410	4	.248
선형 대 선형결합	.349	1	.555
유효 케이스 수	30		

a. 9 셀 (90.0%)은(는) 5보다 작은 기대 빈도를 가지는 셀입니다. 최소 기대빈도는 .80입니다.

[결과 5-2]의 설명

피어슨(Pearson)의 카이제곱 값은 4.570이고 자유도가 4일 때 P = .334로 유의수준 5%에서 유의하지 않다. 따라서 두 변수(v5와 v14)가 상호 독립적이라는 귀무가설(H_0)이 채택된다. 즉, '성별'에 따른 '절차의 신속성' 만족 의견 사이에는 관련성이 없다고 보인다. 또한, 우도비도 동일한 결과를 보여 주고 있다.

결과 5-3 피어슨 및 스피어맨 상관계수

대칭적 측도

		값	점근 표준오차[a]	근사 T 값[b]	근사 유의확률
등간척도 대 등간척도	Pearson의 R	-.110	.177	-.584	.564[c]
순서척도 대 순서척도	Spearman 상관	-.117	.180	-.625	.537[c]
유효 케이스 수		30			

a. 영가설을 가정하지 않음.

b. 영가설을 가정하는 점근 표준오차 사용

c. 정규 근사법 기초

[결과 5-3]의 설명

피어슨 상관계수(Pearson's R)는 두 변수가 등간척도로 측정되었을 경우에 나타내는 것으로, 여기서 0.564이다. 그리고 스피어맨(Spearman) 상관계수는 두 변수가 순위척도로 측정되었을 경우에 나타내는 것으로, 여기서 0.537이다.

5.2 복수 응답 처리 분석

연구자가 유행가요의 인기 순위, 즐겨 보는 TV 프로그램의 종류, 좋아하는 운동 종목 등을 조사하기 위해서 복수로 응답하는 설문을 이용하는 경우가 흔히 있다. 복수로 응답되는 자료는 설문 방식에 따라 복수 이분형과 다중 범주형으로 구분되고, 입력하는 방식도 각각 다르다. 여러 종류의 복수 응답 설문 중 어느 것을 택할 것인가는 연구자의 연구 목적에 따라 선택하게 된다. 다음 설문의 예를 들어가면서 설명하여 보자.

[문1] 다음에서 당신이 좋아하는 프로그램을 하나만 고르시오.
　　① 교양　　　　② 오락　　　　③ 뉴스　　　　④ 연속극

[문2] 다음 중에서 당신이 좋아하는 프로그램을 2개만 고르시오.
　　① 교양　　　　② 오락　　　　③ 뉴스　　　　④ 연속극

[문3] 다음 프로그램에서 좋아하는 순서를 기록하시오.
　　① 교양 (　)　　② 오락 (　)　　③ 뉴스 (　)　　④ 연속극 (　)

[문4] 당신이 좋아하는 프로그램을 모두 고르시오.
　　① 교양 (　)　　② 오락 (　)　　③ 뉴스 (　)　　④ 연속극 (　)

[문1]은 하나만 택하는 것이므로, 교차분석 명령어를 이용하여 교차분석을 실시하는 것이 적절하다.

[문2]의 설문처럼 2개 이상의 응답을 우선순위 없이 결정하는 경우를 복수 응답(MRGROUP: Multiple Response Groups)이라고 한다. 설문 결과에 대한 자료 처리와 분석 방법은 다음과 같다.

1) 일돌이 성별:	❶ 남자	② 여자			
프로그램:	① 교양	❷ 오락	❸ 뉴스	④ 연속극	
2) 일순이 성별:	① 남자	❷ 여자			
프로그램:	❶ 교양	❷ 오락	③ 뉴스	④ 연속극	
3) 이돌이 성별:	❶ 남자	② 여자			
프로그램:	❶ 교양	❷ 오락	③ 뉴스	④ 연속극	
4) 이순이 성별:	① 남자	❷ 여자			
프로그램:	① 교양	② 오락	❸ 뉴스	❹ 연속극	
5) 삼돌이 성별:	❶ 남자	② 여자			
프로그램:	❶ 교양	② 오락	❸ 뉴스	④ 연속극	
6) 삼순이 성별:	① 남자	❷ 여자			
프로그램:	❶ 교양	② 오락	③ 뉴스	❹ 연속극	

1) 이분형 응답 처리

이분형 응답 처리는 각 응답자에 대한 복수 응답 처리의 한 방법으로 각 응답자가 선택한 변수에는 값 '1'을 부여하고 선택하지 않은 변수에는 '0'을 부여하는 방법을 말한다.

위 설문의 응답 자료를 입력하기 위해서는 초기 화면에서 다음과 같은 순서에 의해서 작업을 진행하면 된다.

데이터(D)
       변수 보기

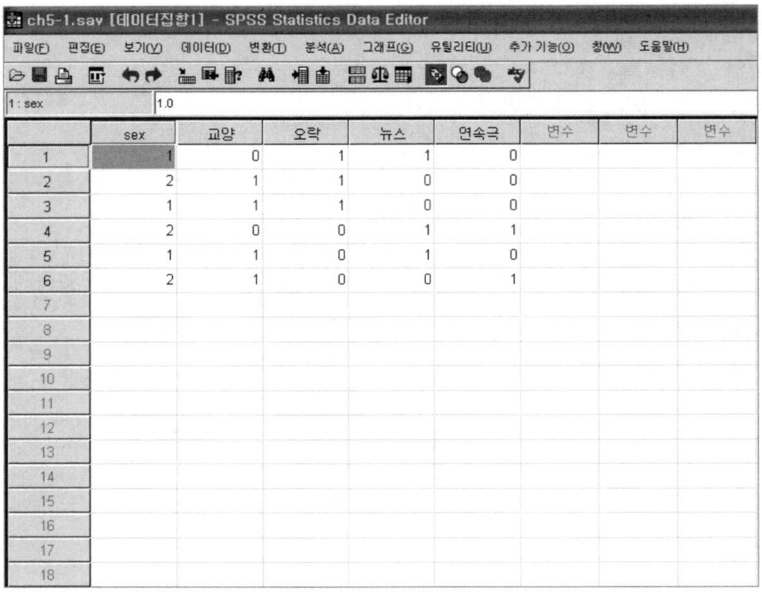

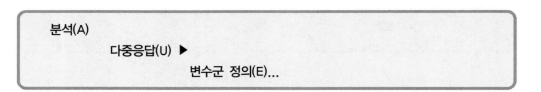

[그림 5-7] 복수 응답 이분형 처리   [데이터: ch5-1.sav]

위와 같이 각각 변수에 대하여 응답자가 선호하는 프로에 선택한 경우는 '1', 선택하지 않은 경우는 '0'을 입력한 후, 복수 응답 처리를 위해서는 변수를 통합하여야만, 복수 응답 란에서 빈도분석(F)… 및 교차분석(C)… 을 할 수 있다. 이때 변수에 대한 응답자 합계라는 임시 변수 NEWPRO를 만들어야 한다. 응답자를 통합하기 위해서

분석(A)

       다중응답(U) ▶

              변수군 정의(E)...

위와 같은 순서를 실제 화면으로 나타내면 다음과 같다.

[그림 5-8] 복수 응답 처리 화면 불러오기

이를 클릭하면, [그림 5-9]와 같이 복수 응답에서 임시 변수를 만들기 위한 다중응답 변수군 정의 창이 나타난다.

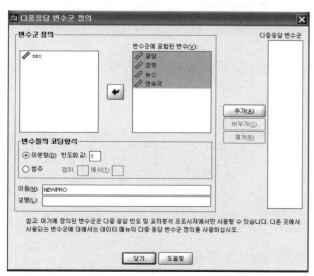

[그림 5-9] 복수 응답에서 임시 변수 만들기

　[그림 5-9]를 보면 왼쪽 상자의 변수군 정의에서 교양, 뉴스, 연속극, 오락 변수를 **변수군에**

포함된 변수(V) 란에 옮긴 후, 변수들의 코딩형식에서 ◉ **이분형(D)** 란에서 **빈도화 값:** 1을 입력한다. 다음으로 새로운 변수를 만들기 위해 이름(N) 란에 [NEWPRO] 라는 새로운 변수를 입력하고 [추가(A)] 단추를 누르면 오른쪽 **다중응답 변수군:** 란에 NEWPRO가 다음 그림과 같이 삽입된다.

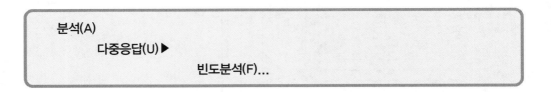

[그림 5-10] 복수 응답 세트 만들기

[그림 5-10]에서 [닫기] 단추를 클릭하면 새로운 변수 만들기가 끝난다. 이제 복수 응답의 교차분석의 빈도분석을 실행하기 위해서,

> **분석(A)**
>   **다중응답(U)▶**
>   **빈도분석(F)...**

을 실시하면, [그림 5-11]과 같은 다중응답 빈도분석 화면이 나온다.

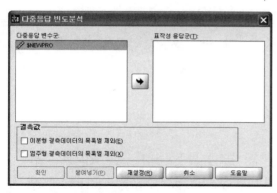

[그림 5-11] 다중응답 빈도분석

위 그림에서 **표작성 응답군(T):** 란에 $NEWPRO를 옮긴 후 [확인] 단추를 누르면 결과를 얻을 수 있다.

키워드	내용 설명
다중응답 변수군:	다중응답 변수군이 나열되는 란
표작성 응답군(T):	선택한 다중응답군의 빈도 통계표가 생성될 란
결측값	다음 해당 사항이 있으면 선택
☐ 이분형 결측데이터의 목록별 제외(E)	이분형 데이터 중에서 결측값이 있는 케이스는 제외
☐ 범주형 결측데이터의 목록별 제외(X)	범주형 데이터 중에서 결측값이 있는 케이스는 제외

[표 5-5] 선택 단추의 키워드

결과 5-4 이분형 빈도분석 결과

$NEWPRO 빈도

		응답		케이스 퍼센트
		N	퍼센트	
$NEWPRO[a]	교양	4	33.3%	66.7%
	오락	3	25.0%	50.0%
	뉴스	3	25.0%	50.0%
	연속극	2	16.7%	33.3%
합계		12	100.0%	200.0%

a. 값 1에서 표로 작성된 이분형 집단입니다.

[결과 5-4]의 설명

각각의 빈도수와 백분율이 나타나 있다. 여기서 케이스의 퍼센트가 응답 퍼센트의 두 배로 나타낸 것은 복수 응답의 결과이기 때문이다.

2) 범주형 응답 처리

앞의 이분형 응답 처리 입력시에 0, 1 코드를 사용하였다. 범주형에서는 질문 번호를 그대로 사용한다. 즉, 다음 화면에서 보는 바와 같이, 첫 번째 응답자는 pro1에 2번 '오락', pro2에 3번 '뉴스'를 선택하고 있음을 나타낸다(문2의 처리 방법). 이 방법은 설문지 상에 요구한 선택 개수와 동일한 수의 변수(예컨대, pro1과 pro2)를 만들어 처리하는 방법이다. 다음은 범주형 응답 처리 초기 화면이다.

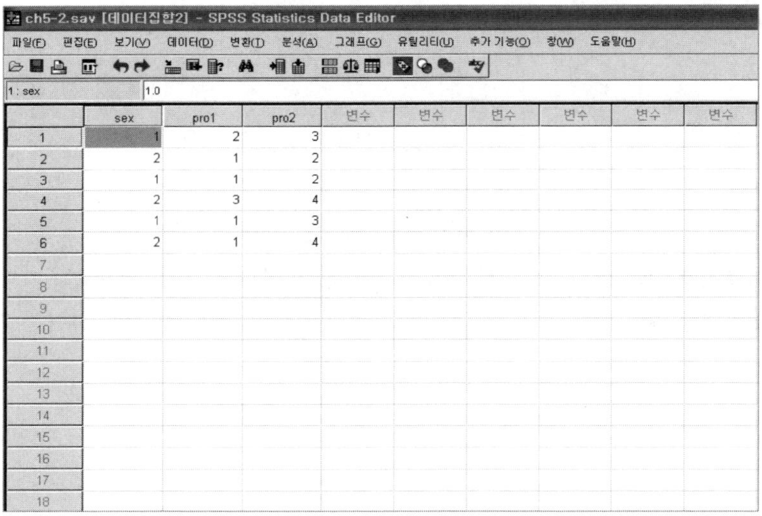

[그림 5-12] 다중범주형 응답 처리   [데이터: ch5-2.sav]

다중응답 처리를 위해서는 이때 변수에 대한 응답자 합계라는 임시 변수 NEWPRO를 만들어야 한다. 응답자를 통합하기 위해서

분석(A)

      다중응답(U) ▶

           변수군 정의(E)...

를 클릭하면, [그림 5-13]과 같이 다중응답에서 임시 변수를 만들기 위한 다중응답 변수군 정의 창이 나타난다.

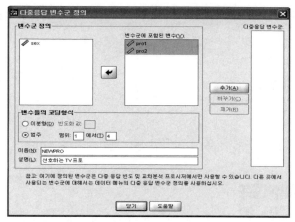

[그림 5-13] 복수 응답에서 임시 변수 만들기

[그림 5-13]을 보면, 왼쪽 변수군 정의 상자에서 'pro1', 'pro2'를 동시에 지정한 후 ◈ 단추를 누른 결과, **변수군에 포함된 변수(V):** 상자에 옮겨져 있다. 변수들의 코딩형식 상자에서 ◉ **범주** 란을 클릭한 후, 범위 란에 TV 프로그램 종류인 ① 에서(T) ④ 를 입력한다. 그리고 **이름(N):** 란의 빈칸에 'NEWPRO'(임시 변수)를 입력하고, **설명(L):** 란에 '선호하는 TV 프로'를 삽입한다. 이제 **추가(A)** 단추를 누르면 오른쪽의 **다중응답 변수군:** 란에 $NEWPRO가 [그림 5-14]와 같이 삽입 된다.

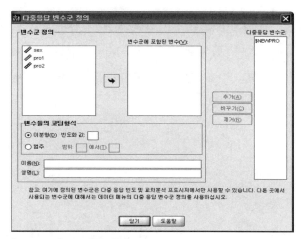

[그림 5-14] 복수 응답 세트 만들기

[그림 5-14]에서 [닫기] 단추를 클릭하면 다중응답 새로운 변수 만들기가 끝난다. 이제 복수 응답의 교차분석을 실행하기 위해서

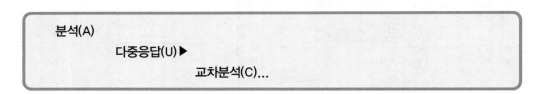

분석(A)
　　다중응답(U) ▶
　　　　　교차분석(C)...

을 클릭하면, [그림 5-15]와 같은 복수 응답 교차분석 초기 화면이 나타난다.

[그림 5-15] 복수 응답 교차분석 초기 화면

여기서 다중응답 변수군: 상자의 $newpro를 행(W) 란으로 옮기고, 왼쪽의 변수 상자로부터 열 (C): 란으로 성별을 옮긴다. 그리고 [범위지정(G)] 단추를 누르면, [그림 5-16]이 나온다. 여기서 최소값: 에는 ①, 최대값: 에는 ②를 입력하여 변수의 범위를 정의하고, [계속] 단추를 누르면 [그림 5-17]이 등장한다.

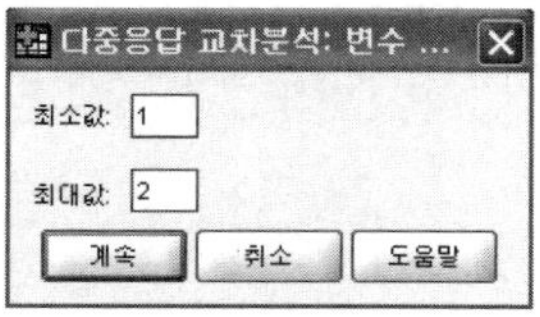

[그림 5-16] 변수 정의 범위

[그림 5-17] 다중응답 교차분석 화면

이 화면에서 옵션(O)··· 단추를 누르고, [표 5-6]에 나타난 키워드를 선택하고 계속 단추를 누른다. 그리고 확인 단추를 누르면 [결과 5-5]을 얻는다.

키워드	내용 설명
셀 퍼센트	백분율 표시를 다음 중 하나 이상 선택 가능
☑ 행(R)	행의 퍼센트를 나타냄
☑ 열(C)	열의 퍼센트를 나타냄
☑ 전체(T)	각 셀 총합의 퍼센트를 나타냄
☑ 변수군 간의 응답변수 순으로 집계(M)	응답자 합계인 변수와 서로 조합을 이루도록 함
퍼센트 계산	퍼센트는 다음에 기초한다.
○ 케이스(C)	사례수에 기초한 백분율
◉ 반응(P)	응답자에 기초한 백분율
결측값	무응답(결측값) 처리 방법
☐ 이분형으로 결측데이터의 목록별 제외(D)	분류형 데이터에서 무응답치는 제외
☐ 범주형으로 결측데이터의 목록별 제외(G)	범주형 데이터에서 무응답치는 제외

[표 5-6] 옵션 단추의 키워드

[표 5-6]에서 보는 바와 같이, 셀 백분율의 사항을 모두 선택하고, 백분율 계산은 반응수 (responses)에 기초하여 결과를 출력한다.

$NEWPRO*sex 교차표

			sex		합계
			1	2	
선호하는 TV프로[a]	1	총계	2	2	4
		$NEWPRO 중 %	50.0%	50.0%	
		sex 중 %	66.7%	66.7%	
		전체 중 %	33.3%	33.3%	66.7%
	2	총계	2	1	3
		$NEWPRO 중 %	66.7%	33.3%	
		sex 중 %	66.7%	33.3%	
		전체 중 %	33.3%	16.7%	50.0%
	3	총계	2	1	3
		$NEWPRO 중 %	66.7%	33.3%	
		sex 중 %	66.7%	33.3%	
		전체 중 %	33.3%	16.7%	50.0%
	4	총계	0	2	2
		$NEWPRO 중 %	.0%	100.0%	
		sex 중 %	.0%	66.7%	
		전체 중 %	.0%	33.3%	33.3%
합계		총계	3	3	6
		전체 중 %	50.0%	50.0%	100.0%

퍼센트 및 합계는 응답자수를 기준으로 합니다.

a. 집단 설정

[결과 5-5]의 설명

셀의 통계 수치는 위에서 빈도수, 행 백분비율, 열 백분비율, 전체 백분비율 순으로 제시된다. 오른쪽으로는 종속변수 그룹별 합계가 제시되며 아래쪽으로는 독립변수 그룹별 합계가 제시된다. 표의 상단 왼쪽 상단칸을 보면 남자이면서 교양을 선호하는 사람은 2명이다. 이 2명이 오른쪽 끝에 나타나 있는 교양을 좋아하는 전체 4명 중에 2명(50%)을 나타낸다. 아래쪽 끝에 나타나 있는 남자 응답자 6명 중 2명(33%)이 교양을 선호하는 것을 나타낸다. 또한 이는 전체 응답 인원 6명 중에서 2명으로 33%에 해당된다. 남녀 모두 교양(4)을 가장 좋아하며 남자는 교양, 오락, 뉴스를 동일하게 좋아하나 연속극에는 흥미가 없다. 여자는 교양과 연속극을 가장 좋아하며 오락과 뉴스를 그 다음으로 좋아한다.

끝으로, 셀의 백분율을 응답자 수(Cases)에 근거하여 계산하면 위 결과표의 최하단의 수치는 각각 3, 3, 6 등으로 바뀌고, 동시에 각 셀의 백분율도 바뀌게 된다. 각자 시험해 보기 바란다.

3) 순위가 있는 범주형 응답 처리 – 명령문 창에서 분석

분석자는 응답자를 대상으로 선호하는 순서로 질문지를 작성할 수 있다. 다음의 설문지는 좋아하는 스포츠의 종류를 순서로 나타내라는 설문지의 예이다.

일돌이:	야구(1)	축구(2)	농구(3)	배구(4)
일순이:	야구(1)	축구(3)	농구(2)	배구(4)
이돌이:	야구(2)	축구(3)	농구(4)	배구(1)
이순이:	야구(3)	축구(1)	농구(2)	배구(4)
삼돌이:	야구(1)	축구(4)	농구(2)	배구(3)
삼순이:	야구(2)	축구(1)	농구(4)	배구(3)

이 자료는 SPSS 데이터 입력 창에서 다음과 같이 코딩을 할 수 있다.

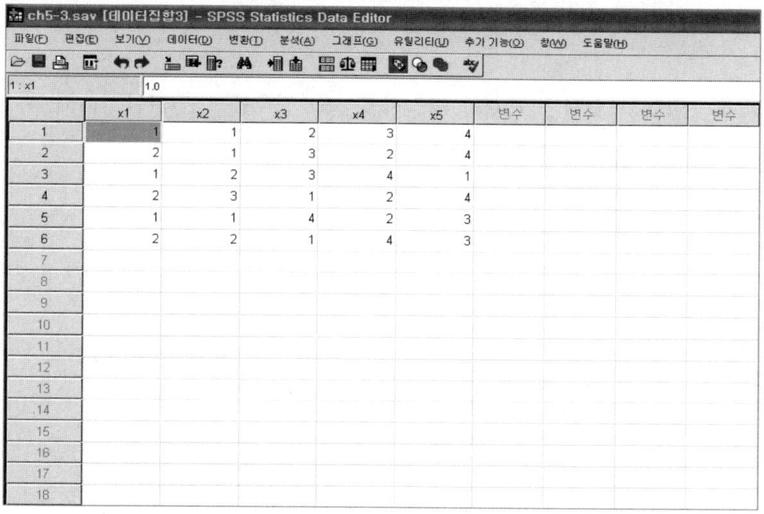

	x1	x2	x3	x4	x5	변수	변수	변수	변수
1	1	1	2	3	4				
2	2	1	3	2	4				
3	1	2	3	4	1				
4	2	3	1	2	4				
5	1	1	4	2	3				
6	2	2	1	4	3				
7									
8									
9									
10									
11									
12									
13									
14									
15									
16									
17									
18									

[그림 5-18] 자료 입력 창 [데이터: ch5-3.sav]

(* 여기서 x1 = 성별, x2 = 야구, x3 = 축구, x4 = 농구, x5 = 배구)

위와 같은 자료를 분석하기 위해서 다음과 같은 순서에 의해서 명령문 창을 불러온다.

파일(F)

　　새 파일(N) ▶

　　　　명령문(S)...

[그림 5-18] 명령문 작성

　여기서 마우스로 입력한 명령문의 전체 범위를 지정하고 ▶ 단추를 누르거나 실행(R) ⇒ 모두(A)를 누르면 된다. 그러면 다음과 같은 결과를 얻을 수 있다.

결과 5-6 결과 화면

		1		2		합계	
		응답자수	%%	응답자수	%%	응답자수	%%
스포츠의 종류	1.00	2	66.7%	1	33.3%	3	50.0%
	2.00			2	66.7%	2	33.3%
	3.00						
	4.00	1	33.3%			1	16.7%
5	합계	3	100.0%	3	100.0%	6	100.0%

[결과 5-6]의 설명

선호하는 스포츠 종류를 분석한 결과 남자(1)들은 야구(1)를 가장 선호하고(2명), 여자(2)들은 축구(2)를 가장 선호하는 것으로 나타났다.

SPSS

6장 산포도 분석과 통계표 작성

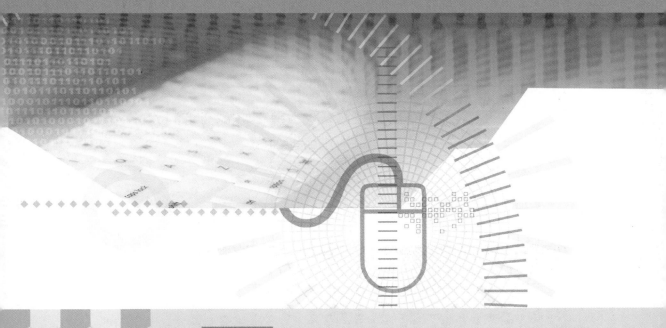

학습 목표

변수 사이의 개략적인 관계를 파악하기 위해서 2차 좌표 평면에 나타낸 것이
산포도 분석이다.

1. 산포도와 산포도 상에서 회귀선을 적합시킬 수 있다.
2. 통계표 작성을 통해 보다 자료를 쉽게 볼 수 있는 방법을 실행할 수 있다.

6.1 산포도 분석의 실행

산포도(scatter diagram)는 관찰치들을 2차원 좌표 평면에 나타낸 그림으로서, 두 변수 사이의 대략적인 관계를 보여 준다. SPSS에서는 산점도라는 용어를 사용하나 통계 용어의 통일을 위해 여기서는 산포도라고 한다. 이차원 평면을 이용하기 때문에 변수의 개수가 제한되지만, 변수가 여러 개일 때에는 두 개씩 조합하여 나타내든가 혹은 중요한 변수들만 특별히 선택하여 표본 자료의 특성을 대략적으로 알 수 있다. 여기서는 절차의 신속성(v5)과 직원의 친절성(v6)의 관계에 관한 산포도를 그려 보도록 하자. 산포도 분석을 하기 위해서는 다음과 같은 순서로 진행하면 된다.

> 그래프(G)
>> 레거시 대화 상자(L) ▶
>>> 산점도/점도표(S)...

이 순서를 나타내면 다음 그림과 같다.

[그림 6-1] 산포도 분석 들어가기 화면   [데이터: PCS.sav]

[그림 6-1]의 순서대로 선택하면 [그림 6-2]와 같은 다섯 가지의 산포도 종류가 나타난다.

[그림 6-2] 산포도의 분석 화면

다음의 [표 6-1]은 산포도의 종류에 대한 설명이다.

선택란	설명 내용
단순 산점도	두 척도축에 두 변수를 도표화 하는 단순 산포도
행렬 산점도	단순 산포도의 제곱행렬을 도표화하는 산포도, 선택한 대응변수를 도표화한다.
단순 점도표	점도표를 나타내어 준다.
겹쳐 그리기 산점도	산포도 위에 2개 이상의 조합을 표시하는 경우로 다른 모양이나 색상의 표시로 구별된다.
3차원 산점도	3차원의 산포도를 작성에 이용됨

[표 6-1] 산포도의 종류

[그림 6-2]의 산포도 선택 화면에서 초기 지정값인 단순을 선택한 후, 정의 단추를 누르면, [그림 6-3]과 같은 화면을 얻을 수 있다. 여기서 분석하고자 하는 변수 v5(절차의 신속성)를 X-축(X)에 지정하고, Y-축(Y)에는 v6(직원의 친절성)를 선택한 것을 보여 준다.

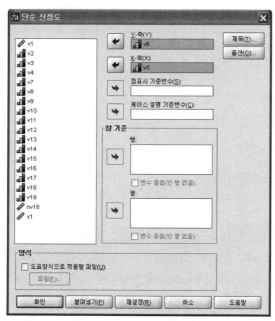

[그림 6-3] X-축과 Y-축에 대한 변수 지정

위 그림에 나타난 각각의 키워드에 대한 설명은 다음 표와 같다.

선택란	설명 내용
Y-축(Y):	Y축에는 종속변수를 선택
X-축(X)	X축에는 독립변수를 선택
점표시 기준변수(S)	각 변수에 대한 점을 다른 색상과 기호로 표시
케이스 설명 기준변수(C)	변수에 점에 대한 설명을 나타냄
양식	
□ 도표양식으로 적용할 파일(U)	도표양식을 항해사에서 두 번 클릭하고 도표양식을 저장
제목(T)...	도표에 대한 부제목, 꼬리말 등을 지정
옵션(O)...	결측값이 있는 경우의 처리 방법

[표 6-2] 키워드에 대한 설명

이제 [그림 6-3]에서 [제목(T)...] 단추를 누르면, [그림 6-4]와 같이 제목을 기입할 수 있는 화면을 얻을 수 있다.

[그림 6-4] 분석 제목 기입 화면

[그림 6-4]에서 **제목** 상자의 **첫째 줄(L):** 란에 '절차의 신속성과 직원의 친절성 관계'를 입력하고, 필요하면 **부제목(S)** 란에는 추가로 부제목을 입력하면 된다. 저장 단추를 클릭하면 [그림 6-3]으로 되돌아간다. 앞의 [그림 6-3] 화면에서 확인 단추를 누르면 [결과 6-1] 화면을 얻는다.

➡️ **결과 6-1** 절차의 신속성과 직원의 친절성에 관한 산포도

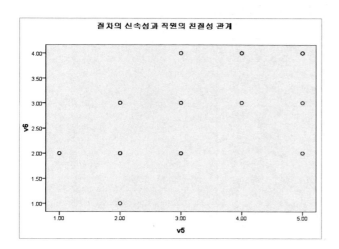

[결과 6-1]의 설명

이 산포도에서 ○는 좌표상에서 관찰치의 위치를 나타낸다. 절차의 신속성과 직원의 친절성 관계를 보면, 절차의 신속성에 대하여 만족하면 할수록 직원의 친절성도 완만하게 증가하고 있음

을 알 수 있다.

　　앞의 그래프에서 연구자는 단지 산포도를 산출하는 데서 만족해서는 안 된다. 우리는 산포도에서 추정 회귀선을 구하고, 회귀선의 설명력을 나타내는 결정계수(RSQ)에 대한 정보도 얻을 수 있다. 그러나 다음에 설명하는 부분은 11장의 회귀분석을 숙지한 후에 참고하기 바란다.

6.2　산포도에서 추가적인 정보 획득 요령

1) 추정회귀선과 결정계수 구하기

앞의 [결과 6-1]의 산포도에서 추정회귀선과 결정계수를 구하려면, 다음과 같은 순서로 진행한다. 즉, [결과 6-1] 화면에서 점이 나타난 곳 위에 마우스를 올려놓고 두 번 클릭하면, 다음과 같은 화면이 나타난다.

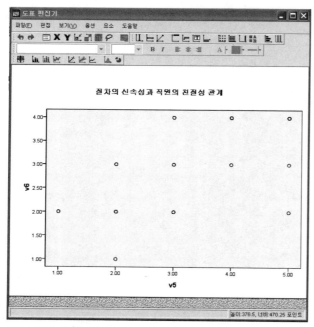

[그림 6-5] 도표 편집기

위 도표 편집기 창에서 어느 한 점(○)을 마우스로 두 번 누르면 다음과 같은 화면을 얻을 수 있다. 여기서 옵션 ⇒ 참조선 추가를 누르거나 방정식의 참조선 추가(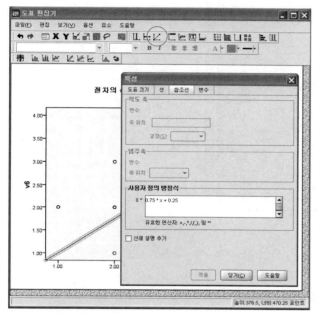)를 누른다. 그러면 다음과 같은 그림을 얻을 수 있다.

[그림 6-6] 도표 편집기 2

화면에는 평균의 추세선이 자동적으로 그려지고 사용자 정의 방정식(추정 회귀식)이 $\hat{Y} = 0.25 + 0.75X$ 이 나타날 것임을 알 수 있다. 추정 회귀식에 관한 내용은 11장에서 자세하게 다룰 것이다. 다음은 ☑ 선에 설명 추가 단추를 지정한 화면을 나타낸다.

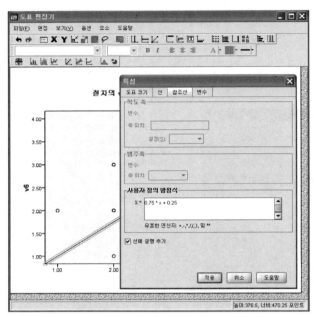

[그림 6-7] 설명 추가 지정

여기서 적용 과 닫기(C) 단추를 누르면 다음과 같은 화면을 얻을 수 있다.

> 결과 6-2 추정 회귀선과 추정 회귀식

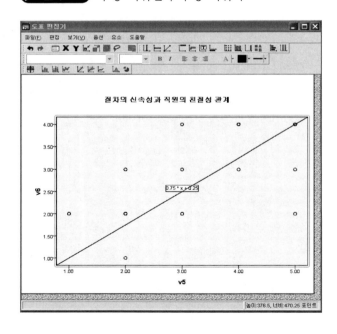

[결과 6-2]의 설명

위 결과 화면은 추정회귀선이 직선으로 신뢰 수준이 곡선으로 나타나 있다. 또한 회귀선의 추정 회귀식은 $\hat{Y} = 0.25 + 0.75X$ 임을 알 수 있다.

6.3 통계표 작성

1) 연구 상황

기획실에 신입 사원으로 입사한 최 대리는 과장으로부터 PCS 설문 항목 중에서 각 회사별(v18) 휴대폰 지상 수신율(v2)에 대하여 부장에게 보고할 기초 정보를 내일 아침까지 작성해야 한다는 전화 지시를 받는다. 이러한 지시 사항을 접한 최 대리는 대학 시절에 SPSS 통계 패키지를 배운 경험을 되새기며, 통계 패키지에 접근하여 통계표 작성란을 발견하게 된다.

2) 통계표 작성 순서

통계표(table)를 작성하기 위해서는 다음과 같은 순서로 진행하면 된다.

```
분석(A)
      표 ▶
            통계표 작성(C)...
```

위 순서와 같이 키워드를 지정하는 순서를 나타내면 다음 그림과 같다.

[그림 6-8] 통계표 작성 실행 순서 1   [데이터: PCS.sav]

위와 같은 순서로 키워드를 지정하면 다음과 같은 화면을 얻을 수 있다.

[그림 6-9] 통계표 작성 실행 순서 2

여기서 [확인] 단추를 클릭한다. 그런 다음 마우스를 이용하여 끌기(드래그)를 하여 세로 방향에는 v2(지상 수신율)를 지정하고, 가로 방향에는 v18(현재 가입 회사)을 지정한다. 이것을 그림으로 나타내면 다음과 같다.

[그림 6-10] 통계표 작성 실행 순서 3

정의란의 [N% 요약 통계량(S)...] 란을 지정한다. 그러면 다음과 같이 빈도, 행- 유효수 %, 열- 유효수 %, 행 %, 열 % 등을 지정한다. 이것을 그림으로 나타내면 다음과 같다.

[그림 6-11] 요약 통계량 지정 1

여기서 [선택한 항목에 적용(S)] 또는 [닫기] 단추를 누른다. 그러면 다음과 같은 화면을 얻을 수 있다.

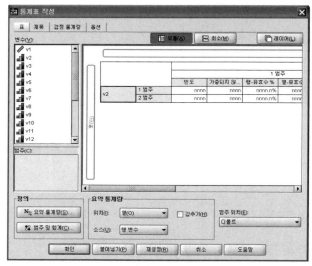

[그림 6-12] 요약 통계량 지정 2

다음으로 제목 탭을 클릭하여 다음과 같이 제목을 입력한다.

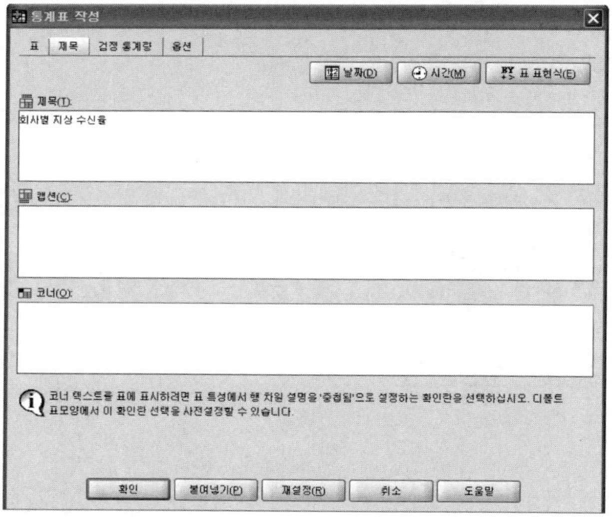

[그림 6-13] 요약 통계량 제목

여기서 확인 단추를 누른다. 그러면 앞 [그림 6-12]로 돌아간다. 여기서 확인 단추를 누르면 다음과 같은 결과물을 얻을 수 있다.

결과 6-3 통계표 작성 결과물

		현재 가입 회사														
		SK텔레콤 (011)			한국통신 (016)			한국통신엠닷컴 (018)			신세기통신 (017)			LG텔레콤 (019)		
		빈도	행%	열%	빈도	행%	열%	빈도	행%	열%	빈도	행%	열%	빈도	행%	열%
지상 수신율	보통	2	18.2%	22.2%	2	18.2%	33.3%	1	9.1%	20.0%	2	18.2%	50.0%	4	36.4	66.7
	만족	6	37.5%	66.7%	4	25.0%	66.7%	4	25.0%	80.0%	1	6.3%	25.0%	1	6.3	16.7
	매우만족	1	33.3%	11.1%							1	33.3%	25.0%	1	33.3	16.7

[결과 6-3]의 설명

SK텔레콤(011)의 경우, 행의 18.2%(2/11)는 전체 가입 회사에 대한 지상 수신율에 대하여 보통이라고 응답한 11명 중 SK텔레콤에 응답한 2명을 의미하며, 열의 22.2%(2/9)는 SK텔레콤 가입자(9명) 중에 지상 수신율에 대하여 보통(2명)이라고 응답한 것을 의미한다.

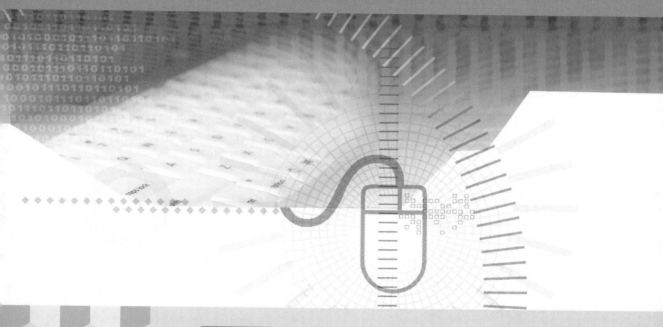

중급
과정

SPSS

7장 표본 평균의 검정

학습 목표

7장의 학습 목표는 다음과 같다.

1. 단일 표본의 평균 검정과 독립적인 두 표본에 대한 평균 차이 검정을 할 수 있다.
2. 동일 표본에 대해 프로그램에 효과가 있는지 여부를 분석하는 쌍표본 t검정분
   석을 할 수 있고 결과를 분석적으로 해석할 수 있다.

7.1 표본 평균의 검정이란?

표본 평균의 검정이란 일정한 기준(임계치)에서 평균에 대한 가설을 채택할 것인가 혹은 기각할 것인가를 결정하는 절차이다. 가설이란 앞에서 설명한 바와 같이 모집단의 특성을 잠정적으로 기술한 것으로서 이것을 검정하는 절차가 가설검정이다. 통계적 추론의 목적은 표본에서 얻어진 정보를 근거로 하여 모수에 대하여 유추하는 데 있다. 가설검정은 모수를 유추하는 방법이다.

　　표본 평균의 가설검정은 크게 단일 표본 문제와 두 표본 문제로 나눌 수 있다. 단일 표본은 하나의 모집단에서 추출된 하나의 표본에 대해서 검정하는 것이다. 그런데 두 표본의 비교 문제는 학문적인 연구나 일상생활에서의 단일 표본 문제보다 더 많이 이용된다. 예를 들어, 두 종류의 산업에서 기업들의 평균 성장률이나 임금의 차이를 비교하는 문제이다. 그리고 광고를 하기 전과 한 후의 고객들의 반응을 비교한다든지 혹은 식이요법 전후의 체중을 비교하여 식이요법 효과를 분석하는 문제 등이 있다. 두 표본의 평균 차이에 대한 가설검정은 독립적인 두 모집단으로부터 각각 추출된 두 표본의 경우와 동일한 모집단으로부터 추출된 두 표본의 경우로 나누어서 설명한다.

1) 단일 표본

단일 표본의 추론은 모분산 σ^2을 아는 경우와 모르는 경우로 나누어 한다. 여기서는 신뢰구간을 이용하여 설명하는데, 신뢰구간이란 일정한 확률 범위 내에 모수가 포함될 가능성이 있는 구간을 뜻한다.

　① σ^2을 아는 경우

$$\mu \in \overline{X} \pm Z_{\frac{\alpha}{2}} \cdot \frac{\sigma}{\sqrt{n}}$$

　② σ^2을 모르는 경우

$$\mu \in \overline{X} \pm Z_{\frac{\alpha}{2}} \cdot \frac{S}{\sqrt{n}}$$

　③ σ^2을 모르나, 소표본인 경우(모집단 정규분포 가정)

$$\mu \in \overline{X} \pm t_{(\frac{\alpha}{2}, \ n-1)} \cdot \frac{S}{\sqrt{n}}$$

2) 독립적인 두 표본

독립적인 두 표본을 비교하는 데 가장 많이 사용하는 것은 두 평균의 차이를 검정하는 것이다. 두 모집단에서 각각의 표본을 뽑았을 때 그 평균차의 표본 분포의 평균과 분산은 다음과 같다.

> **평균:** $\mu_{\overline{x_1}-\overline{x_2}} = \mu_1 - \mu_2$
>
> **분산:** $\sigma_{\overline{x_1}-\overline{x_2}} = \dfrac{\sigma_1^2}{n_1} + \dfrac{\sigma_2^2}{n_2}$

두 표본의 평균 차이에 관하여 신뢰구간을 구하는 방법은 크게 세 가지로 나눈다.

① σ_1^2과 σ_2^2을 알고 있을 때

$$\mu_1 - \mu_2 \in (\overline{x_1} - \overline{x_2}) \pm z_{\frac{\alpha}{2}} \cdot \sigma_{\overline{x_1}-\overline{x_2}}$$

② σ_1^2과 σ_2^2을 모르나 같다고 가정하고, 대표본의 경우

$$\mu_1 - \mu_2 \in (\overline{x_1} - \overline{x_2}) \pm z_{\frac{\alpha}{2}} \cdot S_{\overline{x_1}-\overline{x_2}}$$

여기서 $S_{\overline{x_1}-\overline{x_2}} = \sqrt{\dfrac{S_1^2}{n_1} + \dfrac{S_2^2}{n_2}}$

③ σ_1^2과 σ_2^2을 모르나 같다고 가정하고, 소표본의 경우

$$\mu_1 - \mu_2 \in (\overline{x_1} - \overline{x_2}) \pm t_{(\frac{\alpha}{2}, n-1)} \cdot S_{\overline{x_1}-\overline{x_2}}$$

여기서 $S_{\overline{x_1}-\overline{x_2}} = S_p \sqrt{\dfrac{1}{n_1} + \dfrac{1}{n_2}}$

$$S_p = \sqrt{\dfrac{(n_1-1)S_1 + (n_2-1)S_2}{n_1 + n_2 - 2}}$$

(t의 자유도 = n1 + n2 − 2)

3) 동일 모집단으로부터의 두 표본

앞에서 설명한 두 모집단 추론 문제는 두 표본이 독립적이라고 가정하였다. 다시 말하면 한 표본의 관찰치는 다른 표본의 관찰치와 관련이 없다는 것이다. 여기에서는 두 표본이 독립적이 아니고 먼저 뽑은 표본의 통계량과 나중에 뽑은 표본의 통계량이 서로 관련이 있는 경우를 다룬다. 이것은 동일한 사람이나 사물에 대하여 일정한 시간을 두고 두 번 표본 추출하는 경우이다.

예를 들어, 어느 회사에서는 한 달짜리 식이 요법 프로그램을 개발한다고 한다. 이 프로그램에 효과가 있는지 여부를 분석하기 위해서 열 명을 표본 추출하여 프로그램 실시 전의 체중과 실시 한 달 후의 체중을 재어 비교하였다. 이 경우에 두 평균 차이가 유의한지 여부를 분석하기 위해서는 앞에서 실시한 방법대로 검정을 하는 것은 옳지 않다. 실험 이전의 표본이나 실험 이후의 표본이 동일한 모집단에서 추출되었으므로 상당한 상관 관계를 지니고 있기 때문이다. 이러한 경우에는 t검정 대신에 쌍표본의 t검정(paired Samples t-test)을 사용한다. 동일 모집단의 표본 평균 차이 μ_d의 신뢰구간은 다음과 같다.

$$\mu_d \in \overline{d} \pm t_{(\frac{\alpha}{2}, n-1)} \frac{S_d}{\sqrt{n}}$$

$$\text{여기서 } \overline{d} = \frac{\sum d}{n}$$

$$S_d = \sqrt{\frac{\sum (d - \overline{d})^2}{n-1}}$$

7.2 표본 평균의 검정

1) 일(단일) 표본 문제

단일 표본의 평균에 관한 검정을 설명하기 위하여, 여기에서는 v17(연령)에 대한 것을 예로 들어 보자. 연구자가 응답자의 평균 연령이 30세인지 여부를 검정하려면, 다음과 같이 가설을 세운다.

$$H_0: \mu_1 = 30$$

$$H_1: \mu_1 \neq 30$$

이 가설을 검정하려면, 다음과 같은 절차를 시행하면 된다.

분석(A)

　　평균 비교(M)▶

　　　　일표본 T검정(S) …

위와 같은 실행 순서를 그림으로 나타내면 다음과 같다.

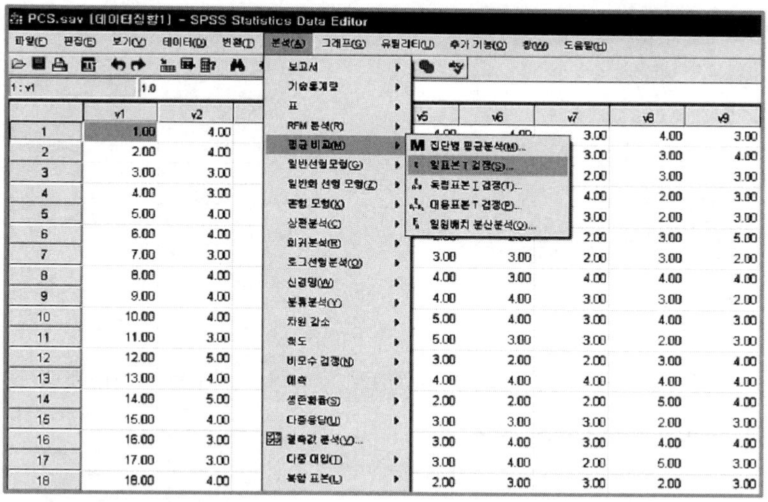

[그림 7-1] 단일 표본의 초기 화면　　　　　　　　　　　[데이터: PCS.sav]

위의 화면과 같이 실행하면 다음과 같은 일표본 T검정 화면을 얻을 수 있다.

[그림 7-2] 일표본 T검정 화면

위의 일표본 T검정 화면에서 다음의 [그림 7-3] 화면과 같이 오른쪽 **검정변수(T):** 상자에 v17(연령)을 선택하고, 검정값(V): 란에 '30'을 입력한다. 그리고 [확인] 단추를 누르면 결과 화면이 나온다.

[그림 7-3] 단일 표본 문제의 변수 선택

[그림 7-3]의 [옵션(O)...] 단추를 눌러 확인해 보면 디폴트로 95%의 신뢰구간을 나타내고 있는 것을 확인할 수 있다. 자세한 설명은 다음과 같다.

키워드	내용 설명
신뢰구간(C): 95%	95%의 신뢰구간이 기본으로 설정되었다. 연구자가 임의로 신뢰 수준을 입력할 수 있다.
결측값	아래 항목 중에서 하나를 선정하면 된다.
● 분석별 결측값 제외(A)	해당 검정과 관련된 변수에 대해 결측값이 있는 케이스를 제외시킴
○ 목록별 결측값 제외(L)	분석시 변수에 대한 결측값이 있는 케이스 제외시킴

[표 7-1] 일표본의 옵션 키워드 설명

일표본 통계량

	N	평균	표준편차	평균의 표준오차
v17	28	32.1786	5.67028	1.07158

일표본 검정

	검정값 = 30				차이의 95% 신뢰구간	
	t	자유도	유의확률 (양쪽)	평균차	하한	상한
v17	2.033	27	.052	2.17857	-.0201	4.3773

[결과 7-1]의 설명

우리는 유의확률(양쪽) = .052 > α = 0.05이므로, 귀무가설은 채택된다. 따라서 표본 응답자의 평균 연령은 30세라고 할 수 있다. 그리고 귀무가설의 수치(30)와 표본평균(32.18) 간의 차이에 대한 95% 신뢰구간을 살펴보면, −0.02～4.38된다. 이 신뢰구간이 0을 포함하고 있으므로 귀무가설을 지지하게 된다.

2) 독립적인 두 표본 문제

독립적인 두 표본의 T검정 대화 상자를 열기 위해서,

> **분석(A)**
>> **평균비교(M)** ▶
>>> **독립표본 T검정(T)....**

을 클릭하면 된다. 여기서는 성별(v14)에 따른 회사 이미지(v9)의 차이를 분석하고자 하였다.

[그림 7-4] 독립표본 T검정 창

[그림 7-4]에서 보는 바와 같이, 왼쪽의 변수 상자에서 검정할 변수 v9을 선정하여, 오른쪽의 **검정변수(T):** 란에 v9(회사 이미지)을 지정하였다. 그리고 **집단변수(G):** 란에는 명목척도인 v14(성별)를 지정하였다. 여기에 변수를 지정할 경우 집단정의(D)··· 단추가 반전된다. 이 단추를 누르면, [그림 7-5]와 같이 집단이 두 개의 비교 집단으로 한정된다.

[그림 7-5] 집단정의 창

[그림 7-5]에서 만일 변수들이 두 집단 이하이면 실행되지 않는다. v14(성별)를 정의한 값으로 집단 1:에는 1(남자), 집단 2에는 2(여자)를 입력하면 된다. 그리고 다음 [표 7-2]는 집단정의 창의 키워드 내용을 설명한 것이다.

키워드	결과 내용
◉ 지정값 사용(U)	사용자 정의 기본 설정으로 집단화한 변수 집단 1과 집단 2의 값을 입력한다.
○ 분리점(C)	분리값을 지정하면, 분리값보다 작은 코드가 한 집단에, 분리점보다 크거나 같은 코드는 다른 집단에 속하게 된다.

[표 7-2] 집단정의 창의 키워드

[그림 7-5]에서 계속 단추를 누르면 [그림 7-6]의 그림이 나온다.

[그림 7-6] 집단변수가 지정된 독립표본 T검정 창

[그림 7-6]에서 보는 바와 같이, **집단변수(G):** 안에 v14(12)가 지정된 것을 볼 수 있다. 이제 [그림 7-6] 화면에서 옵션(O)… 단추를 누르면, [그림 7-7]이 나타난다.

[그림 7-7] 독립표본 T검정: 옵션 창

이 옵션에 대한 설명은 [표 7-3]과 같다.

키워드	내용 설명
신뢰구간(C): 95%	95%의 신뢰구간이 기본으로 설정되었다. 연구자가 임의로 신뢰 수준을 입력할 수 있다.
결측값	아래 항목 중에서 하나를 선정하면 된다.
◉ 분석별 결측값 제외(A)	해당 검정과 관련된 변수에 대해 결측값이 있는 케이스를 제외시킴
○ 목록별 결측값 제외(L)	분석시 변수에 대한 결측값이 있는 케이스 제외시킴

[표 7-3] 독립표본 T검정의 옵션 키워드 설명

끝으로, [그림 7-7]에서 계속 단추를 누르면, 앞의 [그림 7-6]과 같은 화면이 재등장한다. 여기서 확인 단추를 누르면 다음의 결과를 얻는다.

결과 7-2 두 독립표본의 검정 결과 1

집단통계량

	v14	N	평균	표준편차	평균의 표준오차
v9	1.00	18	3.1667	.78591	.18524
	2.00	12	3.3333	1.15470	.33333

[결과 7-2]의 설명

[남자 N 18 평균 3.17 표준편차 0.79 표준오차 평균 0.19] v14(성별)의 1집단, 회사의 이미지에 대한 만족도는 남자 18명, 회사 이미지 만족도 평균은 3.17이며 표준편차는 .79 표준오차는 .19이다. 여기서 표준오차는 표준편차를 관찰 개수의 제곱근, 즉 $\sqrt{18}$로 나눈 값이다. 여자 직원도 동일하게 설명된다.

결과 7-3 두 독립표본의 검정 결과 2

독립표본 검정

		Levene의 등분산 검정		평균의 동일성에 대한 t-검정					차이의 95% 신뢰구간	
		F	유의확률	t	자유도	유의확률 (양쪽)	평균차	차이의 표준오차	하한	상한
v9	등분산이 가정됨	5.055	.033	-.472	28	.641	-.16667	.35332	-.89041	.55708
	등분산이 가정되지 않음			-.437	17.748	.667	-.16667	.38135	-.96866	.63533

[결과 7-3]의 설명

[Levene 등분산 검정: F=5.055 유의확률=0.033] 독립표본 t검정을 위해서는 먼저, 두 집단의 분산의 동질성 가정을 검정하여야 한다. 이러한 분산의 동질성 여부는 Levene의 검정, 즉 F값을 이용한다.

$$H_0: \sigma_1^2 = \sigma_2^2$$
$$H_1: \sigma_1^2 \neq \sigma_2^2$$

F값이 5.055이고 유의확률 = 0.033 <0.05이므로 두 모집단의 분산이 동일하다는 귀무가설(H_0)이 기각되어, 등분산이 가정되지 않는 하에서 t검정을 실시한다. 만약, 유의확률(P)>0.05이면 등분산이 가정된 하에서 실시한다.

[평균 차이 = -.17] 제시된 통계량에서 남자의 평균 회사 이미지와 여자 회사 이미지 차이는 -.17(3.17-3.33)이다. 유의확률(양쪽)=0.667>0.05이므로, 아래의 귀무가설은 채택된다.

$$H_0: \mu_1 - \mu_2 = 0$$
$$H_1: \mu_1 - \mu_2 \neq 0$$

따라서 남자와 여자 간의 평균 회사 이미지의 차이 -0.17은 통계적으로 유의하지 않다. 그리고 이 평균 차이의 95% 신뢰구간을 계산하면 [-.97, 0.64]이다. 신뢰구간이 0을 포함하고 있으므로 귀무가설이 채택되었음을 알 수 있다.

3) 동일 모집단의 두 표본 문제

광고 효과를 통한 매출액 차이를 검정하거나 판매 실험에 사용한 시약의 효과를 검사한다거나 다이어트 프로그램의 효과, 교육 훈련의 효과를 조사하는 경우에는 앞의 독립적인 두 표본 검정을 할 수 없다. 왜냐하면 실험 이전의 집단이나 실험 이후의 집단이 동일한 집단이어서, 상당한 상관 관계를 지니고 있기 때문이다. 이러한 경우에 t검정 대신에 대응표본 T검정(Paired samples t-test)을 사용한다.

어느 회사는 자사가 개발한 한 달간의 식이 요법 프로그램이 효과가 있는지 여부를 분석하기로 하였다. 식이 요법 프로그램에 참가한 10명의 몸무게가 다음과 같다고 하였을 때, 이 식이 요법은 효과가 있다고 할 수 있는가?

회원	1	2	3	4	5	6	7	8	9	10
요법 전	70	62	54	82	75	64	58	57	80	63
요법 후	68	62	50	75	76	57	60	53	74	60

위 예제의 입력을 위해서, SPSS 데이터 편집기의 변수 보기 창을 이용한다.

요법 전(before)과 요법 후(after)의 변수를 지정한 후 자료를 입력하면 [그림 7-8]과 같은 화면이 나타난다.

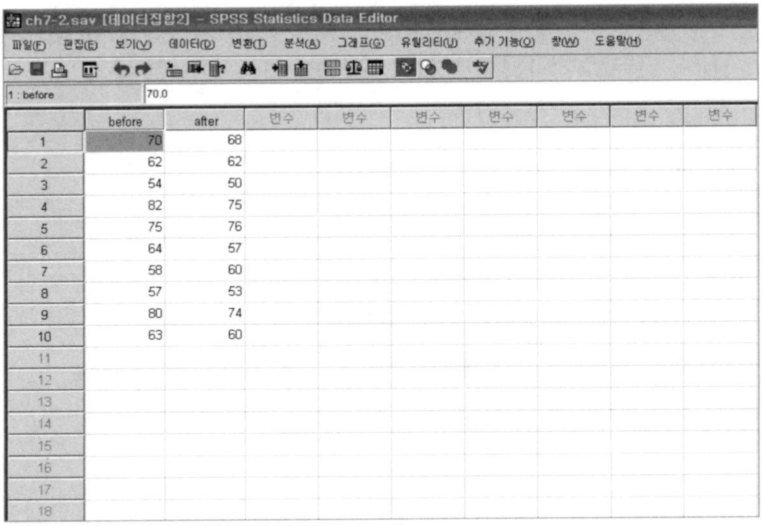

[그림 7-8] 대응표본 자료의 입력   [데이터: ch7-2.sav]

동일 모집단으로부터 얻어진 두 표본을 검정하기 위해서는 다음과 같이 순서로 진행하면 [그림 7-9]를 얻는다.

분석(A)
    평균비교(M) ▸
        대응표본 T검정(P)...

[그림 7-9] 대응표본 T검정 창

왼쪽 변수 상자에서 분석하려는 변수 쌍 before와 after를 동시에 선택하고 ➡ 단추를 누른다. 그러면 대응 변수(V) 란에 'after—before'가 [그림 7-10]과 같이 나타난다.

[그림 7-10] 대응표본 T검정 대응 변수 지정

[그림 7-10]에서 옵션(O)... 단추를 누르면, [그림 7-11]이 나타난다.

[그림 7-11] 대응표본 T검정: 옵션 창

이 옵션에 대한 설명은 [표 7-4]와 같다.

키워드	내용 설명
신뢰구간(C): 95%	95%의 신뢰구간이 기본으로 설정되었다. 연구자가 임의로 신뢰 수준을 입력할 수 있다.
결측값	아래 항목 중에서 하나를 선정하면 된다.
● 분석별 결측값 제외(A)	해당 검정과 관련된 변수에 대해 결측값이 있는 케이스를 제외시킴
○ 목록별 결측값 제외(L)	분석시 변수에 대한 결측값이 있는 케이스 제외시킴

[표 7-4] 대응표본 T검정: 옵션 키워드 설명

끝으로, [그림 7-11]에서 [계속] 단추를 누르면, 앞의 [그림 7-10]과 같은 화면이 재등장한다. 여기서 [확인] 단추를 누르면 다음의 결과를 얻는다.

결과 7-4 대응표본 T검정 결과

대응표본 통계량

		평균	N	표준편차	평균의 표준오차
대응 1	before	66.50	10	9.801	3.099
	after	63.50	10	9.312	2.945

대응표본 상관계수

		N	상관계수	유의확률
대응 1	before & after	10	.944	.000

대응표본 검정

		대응차					t	자유도	유의확률 (양쪽)
		평균	표준편차	평균의 표준오차	차이의 95% 신뢰구간				
					하한	상한			
대응 1	before - after	3.000	3.232	1.022	.688	5.312	2.935	9	.017

[결과 7-4]의 설명

두 변수의 대응표본 상관계수는 0.944로 매우 강한 상관을 보이고 식이 요법 이전의 평균 몸무게와 이후의 평균 몸무게의 차이가 3kg(66.50~63.50)이며 표준편차는 3.23kg 표준오차는 1.02이다. 이 평균 차이의 95% 신뢰구간은 [0.69~5.31]이며, 이것은 0을 포함하고 있지 않으므로 식이 요법의 효과는 있다고 할 수 있다. 그리고 t검정을 하여 보면, $Sig=.017<0.05$이므로, "유의수준 0.05에서 두 집단 간의 평균 차이는 유의하다"라고 할 수 있다. 따라서 식이 요법 프로그램은 효과가 있다고 결론을 내릴 수 있다.

대응표본 T검정은 상당히 유용한 기법이다. 일반적으로 두 표본의 평균차 문제에서는 두 표본이 독립적이라는 것을 반드시 가정하여야 한다. 여기서는 이것을 가정할 필요도 없으며, 또한 모분산이 같다고 가정하지 않아도 된다. 대응표본 T검정에서 유의할 것은 짝을 맞추는 일이다. 동일한 대상을 계속해서 측정하는 경우에는 별문제가 없으나 짝지어지는 대상이 다른 경우에는 유의하여야 한다. 예를 들어, 두 종류의 치료법을 개발하여 환자를 두 집단으로 나누어 실험하였다고 하자. 한 치료법으로 치료를 받은 환자 그룹의 평균치가 다른 치료법을 받은 환자 그룹보다 높아서 전자의 효과가 좋다고 하자. 그러나 전자의 집단이 후자의 집단보다 더 젊거나 건강하다면 두 치료법의 효과는 명확히 판단할 수 없다. 이 경우에는 나이와 건강 상태가 같은 두 사람을 한 쌍으로 하여 실험하여야 한다. 이렇게 하여 여러 쌍에 대하여 실험을 계속하면, 치료 효과를 제외한 나이나 건강과 같은 외생 효과를 제거할 수 있을 것이다.

SPSS

8장 단일변량 분산분석

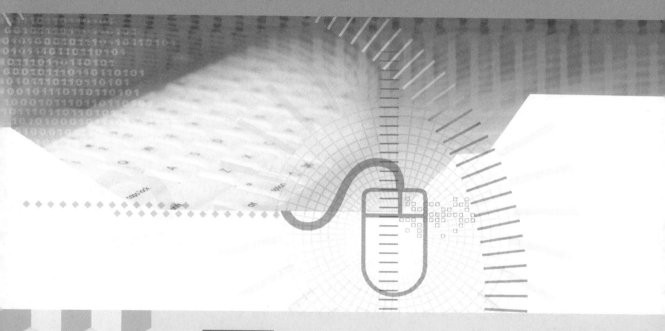

학습 목표

8장의 학습 목표는 다음과 같다.

1. 단일 요인과 양적인 종속변수와의 관계를 분석하는 일원 분산분석을 이해한다.
2. 이원 분산분석 방법과 해석 방법을 이해한다.
3. 공변수를 사용하여 실험오차의 변동량을 줄여 나가는 공분산분석에 대하여 이해한다.

8.1 단일 분산분석이란?

1) 분산분석의 의의

앞 장에서는 두 표본 평균의 차이에 대한 검정을 알아보았다. 그런데 실제 생활이나 학문 연구에서는 두 개 이상의 여러 모집단을 한꺼번에 비교하는 경우가 있다. 예를 들어, 교육 수준별로 월 급여액을 조사한다고 하자. 이들을 교육 수준별로 고졸, 전문대졸, 대학졸 등으로 구분한 후에 각 집단별 월급액을 비교 연구할 때 단일변량 분산분석(analysis of variance: ANOVA) 기법을 이용할 수 있다. 이 기법은 두 개 이상의 모집단 평균 차이를 한번에 검정할 수 있게 해준다. 위의 예에서 보면 ANOVA는 교육 수준이라는 하나의 독립변수와 월급액이라는 종속변수 사이의 관계를 연구하는 기법이다. 다시 말하면 하나의 변수를 상대로 개체를 연구하였을 때 우리는 ANOVA라고 부른다. 반면에 하나의 개체에 대하여 두 개 이상의 주제 또는 변수를 동시에 관찰하였을 때 이용하는 기법을 다변량 분산분석(multivariate analysis of variance: MANOVA)이라고 한다. 위의 경우에서 월급액뿐만 아니라 전기 요금에 대해서도 동시에 연구한다고 할 때 MANOVA가 된다. 이에 대한 자세한 설명은 9장에서 하기로 한다. ANOVA와 MANOVA의 차이는 실험 개체를 대상으로 놓고 측정되는 종속변수가 하나인가 혹은 복수인가에 달려 있다.

이 장에서 설명하는 단일변량 분산분석은 독립변수(들)에 대한 효과를 분석하는 데 기본적으로 사용된다. 위의 경우에서 교육 수준은 독립변수가 되며, 월급액은 종속변수가 된다. 그리고 독립변수를 요인(factor)이라고 부른다. 한 요인 내에서 실험 개체에 영향을 미치는 여러 가지 특별한 형태를 요인 수준(factor level) 또는 처리(treatment)라고 한다. 교육 수준을 요인이라고 하면 고졸 전문대졸 대졸은 한 요인 내에서 요인수준 또는 처리가 된다. 요인수준과 처리는 같은 용어로 사용된다.

그런데 단일변량 분산분석은 독립변수의 종류에 따라서 여러 종류로 나눌 수 있다. 위의 예에서와 같이 연령층의 단일 요인과 만족도 사이의 관계를 분석하는 것을 일원 분산분석(one-way ANOVA)이라고 한다. 이것은 표본 자료 조사에 대한 측정치의 한 가지 기준으로만 구분하여 분석하는 것이 된다. 그런데 이 모형에 교육 수준뿐만 아니라 남녀라는 성별 요인을 추가하여 두 요인이 월급액에 미치는 영향을 조사한다면 이원 분산분석(two-way ANOVA)이 된다. 요인의 수가 늘어나면 종속변수에 대한 영향력을 더 정밀하게 분석할 수 있다.

2) 분석 절차

분산분석의 귀무가설은 여러 모집단의 평균들이 같다는 것이다. 분산분석에서 평균 차이는 사실상 처리 효과를 뜻하며, 따라서 서로 다른 처리에 대한 평균치에 초점을 맞춘다. 각 요인수준의 확률분포로부터 얻어진 표본 자료의 분석은 다음의 두 단계를 거친다.

1. 먼저 모든 요인수준의 평균들이 같은가를 결정한다.

$$H_0: \mu_1 = \mu_2 = \mu_3$$

H_1: 세 평균이 반드시 같지는 않다.

위 가설을 검정하기 위하여 다음과 같은 분산분석 표를 만든다.

원천	제곱합(SS)	자유도(DF)	평균제곱(MS)	F
그룹 간	$SSB = \sum_{n_i} \left(\overline{Y_j} - \overline{Y} \right)^2$	g-1	$MSE = \dfrac{SSB}{g-1}$	$\dfrac{MSE}{MSW}$
그룹 내	$SSW = \sum_{n_i} \left(Y_{ij} - \overline{Y_j} \right)^2$	n-g	$MSW = \dfrac{SSW}{n-g}$	
합계	$SST = \sum\sum \left(Y_{ij} - \overline{Y} \right)^2$	n-1		

분산분석 표(ANOVA Table)

검정통계량(F = MSE/MSW)이 임계치보다 작으면 귀무가설을 채택하고, 평균들이 같다고 결론을 내린다. 반대로 F값이 임계치보다 커서 귀무가설을 기각시키는 경우에는 다음 단계로 진행한다.

2. 만일 모평균들이 같지 않으면, 신뢰구간을 이용하여 얼마나 다른가를 조사하며 그리고 그 차이가 의미하는 것은 무엇인가를 규명한다.

μ_j의 신뢰구간: $\overline{Y_j} \pm t_{\left(\frac{\alpha}{2}, n-g\right)} S_{\overline{y_j}}$

여기서 $S_{\overline{y_j}} = \sqrt{\dfrac{MSW}{n_j}}$

n_j = 각 요인수준의 관찰치 개수

8.2 일원배치 분산분석

1) 일원배치 분산분석의 실행

이 회사 연구자는 최종 학력(v15)에 따라 평균 제품 이미지(v10)에 차이가 있는지 여부에 대하여 관심을 가지고 있다. 이 문제의 해결을 위하여 일원배치 분산분석을 실시하려면, 다음과 같은 순서로 진행하면 된다.

> 분석(A)
>> 평균비교(M) ▶
>>> 일원배치 분산분석(O)...

이 실행 과정을 실제 그림으로 나타내면 다음과 같다.

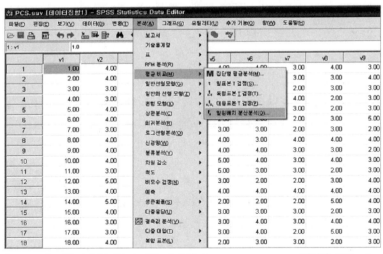

[그림 8-1] 일원배치 분산분석 실행 과정 화면   [데이터: PCS.sav]

위와 같은 순서에 의해 실행을 하면 다음은 분산분석의 초기 화면을 얻을 수 있다.

[그림 8-2] 일원배치 분산분석의 초기 화면

앞의 초기 화면에서 왼쪽 변수 상자로 부터 v10(제품 이미지)을 지정한 후, 상단의 ➡ 단추를 눌러 종속변수에 해당하는 **종속변수(E):** 란에 입력한다. 그리고 독립변수에 해당하는 변수 v15(최종 학력)를 지정한 뒤, 하단의 ➡ 단추를 눌러 **요인분석(F):** 란에 입력한다.

[그림 8-3] 일원배치 분산분석 창

[그림 8-3]에는 대비(C)… , 사후분석(H)… , 옵션(O)… 세 개의 선택 단추가 있다. 이들을 차례로 설명하여 보자.

(1) 대비

대비(contrast)는 두 요인수준의 평균 차이($\mu_i - \mu_j$)를 검정하는 것을 말하며, 쌍대비교라고도 부른다. [그림 8-3]의 대비(C)… 단추를 누르면, [그림 8-4]와 같은 일원배치 분산분석: 대비 창이 열린다.

[그림 8-4] 일원배치 분산분석: 대비 창

　　[그림 8-4]는 대비를 이용하여, 두 집단의 평균 차이를 비교한 것이다. 이것은 일종의 사후 검정(Post hoc test)과 유사한 방법이나, 대비는 전체 분석을 행하면서 특정 평균치들에 대하여 사전에 계획한 비교를 실행한다는 점에서 다르다. 여기서 ☑ **다항식(P)**과 **차수(D)**는 1차 선형 관계로 선택하고 있다. **상관계수(O):** □는 사전 분석에 대비할 집단의 가중치를 말한다. [표 8-1]은 일원배치 분산분석 대비 창의 옵션 키워드에 대한 설명이다.

옵션 키워드	내용 설명
☑ 다항식(P)	집단 간 제곱합을 다항식 추세 성분으로 분할할 수 있다. 다항식을 선택한 후 모형화 할 다항식의 최고 차수를 선택한다. 차수를 5차까지 선택할 수 있다.
차수(D)	1~5차 중에서 다항식 정도에 따라 지정한다.
1/1 대비	대비 변수군을 10개까지 지정할 수 있다.
이전　다음(N)	다음이나 이전을 사용하여 대비 변수군 간을 이동할 수 있음.
상관계수(O)	요인변수의 각 집단(범주)에 대해 숫자 계수값을 입력하고 추가를 누른다. 적절한 단추를 선택하여 목록에 값을 추가한 다음 계수를 바꾸거나 제거할 수 있다. 계수의 수는 집단의 수와 같아야 하며 그렇지 않으면 분석이 수행되지 않는다.

[표 8-1] 일원배치 분산분석 대비 창

　　[그림 8-4] 화면에서 　계속　 단추를 누르면, [그림 8-3]과 같은 화면이 재등장한다. 여기서 　사후분석(H)…　 단추를 누르면, [그림 8-5]와 같은 일원배치 분산분석: 사후분석-다중비교 창이 열린다.

(2) 사후분석

다음 화면의 일원배치 분산분석 창에서는 어느 요인수준들이 평균 차이를 보이는지를 사후검정한다. 일반적으로 Scheffe, Tukey, Duncan 등의 방법을 많이 사용한다. 그리고 유의수준(V):은 95% 신뢰 수준을 보이고 있다.

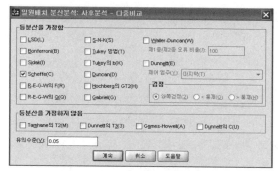

[그림 8-5] 일원배치 분산분석: 사후분석-다중비교 창

여기서 [계속] 단추를 누르면, [그림 8-3]의 화면이 재등장하고, 계속해서 [옵션(O)···] 단추를 누르면 [그림 8-6]의 화면이 나온다.

(3) 선택하기

선택(option)은 추가적인 기술통계량과 분산의 동질성 여부, 변수 명칭의 표시 및 무응답치를 구하거나 무응답치 처리를 위한 것이다.

[그림 8-6] 일원배치 분산분석: 옵션 창

[표 8-2]는 일원배치 분산분석: 옵션 창의 옵션에 대한 설명이다.

옵션 키워드	내용 설명
통계량	
☑ 기술통계(D)	사례 수, 평균, 표준편차, 표준오차, 최소치, 최대치, 집단별 각 종속변수의 95% 신뢰구간
☐ 모수 및 변량효과(F)	고정효과 모형에 대한 표준편차, 표준오차, 그리고 95% 신뢰구간과 변량효과 모형에 대한 표준오차와 95% 신뢰구간과 요인 간 분산 추정량을 나타냄
☑ 분산의 동질성 검정(H)	분산의 동일성 여부를 검정(Levene 통계량을 계산)
☐ Brown-Forsythe(B)	Brown-Forsythe 통계량은 집단 평균이 동일한지 검정하는 통계량
☐ Welch(W)	Welch 통계량은 집단 평균이 동일한지 검정하는 통계량
☑ 평균 도표(M)	요인변수의 값으로 정의된 각 집단에 대한 평균을 도표로 나타냄
결측값	
● 분석별 결측값 제외(A)	요인(독립변수) 내지 종속변수 중 어느 하나의 무응답치를 지닌 사례는 사용되지 않는다.
○ 목록별 결측값 제외(L)	요인변수(독립변수) 내지 종속변수 중 무응답치를 지닌 사례는 모든 분석으로부터 제외된다.

[표 8-2] 일원배치 분산분석: 옵션 창 설명

[그림 8-6]에서 ▢계속▢ 단추를 누르면, [그림 8-3]이 재등장한다. 여기서 ▢확인▢ 단추를 눌러 다음의 결과를 얻는다.

2) 일원 분산분석의 결과

▶ 결과 8-1 요인수준의 기술통계량

기술통계

v10

	N	평균	표준 오차 편차	표준 오차 오류	평균에 대한 95% 신뢰구간 하한값	평균에 대한 95% 신뢰구간 상한값	최소값	최대값
1.00	6	2.6667	.51640	.21082	2.1247	3.2086	2.00	3.00
2.00	6	3.5000	1.04881	.42817	2.3993	4.6007	2.00	5.00
3.00	18	3.6111	.91644	.21601	3.1554	4.0668	2.00	5.00
합계	30	3.4000	.93218	.17019	3.0519	3.7481	2.00	5.00

[결과 8-1]의 설명

이 결과치는 각 집단의 사례 수, 평균, 표준편차, 표준오차, 95% 신뢰구간을 나타내고 있다.

결과 8-2 모분산의 동일성 검정

분산의 동질성 검정

v10

Levene 통계량	df1	df2	유의확률
1.473	2	27	.247

[결과 8-2]의 설명

분산분석이 유용하려면 표본이 무작위적으로 추출되었으며 모집단은 동일한 분산을 가지고 있다는 가정을 충족시켜야 한다. 현재 분석하는 자료가 이러한 가정을 충족시키는지 알아보기 위해 Levene 통계량을 사용한다. Levene 통계량 값이 1.473으로서 충분히 크며 P=0.247>0.05이어서 모집단의 분산이 동일하다는 귀무가설이 채택된다. 따라서 다음의 계속적인 분석이 가능하다.

결과 8-3 분산분석 표

분산분석

v10

			제곱합	df	평균 제곱	거짓	유의확률
집단-간	(조합됨)		4.089	2	2.044	2.615	.092
	선형 항	가중되지 않음	4.014	1	4.014	5.134	.032
		가중됨	3.502	1	3.502	4.479	.044
		편차	.587	1	.587	.750	.394
집단-내			21.111	27	.782		
합계			25.200	29			

[결과 8-3]의 설명

분산분석의 결과는 분산분석 표를 통하여 제시되기 때문에 이를 각 통계값이 산출되는 과정을 이해하는 것이 중요하다. 집단 간(Between groups) 자유도는 2(요인수준의 수-1)로 구해지며, 집단 내(Within groups) 자유도는 27(전체 관찰 수-요인수준의 수)이다. 평균 제곱은 각각 제곱합을 각 원천별 자유도로 나눈 값이 되며, F통계량은 그룹 간 평균 제곱을 그룹 내 평균 제곱으로 나눈 값이다.

F분포에서 F(2, 27, 0.05)의 임계치는 3.35인데, F통계량=2.615<3.35이므로, 세 요인수준의 평균이 동일하다는 귀무가설이 채택한다. 이것을 F분포의 확률로 설명해도 마찬가지인데, F 유의도 P=0.092>0.05이므로 귀무가설을 채택한다. 따라서 평균 차이는 매우 유의한 차이를 보인다라고 할 수 없다. 우리는 1단계 분석에서 교육 수준(최종 학력)별로 제품 이미지에는 매우 유의한 차이가 없다는 것을 알았다. 이것은 사후분석을 통해 재확인할 수 있다.

결과 8-4 분산분석의 사후검정

다중 비교

v10
Scheffe

(I) v15	(J) v15	평균차(I-J)	표준 오차 오류	유의확률	95% 신뢰구간	
					하한값	상한값
1.00	2.00	-.83333	.51052	.281	-2.1556	.4889
	3.00	-.94444	.41684	.095	-2.0241	.1352
2.00	1.00	.83333	.51052	.281	-.4889	2.1556
	3.00	-.11111	.41684	.965	-1.1907	.9685
3.00	1.00	.94444	.41684	.095	-.1352	2.0241
	2.00	.11111	.41684	.965	-.9685	1.1907

[결과 8-4]의 설명

Scheffe 통계량으로 계산된 사후검증을 보면 유의수준 0.05에서 고졸 이하와 전문대졸, 고졸 이하와 대졸 이상, 전문대졸과 대졸 이상 간의 제품 이미지의 평균 차이가 유의하지 않음을 알 수 있다. 따라서 교육 수준에 따라 제품 이미지에는 차이가 없다는 결론을 내릴 수 있다.

⯈ 결과 8-5 동일 집단군의 분류

v10

Scheffe[a,,b]

v15	N	유의수준 = 0.05에 대한 부집단 1
1.00	6	2.6667
2.00	6	3.5000
3.00	18	3.6111
유의확률		.130

동일 집단군에 있는 집단에 대한 평균이 표시됩니다.

a. 조화평균 표본 크기 7.714을(를) 사용합니다.

b. 집단 크기가 동일하지 않습니다. 집단 크기의 조화평균이 사용됩니다. I 유형 오차 수준은 보장되지 않습니다.

[결과 8-5]의 설명

위의 Subsets에서는 통계적으로 평균차이가 없는 동일한 집단을 나타내고 있다. 제1subset에서는 요인수준 1과 요인수준 2, 그리고 요인수준 3의 제품 이미지 차이가 없다라고 할 수 있다.

⯈ 결과 8-6 평균 도표

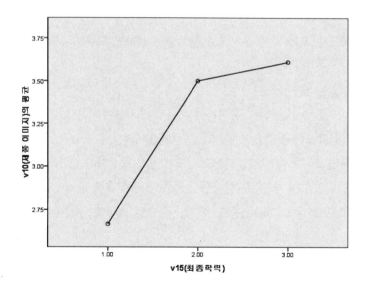

최종 학력에 따른 제품 이미지를 그래프로 나타내 시각적으로 의사 결정을 할 수 있게 해준다. 최종 학력이 높아짐에 따라 제품에 대한 이미지도 높아지는 것을 알 수 있다.

8.3 이원 분산분석

1) 이원 분산분석의 실행

이원 분산분석(two-way ANOVA)은 2개 이상의 요인(독립변수)을 이용하여 집단별로 평균 차이를 분석한다. 앞에서 설명한 일원 분산분석과의 차이는 몇 가지 있다. 첫째, 요인 혹은 독립변수의 수가 두 개이다. 둘째, 독립변수 간의 상호 작용 여부를 알아내야 한다. 셋째, 이 상호 작용을 고려하여 동시에 설명할 것인지 아니면 통제할 것인지 여부를 결정하여야 한다. 예를 들어, 평균 월급 차이를 설명하기 위해 교육 수준과 성별이라는 두 개의 요인을 동시에 채택하는 경우, 각 요인별 평균 차이뿐만 아니라 두 요인 간의 상호 작용 효과도 동시에 고려해야 한다.

이원 분산분석을 실시할 때에 다음과 같은 순서대로 자료를 분석하면 도움이 된다.

단계 1: 두 요인에 상호 작용이 있는가를 조사한다.
단계 2: 만일 상호 작용이 없으면 두 요인을 따로 분석하여 하나씩 조사한다.
단계 3: 만일 상호 작용은 있으나 중요하지 않으면 단계 2로 돌아간다.
단계 4: 만일 상호 작용이 중요하면, 그 자료를 변환하여 그 상호 작용을 중요하지 않게 만들 수 있는지 여부를 결정한다. 만일 그렇게 할 수 있다면 자료를 변환한 후에 단계 2로 간다.
단계 5: 자료의 의미 있는 변환으로도 상호 작용이 중요하다면, 두 요인 효과와 함께 분석한다.

이원 분산분석을 위해

분석(A)
　　일반선형 모형(G)▶
　　　　일변량(U)...

을 실행하면, [그림 8-7]과 같은 일변량 분산분석 초기 화면이 열린다.

[그림 8-7] 일변량 분석 초기 화면

[그림 8-7]에서 종속변수(D): 란에는 종속변수인 v10(제품 이미지)을 지정하고, 모수요인(F): 란에는 v14(성별)와 v15(최종 학력)를 지정한다.

[그림 8-8] 요인 지정 창

요인 지정 창에 대한 설명은 다음의 표로 대신한다.

지정 창	내용 설명
종속변수(D)	해당 값을 예측하거나 요약하려는 변수
모수요인(F)	모수요인의 수준에는 해당결과를 구하려는 모든 수준, 기술적으로 미리 정해진 대부분의 요인
변량요인(A)	변량요인의 수준들은 결과를 구하려는 가능한 수준들의 확률표본에 해당됨, 수준의 선택이 무작위로 이루어지기 때문에 기술적인 의미가 없음
공변량(C)	공변량은 분산분석의 효과를 확실히 하기 위한 양적인 독립변수
WLS 가중값(W)	가중된 최소제곱 분석에 대한 가중값이 있는 숫자 변수를 나열한다. 가중값이 0, 음수, 결측값 등일 때는 분석 케이스에서 제외됨

[표 8-3] 요인지정 창

앞의 [그림 8-8]에 나타난 선택 키워드 모형(M), 대비(C), 도표(T), 사후분석(H), 저장(S), 옵션(O)에 대한 자세한 설명은 9장에서 하기로 하고 여기서는 모형(M)... , 도표(T)... , 사후분석(H)... , 옵션(O)... 등 네 개의 단추를 이용하여 2단계 분석을 하기로 한다.

(1) 모형(M)

모형(M)... 단추를 누르고 모형설정란에서 ◉ 사용자 정의(C)를 누른다.

[그림 8-9] 일변량: 모형

왼쪽의 요인 및 공변량(F): 상자로부터 v14(성별), v15(최종 학력)를 지정하고 항 설정의 →단추를 눌러 모형(M) 란에 보낸다. 항 설정란에서는 주효과를 선정하고 제곱합(Q)에서는 제Ⅰ유형 ▼ 을 지정한다. 또한 ☑ 모형에 절편 포함(I)을 선택한다. 계속 단추를 누르면 앞의 [그림 8-8]로 복귀한다.

(2) 도표

앞의 [그림 8-8]에서 도표(T)... 단추를 누르면 다음과 같은 화면을 얻을 수 있다.

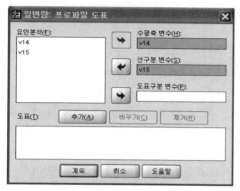

[그림 8-10] 분산분석 도표 상자 지정 1

수평축 변수(H):에 'v14(성별)' 변수를 → 단추를 눌러 지정한다. 같은 방법으로 선구분 변수(S) 란에는 'v15(최종 학력)'을 지정한다. 도표(T): 란에서 계속 단추를 누르면 다음과 같은 화면을 얻을 수 있다.

![일변량: 프로파일 도표]

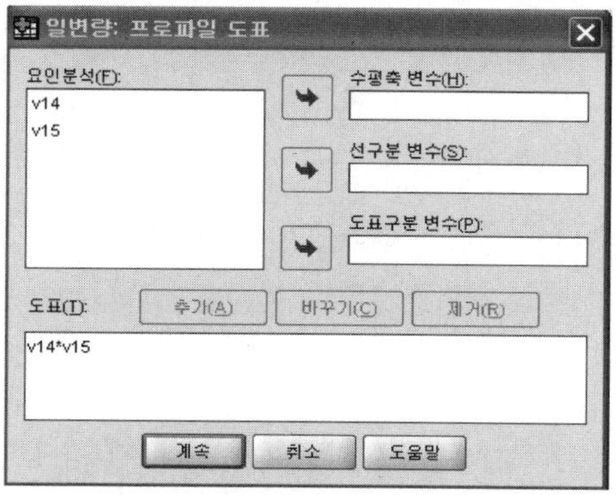

[그림 8-11] 분산분석 도표 상자 지정 2

여기서 계속 단추를 누르면 앞의 [그림 8-8]로 복귀한다.

(3) 사후분석

앞의 [그림 8-8]에서 사후분석(H)... 단추를 누르면 다음과 같은 화면을 얻을 수 있다.

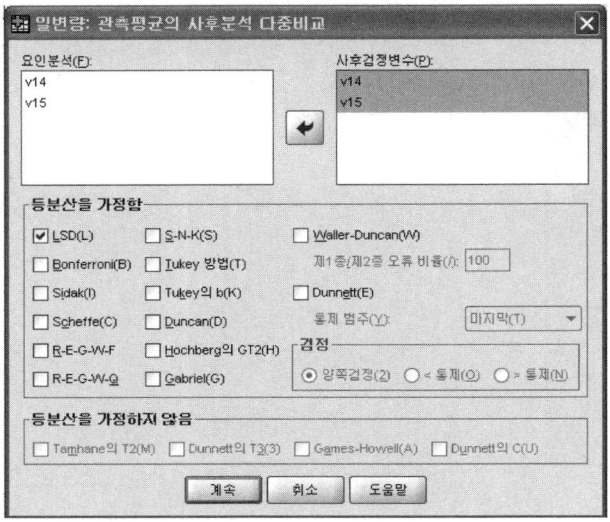

[그림 8-11] 사후분석 창

여기서는 사후검정변수(P)에 v14(성별), v15(최종 학력) 변수를 지정하고 다중비교 통계량 중 LSD(Least Significant Different, 최소유의차)를 누른다. 여기서 계속 단추를 누르면 앞의 [그림 8-8]로 복귀한다.

(4) 옵션

앞의 [그림 8-8]에서 옵션(O)... 단추를 누르면 다음과 같은 화면을 얻을 수 있다.

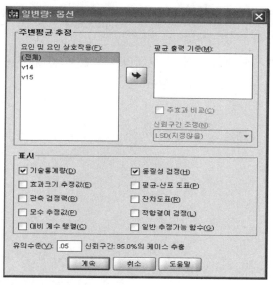

[그림 8-12] 일변량: 옵션

　　일변량: 옵션 창의 표시 란에서 ☑ 기술통계량(S)과 ☑ 동질성 검정(H)을 지정하고
[　계속　] 단추를 누르면 앞의 [그림 8-8]로 복귀한다. 앞의 [그림 8-8] 화면에서 [　확인　]
단추를 누르면 다음과 같은 결과를 얻을 수 있다.

2) 이원 분산분석의 결과

▶ 결과 8-7 ◀ 두 요인수준들의 평균값

기술통계량

종속 변수:v10

v14	v15	평균	표준 오차 편차	N
1.00	1.00	2.6667	.51640	6
	3.00	3.5833	.90034	12
	합계	3.2778	.89479	18
2.00	2.00	3.5000	1.04881	6
	3.00	3.6667	1.03280	6
	합계	3.5833	.99620	12
합계	1.00	2.6667	.51640	6
	2.00	3.5000	1.04881	6
	3.00	3.6111	.91644	18
	합계	3.4000	.93218	30

[결과 8-7]의 설명

전체 표본의 평균 제품 이미지는 3.40이며 분석 대상은 30명이다. v14(성별)로는 요인 1(남자)의 평균 제품 이미지는 3.28이며, 요인 2(여자)의 평균 제품 이미지는 3.58이다. 또한 v15(최종 학력)를 기준으로 보면 각각 2.67, 3.50, 3.61이다.

▶ 결과 8-8 분산의 동일성 검정

오차 분산의 동일성에 대한 Levene의 검정[a]

종속 변수:v10

F	df1	df2	유의확률
.909	3	26	.450

여러 집단에서 종속변수의 오차 분산이
동일한 영가설을 검정합니다.

a. Design: 절편 + v14 + v15

[결과 8-8]의 설명

분산분석이 유용하기 위해서는 표본이 무작위적으로 추출되었으며 모집단은 동일한 분산을 가지고 있다는 가정을 충족시켜야 한다. 현재 분석하고 있는 자료가 이러한 가정을 충족시키고 있는지를 알아보기 위해서 Levene 통계량 값이 0.909로서 충분히 크며 유의확률 = 0.450 > $\alpha = 0.05$ 이어서 모집단의 분산이 동일하다는 귀무가설이 채택된다. 따라서 다음의 분석을 계속 진행한다.

▶ 결과 8-9 이원 분산분석 표

개체-간 효과 검정

종속 변수:v10

소스	제 I 유형 제곱합	자유도	평균 제곱	F	유의확률
수정 모형	4.117[a]	3	1.372	1.692	.193
절편	346.800	1	346.800	427.674	.000
v14	.672	1	.672	.829	.371
v15	3.444	2	1.722	2.124	.140
오류	21.083	26	.811		
합계	372.000	30			
수정 합계	25.200	29			

a. R 제곱 = .163 (수정된 R 제곱 = .067)

[결과 8-9]의 설명

v14(성별)에 따른 제품의 이미지 차이는 F=0.829, 유의확률=0.371로 유의하지 않고 v15(최종학력)에 따른 제품의 이미지 차이는 F=2.124, 유의확률=0.140으로 유의하지 않은 것으로 나타났다. 즉, 귀무가설(H_0)을 채택하게 된다.

R제곱(R^2)은 회귀분석에서 결정계수와 같은 것으로 실험 요소에 의해서 설명될 수 있는 종속변수의 총 변동비율을 의미한다. 앞의 결과를 이용하여 계산하면

$$\frac{0.672 + 3.444}{25.2} = 0.163$$ 이다.

v13과 v14의 상호 작용 효과(2-Way Interaction)를 살펴보면, 빈 셀로 인해 상호 작용이 출력되지 않았다. 만일 유의확률이 0.05보다 작으면 상호 작용 효과가 있는 것이고, 유의확률이 0.05보다 크면 상호 작용 효과는 없다고 할 수 있다.

결과 8-10 최소 유의차를 이용한 사후검정

다중 비교

v10
LSD

(I) v15	(J) v15	평균차(I-J)	표준 오차 오류	유의확률	95% 신뢰구간 하한값	95% 신뢰구간 상한값
1.00	2.00	-.8333	.51990	.121	-1.9020	.2353
	3.00	-.9444*	.42450	.035	-1.8170	-.0719
2.00	1.00	.8333	.51990	.121	-.2353	1.9020
	3.00	-.1111	.42450	.796	-.9837	.7615
3.00	1.00	.9444*	.42450	.035	.0719	1.8170
	2.00	.1111	.42450	.796	-.7615	.9837

관측평균을 기준으로 합니다.
오류 조건은 평균 제곱(오류) = .811입니다.
*. 평균차는 .05 수준에서 유의합니다.

[결과 8-10]의 설명 :

(1) 최종학력 (J) 최종 학력 v14(성별)에 따른 평균차(I-J)에서 고졸 이하와 대졸 이상의 평균 차이는 −0.944로 유의확률=0.035로 유의하여 귀무가설(H_0)을 기각한다.

결과물에서 독립변수들 간의 상호 작용 결과는 산출되지 않았다. 상호 작용은 독립변수

간의 상호 작용이 종속변수에 미치는 영향을 v13과 v14의 상호 작용 효과(2-Way Interaction)를 살펴보면, 빈 셀로 인해 상호 작용이 출력되지 않았다. 만일 유의확률이 0.05보다 작으면 상호 작용 효과가 있는 것이고, 유의확률이 0.05보다 크면 상호 작용 효과는 없다고 할 수 있다.

➡️ 결과 8-11 프로파일 도표

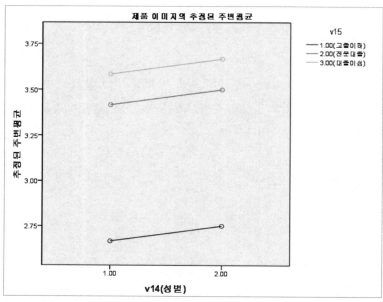

[그림 8-13] 프로파일

[결과 8-11]의 설명

v13과 v14의 상호 작용 효과(2-Way Interaction)를 살펴보면, 빈 셀로 인해 상호 작용이 출력되지 않았다. 만일 결과물에서 유의확률이 0.05보다 작으면 상호 작용 효과가 있는 것이고, 유의확률이 0.05보다 크면 상호 작용 효과는 없다고 할 수 있다. 프로파일 도표 결과물에 의하면 성별과 최종학력의 그래프는 교차하거나 일정한 값에 수렴하지 않아 성별과 최종 학력은 상호 작용이 존재하지 않는 것으로 나타났다.

만약, 프로파일상에서 규칙적으로 일정한 점에 수렴하는 서열 상호 작용(ordinal interaction)을 보인다면 연구자는 결과물에 대하여 체계적인 해석을 하여야 할 것이다. 그러나 무서열 상호 작용(disorninal interaction)을 보이면 주요 효과를 설명할 수 없기 때문에 실험 계획이 재설계되어야 할 것이다.

8.4 공변량 분석

위 결과는 두 독립변수 간에 상호 작용 여부가 밝혀지지 않았지만, 만약 종속변수가 두 독립변수의 복합적인 관계에 의하여 영향을 받을 때에는, 한 요인을 통제하고 다른 한 요인의 효과를 분석하는 경우가 있다. 이와 같은 경우, 우리는 회귀분석의 변형된 기법인 공변량 분석(ANCOVA: Covariance Analysis)을 사용한다. 공변량 분석은 질적인 독립변수와 양적인 독립변수를 동시에 분석하는 것으로 양적인 독립변수를 통제하고 질적인 독립변수와 종속변수 간의 관계를 명확하게 규명하는 방법이다. 여기서 통제되는 양적인 독립변수를 공변량(Covariate)라고 한다.

다음 그림은 독립변수 v3(지상 수신율)과 v14(성별)가 종속변수 v13(전반적인 만족)의 관계를 파악하기 위한 방법이다. 독립변수 v3(지상 수신율)과 종속변수 v13(전반적인 만족)의 회귀분석을 실시하면 지상 수신율이 유의한 것을 전반적인 만족에 유의한 영향을 미치는 것을 알 수 있다. 실행 방법은 11장 회귀분석을 참고하기 바란다. 따라서 v3(지상 수신율) 변수를 통제할 필요가 있다.

[그림 8-14] 특정 변수의 영향을 통제하는 공변량(C) 지정

[그림 8-14]는 왼쪽 변수 상자에서 v3(지상 수신율)의 효과를 통제하기 위해, 이 변수를 하단의 ➡ 단추를 누르면 공변량(C): 란에 옮겨진다. 여기서 한 개 이상의 공변량이 동시에 사용될 수 있다. 그러나 공변량은 논리적인 이유를 가지고 선택되어야 하며, 무작위적 방법으로 채택되어서는 안 된다는 점이다. 여기서 확인 단추를 클릭하면 결과를 얻을 수 있다.

결과 8-12 통제변수가 있는 분산분석 표

개체-간 효과 검정

종속 변수:v13

소스	제 III 유형 제곱합	자유도	평균 제곱	F	유의확률
수정 모형	3.237ᵃ	2	1.618	5.437	.011
절편	6.553	1	6.553	22.014	.000
v3	2.740	1	2.740	9.205	.006
v14	1.077	1	1.077	3.619	.069
오류	7.442	25	.298		
합계	435.000	28			
수정 합계	10.679	27			

a. R 제곱 = .303 (수정된 R 제곱 = .247)

[결과 8-12]의 설명

v3(지하 공간 수신율)의 영향을 통제하고 v14(성별)만의 효과를 분석한 결과, Sig F =0.069>α = 0.05이므로 성별이 전반적인 만족도에 미치는 영향력은 유의하지 않은 것으로 나타났다. 공변량 v3(지하 공간 수신율)은 Sig F =0.011<α =0.05에서 유의한 것으로 나타났다.

연구자가 생각해 보아야 할 것 중의 하나는 분산분석에 앞서 적합한 실험계획의 선정이라고 할 수 있다. 알맞은 실험계획이 있어야만 통계분석의 정확성은 높아질 수 있다.

8.5 리코딩된 변수를 이용한 분산분석

1) 변수의 리코팅

변수의 리코딩(Recoding)이란 다양하게 응답된 원래의 자료를 일정한 규칙으로 다시 구분하여 새로운 변수로 정의하는 절차를 말한다. 예를 들어, 응답자의 나이가 다양한 경우, 연령층(20대, 30대 등으로)별로 재정의하여 분석하면 더 유용하다.

구체적으로 여기서는 v17(연령)을 리코딩한다. 리코딩을 하기 위해서는 다음과 같은 순서로 진행한다.

변환(T)

        다른 변수로 코딩 변경(R)...

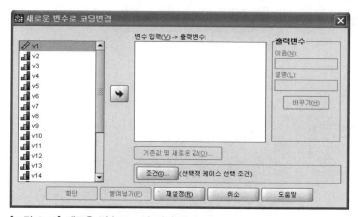

[그림 8-15] 새로운 변수로 코딩 변경 화면

여기서 새로이 지정하고자 하는 v17(연령) 변수를 마우스로 지정하여 ▣ 단추를 눌러 오른 쪽에 보낸다. 그러면 다음과 같은 화면을 얻는다.

[그림 8-16] 출력변수 정하기 1

새로 정의할 변수는 출력변수를 이용하면 된다. 이름(N): 란에는 새로이 출력될 변수를 나타낸다(여기서는 newage로 함).

[그림 8-17] 출력변수 정하기 2

다음으로 바꾸기(H) 단추를 누른다. 그러면 출력 변수가 v17(연령)이 newage로 변경되는 것을 확인할 수 있을 것이다. 이어서 기존값 및 새로운 값(O)… 단추를 누르면 다음과 같은 화면을 얻을 수 있다.

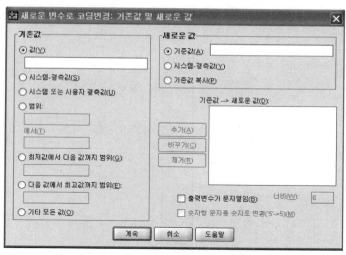

[그림 8-18] 새로운 변수로 코딩 변경: 기존값 및 새로운 값 (1)

여기서 ○범위를 지정하여야 자료의 범위를 정할 수 있다. 연령에 대한 자료에서 20세~29세인 경우 '1'로 리코딩을 해보자.

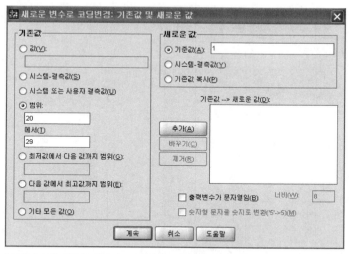

[그림 8-19] 새로운 변수로 코딩변경: 기존값 및 새로운 값 (2)

○ **범위**를 지정한 후 20세~29세를 **새로운 값 ⊙ 기준값(A):** 란에 1을 입력하면 된다. 여기서 추가(A)… 를 누르면 기존값 → 새로운 값(D): 란에 다음과 같이 지정된 것을 알 수 있다.

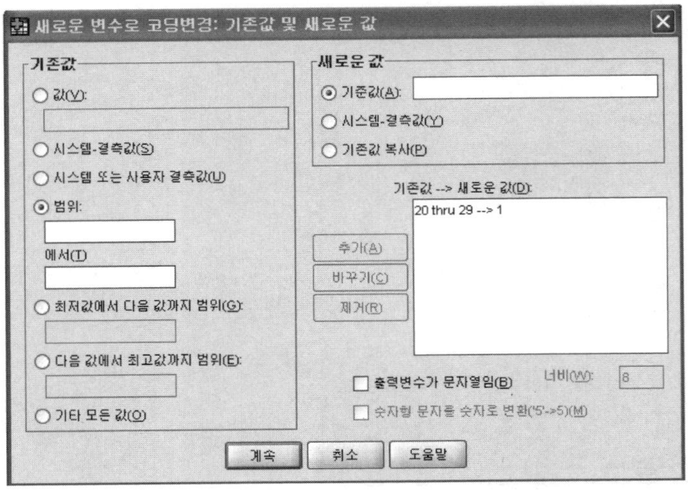

[그림 8-20] 새로운 변수로 코딩 변경: 기존값 및 새로운 값 (3)

기존값 → 새로운 값(D): 란에 '20 thru 29 → 1'이 나타난 것을 볼 수 있다. 그리고 30세~39세, 40세~49세의 경우도 앞의 방법과 동일하게 리코딩하면 된다. 그러면 다음과 같은 화면을 얻을 수 있다.

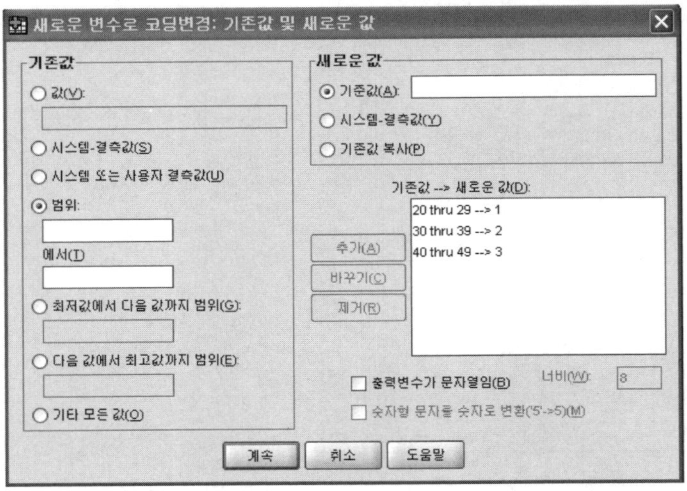

[그림 8-21] 새로운 변수로 코딩 변경: 기존값 및 새로운 값 (3)

여기서 계속 단추를 누르면 앞의 [그림 8-17] 화면에서 반전된 확인 단추를 누르면 된다.

	v15	v16	v17	v18	v19	nv18	x1	newage	변수
1	3.00	3.00	42.00	1.00	25.00	1.00	4.00	3.00	
2	2.00	3.00	28.00	3.00	28.00	2.00	2.00	1.00	
3	1.00	3.00		5.00	30.00	5.00	1.50	.	
4	3.00	1.00		2.00	20.00	2.00	3.00	.	
5	3.00	4.00	35.00	1.00	30.00	1.00	3.50	2.00	
6	3.00	1.00	30.00	2.00	29.00	2.00	3.50	2.00	
7	3.00	3.00	31.00	3.00	30.00	2.00	3.50	2.00	
8	1.00	3.00	22.00	4.00	25.00	4.00	4.00	1.00	
9	3.00	1.00	35.00	5.00	30.00	5.00	3.50	2.00	
10	3.00	4.00	28.00	2.00	35.00	2.00	3.50	1.00	
11	3.00	2.00	40.00	5.00	34.00	5.00	3.50	3.00	
12	2.00	3.00	30.00	4.00	20.00	4.00	5.00	2.00	
13	1.00	3.00	37.00	1.00	20.00	1.00	3.50	2.00	
14	3.00	1.00	32.00	1.00	25.00	1.00	4.50	2.00	
15	3.00	4.00	30.00	3.00	27.00	2.00	4.50	2.00	
16	3.00	1.00	31.00	4.00	29.00	4.00	3.00	2.00	
17	2.00	3.00	32.00	1.00	30.00	1.00	3.50	2.00	
18	1.00	3.00	28.00	1.00	32.00	1.00	4.50	1.00	

[그림 8-22] 새로운 변수 생성 화면

새로운 변수 'newage'가 생성된 것을 볼 수 있다. 이 독립변수를 이용하여 분산분석을 하여 보자.

2) 일원배치 분산분석

이제 연령층(newage)에 따라 절차의 신속성(v5)에 차이가 있는지 여부에 대하여 분석하여 보자. 이를 위해 일원배치 분산분석을 실시하려면, 다음과 같은 순서로 진행하면 된다.

> **분석(A)**
> > **평균비교(M) ▶**
> > > **일원배치 분산분석(O)...**

[그림 8-23] 일원 분산분석

종속변수(E): 란에 v5(절차의 신속성)를 지정하고, **요인분석(F):** 란에는 newage를 지정한 것을 나타낸다. █옵션(O)...█ 에서 ☑ 기술통계량을 지정하고 █확인█ 단추를 누르면, 다음과 같은 결과를 얻을 수 있다.

➡ 결과 8-13 기술통계

기술통계

v5

	N	평균	표준 오차 편차	표준 오차 오류	평균에 대한 95% 신뢰구간		최소값	최대값
					하한값	상한값		
1.00	8	2.8750	1.35620	.47949	1.7412	4.0088	1.00	5.00
2.00	16	3.0625	1.12361	.28090	2.4638	3.6612	1.00	5.00
3.00	4	4.7500	.50000	.25000	3.9544	5.5456	4.00	5.00
합계	28	3.2500	1.26564	.23918	2.7592	3.7408	1.00	5.00

[결과 8-13]의 설명

연령층이 1(20대), 2(30대), 그리고 3(40대)인 경우, 각각의 서비스 절차의 신속성에 대한 만족도의 평균 점수는 2.88, 3.06, 4.75로 나타났다. 여기서 연령층이 3(40대)인 경우 '서비스 절차의 신속성'의 평균 점수가 4.75점으로 높게 나타났다.

➡ 결과 8-14 분산분석표

분산분석

V5

	제곱합	자유도	평균제곱	F	유의확률
집단-간	10,688	2	5,344	4,103	,029
집단-내	32,563	25	1,303		
합계	43,250	27			

[결과 8-14]의 설명

결론적으로 말해서, 연령층(newage)에 따라, 서비스 절차의 신속성(v5)에 대한 만족도에서 유의한 차이가 있는 것으로 밝혀졌다(유의확률=0.029<0.05).

SPSS

중급 과정

9장 다변량 분산분석

학습 목표

다변량 분산분석은 독립변수가 명목척도이고, 종속변수가 2개 이상의 양적인 변수의 경우에 여러 모집단의 평균 벡터를 동시에 비교하는 분석 기법이다.

1. 다변량 분산분석의 개념과 절차를 이해한다.
2. 변수들의 다변량 정규분포성에 대한 해석을 할 수 있다.
3. 모든 요인수준의 평균벡터들이 같은지 여부를 검정할 수 있다.
4. 반복측정법을 실행할 수 있고 결과를 해석할 수 있다.

9.1 다변량 분산분석이란?

1) 다변량 분산분석의 의의

다변량 분산분석(Multivariate Analysis of Variance: MANOVA)은 이미 8장의 단일변량 분산분석에서 설명한 바와 같이 종속변수의 수가 두 개 이상인 경우에서 여러 모집단의 평균 벡터를 동시에 비교하는 분석 기법이다. 예를 들어, 어느 동물의 암컷과 수컷에서 몸무게, 길이, 가슴 너비를 각각 잰 후에 두 모집단의 크기에 차이가 있는지 여부를 연구하고자 할 때, 또는 세 종류의 산업에 속한 여러 회사들의 경영 실태를 분석하기 위하여 유동성 비율, 부채 비율, 자본 수익율 등을 자료로 하여 비교할 때 MANOVA를 이용할 수 있다. 그리고 MANOVA에서는 종속변수의 조합에 대한 효과의 동시 검정을 중요시한다. 그 이유는 대부분의 경우에 종속변수들은 서로 독립적이 아니고 또한 이 변수들은 동일한 개체에서 채택되어서 상관 관계가 있기 때문이다.

MANOVA는 여러 모집단을 비교 분석할 때 쓰일 뿐만 아니라, 모집단에 대하여 여러 상황을 놓고서 여러 개의 변수를 동시에 반복적으로 관찰하는 경우에도 유용하다. ANOVA와 MANOVA의 차이는 실험 개체를 대상으로 놓고 변수가 단수인가 혹은 복수인가에 달려 있다. 다변량 분산분석 설계의 특징은 종속변수가 벡터변수이다. 이 종속변수는 각 모집단에 대하여 같은 공분산행렬을 가지며 다변량 정규분포를 이룬다고 가정한다. 공분산행렬이 같다는 것은 ANOVA에서 분산이 같다는 가정을 MANOVA로 연장시킨 것이다. MANOVA의 연구 초점은 모집단의 중심, 즉 평균 벡터 사이에 차이가 있는지 여부에 대한 것이다. 다시 말하면, 모집단들의 종속변수(벡터)에 의해 구성된 공간에서 중심(평균)이 같은지 여부를 조사하고자 한다.

이해를 돕기 위하여 간략하게 설명하면, 가령 세 모집단에 대하여 두 개의 변수를 동시에 비교할 때, 귀무가설은 다음과 같다.

$$H_0 : \begin{bmatrix} \mu_{11} \\ \mu_{12} \end{bmatrix} = \begin{bmatrix} \mu_{21} \\ \mu_{22} \end{bmatrix} = \begin{bmatrix} \mu_{31} \\ \mu_{32} \end{bmatrix}$$

그리고 다변량 분산분석은 요인의 수에 따라 단일변량의 경우와 마찬가지로 일원 다변량 분산분석(one-way MANOVA), 이원 다변량 분산분석(two-way MANOVA) 등으로 나눈다.

2) 분석 절차

다변량 분산분석에서 귀무가설은 여러 모집단의 평균 벡터가 같다는 것을 서술한다. 이것의 분석 절차는 일반적으로 다음의 단계를 거친다.

① 먼저 종속변수 사이에서 상관 관계가 있는지 여부를 조사한다. 만일 상관 관계가 없다면 변수들을 개별적으로 ANOVA 검정을 한다. 반대로 상관 관계가 있으면 MANOVA를 준비한다.
② 변수들의 기본 가정인 다변량 정규분포성과 등공분산성 등을 조사한다.
③ 모든 요인수준의 평균 벡터들이 같은가를 검정한다.
④ 만일에 모든 평균 벡터들이 같다는 귀무가설이 채택되면 검정은 여기서 끝이 난다. 그러나 귀무가설이 기각되어 모든 평균 벡터들이 반드시 같지 않다면, 변수들을 개별적으로 조사하여 어떤 변수가 얼마나 다른가를 조사하며 그리고 그 차이가 의미하는 것은 무엇인가를 규명한다.

9.2 다변량 분산분석의 실행

(주)희경의 마케팅 담당자는 신제품의 전국적인 판매 촉진 활동을 계획하고 있다. 마케팅 담당자는 가격(Price)과 구매 장소(Chain)가 신제품 판매량에 미치는 영향 차이를 측정하고자 한다. 체인점마다 가격을 서로 다르게 하여 2주간 동안 판매량을 조사하였다. 자료가 다음과 같다고 할 때에 $\alpha = 0.05$에서 검정하라.

(1주 측정시 판매량 1, 2주 측정시 판매량 2)

구분		체인점(Chain)		
		1	2	3
가격(price)	1(상)	(20,24) (24,21)	(30,30) (30,35)	(17,16) (16,18)
	2(중)	(26,27) (24,24)	(36,34) (38,37)	(17,16) (16,19)
	3(하)	(29,26) (29,30)	(36,38) (37,43)	(22,24) (22,21)

[표 9-1] 가격과 장소에 따른 판매량

위의 표를 이용하여 변수 보기 창에서 자료를 입력하면 된다.

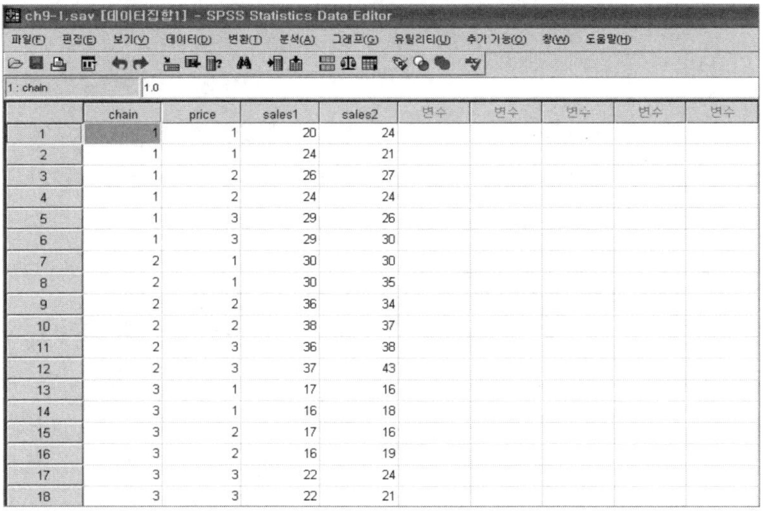

	chain	price	sales1	sales2	변수	변수	변수	변수	변수
1	1	1	20	24					
2	1	1	24	21					
3	1	2	26	27					
4	1	2	24	24					
5	1	3	29	26					
6	1	3	29	30					
7	2	1	30	30					
8	2	1	30	35					
9	2	2	36	34					
10	2	2	38	37					
11	2	3	36	38					
12	2	3	37	43					
13	3	1	17	16					
14	3	1	16	18					
15	3	2	17	16					
16	3	2	16	19					
17	3	3	22	24					
18	3	3	22	21					

[그림 9-1] 자료 입력 화면 (일부) [데이터: ch9-1.sav]

각 변수란에 자료의 첫줄 부분에 체인점(chain)으로 체인점 1은 1, 체인점 2는 2로, 또한 체인점 3은 3으로 입력하였고, 다음 줄 부분에는 각 가격대별로 1(상), 2(중), 3(하)을 입력하였다. 그 다음에는 1주 전 판매량(sales1)과 판매 촉진 전략 실시 후 판매량(sales2)을 각각 입력하였다.

이제 다변량 분산분석 창을 열기 위해서

> **분석(A)**
> **일반선형모형(G) ▶**
> **다변량(M)...**

을 진행하는 순서는 다음의 [그림 9-2]와 같다.

[그림 9-2] 다변량 분산분석 창 열기

[그림 9-3] 다변량 분산분석의 초기 화면

　　여기서 [그림 9-3] 화면의 왼쪽 상자에서 'sales 1'과 'sales 2'를 지정한 후 🢒 단추를 눌러 오른쪽의 종속변수(D): 란에 지정한다. 또한 모수요인(F)에는 체인점(Chain)과 가격(Price)을 지정하였다. 여기서 모수요인(Fixed Factor)은 연구자가 기술적인 방법에 의해서 결정된 변수를 의미한다. 이것을 그림으로 나타내면 [그림 9-4]와 같다.

[그림 9-4] 다변량 분산분석의 모수요인 선택 1

[그림 9-4]에서 **공변량(C):** 란은 양적인 통제변수를 선택하는 곳이다. WLS 가중값(W)은 가중된 최소제곱분석에 대한 가중값이 있는 숫자 변수를 나열한다. 여기서 가중값이 0, 음수, 결측값이 있을 때는 분석에서 사례가 제외된다.

다음은 [그림 9-4]의 화면에 나타난 모형(M)⋯ , 대비(C)⋯ , 도표(T)⋯ , 사후분석(H)⋯ , 저장(S)⋯ , 옵션(O)⋯ 등 여섯 개의 단추에 대한 설명이다.

(1) 모형(M)

우리는 모형(M)⋯ 단추를 통하여 각 모형을 정의하고, 제곱합 유형을 선택할 수 있다. [그림 9-4]에서 모형(M)⋯ 단추를 누르면 [그림 9-5]와 같은 그림을 얻을 수 있다.

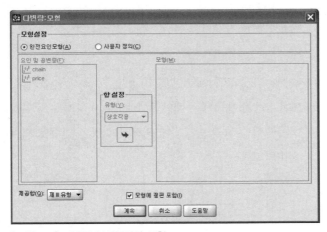

[그림 9-5] 다변량 분산분석의 모형

[그림 9-5]는 **모형설정란**에는 ⦿ **완전 요인 모형(A)**을 선택하고, **제곱합(Q)** 란에는 제 3(III) 유형이 선택된 것을 나타내고 있다. 다음 표는 [그림 9-5]에 나타난 선택 키워드에 대한 설명을 나타낸다.

키워드	내용 설명
모형설정	다음에서 선택 가능
⦿ 완전요인 모형(A)	모든 요인과 공분산의 주요효과, 모든 요인 간의 상호 작용 효과를 구한다(기본설정). 통제변수 간의 상호 작용은 제외된다.
○ 사용자 정의(C)	요인-대-공변량 상호 작용이나 가능한 요인-대-요인 상호 작용의 집단군을 포함하는 모형을 정의할 수 있게 한다. 모형에 포함시키려는 항을 지시해야 한다.
요인 및 공변량(F)	GLM 일반 요인에서 이들은 모수요인(F), 변량요인(R) 및 공변량(C)으로 설명된다. ○ 사용자 정의(C) 모형에서 분석하고자 하는 통제요인(F)은 통제변수(C)로 표기
모형(M)	○ 사용자 정의(C) 모형에서 분석하고자 하는 통제요인과 통제변수의 결합을 지정한다. 설정은 ⮕ 를 누르면 된다.
항 설정	주요 효과 상호 작용을 지정
상호 작용 ▼	상호 작용 효과 분석
주효과	주요 효과 분석
모든 2원 배치	2원 상호 작용 분석
모든 3원 배치	3원 상호 작용 분석
모든 4원 배치	4원 상호 작용 분석
모든 5원 배치	5원 상호 작용 분석
제곱합(Q)	제곱합 형태 결정
제I 유형	제1 유형
제II 유형	제2 유형
제III 유형	제3 유형
제IV 유형	제4 유형
☑ 모형에 절편 포함(I)	모형에 절편을 포함한다.

[표 9-2] GLM-다변량 모형에 대한 키워드 설명

[그림 9-5]에서 계속 단추를 누르면, 앞의 [그림 9-4] 화면으로 돌아간다.

(2) 대비

앞의 [그림 9-4]에서 대비(C)… 단추를 누르면, [그림 9-6]과 같은 화면을 얻을 수 있다.

[그림 9-6] GLM-다변량의 대비

대비를 통하여 각 요소들의 대비 또는 신뢰구간 등을 계산한다. 다음의 표는 이를 설명한다.

키워드	설명 내용
요인분석(F)	선택한 요인을 나열
대비(N) ▼	선형변환 방법
지정 없음	지정하지 않는 경우
편차	변환되는 변수들의 평균에 대한 표준편차 제공
단순	각 종속변수들을 마지막 종속변수와 비교
차분	Difference or reverse Helmert transformation
Helmert	Helmert transformation
반복	각 종속변수들을 마지막 종속변수와 비교
다항	종속변수의 수에 따라 요인들이 선형, 2차, 3차 효과로 나눔
참조범주: ⦿ 마지막(L) ○ 첫 번째	대비(N)에서 편차 또는 단순을 지정하는 경우, 대비에서 제외될 종속변수를 제외 종속변수 중에서 참조변수로 처음과 마지막을 지정

[표 9-3] GLM-다변량: 대비 선택 설명

[그림 9-6]에서 계속 단추를 누르면, 앞의 [그림 9-4] 화면으로 되돌아간다.

(3) 다변량 분산분석 도표상자

앞의 [그림 9-4]에서 도표(T)… 단추를 누르면, [그림 9-7]과 같은 화면을 얻을 수 있다.

[그림 9-7] GLM-다변량 분산분석: 프로파일

[그림 9-7]에 나타난 지정 옵션을 설명하면 다음 표와 같다.

키워드	설명 내용
요인분석(F)	선택한 요인을 나열
수평축 변수(H)	요인을 선택하고 수평축을 정의
선구분 변수(S)	요인을 선택하고 개별 선을 정의
도표구분 변수(P)	요인을 선택하고 개별 도표를 정의
도표(T)	정의된 도표를 나열

[표 9-4] GLM-다변량: 프로파일 도표

[그림 9-7]에서 계속 단추를 누르면, 앞의 [그림 9-4] 화면으로 되돌아간다.

(4) 다변량 분산분석 사후분석 다중 비교

앞의 [그림 9-4]에서 사후검정을 위해서 ⌈사후분석(H)…⌋ 단추를 누르고 검정하기 위한 변수를 지정한다. 그리고 사후검정의 방법 중 평균의 선형 조합을 검정하는 Scheffe 방법을 지정한다. 그러면 [그림 9-8]과 같은 화면을 얻을 수 있다.

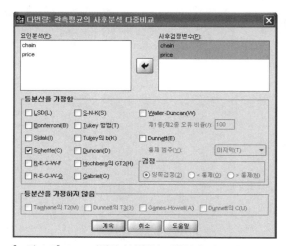

[그림 9-8] GLM-다변량 분산분석 사후분석 다중 비교

[그림 9-8]에 나타난 지정 선택 키워드를 설명하면 다음 표와 같다.

선택 키워드	내용 설명
등분산을 가정함	집단 간의 다중 비교를 산출, 집단 평균은 오름차순에 의해 정렬된다. 행렬에서 별표(*)는 5%의 유의수준에서 유의적인 집단 간의 차이를 나타냄
☐ 최소유의치(L)	이 검정은 집단의 모든 대응별 다중 t검정을 하는 데 사용
☐ Benferroni(B)	최소 유의차 검정의 수정
☐ Seidak(I)	Sidak의 다중 비교 검정
☐ R-E-G-W-F	Ryan-Einot-Gabriel-Welsch F검정
☐ R-E-G-W-Q	Ryan-Einot-Gabriel-Welsch 범위검정
☐ Duncan(D)	던칸의 다중 범위 검정
☐ S-N-K(S)	스튜던트-뉴만-쿨 검정
☐ Tukey 방법(T)	스튜던트 범위 통계량을 사용, 집단 간 대응별 비교를 수행하여 오차율을 대응별 비교 집합의 오차 비율을 선정
☐ Tukey의 b(K)	투키의 통계량
☑ Scheffe(C)	이 검정은 평균의 대응 비교에 대한 부수적인 것이며, 다른 다중 비교 검정보다도 유의도에 있어서 평균 간 더 큰 차이를 필요로 한다.
☐ Dunnett(E)	Dunnett의 대응별 다중 비교
☐ Gabriel(G)	Gabriel의 대응별 비교 검정
☐ Waller-Duncan(W)	Waller-Duncan의 등분산
☐ Hochberg의 GT2(H)	Hochberg의 GT2는 스튜던트화 최대 계수를 사용
등분산을 가정하지 않음	분산이 동일하지 않은 경우 다음 중 하나를 선정하면 된다.
☐ Tamhane T2(M)	T검정을 기준으로 하는 보존성 대응별 비교, 분산이 동일하지 않을 때 적용
☐ Dunnett T3(3)	스튜던트화 최대 계수를 기초로 한 대응별 비교 검정
☐ Games-HowlI(A)	경우에 따라 자유롭게 수행되는 대응별 비교 검정
☐ Dunnett의 C(U)	스튜던트화 범위를 기준으로 하는 대응별 비교 검정

[표 9-5] 다변량 분산분석 사후분석 다중 비교 대화 상자

[그림 9-8]에서 계속 단추를 누르면, 앞의 [그림 9-4] 화면으로 돌아간다. 여기서 저장(S)… 단추를 누르면 [그림 9-9]와 같은 화면을 얻을 수 있다.

(5) 다변량 분산분석의 저장

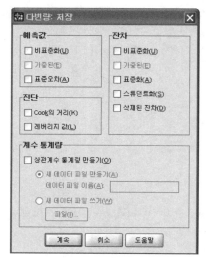

[그림 9-9] 다변량 분산분석의 저장

[그림 9-9]에서 나타난 화면에서의 키워드에 대한 설명은 다음 표와 같다.

선택 키워드	내용 설명
예측값	모형의 예측값으로 다음 중 하나를 선택하면 된다.
☐ 비표준화(U)	표준화하지 않은 예측값
☐ 가중된(E)	가중 예측값
☐ 표준오차(A)	표준오차
진단	다음 중에서 하나를 선택하면 된다.
☐ Cook의 거리(K)	쿡 거리
☐ 레버리지 값(V)	중심화하지 않은 레버리지 값
잔차	다음 중에서 하나를 선택할 수 있다.
☐ 비표준화(U)	종속변수의 실제값에서 모형에 의해 예측된 값을 뺀 것
☐ 가중된(G)	가중잔차
☐ 표준화(A)	표준화 잔차
☐ 스튜던트화(S)	스튜던트화 잔차
☐ 삭제된 잔차(D)	삭제된 잔차
계수 통계량	
☐ 상관계수 통계량 만들기(O)	SPSS 데이터 파일로 저장

[표 9-6] 다변량 분산분석 저장 대화 상자

[그림 9-9]에서 계속 단추를 누르면, 앞의 [그림 9-4] 화면으로 돌아간다. 여기서, 옵션(O)… 단추를 누르면 다음 [그림 9-10]과 같은 화면을 얻을 수 있다.

(6) 다변량 분산분석의 옵션

[그림 9-10] 다변량 분산분석의 옵션

[그림 9-10]에서는 출력 대화 상자에서 ☑ **기술통계량(D)**을 선택한 것을 보여 주고 있다. 다음의 표는 다변량 분산분석의 옵션에 관한 설명이다.

선택 키워드	내용 설명
주변평균 추정 요인 및 요인 상호 작용(F)	셀(Cell) 내의 모집단 주변 평균들의 추정값이 필요한 경우 해당 요인과 상호 작용을 선택
평균 출력 기준(M)	요인 및 요인 상호 작용에 대한 평균값을 산출하기 위해서 지정하는 선택 화면
□ 주효과 비교(C)	개체 간 요인과 개체 내 요인 모두에 모형 내 주효과의 추정된 주변 평균 간 수정되지 않은 대응별 비교를 제시
신뢰구간 조정(N)	평균 출력 후 신뢰구간을 나타내는 방법
표시	다음에서 하나를 선택하면 됨
□ 기술통계량(D)	모든 셀의 종속변수에 대한 평균, 표준편차, 빈도 등
□ 효과크기 추정값(E)	각 효과와 각 모수 추정값에 대한 부분 에타−제곱값을 제시
□ 관측 검정력(B)	관측 검정력의 결과물 산출시 표시
□ 모수 추정값(P)	각 검정에 대한 모수 추정값, 표준오차, T검정, 신뢰구간 등을 제시
□ SSCP 행렬(S)	가설 SSCP 행렬을 제시
□ 잔차 SSCP 행렬(C)	잔차 SSCP 행렬을 제시
□ 변환행렬(A)	변환 행렬을 표시하는 방법 제시
□ 동질성 검정(H)	분산의 동질성에 대한 Levene 검정
□ 평균−산포 도표(P)	데이터에 대한 평균−산포도 제시
□ 잔차도표(R)	각 종속변수에 대한 관측−예측−표준화 잔차도표를 제시
□ 적합결여검정(L)	각 적합결여검정 통계량을 표시하는 경우
□ 일반 추정가능 함수(G)	일반 추정 가능 함수를 나타내는 경우임
유의수준(V) .05 신뢰구간 95%의 케이스 추출	유의수준은 0.05 95%의 신뢰수준

[그림 9−10]에서 계속 단추를 눌러 [그림 9−4]로 되돌아간 후, 여기서 확인 단추를 누르면
다음의 결과를 얻는다.

9.3 다변량 분산분석의 결과

▶ 결과 9−1 개체−간 요인

개체-간 요인

		변수값 설명	N
체인점	1	체인점1	6
	2	체인점2	6
	3	체인점3	6
가격	1	가격1안	6
	2	가격2안	6
	3	가격3안	6

[결과 9-1]의 설명

가격(Price)과 체인점(Chain)에서 신제품 판매량의 차이를 측정한 케이스가 나타나 있다. 체인점의 종류에서 체인점인 1인 경우 케이스의 수가 6임을 알 수 있다.

➡ 결과 9-2 기술통계량

기술통계량					
	체인점	가격	평균	표준 오차 편차	N
판촉전 판매량	체인점1	가격1안	22.00	2.828	2
		가격2안	25.00	1.414	2
		가격3안	29.00	.000	2
		합계	25.33	3.445	6
	체인점2	가격1안	30.00	.000	2
		가격2안	37.00	1.414	2
		가격3안	36.50	.707	2
		합계	34.50	3.564	6
	체인점3	가격1안	16.50	.707	2
		가격2안	16.50	.707	2
		가격3안	22.00	.000	2
		합계	18.33	2.875	6
	합계	가격1안	22.83	6.210	6
		가격2안	26.17	9.261	6
		가격3안	29.17	6.494	6
		합계	26.06	7.487	18
판촉후 판매량	체인점1	가격1안	22.50	2.121	2
		가격2안	25.50	2.121	2
		가격3안	28.00	2.828	2
		합계	25.33	3.077	6
	체인점2	가격1안	32.50	3.536	2
		가격2안	35.50	2.121	2
		가격3안	40.50	3.536	2
		합계	36.17	4.355	6
	체인점3	가격1안	17.00	1.414	2
		가격2안	17.50	2.121	2
		가격3안	22.50	2.121	2
		합계	19.00	3.098	6
	합계	가격1안	24.00	7.294	6
		가격2안	26.17	8.232	6
		가격3안	30.33	8.548	6
		합계	26.83	8.024	18

[결과 9-2]의 설명

체인점 및 가격에 따른 판매 촉진 1주일 전의 판매량과 판매 촉진 후 판매량이 나타나 있다.

가격과 체인점의 효과 분석

다변량 검정[c]

효과		값	F	가설 자유도	오차 자유도	유의확률
절편	Pillai의 트레이스	.999	4522.357[a]	2.000	8.000	.000
	Wilks의 람다	.001	4522.357[a]	2.000	8.000	.000
	Hotelling의 트레이스	1130.589	4522.357[a]	2.000	8.000	.000
	Roy의 최대근	1130.589	4522.357[a]	2.000	8.000	.000
chain	Pillai의 트레이스	1.049	4.959	4.000	18.000	.007
	Wilks의 람다	.012	31.786[a]	4.000	16.000	.000
	Hotelling의 트레이스	74.156	129.772	4.000	14.000	.000
	Roy의 최대근	74.090	333.403[b]	2.000	9.000	.000
price	Pillai의 트레이스	.988	4.393	4.000	18.000	.012
	Wilks의 람다	.077	10.382[a]	4.000	16.000	.000
	Hotelling의 트레이스	11.084	19.397	4.000	14.000	.000
	Roy의 최대근	11.007	49.534[b]	2.000	9.000	.000
chain * price	Pillai의 트레이스	.811	1.534	8.000	18.000	.214
	Wilks의 람다	.271	1.840[a]	8.000	16.000	.142
	Hotelling의 트레이스	2.384	2.086	8.000	14.000	.109
	Roy의 최대근	2.249	5.061[b]	4.000	9.000	.020

a. 정확한 통계량

b. 해당 유의수준에서 하한값을 발생하는 통계량은 F에서 상한값입니다.

c. Design: 절편 + chain + price + chain * price

[결과 9-3]의 설명

다변량 분산분석에서는 연구자의 연구 목적에 따라 Pillai의 트레이스, Wilks의 람다, Hotelling의 트레이스, Roy의 최대근 등을 사용한다. 여기서 intercept는 상수를 의미하며, 종속변수를 독립변수를 통한 함수 관계로 나타낼 때 필요하다. 여기서는 Wilks 통계량 값을 사용한다. 각 판별함수 변량들로 설명되지 않은 분산의 적(積)으로 윌크스 람다는 다음과 같이 계산된다.

$$\Lambda = \frac{\text{그룹 내 분산}}{\text{총 분산}}$$

만일 람다 값이 작으면 귀무가설을 기각시킨다. 위 결과에서, 체인점의 람다 값은 0.012이며, 이것을 F 값으로 환산하면 31.786이 된다. 이때, 유의확률은 0.000이므로 우리는 평균 벡터가 같다는 귀무가설을 기각시킨다.

그러므로 체인점(chain)에 따라 신제품 판매량은 차이가 있으며($p = 0.000 < 0.05$), 또한 가격(Price)에 따라서도 차이가 있음을 알 수 있다($p = 0.000 < 0.05$). 상호 작용 효과를 검정하기 위하여 윌크스 람다 값의 F 확률을 살펴보면, Sig. of F = 0.142 > 0.05이므로 체인점 및 가격의 상호 작용 효과(Chain*Price)는 없다고 볼 수 있다.

➤ **결과 9-4** 개체-간의 효과 검정

개체-간 효과 검정

소스	종속 변수	제 III 유형 제곱합	자유도	평균 제곱	F	유의확률
수정 모형	판촉전 판매량	939.444[a]	8	117.431	78.287	.000
	판촉후 판매량	1037.000[b]	8	129.625	20.289	.000
절편	판촉전 판매량	12220.056	1	12220.056	8146.704	.000
	판촉후 판매량	12960.500	1	12960.500	2028.600	.000
chain	판촉전 판매량	788.778	2	394.389	262.926	.000
	판촉후 판매량	904.333	2	452.167	70.774	.000
price	판촉전 판매량	120.444	2	60.222	40.148	.000
	판촉후 판매량	124.333	2	62.167	9.730	.006
chain * price	판촉전 판매량	30.222	4	7.556	5.037	.021
	판촉후 판매량	8.333	4	2.083	.326	.854
오류	판촉전 판매량	13.500	9	1.500		
	판촉후 판매량	57.500	9	6.389		
합계	판촉전 판매량	13173.000	18			
	판촉후 판매량	14055.000	18			
수정 합계	판촉전 판매량	952.944	17			
	판촉후 판매량	1094.500	17			

a. R 제곱 = .986 (수정된 R 제곱 = .973)

b. R 제곱 = .947 (수정된 R 제곱 = .901)

[결과 9-4]의 설명

개체-간 효과 검정에서 수정 모형은 체인점(Chain), 가격(Price)에 답변한 케이스가 적은 경우 이를 수정하게 되는 것을 말한다. 가격(Price)과 체인점(Chain) 간의 1주 전 판매량과 판매 촉진 후 판매량에는 유의한 차이가 있는 것으로 밝혀졌다[유의확률(P =0.000<α =0.05].

결정계수(R^2)는 독립변수의 실험 요소로 설명되는 종속변수의 분산 비율로 판촉 전 설명력은 다음과 같이 구할 수 있다.

$$\frac{(788.778+120.444+30.222)}{952.944} = 0.986$$

여기서 결정계수 0.986은 체인, 가격, 체인과 가격의 상호 작용에 의해서 설명되는 비율이다.

마찬가지로 판촉 후의 결정계수는 다음과 같이 구한다.

$$\frac{(904.333+124.333+8.333)}{1094.500} = 0.947$$

사후검정-체인점

다중 비교

Scheffe

종속 변수	(I) 체인점	(J) 체인점	평균차(I-J)	표준 오차 오류	유의확률	95% 신뢰구간 하한값	95% 신뢰구간 상한값
판촉전 판매량	체인점1	체인점2	-9.17*	.707	.000	-11.23	-7.10
		체인점3	7.00*	.707	.000	4.94	9.06
	체인점2	체인점1	9.17*	.707	.000	7.10	11.23
		체인점3	16.17*	.707	.000	14.10	18.23
	체인점3	체인점1	-7.00*	.707	.000	-9.06	-4.94
		체인점2	-16.17*	.707	.000	-18.23	-14.10
판촉후 판매량	체인점1	체인점2	-10.83*	1.459	.000	-15.09	-6.58
		체인점3	6.33*	1.459	.006	2.08	10.59
	체인점2	체인점1	10.83*	1.459	.000	6.58	15.09
		체인점3	17.17*	1.459	.000	12.91	21.42
	체인점3	체인점1	-6.33*	1.459	.006	-10.59	-2.08
		체인점2	-17.17*	1.459	.000	-21.42	-12.91

관측평균을 기준으로 합니다.
오류 조건은 평균 제곱(오류) = 6.389입니다.
*. 평균차는 .05 수준에서 유의합니다.

[결과 9-5]의 설명

사후검정은 어느 독립변수의 평균이 서로 차이가 나는지를 확인하는 과정을 말한다. Scheffe의 통계량으로 계산된 사후검정을 보면 유의수준 0.05에서 판촉 전 판매량과 판촉 후의 판매량이 체인점에 따라 유의한 차이가 있는 것으로 나타났다.

동일 집단군 분류

판촉전 판매량

Scheffe[a,b,c]

체인점	N	집단군 1	집단군 2	집단군 3
체인점3	6	18.33		
체인점1	6		25.33	
체인점2	6			34.50
유의확률		1.000	1.000	1.000

동일 집단군에 있는 집단에 대한 평균이 표시됩니다.
관측평균을 기준으로 합니다.
오류 조건은 평균 제곱(오류) = 1.500입니다.
a. 조화평균 표본 크기 6.000을(를) 사용합니다.
b. 집단 크기가 동일하지 않습니다. 집단 크기의 조화평균이 사용됩니다. I 유형 오차 수준은 보장되지 않습니다.
c. 유의수준 = .05.

판촉후 판매량

Scheffe[a,b,c]

체인점	N	집단군 1	집단군 2	집단군 3
체인점3	6	19.00		
체인점1	6		25.33	
체인점2	6			36.17
유의확률		1.000	1.000	1.000

동일 집단군에 있는 집단에 대한 평균이 표시됩니다.
관측평균을 기준으로 합니다.
오류 조건은 평균 제곱(오류) = 6.389입니다.
a. 조화평균 표본 크기 6.000을(를) 사용합니다.
b. 집단 크기가 동일하지 않습니다. 집단 크기의 조화평균이 사용됩니다. I 유형 오차 수준은 보장되지 않습니다.
c. 유의수준 = .05.

위의 동일 집단군 분류표에서는 동일한 집단 내에서 평균을 나타내고 있다. 판촉 전의 판매량은 각 요인수준 내에서 동일함을 알 수 있다. 가격에 대한 사후검정은 각자 확인해 보기 바란다.

9.4 반복측정 분석법

1) 다변량 분산분석의 의의

반복측정(Repeated Measure)은 사회과학 분야나 의학 분야에서 유용하게 이용할 수 있는 방법이다. 연구자는 실험 대상이나 실험 동물에게 행한 실험의 효과를 특정 시점마다 수치를 확인할 수 있는데 분석측정 분석은 이 경우에 적합한 분석법이라고 할 수 있다. 7장에서 다룬 대응표본 T검정의 경우는 같은 집단에 대해서 실험 전후의 차이만을 확인할 수 있지만 반복측정 분석법은 두 집단 이상과 여러 시점별로 실험 효과를 분석할 수 있다는 점이 특징이라고 하겠다. 연구자는 반복측정 분석에서 분석 결과를 보고 다음을 확인해야 한다.

    ① 측정 결과가 어떠한 실험 수준에 따라 차이가 있는가(개체 간 효과)?
    ② 측정 결과는 관찰 시점에 따라 차이가 있는가(개체 내 효과)?
    ③ 실험 수준과 관찰 시점에 따른 상호 작용 효과(Interaction)는 존재하는가?
    ④ 시간에 따른 실험 수준의 효과 변화 상황(프로파일 도표 분석)은 어떠한가?

2) 실행

세명 스포츠센터에서는 회원들을 세 그룹(1 =Control Group, 2 =Diet Group, 3 =Diet + Exercise)으로 분류하여, 몸무게 변화(Weight loss)와 자기 효능감(Self esteem)의 변화를 각각 석 달에 걸쳐 조사하였다. 스포츠센터 운영자는 세 그룹 간 몸무게 변화와 자기 효능감의 차이 여부를 확인하고자 한다. 결과를 해석하고 α =0.05에서 검정하라.

구분	몸무게(Weight loss)			자기 효능감(Self esteem)		
	1개월	2개월	3개월	1개월	2개월	3개월
통제 집단 (Control Group)	4	3	3	14	13	15
	4	4	3	13	14	17
	4	3	1	17	12	16
	3	2	1	11	11	12
	5	3	2	16	15	14
	6	5	4	17	18	18
	6	5	4	17	16	19
	5	4	1	13	15	15
	5	4	1	14	14	15
	3	3	2	14	15	13
	4	2	2	16	16	11
	5	2	1	15	13	16
다이어트(Diet)	6	3	2	12	11	14
	5	4	1	13	14	15
	7	6	3	17	11	18
	6	4	2	16	15	18
	3	2	1	16	17	15
	5	5	4	13	11	15
	4	3	1	12	11	14
	4	2	1	12	11	11
	6	5	3	17	16	19
	7	6	4	19	19	19
	4	3	2	15	15	15
	7	4	3	16	14	18
다이어트와 운동 (Diet + exercise)	8	4	2	16	12	16
	3	6	3	19	19	16
	7	7	4	15	11	19
	4	7	1	16	12	18
	9	7	3	13	12	17
	2	4	1	16	13	17
	3	5	1	13	13	16
	6	5	2	15	12	18
	6	6	3	15	13	18
	9	5	2	16	14	17
	7	9	4	16	16	19
	8	6	1	17	17	17

[표 9-8] 스포츠센터의 반복측정 자료

[표 9-8]을 이용하여 변수 보기 창에서 자료를 입력하면 된다.

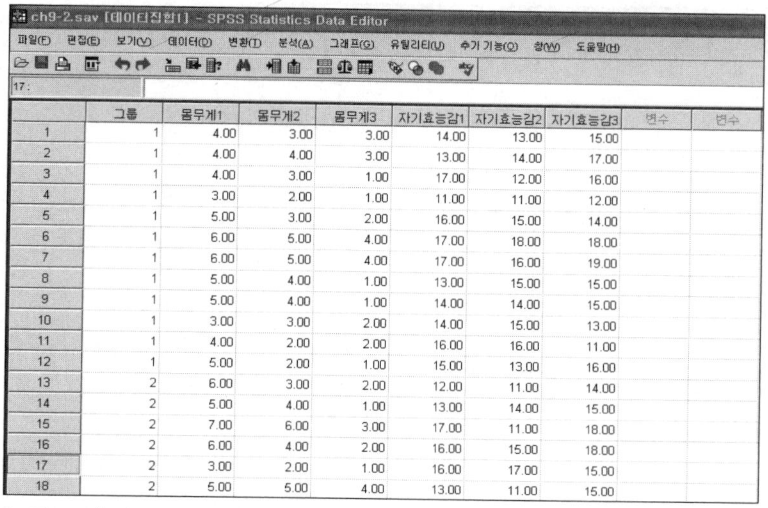

	그룹	몸무게1	몸무게2	몸무게3	자기효능감1	자기효능감2	자기효능감3	변수	변수
1	1	4.00	3.00	3.00	14.00	13.00	15.00		
2	1	4.00	4.00	3.00	13.00	14.00	17.00		
3	1	4.00	3.00	1.00	17.00	12.00	16.00		
4	1	3.00	2.00	1.00	11.00	11.00	12.00		
5	1	5.00	3.00	2.00	16.00	15.00	14.00		
6	1	6.00	5.00	4.00	17.00	18.00	18.00		
7	1	6.00	5.00	4.00	17.00	16.00	19.00		
8	1	5.00	4.00	1.00	13.00	15.00	15.00		
9	1	5.00	4.00	1.00	14.00	14.00	15.00		
10	1	3.00	3.00	2.00	14.00	15.00	13.00		
11	1	4.00	2.00	2.00	16.00	16.00	11.00		
12	1	5.00	2.00	1.00	15.00	13.00	16.00		
13	2	6.00	3.00	2.00	12.00	11.00	14.00		
14	2	5.00	4.00	1.00	13.00	14.00	15.00		
15	2	7.00	6.00	3.00	17.00	11.00	18.00		
16	2	6.00	4.00	2.00	16.00	15.00	18.00		
17	2	3.00	2.00	1.00	16.00	17.00	15.00		
18	2	5.00	5.00	4.00	13.00	11.00	15.00		

[그림 9-11] 자료 입력 화면 (일부) [데이터: ch9-2.sav]

각 그룹은 1은 통제 집단(control group), 2는 다이어트(diet)를 한 집단, 3은 다이어트와 운동을 병행한 집단(Diet + exercise)을 나타내고 몸무게 1~3은 석 달간의 몸무게 변화(weight loss)를 나타낸다. 자기 효능감(self esteem) 1~3은 석 달 간의 자기 효능감을 각각 나타낸다.

이제 반복측정 분석 창을 열기 위해서

> **분석(A)**
> **일반선형모형(G) ▶**
> **반복측정(R)...**

을 진행하면 다음과 같은 화면을 얻을 수 있다.

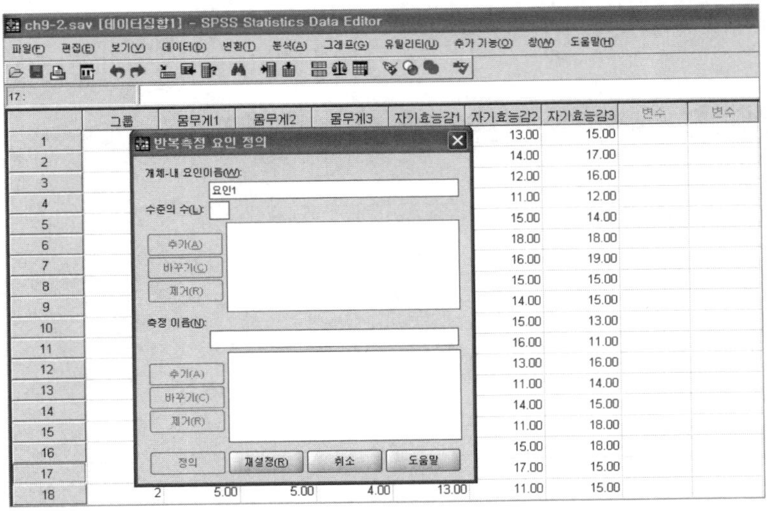

[그림 9-12] 반복측정 창 열기

이 화면에서 개체-내 요인이름(W)의 요인1 을 지우고 'Month'라고 입력을 한다. 그리고 수준의 수(L): 3 을 입력하고 추가(A) 단추를 누른다. 다음과 같은 화면을 얻을 수 있다.

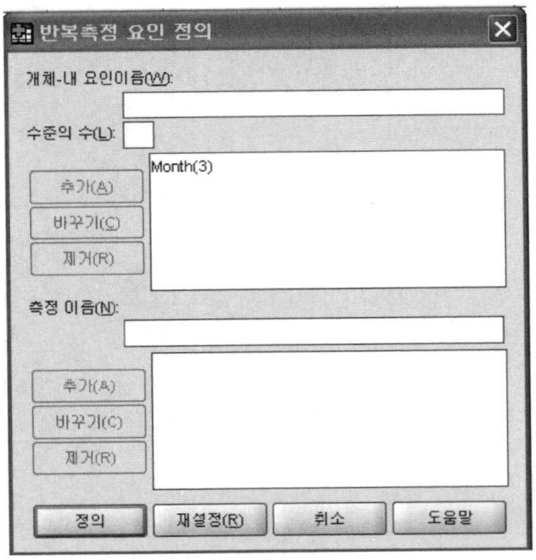

[그림 9-13] 반복측정 요인 정의 1

측정 이름(N)에 '몸무게'를 입력하고 추가(A) 단추를 누른다. 그러면 다음과 같은 화면을 얻을 수 있다.

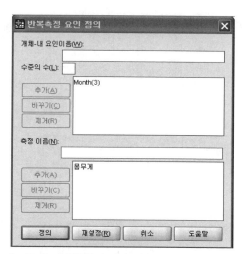

[그림 9-14] 반복측정 요인 정의 2

그리고 '효능감'이라고 입력하고 마찬가지로 추가(A) 단추를 누른다. 그러면 다음과 같은 화면을 얻을 수 있다.

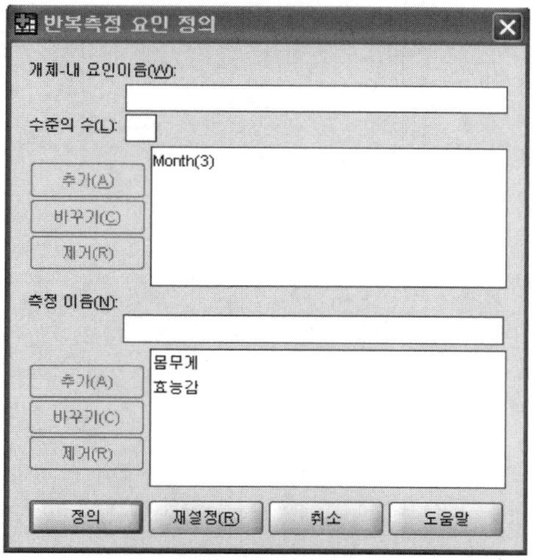

[그림 9-15] 반복측정 요인 정의 3

이 화면에서 정의 단추를 누르면 다음과 같은 화면을 얻을 수 있다.

[그림 9-16] 반복측정 요인 정의 4

'그룹'을 개체-간 요인(B)에 보내고 몸무게1, 몸무게2, 몸무게3를 각각 -?-(1,몸무게), -?-(2, 몸무게), -?-(3,몸무게)에 보낸다. 마찬가지로 자기효능감1, 자기효능감2, 자기효능감3도 각각 -?--(1,효능감), -?-(2,효능감), -?-(3,효능감)에 보낸다. 다음으로 그룹을 개체-간 요인(B): 에 보낸다. 그러면 다음과 같은 화면을 얻을 수 있다.

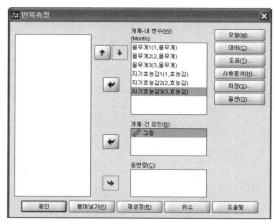

[그림 9-17] 반복측정 요인 정의 5

모형(M)... 과 대비(C)··· 란은 초기 지정을 유지하고 도표(T)... 창을 열면 다음과 같은 화면을 얻을 수 있다.

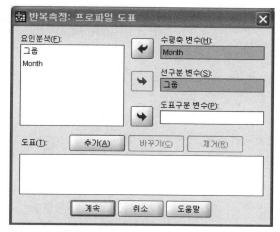

[그림 9-18] 반복측정 요인 정의 6

수평축 변수(H): 란에는 Month를, 선구분 변수(S): 란에는 그룹을 지정한다. 반복측정: 프로파일 도표에서 추가(A) 를 누르면 다음 그림과 같이 도표(T)에 'Month*그룹'이 나타나게 된다.

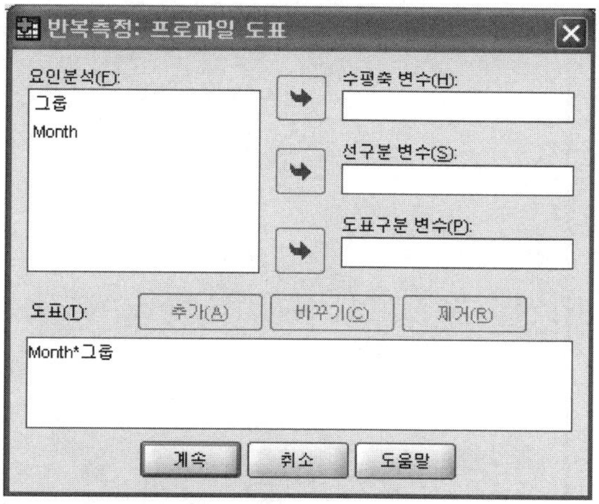

[그림 9-19] 반복측정 요인 정의 7

여기서 계속 단추를 누르면 앞의 [그림 9-17]화면으로 돌아온다. [그림 9-17]에서 사후분석(H)... 단추를 눌러 다음과 같이 지정한다. 여기서 집단 3개이기 때문에 사후분석을 통해서 집단의 차이 여부를 확인하는 데 목적이 있다.

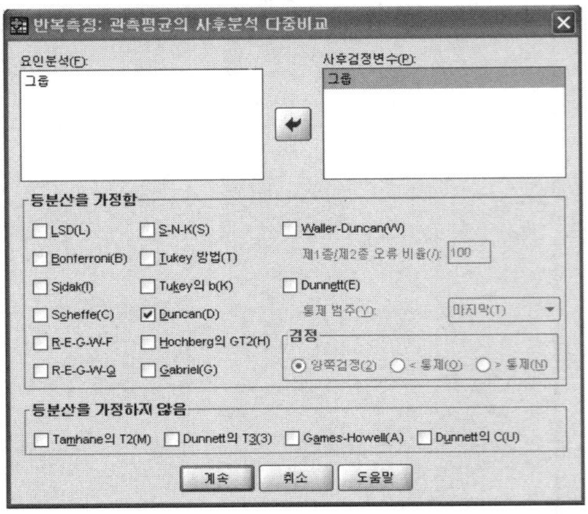

[그림 9-20] 반복측정 요인 정의(사후분석) 8

요인분석(F): 란의 '그룹'을 사후검정변수(P): 란으로 보내고 사후검정 방법으로 주로 사용되고 있는 던컨(Duncan) 방식을 지정한다. 　계속　 단추를 누르면 앞의 [그림 9-17]로 되돌아온다. 　저장(S)...　 단추는 초기 지정을 유지한다. 　옵션(O)...　 단추를 누르고 다음과 같이 표시란에서 ☑ 기술통계량(D)을 누른다.

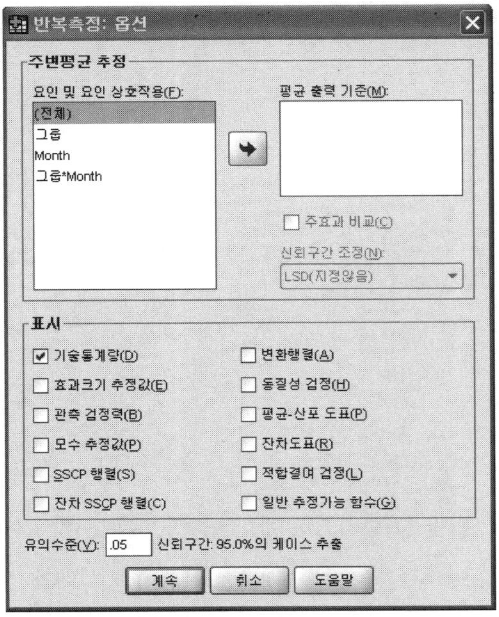

[그림 9-21] 반복측정 요인 정의 9

화면에서 [계속] 단추를 누르고 [확인] 단추를 누르면 다음과 같은 결과를 얻을 수 있다. 여기서는 중요한 결과물 위주로 설명하기로 한다.

결과 9-7 기술통계량

기술통계량

	그룹	평균	표준 오차 편차	N
몸무게1	control	4.5000	1.00000	12
	Diet	5.3333	1.37069	12
	Diet+exercise	6.0000	2.44949	12
	합계	5.2778	1.78263	36
몸무게2	control	3.3333	1.07309	12
	Diet	3.9167	1.37895	12
	Diet+exercise	5.9167	1.44338	12
	합계	4.3889	1.69500	36
몸무게3	control	2.0833	1.16450	12
	Diet	2.2500	1.13818	12
	Diet+exercise	2.2500	1.13818	12
	합계	2.1944	1.11661	36
자기효능감1	control	14.7500	1.91288	12
	Diet	14.8333	2.36771	12
	Diet+exercise	15.5833	1.62135	12
	합계	15.0556	1.97042	36
자기효능감2	control	14.3333	1.92275	12
	Diet	13.7500	2.76751	12
	Diet+exercise	13.6667	2.42462	12
	합계	13.9167	2.34673	36
자기효능감3	control	15.0833	2.35327	12
	Diet	15.9167	2.46644	12
	Diet+exercise	17.3333	1.07309	12
	합계	16.1111	2.21395	36

[결과 9-7]의 설명

통제 집단(control), 다이어트(diet), 다이어트(diet)와 운동(exercise)을 병행한 각각의 집단 사이의 몸무게 변화와 자기 효능감의 평균이 나타나 있다.

→ 결과 9-8 다변량 검정

			값	F	가설 자유도	오차 자유도	유의확률
개체-간	절편	Pillai의 트레이스	.988	1278.666[a]	2.000	32.000	.000
		Wilks의 람다	.012	1278.666[a]	2.000	32.000	.000
		Hotelling의 트레이스	79.917	1278.666[a]	2.000	32.000	.000
		Roy의 최대근	79.917	1278.666[a]	2.000	32.000	.000
	그룹	Pillai의 트레이스	.228	2.121	4.000	66.000	.088
		Wilks의 람다	.773	2.198[a]	4.000	64.000	.079
		Hotelling의 트레이스	.293	2.268	4.000	62.000	.072
		Roy의 최대근	.289	4.770[b]	2.000	33.000	.015
개체-내	Month	Pillai의 트레이스	.888	59.231[a]	4.000	30.000	.000
		Wilks의 람다	.112	59.231[a]	4.000	30.000	.000
		Hotelling의 트레이스	7.897	59.231[a]	4.000	30.000	.000
		Roy의 최대근	7.897	59.231[a]	4.000	30.000	.000
	Month * 그룹	Pillai의 트레이스	.626	3.530	8.000	62.000	.002
		Wilks의 람다	.395	4.427[a]	8.000	60.000	.000
		Hotelling의 트레이스	1.475	5.347	8.000	58.000	.000
		Roy의 최대근	1.438	11.141[b]	4.000	31.000	.000

다변량 검정[c]

a. 정확한 통계량
b. 해당 유의수준에서 하한값을 발생하는 통계량은 F에서 상한값입니다.
c. Design: 절편 + 그룹
   개체-내 계획: Month

[결과 9-8]의 설명

다변량 검정 결과를 보면, 개체 내 Month의 Wilks 통계량 값은 유의확률 $= 0.000 < \alpha = 0.05$이므로 평균 벡터가 같다는 귀무가설을 기각하여 통제 집단(control), 다이어트(diet), 다이어트(diet)와 운동(exercise)을 병행한 효과는 차이가 있는 것으로 판단된다. Month와 그룹 집단 사이에는 상호 작용이 있는 것으로 판단된다. 몸무게 변화와 자기 효능감의 평균이 나타나 있다(유의확률 $= 0.000 < \alpha = 0.05$).

일변량 검정

소스	측도		제 III 유형 제곱합	자유도	평균 제곱	F	유의확률
Month	몸무게	구형성 가정	181.352	2	90.676	88.370	.000
		Greenhouse-Geisser	181.352	1.556	116.574	88.370	.000
		Huynh-Feldt	181.352	1.717	105.593	88.370	.000
		하한값	181.352	1.000	181.352	88.370	.000
	효능감	구형성 가정	86.722	2	43.361	18.780	.000
		Greenhouse-Geisser	86.722	1.578	54.960	18.780	.000
		Huynh-Feldt	86.722	1.744	49.721	18.780	.000
		하한값	86.722	1.000	86.722	18.780	.000
Month * 그룹	몸무게	구형성 가정	20.926	4	5.231	5.098	.001
		Greenhouse-Geisser	20.926	3.111	6.726	5.098	.003
		Huynh-Feldt	20.926	3.435	6.092	5.098	.002
		하한값	20.926	2.000	10.463	5.098	.012
	효능감	구형성 가정	25.556	4	6.389	2.767	.034
		Greenhouse-Geisser	25.556	3.156	8.098	2.767	.048
		Huynh-Feldt	25.556	3.488	7.326	2.767	.042
		하한값	25.556	2.000	12.778	2.767	.077
오차(Month)	몸무게	구형성 가정	67.722	66	1.026		
		Greenhouse-Geisser	67.722	51.337	1.319		
		Huynh-Feldt	67.722	56.676	1.195		
		하한값	67.722	33.000	2.052		
	효능감	구형성 가정	152.389	66	2.309		
		Greenhouse-Geisser	152.389	52.072	2.927		
		Huynh-Feldt	152.389	57.558	2.648		
		하한값	152.389	33.000	4.618		

[결과 9-9]의 설명

일변량 검정 결과를 보면, 통제 집단(control), 다이어트(diet), 다이어트(diet)와 운동(exercise)을 병행한 집단 간에 각각 몸무게 변화와 자기 효능감의 평균 차이가 있는 것으로 나타나 있다(유의확률 = 0.000 < α = 0.05).

결과 9-10 몸무게 프로파일 도표

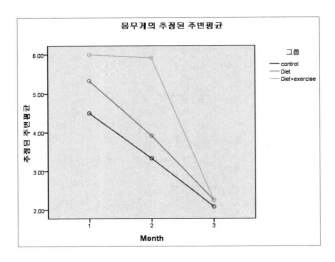

[결과 9-10]의 설명

월별로 통제 집단(control), 다이어트(diet), 다이어트(diet)와 운동(exercise)을 병행한 효과를 프로파일로 나타낸 결과 첫 번째 달과 둘째 달의 몸무게 변화는 크나 셋째 달에는 차이가 거의 없는 것으로 나타났다.

결과 9-11 효능감 프로파일 도표

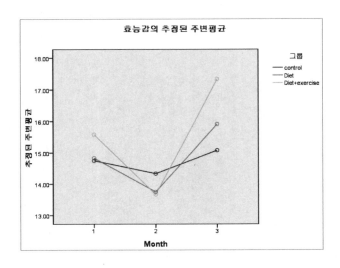

[결과 9-11]의 설명

월별로 통제 집단(control), 다이어트(diet), 다이어트(diet)와 운동(exercise)을 병행한 집단 간 효과를 프로파일로 나타낸 결과 첫 번째 달과 셋째 달은 평균의 차이가 크나 둘째 달의 자기 효능감 변화는 거의 없는 것으로 나타났다.

3) 반복측정 분석에서 고려 사항

우선, 반복측정의 실험계획에서는 이월효과(carry-over effect)가 없도록 각 처리의 간격을 충분히 하거나 이월 효과 자체를 직접 측정할 수 있는 실험 방법을 강구해야 한다. 둘째, 실험을 할 당시에는 나타나지 않았던 효과가 다음 실험할 시점에 나타나 실험 효과가 복합적으로 나타나는 경우가 있어 이 경우는 반복측정법을 적용하지 말아야 할 것이다.

중급
과정

SPSS

10장 상관분석

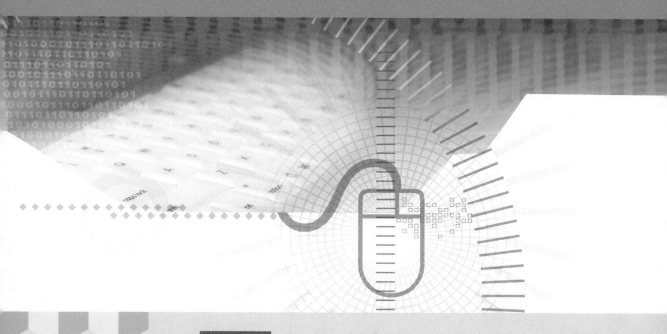

학습 목표

상관분석은 변수 사이의 관계가 어느 정도 밀접한가를 측정하는 분석 기법이다.

1. 변수 사이의 관계를 규명하기 위해서는 먼저, 산포도를 표시할 수 있다.
2. 공분산을 구한 다음, 상관계수를 통해서 변수 사이의 관련 정도를 규명할 수 있다.
3. 단순 상관분석과 부분 상관분석 실행할 수 있고 해석할 수 있다.

10.1 상관분석이란?

1) 상관분석의 의의

통계분석을 하다 보면 모집단 사이의 독립성은 유지할 수 있으나, 모집단을 이루는 구성원의 변수들은 서로 독립적인 경우가 사실 매우 드물다. 변수는 개체를 설명해 주는 특성이라 할 수 있는데 이러한 여러 특성들이 개체 안에서 서로 유기적인 관련을 가지고 있기 때문이다. 예를 들어, 광고비의 지출이 많으면 매출액은 증가할 것이고, 판매원의 수가 많으면 많을수록 시장 점유율은 증가할 것이다. 또한 소비자의 가격에 대한 인지와 품질 인지 사이에는 관계가 있을 것이다. 이와 같이 두 변수 사이에는 밀접한 관계가 있다. 상관분석(correlation analysis)은 두 변수 사이의 관계가 어느 정도 밀접한가를 측정하는 분석 기법이다.

상관계수 구하는 방식을 모집단과 표본으로 나누어 설명하면 다음과 같다.

① 모집단 상관계수:

$$\rho = \frac{\sigma_{xy}}{\sqrt{\sigma_x^2}\sqrt{\sigma_y^2}} = \frac{\sigma_{xy}}{\sigma_x \sigma_y}, \ -1 \leq \rho \leq 1$$

② 표본 상관계수:

$$\rho = \frac{S_{xy}}{\sqrt{S_x^2}\sqrt{S_y^2}} = \frac{S_{xy}}{S_x S_y}, \ -1 \leq r \leq 1$$

여기서 $S_x^2 = \dfrac{1}{n-1}\sum(x-\overline{x})^2$

$S_y^2 = \dfrac{1}{n-1}\sum(y-\overline{y})^2$

$S_{xy} = \dfrac{1}{n-1}\sum(x-\overline{x})\sum(y-\overline{y})$

③ 편(부분) 상관계수(표본):

$$\gamma_{12.3} = \frac{\gamma_{12}-\gamma_{13}\gamma_{23}}{\sqrt{1-\gamma_{13}^2}\sqrt{1-\gamma_{23}^2}}$$

$\gamma_{12.3}$의 의미: x3을 통제한 상태에서 x1과 x2의 부분적인 상관계수를 나타냄.

2) 상관 관계의 종류

상관 관계의 종류에는 세 가지가 있다.

① 단순 상관계수(simple correlation coefficient): 두 변수 간의 상관 관계
② 다중 상관 관계(multiple correlation): 하나의 변수와 두 변수 이상의 변수 간의 상관 관계
③ 편(부분) 상관 관계(patial correlation): 다른 변수들의 상관 관계를 통제하고(다른 변수들과 같
　이 변화하는 부분을 제외하고), 순수한 두 변수 간의 상관 관계

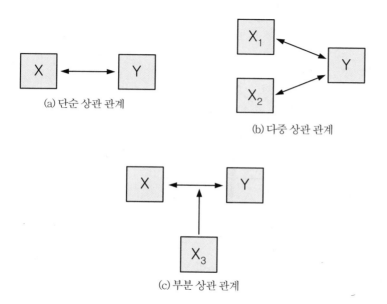

(a) 단순 상관 관계

(b) 다중 상관 관계

(c) 부분 상관 관계

[그림 10-1] 상관 관계의 종류

　　이 장에서는 단순 상관 관계와 부분 상관 관계를 중심으로 설명하며, 다중 상관 관계는 다
음 장의 회귀분석에서 다룬다.

3) 상관계수의 해석

상관계수는 두 변수 사이의 일차적인 관계가 얼마나 강한가를 측정해 주는 지수이다. 이것은
두 변수 사이의 일차 관계적인 방향과 관련 정도를 나타낸다. 상관분석은 이 계수를 구하여 해

석하는 다음의 단계를 거친다. 첫째, 산포도를 그려 봄으로써 두 변수 사이의 개략적인 감각을
가진다. 둘째, 공식을 이용하여 상관계수를 구하고 해석을 내린다.

$1.0 \sim 0.7 (-1.0 \sim -0.7)$의 경우: 매우 강한 관련성
$0.7 \sim 0.4 (-0.7 \sim -0.4)$의 경우: 상당한 관련성
$0.4 \sim 0.2 (-0.4 \sim -0.2)$의 경우: 약간의 관련성
$0.2 \sim 0.0 (-0.2 \sim -0.0)$의 경우: 관련이 없음

산포도와 상관계수 사이의 관계를 그림으로 나타내면 다음과 같다.

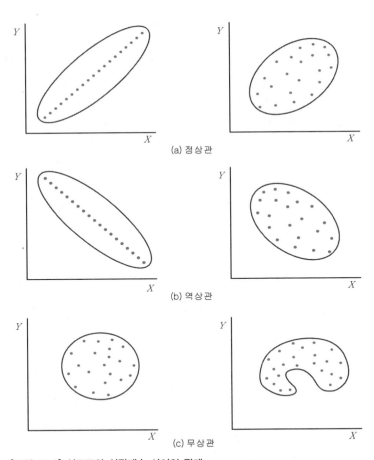

(a) 정상관

(b) 역상관

(c) 무상관

[그림 10-2] 산포도와 상관계수 사이의 관계

4) 상관계수의 가설검정

두 변수들의 상관계수를 계산한 다음에는 두 변수 사이의 선형 관계가 통계적으로 유의한지 여부를 검정하여야 한다. 표본 상관계수 r에 근거하여, 모집단의 상관 관계 ρ(rho)에 대한 가설을 검정한다. 이 가설을 검정하기 위해서는 두 변수 모두 정규분포를 따르는 분포로부터 확률표본이 추출되었다는 기본 가정이 있어야 한다. 검정 절차는 다음과 같다.

① 가설 설정

H_0: $\rho_{xy} = 0$, 상관 관계가 없다

H_1: $\rho_{xy} \neq 0$, 상관 관계가 있다.

② 검정통계량: $T^* = \gamma_{xy} \sqrt{\dfrac{1 - r_{xy}^2}{n-2}}$

(T^*는 귀무가설 H0가 참이라면 자유도는 n−2인 t분포를 따른다)

③ 의사 결정

$|T^*| \leq t\,(\dfrac{\alpha}{2}, n{-}2)$이면, H_0를 선택한다.

$|T^*| > t\,(\dfrac{\alpha}{2}, n{-}2)$이면, H_0를 기각한다.

검정 절차에 의하여 귀무가설이 기각되면, 두 변수 간에 유의한 상관 관계가 존재한다고 해석된다. 그러나 유의한 상관 관계라고 해서 반드시 중요한 상관 관계라는 의미는 아니다. 일반적으로 유의한 상관 관계란 단지 두 변수에 상관 관계가 존재하며 모집단에 대한 상관계수가 0이 아니라는 의미를 나타낸다.

10.2 상관분석의 실행

1) 단순 상관분석

우리는 상관 관계와 인과 관계가 다르다는 점을 알아야 한다. 상관분석은 종속과 독립이라는 인과 관계가 아니라, 상호 동등한 위치에서 변수들 상호 간의 변화의 방향과 정도를 파악하고자 하는 것이다.

[상황 설정]

도시행정 연구원의 김공무 씨는 도시행정에 대한 만족도(x1), 주거환경에 대한 만족도(x2) 등이 거주년수(y)와 관련이 있다는 가정에 따라, 어느 지방 도시의 주민 12명을 대상으로 조사하여 다음의 결과를 얻었다.

응답자	도시행정 만족도(x1)*	주거환경 만족도(x2)*	거주년수(y)
1	6	3	10
2	9	11	12
3	8	4	12
4	3	1	4
5	10	11	12
6	4	1	6
7	5	7	8
8	2	4	2
9	11	8	18
10	9	10	9
11	10	8	17
12	2	5	2

* 매우 불만 1, 매우 만족 11

앞의 자료를 입력하기 위해서는 변수 보기 창을 이용한다.

도시행정 만족도(x1), 주거환경 만족도(x2), 거주년수(y)에 대한 자료를 입력하면 된다. 다음의 화면은 입력된 일부의 화면을 나타내고 있다.

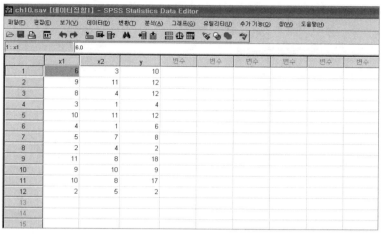

[그림 10-3] 상관분석 자료 입력　　　　　　　　　　　　　[데이터: ch10.sav]

　　　단순 상관분석을 실행하기 위해서는 다음과 같은 순서로 진행하거나 [그림 10-4]와 같은
방법으로 실행하면 된다.

분석(A)
　　　상관분석(C) ▶
　　　　　　이변량 상관계수(B)…

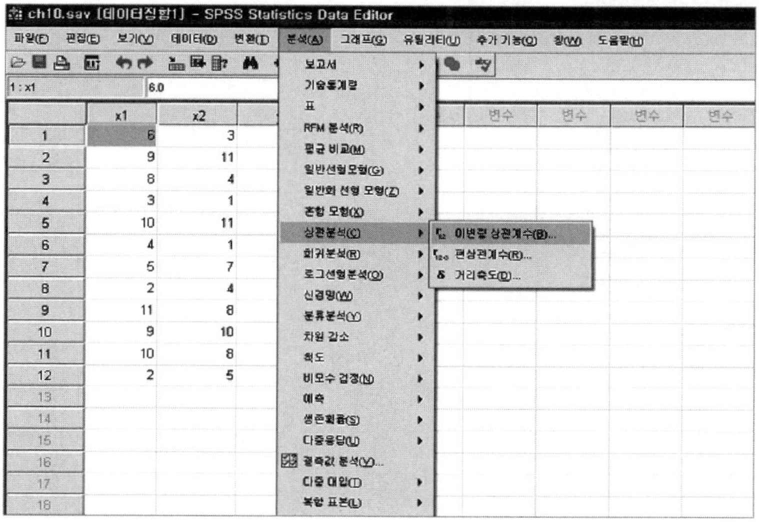

[그림 10-4] 상관분석 실행하기

위와 같이 실행하면, 상관분석의 초기 화면을 얻을 수 있다.

[그림 10-5] 상관분석의 초기 화면

왼쪽 변수 상자의 x1(도시행정 만족도), x2(주거환경 만족도), y(거주년수) 변수를 마우스를 이용하여 동시에 지정한 후 여기서 ➡ 단추를 눌러 오른쪽 변수(V) 란으로 옮기면 다음과 같은 화면을 얻을 수 있다.

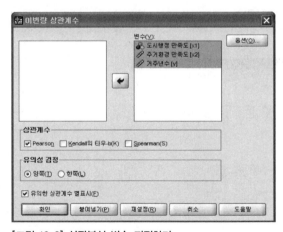

[그림 10-6] 상관분석 변수 지정하기

여기서 ☑ **Pearson 상관계수**는 이미 초기 지정으로 선택되었고, 유의성 검정에 있어서 양쪽(T) 검정을 선택한 결과를 보여 주고 있다. [표 10-1]은 단순 상관분석의 초기 화면에 나타난 용어에 대한 설명이다.

키워드	설명 내용
상관계수	상관계수를 말하며 다음 3가지 종류 중에서 한 가지 이상을 선택할 수 있다.
☑ Pearson	피어슨 상관계수(두 변수 간 선형 결합의 측도. 상관계수 값의 범위는 -1부터 1까지이다. 계수의 부호는 관계의 방향을 가리키고 절대값은 강도를 나타내는데 절대값이 클수록 강한 관계가 있음을 나타낸다.)
☐ Kendall의 타우-b(K)	켄달 상관계수(동률을 고려하는 보통 변수나 순위 변수에 대한 상관계수의 비모수 측도. 계수의 부호는 관계의 방향을 나타내고 절대값은 강도를 나타내는데 절대값이 클수록 강한 관계가 있음을 의미한다. 가능한 값 범위는 -1부터 +1까지이지만 -1이나 +1 값은 정방형의 표에서만 볼 수 있다)
☐ Spearman(S)	스피어맨 상관계수(Pearson 상관계수의 비모수 버전으로서 실제 값보다 데이터 서열척도를 기초로 한다. 순서 데이터나 정규성 가설이 맞지 않는 구간 데이터에 적합하며 계수 값의 범위는 -1부터 +1까지이다. 계수 부호는 관계의 방향을 나타내고 절대값은 강도를 나타내므로 절대값이 클수록 관계가 강함을 나타낸다)
유의성 검정	검정 방법
◉ 양쪽(T)	양측검정
○ 한쪽(L)	단측검정
☑ 유의한 상관계수 별표시(F)	상관계수의 유의수준 0.05에서는 별표(*)로, 0.01의 유의수준에서는 두 개 별표(**)로 나타난다.

[표 10-1] 상관분석의 용어 설명

위의 [그림 10-6]에서 옵션(O)··· 단추를 누르면, [그림 10-7]과 같은 이변량(단순) 상관 관계 옵션 창을 얻는다.

[그림 10-7] 이변량(단순) 상관계수: 옵션 창

이 화면에서 ☑ **평균과 표준편차(M)**, ☑ **교차곱 편차와 공분산(C)**, 결측값 란에서 ◉ **대응별 결측값 제외(P)**를 지정하였다. 다음의 표는 단순(이변량) 상관분석의 옵션을 설명한 것이다.

키워드	설명 내용
통계량	기본적인 통계량을 나타낸다.
☑ 평균과 표준편차(M)	각 변수에 대해 평균, 표준편차, 비결측(무응답) 케이스 수 등을 표시한다.
☑ 교차곱 편차와 공분산(C)	각 대응 변수에 대해 교차곱 편차와 공분산을 표시한다.
결측값	무응답치 처리 방법을 나타낸다.
◉ 대응별 결측값 제외(P)	특정 통계량 계산시 대응 변수 중 하나나 둘 모두에 대해 결측값이 있는 케이스를 분석에서 제외시킨다.
○ 목록별 결측값 제외(L)	분석시 사용되는 변수에 대한 결측값이 있는 케이스를 제외시킨다.

[표 10-2] 단순 상관분석의 옵션 설명

[그림 10-7] 화면에서, <u>계속</u> 단추를 누르면, [그림 10-6]과 같은 화면이 재등장한다. 계속해서 [그림 10-6]에서 <u>확인</u> 단추를 누르면, 다음의 결과를 얻을 수 있다.

▶결과10-1 변수별 평균 및 표준편차

기술통계량

	평균	표준편차	N
도시행정 만족도	6.58	3.315	12
주거환경 만족도	6.08	3.605	12
거주년수	9.33	5.263	12

[결과 10-1]의 설명

도시행정 만족도(x1), 주거환경 만족도(x2), 거주년수(y)에 대한 평균과 표준편차가 나타나 있다.

결과 10-2 상관분석 결과

상관계수

		도시행정 만족도	주거환경 만족도	거주년수
도시행정 만족도	Pearson 상관계수	1	.733**	.936**
	유의확률 (양쪽)		.007	.000
	제곱합 및 교차곱	120.917	96.417	179.667
	공분산	10.992	8.765	16.333
	N	12	12	12
주거환경 만족도	Pearson 상관계수	.733**	1	.550
	유의확률 (양쪽)	.007		.064
	제곱합 및 교차곱	96.417	142.917	114.667
	공분산	8.765	12.992	10.424
	N	12	12	12
거주년수	Pearson 상관계수	.936**	.550	1
	유의확률 (양쪽)	.000	.064	
	제곱합 및 교차곱	179.667	114.667	304.667
	공분산	16.333	10.424	27.697
	N	12	12	12

**. 상관계수는 0.01 수준(양쪽)에서 유의합니다.

[결과 10-2]의 설명

x1(도시행정 만족도)과 x2(주거환경 만족도)는 매우 강한 상관 관계(0.733)가 있으며, 정(+)방향을 변하며 통계적으로 매우 유의하다(**). 또한 x1(도시행정 만족도)과 거주년수(y)는 서로 매우 강한 상관 관계(0.936)를 지니면서 정(+)방향이며, 통계적으로 매우 유의하다(**). 그러나 도시행정 만족도가 높아서 주거환경에 만족하는지, 혹은 주거환경에 대한 만족도가 높아서 도시행정의 만족도가 높은 것인지는 알 수 없다(즉 인과관계는 알 수 없다). 그리고 결과 표에는 제곱합 및 교차곱, 공분산(Covariance)값이 나타나 있다.

2) 편(부분) 상관분석

편상관분석(Partial Correlations)은 단순 상관분석과 같이 두 변수 간의 관계를 분석한다는 점에서 유사하지만, 두 변수에 영향을 미치는 제3의 변수를 통제한다는 점에서 차이가 있다. 단순(이변량) 상관분석에서 사용된 예제를 가지고 편상관분석을 설명하기로 한다. 김공무 씨는 주거환경에 대한 만족도(x2) 변수를 통제한 상태에서 도시행정 만족도(x1)과 거주년수(y) 사이의 관계를 파악하려 한다.

이제 다음과 같은 순서로 진행을 하면 [그림 10-8]과 같은 화면이 나타난다.

분석(A)
　　　상관분석(C) ▶
　　　　　　편상관계수(R)...

[그림 10-8] 편상관분석

[그림 10-8]은 특정변수인 x2(주거환경 만족도)를 통제하고, 다른 두 변수 x1(도시행정 만족도)과 y(거주년수)의 상관 관계를 구하는 과정을 나타내고 있다. 왼쪽의 변수 상자로부터 두 변수 x1(도시행정 만족도)과 y(거주년수)를 변수(V): 란에, 통제변수 x2(주거환경 만족도)를 **제어변수(C):** 란에 옮기는 과정을 나타내고 있다. 유의성 검정에서는 **양쪽(T) 검정**을 선택하고 있다. 이 화면에서　옵션(O)　단추를 누르면, [그림 10-9]를 얻는다.

[그림 10-9] 편상관계수: 옵션 창

[표 10-3]은 편상관분석의 옵션에 대한 설명이다.

키워드	설명 내용
통계량	
☑ 평균과 표준편차(M)	평균과 표준편차
☑ 0차 상관(Z)	통제변수가 없는 순서 상관계수로서 상관계수 값의 범위는 -1부터 1까지이다. 계수의 부호는 관계의 방향을 가리키고 절대값은 강도를 가리키므로 절대값이 클수록 관계가 강함을 나타낸다.
결측값	
● 목록별 결측값 제외(L)	특정 통계량 계산시 대응 변수 중 하나나 둘 모두에 대해 결측값이 있는 케이스를 분석에서 제외시킨다.
○ 대응별 결측값 제외(P)	분석시 사용되는 변수에 대한 결측값이 있는 케이스를 제외시킨다.

[표 10-3] 편상관분석의 옵션 설명

[그림 10-9]에서 계속 단추를 누르면, [그림 10-8]이 재등장한다. 이 화면에서 확인 단추를 누르면, 다음의 결과를 얻을 수 있다.

▶결과 10-3 변수별 평균 및 표준편차

기술통계량

	평균	표준 편차	N
도시행정 만족도	6.58	3.315	12
거주년수	9.33	5.263	12
주거환경 만족도	6.08	3.605	12

[결과 10-3]의 설명

각 변수들에 대한 평균 및 표준편차가 나타나 있다.

→ 결과 10-4 통제변수가 없는 단순 상관계수와 부분 상관계수

<table>
<tr><th colspan="6">상관</th></tr>
<tr><th>통제변수</th><th></th><th></th><th>도시행정
만족도</th><th>거주년수</th><th>주거환경
만족도</th></tr>
<tr><td rowspan="9">-지정않음-ª</td><td rowspan="3">도시행정 만족도</td><td>상관</td><td>1.000</td><td>.936</td><td>.733</td></tr>
<tr><td>유의수준(양측)</td><td>.</td><td>.000</td><td>.007</td></tr>
<tr><td>df</td><td>0</td><td>10</td><td>10</td></tr>
<tr><td rowspan="3">거주년수</td><td>상관</td><td>.936</td><td>1.000</td><td>.550</td></tr>
<tr><td>유의수준(양측)</td><td>.000</td><td>.</td><td>.064</td></tr>
<tr><td>df</td><td>10</td><td>0</td><td>10</td></tr>
<tr><td rowspan="3">주거환경 만족도</td><td>상관</td><td>.733</td><td>.550</td><td>1.000</td></tr>
<tr><td>유의수준(양측)</td><td>.007</td><td>.064</td><td>.</td></tr>
<tr><td>df</td><td>10</td><td>10</td><td>0</td></tr>
<tr><td rowspan="6">주거환경 만족도</td><td rowspan="3">도시행정 만족도</td><td>상관</td><td>1.000</td><td>.939</td><td></td></tr>
<tr><td>유의수준(양측)</td><td>.</td><td>.000</td><td></td></tr>
<tr><td>df</td><td>0</td><td>9</td><td></td></tr>
<tr><td rowspan="3">거주년수</td><td>상관</td><td>.939</td><td>1.000</td><td></td></tr>
<tr><td>유의수준(양측)</td><td>.000</td><td>.</td><td></td></tr>
<tr><td>df</td><td>9</td><td>0</td><td></td></tr>
<tr><td colspan="6">a. 셀에 0차 (Pearson) 상관이 있습니다.</td></tr>
</table>

[결과 10-4]의 설명

통제변수가 없는 경우, 세 변수의 상관계수는 앞의 단순(이변량) 상관계수의 실행 결과와 동일한 값을 갖는 것을 알 수 있다. 예를 들어, 도시행정 만족도(x1)와 거주년수(y)는 서로 매우 강한 상관 관계(0.9361)를 지니면서, 정(+)방향으로 변하며, 통계적으로 매우 유의하다(유의수준 $< \alpha = 0.05$).

주거환경 만족도(x2) 변수를 통제한 상태에서, 도시행정 만족도(x1)와 거주년수(y) 사이의 편상관계수는 0.939임을 알 수 있다.

부분 상관계수를 앞의 [결과 10-4]에서 나타난 수치에 근거한 공식에 대입하여 확인하여 보면 다음과 같다.

$$r_{x_1 y} = 0.9361 \quad r_{x_1 x_2} = 0.7334 \quad r_{y_1 x_2} = 0.5495$$

$$r_{x_1 y \cdot x_2} = \frac{0.9361 - (0.7334)(0.5495)}{\sqrt{1 - (0.7334)^2} \sqrt{1 - (0.5495)^2}} = 0.939$$

중급과정 SPSS

11장 회귀분석

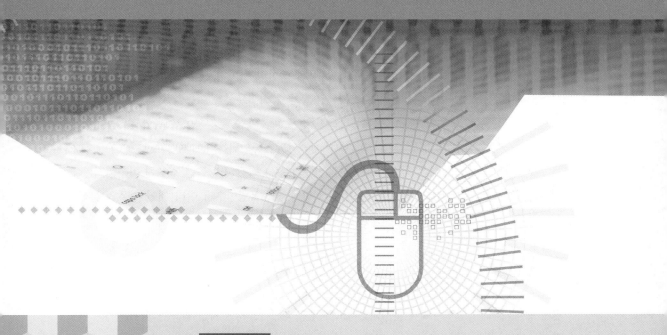

학습 목표

여러 변수들 사이의 관계를 분석하기 위하여 사용되는 회귀분석은 독립변수가 종속변수에 미치는 영향력의 크기를 파악하기 위한 것이다.

1. 회귀분석의 목적을 정확하게 이해할 수 있다.
2. 회귀분석의 기본적인 가정을 설명할 수 있다.
3. 분석 결과를 정확하게 해석할 수 있다.
4. 독립변수 중 명목척도가 있는 경우 변수 더미화를 통한 회귀분석을 실행할 수 있다.

11.1 회귀분석이란?

1) 회귀분석의 의의

통계를 다루다 보면 두 개 혹은 그 이상의 여러 변수 사이의 관계를 조직적으로 분석하여야 할 때가 있다. 예를 들어, 연구 결과 광고액이 매출액에 영향을 준다면, 여기서 영향을 주는 변수를 **독립변수**(Independent Variable)하고 하며 후자를 **종속변수**(Dependent Variables)라고 한다.

여러 변수들 사이의 관계를 분석하기 위하여 사용되는 회귀분석은 세 가지 목적을 갖는다. 첫째, 기술적인 목적을 갖는다. 변수들, 즉 광고액과 매출액 사이의 관계를 기술하고 설명할 수 있다. 둘째, 통제 목적을 갖는다. 예를 들어, 비용과 생산량 사이의 관계, 혹은 결근율과 생산량 사이의 관계를 조사하여 생산 관리의 효율적인 통제에 회귀분석을 이용할 수 있다. 셋째, 예측의 목적을 갖는다. 향후의 광고 예산이 알려진 경우 매출액을 추정하여 예측할 수 있다.

회귀분석은 **단순 회귀분석**(simple regression analysis)과 **중회귀분석**(multiple regression analysis)으로 나눈다. 단순 회귀분석은 독립변수와 종속변수의 수가 각각 하나씩인 경우에 이루어지는 분석을 뜻한다. 그리고 중회귀분석은 종속변수가 하나이고 독립변수가 여러 개인 경우의 분석을 의미한다.

2) 분석 절차

연구 주제가 주어지고 자료가 준비되었다고 하였을 때, 다음의 절차를 밟으면 회귀분석은 비교적 용이하게 실시할 수 있다. 이 절차는 단순 회귀분석에 준하여 설명한다.

(1) 산포도 그리기

산포도를 관찰함으로써 회귀모형을 직선으로 나타낼 것인지 혹은 곡선으로 나타낼 것인지를 결정한다.

(2) 회귀계수 구하기(직선 모형)

모형의 기울기와 절편을 구하고 해석한다.

$$\hat{Y} = b_0 + b_1 X$$

$$\text{기울기: } b_1 = \frac{n\sum X_i Y_i - (\sum X_i)(\sum Y_i)}{n\sum x_i^2 - (\sum X_i)^2} = \frac{\sum(X_i - \overline{X})\sum(Y_i - \overline{Y})}{\sum(X_i - \overline{X})^2}$$

$$\text{절편: } b_0 = \frac{1}{n}\left(\sum Y_i - b_1 X_i\right) = \overline{Y} - b_1 \overline{X}$$

(3) 회귀선의 정도

회귀선이 관찰 자료를 어느 정도로 설명하는지를 추정한다. 이것은 추정의 표준오차 또는 표본 결정계수를 통하여 알 수 있다.

추정의 표준오차

$$S_{y,x} = \sqrt{\frac{\sum(Y_i - \hat{Y_i})^2}{n-2}} = \sqrt{\frac{\sum(Y_i - b_0 - b_1 X_i)^2}{n-2}}$$

표본의 결정계수

$$r^2 = \frac{SSR}{SST} = 1 - \frac{SSE}{SST}$$

(4) 회귀모형의 통계적 검정

분산분석 표를 이용하여 회귀선이 통계적으로 유의한지 여부를 검정한다.

$$H_0: \beta_1 = 0$$

$$H_1: \beta_1 \neq 0$$

검정통계량(F = MSR/MSE)이 임계치보다 크면 귀무가설을 기각하고, 회귀선이 유의하다고 결론을 내린다.

(5) 추론

회귀선이 유의하다고 하면 회귀계수에 대하여 통계적 추론을 실시한다.

기울기 β_1의 신뢰구간

$$\beta_1 = b_1 \pm t_{\left(\frac{\alpha}{2}, n-2\right)} \cdot S_{b_1}$$

여기서 $S_{b_1} = \sqrt{\dfrac{MSE}{\sum(X_i - \overline{X})^2}}$

$$MSE = \dfrac{\sum(Y_i - \widehat{Y_i})^2}{n-2}$$

3) 회귀모형의 타당성

본격적인 회귀분석을 하기 전에 자료 분석을 위한 회귀모형의 타당성을 검토하는 것은 중요하다. 이것을 조사하는 방법을 네 가지 정도 기술하면 다음과 같다.

① 결정계수 r^2이 지나치게 작아서 0에 가까우면, 회귀선은 적합하지 못하다.
② 분산분석에서 회귀식이 유의하다는 가설이 기각된 경우에는 다른 모형을 개발하여야한다.
③ 적합결여검정(lack-of-fit test)을 통하여 모형의 타당성을 조사한다.
④ 잔차(residual)를 검토하여 회귀모형의 타당성을 조사한다.

여기서는 잔차의 분석에 대해서만 설명한다. 무엇보다도 회귀모형이 타당하려면 잔차들이 X축에 대하여 임의(random)로 나타나 있어야 한다. 다음의 잔차 산포도 중에서 (a)만 전형적인 산포도를 보이고 있으며, 나머지는 무엇인가 조치를 취하여야 한다.

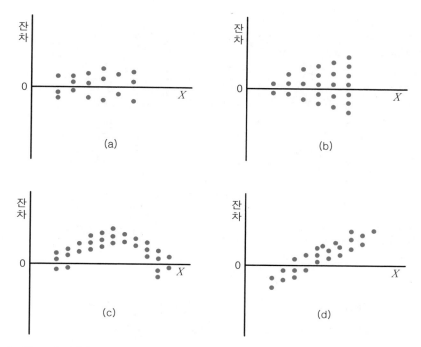

[그림 11-1] 잔차의 산포도

11.2 단순 회귀분석

고려주식회사에서는 매출액에 영향을 주는 주요 변수들을 파악하기 위해 다음과 같은 자료를 얻었다. 매출액(Y)은 광고액(x1), 판매원의 근무년수(x2)와 1일 문의 전화 건수(x3)에 영향을 받을 것이라는 가정하에 회귀분석을 실시하기로 하였다.

(금액: 억 원)

광고액(x1)	근무년수 (x2)	1일 문의 전화건수(x3)	매출액(y)
25	8	30	89
30	9	20	95
32	10	15	100
37	8	20	105
35	10	16	110
36	9	15	100
40	9	16	112
48	7	10	100
50	10	20	130
55	8	15	135

[표 11-1] 매출액 자료

2절에서는 우선 광고액(x1)과 매출액(y)의 회귀분석을 실시하기로 한다. 회귀분석을 하기 위해서 위의 데이터는 SPSS 데이터 창의 변수 보기를 이용하여 아래와 같이 입력한다.

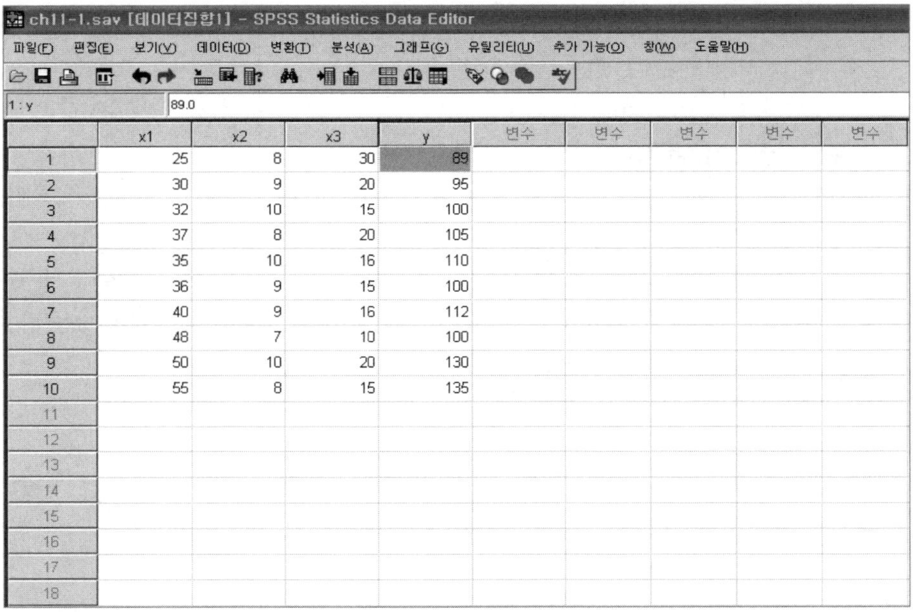

	x1	x2	x3	y	변수	변수	변수	변수	변수
1	25	8	30	89					
2	30	9	20	95					
3	32	10	15	100					
4	37	8	20	105					
5	35	10	16	110					
6	36	9	15	100					
7	40	9	16	112					
8	48	7	10	100					
9	50	10	20	130					
10	55	8	15	135					
11									
12									
13									
14									
15									
16									
17									
18									

[그림 11-2] 입력 데이터 화면 [데이터: ch11-1.sav]

1) 산포도(산점도) 그리기

산포도(산점도: 일반적으로 산포도라고 함) 그리기는 회귀분석의 첫 단계이다. 우리는 산포도를 관찰함으로써 회귀모형을 직선으로 나타낼 것인지 혹은 곡선으로 나타낼 것인지를 결정한다. 여기서는 x1(광고액)이 y(매출액)에 미치는 영향을 분석하기 위하여 먼저 산포도를 그려 보기로 한다. 산포도(산점도)를 그리기 위해서 다음과 같은 절차를 거치면 [그림 11-3]의 산포도(산점도)의 창을 열 수 있다.

그래프(G)
    레거시 대화 상자(L) ▶
                    산점도/점도표(S)...

[그림 11-3] 산포도(산점도) 창

[그림 11-3]의 산포도의 종류 중에서 단순 산점도를 선택한 후, 정의 단추를 누르면 [그림 11-4]와 같은 화면을 얻을 수 있다.

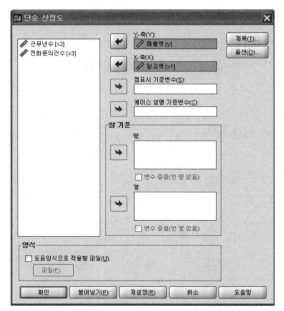

[그림 11-4] Y축과 X축의 변수 지정

　　[그림 11-4]에서 Y축에는 종속변수에 해당하는 y(매출액)를, X축에는 독립변수에 해당하는 x1(광고액)을 지정하고 있다. [그림 11-4]에서 제목(T)… 단추를 누르면, [그림 11-5]와 같은 제목(T) 창을 열어서 제목을 기입할 수 있다.

[그림 11-5] 산포도 제목의 기입 화면

　　제목의 첫째 줄(L):에 '광고액에 따른 매출액'이라는 제목을 입력한 후, 계속 단추를 누르면, [그림 11-4]가 재등장한다. 여기서 확인 단추를 누르면, 결과 11-1의 단순 회귀분석용 산포도를 얻는다.

→ 결과 11-1 단순 회귀분석용 산포도

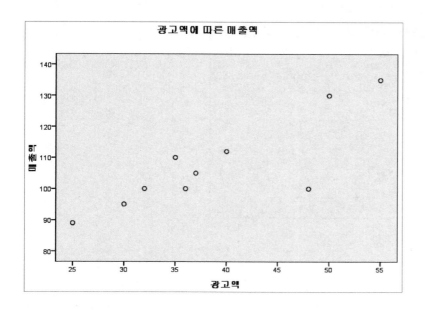

[결과 11-1]의 설명

X1(광고액)이 증가함에 따라, X2(매출액)가 일차 함수적(선형 관계적)으로 증가하고 있는 것을 대략적으로 알 수 있다. 이러한 결과를 토대로, 우리는 회귀직선모형 또는 회귀선형모형을 설정할 수 있다. 선형 회귀선의 연결과 산점도에 관한 내용은 앞의 6장을 참조하면 도움을 얻을 수 있을 것이다.

2) 단순 회귀분석의 실행

분석(A)
　　회귀분석(R) ▶
　　　　선형(L)...

단순 회귀분석을 실행하려면, 다음의 절차를 따르면 된다.

[그림 11-6]은 단순 회귀분석의 초기 화면을 나타낸다.

[그림 11-6] 회귀분석의 초기 화면

다음의 [그림 11-7]과 같이 왼쪽의 변수상자로 부터 종속변수(D) 란에 y를, 독립변수(I) 란에 x1을 클릭하면, 독립변수와 종속변수가 결정된다. 다음으로 이 화면에서 독립변수를 투입하는 방식을 지정해 주는 방법(M) 란이 나오며, 여기서는 독립변수(들)을 모두 진입시키는 입력 방식(입력)이 디폴트(초기 지정값)로 지정되어 있다. 변수 진입 방법에 대한 내용은 중 회귀분석에서 상세히 설명할 것이다.

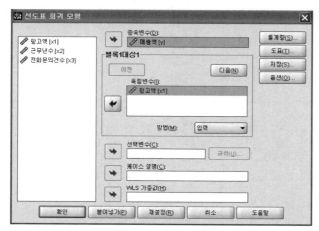

[그림 11-7] 변수와 분석 방법의 지정

이 화면에는 통계량(S)···, 도표(L)···, 저장(A)···, 옵션(O)··· 등 4개의 선택 단추와 WLS가중값(H): 란이 있다. WLS가중값(H):은 가중된 최소제곱모형을 지정하는 경우에 사용하는 단추이다. 회귀분석은 앞 절에서 설명한 순서대로 진행하여야 하나, 여기서는 단추가 놓여 있는 순서로 설명한다.

(1) 통계량 구하기

[그림 11-7]에서 통계량(S)··· 단추를 누르면, [그림 11-8]과 같은 화면이 나타난다.

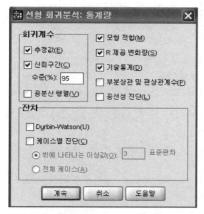

[그림 11-8] 선형 회귀분석: 통계량 창

[그림 11-8]은 선형 회귀분석 통계량 창을 나타낸다. 회귀계수 상자에서 ☑ **추정값(E)**, ☑ **신뢰구간(C)**, □ **공분산행렬(V)**, ☑ **기술통계(D)** 등을 선택하고 있다. [표 11-2]는 선형 회귀분석 통계량에 대한 설명이다.

키워드	기능 설명
회귀계수	
☑ 추정값(E)	회귀계수의 추정치 및 관련 통계량(초기 지정)
☑ 신뢰구간(C)	각 비표준회귀 계수에 대한 95% 신뢰구간을 표시
☐ 공분산 행렬(V)	비표준 회귀계수에 대한 분산-공분산행렬(대각선 아래는 공분산, 대각선 위는 상관 관계, 대각선상에 분산을 가진 행렬
☑ 모형의 적합(M)	다중 R, R^2, 수정된 R^2, 표준오차 등을 제공한다. 또한, 분산분석표에는 자유도, 제곱합, 평균제곱, F 값, 관측된 확률 F 등이 표시.
☑ R 제곱 변화량(S)	R^2 통계량의 변화량으로서 독립변수를 추가하거나 삭제하여 생성된다. 한 변수와 관련된 R^2 제곱 변화량이 크다는 것은 해당 변수가 종속변수의 좋은 예측자가 된다는 뜻이다.
☑ 기술통계(D)	평균, 표준편차, 그리고 단측검정 유의수준을 가진 상관 행렬
☐ 부분상관 및 편상관계수(P)	0차, 부분 및 편상관을 표시한다. 상관계수 값은 -1에서 1의 범위를 가진다. 계수의 부호는 관계의 방향을 나타내며 그 절대값은 강도를 나타내므로 절대값이 클수록 관계가 더 강함을 나타낸다.
☐ 공선성 진단(L)	개별 변수에 대한 공차 한계와 다중 공선성 문제 진단을 위한 다양한 통계량
잔차	
☐ Durbin-Watson(U)	연속으로 수정된 잔차에 대한 Durbin-Watson 검정과 잔차 및 예측값에 대한 요약 통계량이 표시된다.
☐ 케이스별 진단(C) ⦿ 밖으로 나타나는 이상값(O) ◯ 전체 케이스(A)	선택 기준(n 표준편차를 넘는 이상값)을 만족하는 케이스에 대해 케이스별 진단을 생성

[표 11-2] 선형 회귀분석의 통계량 창

[그림 11-8]에서 계속 단추를 누르면, [그림 11-7] 화면으로 복귀한다. 여기서 도표(T)… 단추를 누른 내용의 결과를 [표 11-3]에서 설명한다.

(2) 도표 그리기

도표(L) 그리기는 회귀분석에서 변수 간의 관계를 시각적으로 나타내어 개략적인 분석을 하는데 중요한 절차이다. [그림 11-7]에서 도표(T)… 단추를 누르면 [그림 11-9]와 같은 화면을 얻을 수 있다.

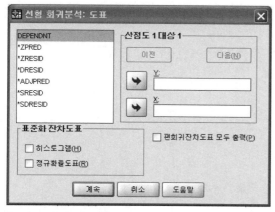

[그림 11-9] 단순 회귀분석의 도표

키워드	기능 설명
DEPENDENT	종속변수(DEPENDNT)와 표준화 예측값(*ZPRED), 표준화 잔차(*ZRESID), 삭제된 잔차(*DRESID), 수정된 예측값(*ADJPRED), 스튜던트화 잔차(*SRESID), 삭제된 스튜던트화 잔차(*SDRESID) 등의 예측 변수 및 잔차 변수를 나열
*ZPRED	표준화된 예측치
*ZRESID	Standardized residuals(표준화된 예측치)
*DRESID	Deleted residuals(삭제된 잔차)
*ADJPRED	Adjusted predicted values(조정 예측치)
*SRESID	Studentized residuals(표준화된 잔차)
*SDRESID	Cook's distances(스튜던트화된 삭제 잔차)
표준화 잔차도표	다음 중 하나를 선택하면 된다.
□ 히스토그램(H)	표준잔차의 임시 변수에 대한 히스토그램을 출력한다.
□ 정규확률 도표(R)	지정한 임시 변수의 정규 확률(P-P) 산포도를 출력한다.
□ 편회귀잔차도표 모두 출력(P)	명시값보다 더 큰 표준잔차 절대치를 가진 경우에 한정(기본 설정은 3). 이 값을 무시하려면 표준편차값을 등록한다. 어떠한 경우라도 명시값보다 큰 표준잔차 절대치를 가지지 않는다면 점 그래프는 되지 않는다.

[표 11-3] 도표 창의 내용

이제 계속 단추를 누르면, [그림 11-7] 화면으로 복귀한다. 여기서 저장(S)… 단추를 눌러 변수를 저장하면 된다.

(3) 변수 저장

[그림 11-7] 화면에서 저장(S)… 단추를 누르면 다음과 같은 화면이 나타난다.

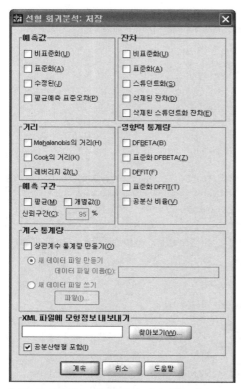

[그림 11-10] 단순 회귀분석의 저장 대화 상자

다음의 [표 11-4]는 변수 저장(save)에 대한 용어의 설명을 나타내고 있다.

옵션	기능 설명
예측값	
☐ 비표준화(U)	비표준 예측치
☐ 표준화(A)	표준 예측치
☐ 수정된(J)	조정 예측치
☐ 평균예측 표준오차(P)	예측치의 표준오차
거리	
☐ Mahalanobis의 거리(H)	마할라노비스 거리: 독립변수의 평균값에서 개개의 관측치가 어느 정도 떨어져 있는가를 나타내는 척도. 마할라노비스 거리가 크면 하나 이상의 독립변수에 대한 극단값을 가지는 케이스를 나타낸다.
☐ Cook의 거리(K)	특정 케이스를 제외하였을 경우 잔차에 미치는 영향력
☐ 레버리지 값(L)	중심화된(centered) 레버리지 값
예측 구간	다음 중 하나 이상 선택 가능
☐ 평균(M)	평균 예측 응답에 대한 예측 구간 상/하한 한계
☐ 개별값(I)	단일 관찰에 대한 예측 구간의 상/하한 한계
신뢰구간(C): 95%	평균, 개별 신뢰구간에 대해서 기본값은 95%
잔차	
☐ 비표준화(U)	비표준화 잔차
☐ 표준화(A)	표준화 잔차
☐ 스튜던트화(S)	스튜던트화된 잔차
☐ 삭제된 잔차(D)	삭제 잔차
☐ 삭제된 스튜던트화 잔차(E)	스튜던트화된 잔차
영향력 통계량	
☐ DFBETA(B)	베타 값의 차이는 특정 케이스의 제외로부터 작성된 회귀계수의 변화량. 값은 모형의 각 항에 대해 계산되며 상수를 포함
☐ 표준화 DFBETA(Z)	표준화된 DFBETA 값
☐ DFFIT(F)	특정 사례가 제외될 때 예측치의 변화값
☐ 표준화 DFFIT(T)	표준화된 DfFit
☐ 공분산비율(V)	모든 케이스가 제외된 공분산행렬의 행렬식에 대한, 회귀계수의 계산에서 특정 케이스가 제외된 공분산행렬 행렬식의 비율. 비율이 1에 가까우면 케이스로 인해 공분산행렬이 크게 달라지지 않는다.
계수 통계량	
☐ 상관계수 통계량 만들기(O)	지정한 파일에 상관계수 통계량 만들기를 나타내는 경우
XML파일에 모형정보 내보내기	찾아보기(W) 단추를 누른 다음 XML(eXtensible Markup Language) 파일로 모형에 관련된 정보를 내보내는 경우

[표 11-4] 새로운 변수 저장

(4) 선택 키워드

이제 계속 단추를 누르면, 화면은 [그림 11-7]로 원위치되고, 옵션(O)… 단추를 누른다. 이 단추는 변수들의 회귀모형에서 선택 또는 제거되는 범주를 통제하거나 절편항을 억제하거나 또는 무응답치를 지닌 사례를 처리한다. [그림 11-11]은 선형 회귀분석 옵션에 관한 것이다.

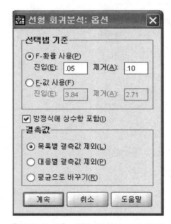

[그림 11-11] 선형 회귀분석의 옵션

[표 11-5]는 선형 회귀분석 옵션 키워드에 대한 설명이다.

키워드	기능 설명
선택법 기준	전방, 후방, 단계적 투입 방법
⦿ F–확률 사용(P) 　진입(E): .05　제거(A): 0.1	F–값의 유의수준이 진입값보다 크면 모형에 변수가 입력되고 그 유의수준이 제거값보다 작으면 제거된다. 진입값은 제거값보다 커야 하고 두 값 모두 0보다 커야 한다. 모형에 변수를 더 많이 입력하려면 진입값을 높이고 변수를 더 많이 제거하려면 제거값을 낮춘다.
○ F–값 사용(F) 　진입(E): 3.84　제거(A): 2.71	F–값이 진입값보다 크면 모형에 변수가 입력되고 F–값이 제거값보다 작으면 제거된다. 진입값은 제거값보다 커야 하고 두 값 모두 0보다 커야 한다. 모형에 더 많은 변수를 입력하려면 진입값을 낮추고 변수를 더 많이 제거하려면 제거값을 높인다. F값(F값은 진입값 3.84, 제거값(FOUT) 2.71)
☑ 방정식에 상수항 포함(I)	회귀 모델은 상수항을 포함한다(기본 설정)
결측값	모든 변수에 대해서 명확한 값을 가지는 사례만 분석 대상에 포함됨
⦿ 목록별 결측값 제외(L)	분석시 사용되는 변수에 대한 결측값이 있는 케이스를 제외
○ 대응별 결측값 제외(P)	특정 통계량 계산시 대응 변수 중 하나나 둘 모두에 대해 결측값이 있는 케이스를 분석에서 제외시킨다.
○ 평균으로 바꾸기(R)	분실값을 변수 평균으로 대체한다.

[표 11-5] 회귀모형 선택 키워드

　　끝으로 　계속　 단추로 [그림 11-7] 화면으로 되돌아가, 　확인　 단추를 누르면 다음의 결과를 얻는다.

3) 단순 회귀분석의 결과

▶결과 11-2　변수별 평균과 표준편차

기술통계량

	평균	표준편차	N
매출액	107.60	14.77	10
광고액	38.80	9.51	10

[결과 11-2]의 설명 :

y(매출액)의 평균이 107.60(억 원), 표준편차는 14.77이고, x1(광고액)의 평균은 38.80(억 원), 표준

편차 9.51(억 원)을 나타내고 있다. N은 변수별 사례수가 각각 10임을 알 수 있다.

▶ 결과 11-3 두 변수의 상관계수

상관계수		매출액	광고액
Pearson 상관	매출액	1.000	.844
	광고액	.844	1.000
유의확률 (한쪽)	매출액		.001
	광고액	.001	
N	매출액	10	10
	광고액	10	10

[결과 11-3]의 설명

y(매출액), x1(광고액) 간의 상관계수는 0.844이고, 두 변수는 상관 관계는 유의하다(P =.001).

▶ 결과 11-4 단순 회귀분석의 결정계수

					통계량 변화량				
모형	R	R 제곱	수정된 R 제곱	추정값의 표준오차	R 제곱 변화량	F 변화량	자유도1	자유도2	유의확률 F 변화량
1	.844a	.712	.676	8.41	.712	19.778	1	8	.002

a. 예측값: (상수), 광고액

표 제목: 모형 요약

[결과 11-4]의 설명

[R 제곱 .712] 결정계수 R^2은 총변동 중에서 회귀선에 의하여 설명되는 비율을 의미하는 것으로 매출액의 변동 중에서 71.2%가 광고액에 의하여 설명된다는 것을 의미한다. R^2의 범위는 $0 \le R^2 \le 1$의 값을 지닌다. 모든 관찰치와 회귀식이 일치한다면 $R^2=1$이 되어 독립변수와 종속변수 간에 100%의 상관 관계가 있다고 할 수 있다. R^2의 값이 1에 가까울수록 회귀선은 표본을 설명하는 데 유용하다.

$$R^2 = \frac{\text{회귀선에 의해 설명되는 변동}}{\text{전체 변동}} = \frac{\sum(\hat{Y_i} - \overline{Y_i})^2}{\sum(Y - \overline{Y})^2}$$

[수정된 R 제곱 .676] 회귀분석이 단계적으로 전개될 때 자유도를 고려하여 조정된 R^2으로서, 일반적으로 모집단의 결정계수를 추정할 때 더 사용된다. 표본의 수가 충분히 큰 경우에는 위의

R^2값과 동일하다.

$$조정된\ 결정계수 = 1-[(1-결정계수) \cdot (n-1)/(n-k-1)]$$

여기서 n = 표본의 수

k = 독립변수의 수

→ 결과 11-5 단순 회귀분석의 분산분석 표

분산분석b

모형		제곱합	자유도	평균제곱	F	유의확률
1	선형회귀분석	1397.225	1	1397.225	19.778	.002a
	잔차	565.175	8	70.647		
	합계	1962.400	9			

a. 예측값: (상수), 광고액

b. 종속변수: 매출액

[결과 11-5]의 설명

원천	제곱합	자유도	평균 제곱	F	유의확률
선형 회귀분석	1397.225	1	1397.225	19.778	.002
잔차	565.175	8	70.647		
합계	1962.400	9			

회귀식이 통계적으로 유의한지를 검정하는 분산분석 표이다. F통계량에 대한 유의확률이 0.002로 α =0.05보다 작다. 즉, 유의확률 = 0.002 < 0.05이므로 이 회귀식은 매우 유의하다고 할 수 있다.

→ 결과 11-6 단순 회귀모형의 계수 설명

계수a

모형		비표준화 계수		표준화 계수	t	유의확률	B에 대한 95% 신뢰구간	
		B	표준오차	베타			하한값	상한값
1	(상수)	56.754	11.738		4.835	.001	29.685	83.822
	광고액	1.310	.295	.844	4.447	.002	.631	1.990

a. 종속변수: 매출액

[결과 11-6]의 설명

[(상수) 56.754 유의확률 .001] 회귀식의 상수값은 56.754이며, 유의확률 = 0.001 < 0.05이므로

이는 통계적으로 유의하다.

[(광고액) B 1.310 유의확률 .002] x1(광고액)의 회귀계수는 1.310이며 이 회귀계수의 통계적 유의성을 검정하는 t값 4.447의 확률적 표시 유의확률이 0.002이므로 α =0.05에서 이 회귀계수는 통계적으로 매우 유의하다고 볼 수 있다. 즉 Sig. T = 0.002 < 0.05이므로 회귀계수는 통계적으로 유의하다고 할 수 있다.

그리고 회귀식은 다음과 같다.

$$\hat{Y} = 56.754 + 1.310X_1$$
$$여기서 \ \hat{Y} = Y(매출액)$$
$$X_1 = 광고액$$

이 식의 의미는 광고액 1(억 원)이 추가될 때마다 매출액 1.310억 원씩 증가한다는 것을 나타내고 있다. Y절편은 56.754이므로 광고액이 0일 때 매출액이 56.754억 원이므로 의미가 없다. 만약, 광고액이 56억 원인 경우는 예상 매출액은

$$\hat{Y} = 56.754 + 1.310(56) = 130.114(억 \ 원)$$

이 된다.

[B에 대한 95% 신뢰구간] 광고액 1억 원을 늘리면 95%의 신뢰수준에서 광고액은 .631억 원에서 1.990억 원 사이로 증가한다. 상관계수의 통계적 유의도를 신뢰구간으로 검정해 보면 이 신뢰구간이 0을 포함하지 않으므로 귀무가설, 즉 회귀계수는 0이라는 귀무가설을 기각한다.

11.3 중회귀분석

1) 중회귀분석의 실행

중회귀분석은 2개 이상의 독립변수가 종속변수에 미치는 영향을 분석한다. 예를 들어, 매출액에 영향을 주는 변수로서 단순 회귀모형에서 사용한 광고액 외에 종업원 근무년수, 1일 문의 전화 건수를 추가적으로 생각할 수 있다. 중회귀분석에서 고려하여야 할 점은 세 가지이다. 첫째, 독립변수 간의 상관 관계, 즉 다중공선성(multicollinearity)이다. 둘째, 어떤 잔차항이 다른 잔차항에 영향을 미치게 되는 경우 오차항의 **자기 상관**(autocollelation) 또는 **계열 상관**(serial correlation)이다. 셋째, 종속변수가 독립변수의 변화에 따라 다른 분산을 보이는 **이분산성**(heteroscedasticity) 등이 있다.

이제 x1(광고액), x2(종업원 근무년수), x3(1일 전화문의 건수) 등이 y(매출액)에 미치는 영향을 조사하기 위하여 중회귀분석을 실시한다고 하자. 중회귀분석에서 독립변수를 투입하는 방법은, 유의수준에 관계없이 독립변수를 일시에 투입하여 중회귀모형을 구하는 방식, 독립변수를 단계별로 투입하는 방식, 각 독립변수의 유의수준을 먼저 지정하고 그에 적합한 변수만으로 중회귀식을 구하는 방식 등 세 가지가 있다.

다음의 절차를 진행하면 중회귀분석을 실행할 수 있다.

> **분석(A)**
>   **회귀분석(R) ▶**
>   **선형(L)...**

(1) 입력(동시투입) 방식 의한 중회귀분석

이 방식은 모든 변수를 동시로 투입하는 방식이다.

[그림 11-12] 입력(동시 투입) 방식을 이용한 중회귀분석

[그림 11-12] 왼쪽의 변수 상자로부터 종속변수(D) 란에 y를, 그리고 독립변수(I): 란에 x1, x2, x3을 지정하여 옮겨 놓는다. 이 화면에서 방법(M): 란에 지정한 독립변수를 모두 진입시키는 입력 방식(입력 ▼)을 선택하였다.

[표 11-6]은 독립변수의 진입 방식(Method)에 대한 옵션 기능을 설명한 것이다. 특히, 전진을 사용하면서 변수의 한 블록을 단계적으로 선택하면서 서로 다른 변수 집단군에 대해 다른 진입 방법을 지정할 수 있다. 회귀모형에 또 다른 변수 블록을 추가하려면 다음을 누른다. 독립변수 블록 간을 앞뒤로 이동하려면 이전이나 다음을 누른다. 두 번째 블록을 등록시킬 수 있다. 두 번째 변수를 추가하기 위해서는 다음(N)… 단추를 누르면 된다. 독립변수의 블록을 앞뒤로 움직이기 위해서는 이전(V)… 와 다음(N)… 단추를 이용하면 된다. WLS가중값(H): 란은 가중최소제곱모델 (WLS(H))을 산출하는 것이다. 이를 통해서 가중치 변수를 선택할 수 있다. 여기서 독립변수와 종속변수는 가중치 변수로 이용될 수 없다. 가중치가 0이거나 음수 또는 무응답치면 분석에서 제외된다.

선택	기능 설명
방법(M)	독립변수를 분석에 입력하는 방법을 선택할 수 있다.
입력	단 한 번만에 지정한 변수들을 모두 진입시킨다. 변수를 지정하지 않았을 때는 모든 독립변수들을 진입시킨다.
단계 선택	각각의 단계마다 변수들을 유의도에 따라 진입과 탈락을 지정한다.
제거	지정한 변수들을 한 번에 탈락시킨다. 제거에서는 반드시 탈락시킬 변수들을 지정해야 한다.
후진	후방 제거법: 먼저 모든 변수를 진입시킨 후 제거 기준에 따라 한 번에 변수 하나씩 제거시킨다.
전진	전방 진입법: 진입 기준에 따라 한 번에 하나씩 진입시킨다.

[표 11-6] 독립변수 진입 방식 설명

여기서는 여러 가지 진입 방법 중에서 입력 방식을 결정하고, [그림 11-12]의 우측에 있는 통계량(S)… 단추를 누르면, [그림 11-13] 화면이 나타난다. 여기서 ☑ 표시의 통계량만을 선택하였다.

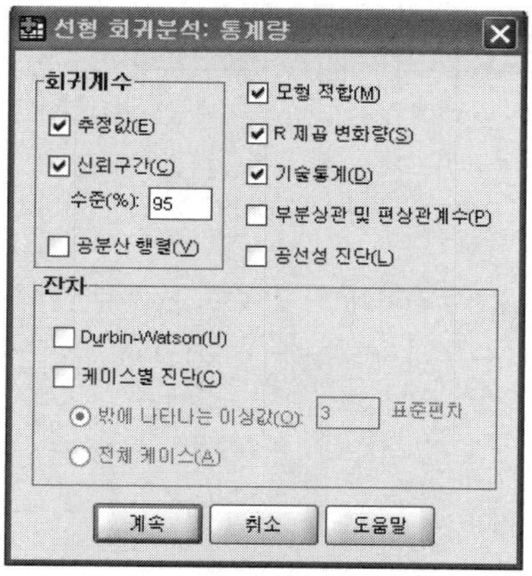

[그림 11-13] 선형 회귀분석: 통계량 창

위와 같은 통계량을 지정한 후, 계속 단추를 누르면 앞의 [그림 11-12] 화면이 다시 나온다. 여기서 도표(L)… , 저장(A)… , 옵션(A)… 등을 특별히 지정하지 않았다. 이는 이미 앞절에서 설명하였다. 이제 [그림 11-12]에서 확인 단추를 누르면, 다음의 결과를 얻는다.

2) 중회귀분석의 결과

➡️ 결과 11-7 중회귀분석의 기술통계량

기술통계량			
	평균	표준편차	N
매출액	107.60	14.77	10
광고액	38.80	9.51	10
근무년수	8.80	1.03	10
전화문의건수	17.70	5.31	10

[결과 11-7]의 설명

매출액(y), 광고액(x1), 근무년수(x2), 1일 전화 문의 건수(x3) 등에 대한 기술통계량이 나타나 있다.

➡️ 결과 11-8 중회귀분석의 결정계수

모형 요약									
					통계량 변화량				
모형	R	R 제곱	수정된 R 제곱	추정값의 표준오차	R 제곱 변화량	F 변화량	자유도1	자유도2	유의확률 F 변화량
1	.961a	.924	.886	4.98	.924	24.414	3	6	.001

a. 예측값: (상수), 전화문의건수, 근무년수, 광고액

[결과 11-8]의 설명

[R 제곱 .924] 독립변수인 x1(광고액), x2(종업원 근무년수), x3(1일 전화 문의 건수)로 구성된 회귀 식이 y(매출액)의 총변동을 92.4%를 설명하고 있다. 따라서 회귀식의 설명력은 상당히 높다고 볼 수 있다.

➡️ 결과 11-9 중회귀분석 분산분석표

분산분석b					
모형	제곱합	자유도	평균제곱	F	유의확률
1 선형회귀분석	1813.814	3	604.605	24.414	.001a
잔차	148.586	6	24.764		
합계	1962.400	9			

a. 예측값: (상수), 전화문의건수, 근무년수, 광고액

b. 종속변수: 매출액

[결과 11-9]의 설명

회귀식이 통계적 유의성을 검정하는 F통계량 값은 24.414이고, 이에 대한 유의도가 0.001이다. 따라서 Sig. F＝0.001＜α＝0.05이므로, 이 회귀식은 유의하다고 볼 수 있다. 즉, x1, x2, x3으로 구성된 회귀식은 통계적으로 유의하다고 볼 수 있다.

▶ 결과 11-10 중회귀분석 회귀계수

모형		비표준화 계수		표준화 계수	t	유의확률	B에 대한 95% 신뢰구간	
		B	표준오차	베타			하한값	상한값
1	(상수)	-27.158	21.645		-1.255	.256	-80.122	25.807
	광고액	1.724	.216	1.110	7.992	.000	1.196	2.251
	근무년수	5.901	1.652	.413	3.573	.012	1.860	9.943
	전화문의건수	.901	.378	.324	2.386	.054	-.023	1.825

a. 종속변수: 매출액

[결과 11-10]의 설명

중회귀식은

$$\hat{Y} = -27.158 + 1.724X1 + 5.901X2 + 0.901X3$$

으로 나타낼 수 있다. 다른 변수들을 일정하다고 놓고 보았을 때, 광고액(x1)이 1억 원 늘어나면 매출액은 1.724억 원씩, 종업원 근무년수(x2)가 1년 올라가면 매출액은 5.901억 원씩 증가하는 것을 알 수 있다. 그런데 x3(1일 문의 전화 건수)의 회귀계수 0.901은 그 통계적 유의도가 낮아서 (유의확률 0.53＞0.05) 회귀계수로서의 의미가 없다고 할 수 있다. 다음으로, 베타(Beta)는 회귀계수를 표준화한 것으로 회귀계수의 중요도를 나타낸다. 변수의 베타 값이 0에 가까울수록 무의미한 변수로 판정된다.

(2) 단계별 투입 방법에 의한 중회귀분석

단계별 투입법(stepwise)은 통계적 유의도가 낮은 독립변수를 제외하고 중회귀식을 얻는 방식이다. x1(광고액), x2(종업원 근무년수), x3(1일 전화 문의 건수)의 독립변수 중에서 설명력이 높고 그리고 회귀계수의 통계적 유의도가 가장 높은 변수부터 단계적으로 투입하다가, 회귀계수의 유의수준이 0.05 이하가 되면 탈락시킨다. 아마도 우리는 여기서 x3(1일 문의 전화 건수) 변수가 탈락할 것으로 예상할 수 있을 것이다. 이 분석을 위해 다음과 같은 절차를 따르면 된다.

분석(A)
　　　회귀분석(R) ▶
　　　　　　선형(L)...

앞의 [그림 11-12] 화면에서 독립변수를 투입하는 방식을 지정해 주는 방법(M): 란에서 단계 선택 ▼을 지정하여 보자. 그리고 [그림 11-12] 우측의 통계량(S)… 단추를 누르면, 앞의 [그림 11-13]과 같은 화면이 나타난다. 여기서 ☑표시의 통계량을 선택하고, 확인 단추를 누르면 다음의 결과를 얻을 수 있다.

▶ 결과 11-11 단계별 중회귀분석의 결정계수

					통계량 변화량				
모형	R	R 제곱	수정된 R 제곱	추정값의 표준오차	R 제곱 변화량	F 변화량	자유도1	자유도2	유의확률 F 변화량
1	.844ª	.712	.676	8.41	.712	19.778	1	8	.002
2	.923ᵇ	.852	.810	6.43	.140	6.664	1	7	.036

a. 예측값: (상수), 광고액
b. 예측값: (상수), 광고액, 근무년수

[결과 11-11]의 설명
모형 1: 먼저 x1(광고액)이 투입되었으며 변수 x1 한 개가 종속변수 Y의 총변동의 71.2%를 설명하고 있다(R 제곱 0.676).
모형 2: x2(근무년수)가 추가적으로 투입된 결과 설명력이 85.2%로 증가하였다(R 제곱 0.810). 따라서 설명력은 13.4%(81.0%-67.6%)만큼 증가되었다.

→ 결과 11-12 단계별 중회귀분석 분산분석표

분산분석ᶜ

모형		제곱합	자유도	평균제곱	F	유의확률
1	선형회귀분석	1397.225	1	1397.225	19.778	.002ᵃ
	잔차	565.175	8	70.647		
	합계	1962.400	9			
2	선형회귀분석	1672.857	2	836.428	20.222	.001ᵇ
	잔차	289.543	7	41.363		
	합계	1962.400	9			

a. 예측값: (상수), 광고액
b. 예측값: (상수), 광고액, 근무년수
c. 종속변수: 매출액

[결과 11-12]의 설명

모형 1: 회귀식이 통계적 유의성을 검정하는 F통계량 값은 19.778이고, 이에 대한 유의확률은 0.002이다. 따라서 유의확률＝0.002＜α＝0.05이므로, x1(광고액)으로 구성된 회귀식은 통계적 유의하다고 볼 수 있다.

모형 2: 회귀식이 통계적 유의성을 검정하는 F통계량 값은 20.222이고, 이에 대한 유의확률이 0.001이다. 따라서 유의확률＝0.001＜α＝0.05이므로, x1(광고액), x2(근무년수)로 구성된 회귀식은 통계적으로 유의하다고 볼 수 있다.

→ 결과 11-13 단계별 중회귀분석 회귀계수

계수ᵃ

모형		비표준화 계수		표준화 계수	t	유의확률	B에 대한 95% 신뢰구간	
		B	표준오차	베타			하한값	상한값
1	(상수)	56.754	11.738		4.835	.001	29.685	83.822
	광고액	1.310	.295	.844	4.447	.002	.631	1.990
2	(상수)	3.737	22.416		.167	.872	-49.269	56.742
	광고액	1.434	.231	.924	6.222	.000	.889	1.979
	근무년수	5.478	2.122	.383	2.581	.036	.460	10.497

a. 종속변수: 매출액

[결과 11-13]의 설명

모형 1: 회귀식은 통계적으로 유의함을 알 수 있다. 이때의 상수(56.754)는 (유의확률 = 0.001＜0.05)으로 회귀계수(1.310)값(유의확률 = 0.001＜0.05)은 모두 통계적으로 유의함을 알 수 있다. 1단계에서의 회귀식은 Y(매출액) = 56.754＋1.310 x1(광고액)으로 나타낼 수 있다.

모형 2: 회귀식은 Y(매출액) = 3.737＋1.434 x1(광고액)＋5.478 x2(근무년수)이다. 이 회귀식과 각 회귀계수는 통계적으로 유의함을 알 수 있다. 중회귀분석에서는 독립변수 개수가 많을수록 설

명력은 높아지게 되므로 지나치게 많은 독립변수를 사용하는 경우 문제가 있다고 볼 수 있다. 통계적으로 유의하지 못한 x3(1일 문의 전화 건수)은 포함되지 못한 것을 알 수 있다.

결과 11-14 단계별 중회귀식에 포함되지 않는 독립변수

제외된 변수[c]

모형		진입-베타	t	유의확률	편상관	공선성 통계량 공차한계
1	근무년수	.383[a]	2.581	.036	.698	.957
	전화문의건수	.272[a]	1.230	.258	.422	.691
2	전화문의건수	.324[b]	2.386	.054	.698	.683

a. 모형내의 예측값: (상수), 광고액
b. 모형내의 예측값: (상수), 광고액, 근무년수
c. 종속변수: 매출액

[결과 11-14]의 설명

모형 2에서 투입되지 못한 x3(1일 문의 전화 건수)를 보면 편상관계수(Partial Correlation)가 .698로 높고 또한 통계적 유의하지 못하다(유의확률 = 0.054 > 0.05). 즉 x3를 추가로 투입하여도 현재의 회귀식의 설명력은 개선되는 부분이 매우 적다. 따라서 중회귀분석은 여기서 끝난다.

이 예제에서 매출액이 광고액, 종업원 근무년수, 1일 전화 문의 건수에 의하여 설명되는 가장 적합한 회귀모형은 어느 것일까? 사실 중회귀모형은 독립변수 개수가 늘어날수록 R^2 값은 높아진다. 이 경우에 x1(광고액)이라는 하나의 변수로 구성된 모형 1보다 모형 2가 더 낫다고 볼 수 있다. 모형 1(84.4%)보다 모형 2(92.3%)의 더 설명력이 높기 때문이다. 그러나 연구자에 따라서는 높아진 설명력 7.9%는 미미하다는 판단에서 모형 1을 선호할 수도 있다. 어느 모형을 선택하는가의 문제는 모형의 간명성과 설명력 사이에서 적절하게 판단하여 모형을 선택하면 된다.

11.4 회귀모형 가정의 검정

회귀분석을 실시함에 있어서 흔히 간과되기 쉬운 절차가 회귀식이 지닌 가정을 검토하는 일이다. 여기서는 종속변수에는 매출액(y) 독립변수에는 광고액(x1), 근무년수(x2)를 입력하고 중회귀분석을 실시하기로 한다. 회귀식의 가정은 변수와 잔차에 관련된 것으로서, 다중공선성, 잔차의독립성, 등공분산성 등에 관련된 것이다. 이러한 가정의 검토를 위해, 다음과 같은 [그림 11-14]와 같은 화면을 불러온다.

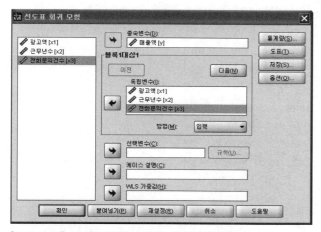

[그림 11-14] 입력(동시투입) 방식을 이용한 중회귀분석

[표 11-7]에 나타난 입력 순서로 선택 항목을 지정한다.

대화 상자	옵션 선택
통계분석(S) →회귀분석(R) ▶ →선형(L)…	☑ 종속변수(D): Y ☑ 독립변수(I): X1 X2 ☑ 방법(M): 입력

선형 회귀분석: 통계량	회귀계수:
	 ☑ 추정값(E)
	 ☑ 신뢰구간(C)
	 ☑ 모형적합(M)
	 ☑ R제곱 변화량(S)
	 ☑ 기술통계(D)
	 ☑ 공선성진단(L)
	 잔차:
	 ☑ Durbin-Watson(U)
	 ☑ 케이스별 진단
	   ◉ 밖으로 나타나는 이상값(O)
	     ③ 표준편차

선형회귀분석: 도표(L)	☑ Y: * ZPRED
	 ☑ X: * ZRESID
	 ☑ 표준화 잔차도표:
	   ☑ 히스토그램(H)
	   ☑ 정규확률도표(R)
	   ☑ 편회귀잔차도표 모두 출력(P)

저장(A)…	☑ 예측값: 전부 ☑ 거리: 전부 ☑ 예측구간: 모두, 신뢰구간 95% ☑ 잔차: 모두지정 ☑ 영향력 통계량: 모두
옵션(O)…	선택법 기준 ◉ F-확률 사용(P) 진입(E): 0.05 제거(M): 0.10 ☑ 방정식에 상수항 포함(I) ◉ 결측값: 목록별 결측값 제외(L)

[표 11-7] 잔차분석의 입력 순서

[그림 11-14]에서 확인 단추를 누르면, 다음의 결과를 얻을 수 있다.

다중공선성과 잔차 독립성 검정

모형 요약[b]

모형	R	R 제곱	수정된 R 제곱	추정값의 표준오차	통계량 변화량					Durbin-Watson
					R 제곱 변화량	F 변화량	자유도1	자유도2	유의확률 F 변화량	
1	.923[a]	.852	.810	6.43	.852	20.222	2	7	.001	1.952

a. 예측값: (상수), 근무년수, 광고액
b. 종속변수: 매출액

분산분석[b]

모형		제곱합	자유도	평균제곱	F	유의확률
1	선형회귀분석	1672.857	2	836.428	20.222	.001[a]
	잔차	289.543	7	41.363		
	합계	1962.400	9			

a. 예측값: (상수), 근무년수, 광고액
b. 종속변수: 매출액

계수[a]

모형		비표준화 계수		표준화 계수	t	유의확률	B에 대한 95% 신뢰구간		공선성 통계량	
		B	표준오차	베타			하한값	상한값	공차한계	VIF
1	(상수)	3.737	22.416		.167	.872	-49.269	56.742		
	광고액	1.434	.231	.924	6.222	.000	.889	1.979	.957	1.045
	근무년수	5.478	2.122	.383	2.581	.036	.460	10.497	.957	1.045

a. 종속변수: 매출액

[결과 11-15]의 설명

다중공선성이란 독립변수 간의 상관 관계가 존재하는 것을 의미한다. 회귀식에 독립변수가 많이 투입할수록 작아져 회귀식의 정도는 높아진다. 그러나 다중공선성이 높은 독립변수는 제거되어야 한다. 다중공선성을 검사하기 위해서는 **공차한계**(Tolerance)를 이용한다. R_i^2값이 매우 크다는 것은 i번째 독립변수가 투입되었을 때의 회귀식의 설명력이 매우 크다는 것을 의미한다. 따라서 $1-R_i^2$은 i번째 독립변수가 회귀분석에 투입되었을 때, 이미 투입된 독립변수가 설명하지 못하는 총변동 부분을 의미하는 것이다. $1-R_i^2$을 공차 한계라 한다. 그러므로 다중공선성이 낮을수록 공차 한계값이 높게 나타난다. 공차 한계의 최대값은 1이므로 위의 경우 공차 한계값이 높다고 볼 수 있다. 여기서는 다중공선성이 낮다고 볼 수 있다. VIF(Variance Inflation Factor)는 분산확대지수로 앞의 공차한계의 역수이다. 현재 VIF값이 1.045로 10보다 현저하게 작아 다중공선성의 문제는 없는 것으로 보인다. 또 다른 방법으로 $\sqrt{VIF} = \sqrt{10}$, 약 3 이상일 경우 표준화 회귀계수(β_j)의 표준오차가 3배 이상으로 커져 다중공선성으로 인한 회귀계수의 해석상 문제점이 발생할 수 있다.

잔차의 독립성에 관한 검정은 Durbin-Watson 테스트로 실시한다. 이를 이용하여 자기상관

관계가 존재하는가를 검정하여 보자.

$$H_0: \rho = 0$$
$$H_1: \rho > 0$$

독립변수 2 (k=2), 관찰치 10(N=10)의 Durbin-Watson의 임계치는 $0.95 \leq D \leq 1.54$이다. 검정통계량 d가 d<0.95이면 H_1을 채택하고, d가 d>1.54 H0을 채택한다. 그리고 d가 0.95<d<1.54이면 불확정적이다. 예에서 제시된 d값이 1.952로서 d=1.952>1.54이므로 H_0을 채택할 수 있다. 따라서 자기상관이 없다고 결론을 내릴 수 있다.

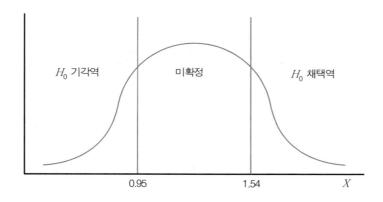

▶ 결과11-16 잔차의 기술통계량

잔차 통계량ª

	최소값	최대값	평균	표준편차	N
예측값	83.42	130.24	107.60	13.63	10
표준화 예측값	-1.773	1.661	.000	1.000	10
예측값의 표준오차	2.11	4.48	3.41	.95	10
수정된 예측값	78.50	130.46	107.55	14.53	10
잔차	-10.94	8.55	1.42E-15	5.67	10
표준화 잔차	-1.700	1.329	.000	.882	10
스튜던트화 잔차	-2.358	1.780	.003	1.160	10
삭제된 잔차	-21.03	15.34	4.54E-02	9.94	10
삭제된 스튜던트화 잔차	-4.811	2.229	-.192	1.859	10
Mahal. 거리	.066	3.457	1.800	1.394	10
Cook의 거리	.001	1.710	.313	.561	10
중심화된 레버리지 값	.007	.384	.200	.155	10

a. 종속변수: 매출액

[결과 11-16]의 설명

위의 분석 결과는 잔차 통계량에 관한 것이다. 이것은 매출액의 예측 자료값을 기준으로 한 기술통계량들이다. 예측치를 기준으로 할 경우의 최소값, 최대값, 표준편차 그리고 사례수가 나타나 있다.

결과 11-17 잔차의 정규분포 히스토그램

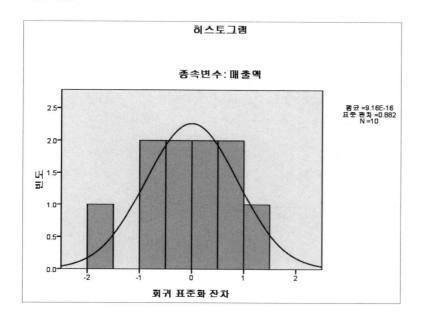

[결과 11-17]의 설명

잔차가 정규분포여야 한다는 가정을 검정하기 위하여 잔차와 정규분포도를 비교한 그래프를 제시한다. 현재의 히스토그램을 본 결과 정규분포를 나타나고 있는지 여부는 알기 어렵다. 따라서 다음의 그림을 검토하는 것이 더 좋다.

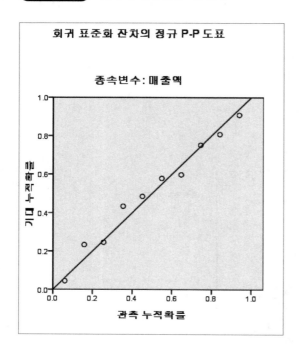

결과11-18 잔차의 정규분포 산포도

[결과 11-18]의 설명

앞의 [결과 11-16]과 같이 잔차의 정규분포 가정을 검증하기 위하여 누적확률분포와 정규분포의 누적확률분포의 산포도를 그린 것이다. 잔차의 형태가 대각선 직선의 형태를 지니고 있으면 잔차가 정규분포라고 할 수 있다.

→ 결과11-19 잔차의 예측 산포도

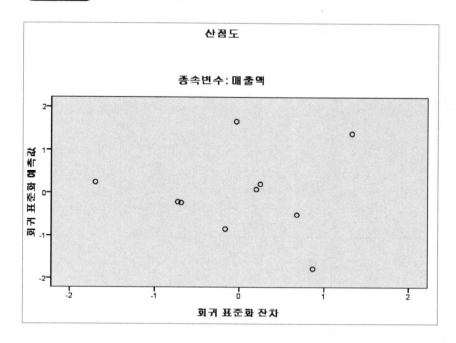

[결과 11-19]의 설명

종속변수 오차항의 분산이 모든 독립변수의 값에 대하여 동일해야 한다는 가정을 검정하기 위해 표준화된 잔차를 세로축으로, 표준화된 예측치를 가로축으로 산포도를 그린다. 잔차의 모양이 가로축과 세로축의 0을 중심으로 무작위적으로, 즉 예측치의 증감과 관계없이 특정한 추세를 보이지 않고 있으므로, 이 가정에 위배된다고 볼 수 없다.

결과 11-20 표준화된 잔차와 독립변수(광고액)의 산점도

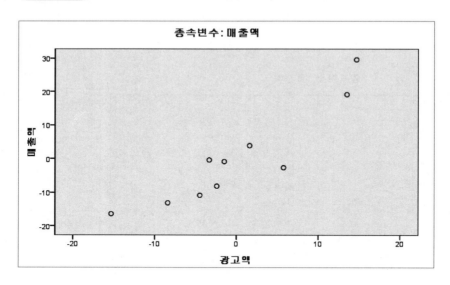

[결과 11-20]의 설명

종속변수의 표준화된 잔차와 독립변수 사이의 산포도의 모양이 가로축과 세로축의 0을 중심으로 특정한 형태를 보이지 않을 때 종속변수의 분산이 독립변수 x1(광고액)의 값에 대하여 등분산성(homoscedasticity)을 가진다는 가정을 충족시킬 수 있다. 만약 특정한 추세를 보이면 적당히 변환시켜야 한다. 이 예에서는 점차로 증가하는 추세를 보이고 있어, 등분산성을 가진다고 볼 수 없다.

➤ 결과11-21 표준화된 잔차와 독립변수(근무년수)의 산포도

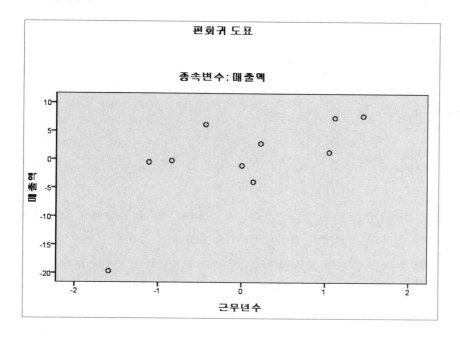

[결과 11-21]의 설명

종속변수의 표준화된 잔차와 독립변수 사이의 산포도의 모양이 가로축과 세로축의 0을 중심으로 특정한 형태를 보이지 않을 때 종속변수의 분산이 독립변수 X2(근무 시간)의 값에 대하여 등분산성(homoscedasticity)을 가진다는 가정을 충족시킬 수 있다. 여기서는 잔차가 0을 중심으로 랜덤하게 보이고 있어 등분산성 가정을 채택할 수 있다.

11.5   더미변수를 이용한 회귀분석

회귀분석 때에 독립변수 중에서 명목변수가 있을 때에, 그 변수를 더미변수(dummy variable) 혹은 가상변수로 변환하는 경우가 있다. 더미변수의 수는 원래 변수가 지닌 집단의 개수보다 하나 적다. 예를 들어 성별이라는 변수가 독립변수로 될 때 남자와 여자의 두 분류만 있으므로 1(2-1)

개의 더미변수로 나타낸다. 4개의 수준인 계절변수는 다음과 같이 3(4-1)개의 더미변수 처리를
하면 된다.

계절	더미변수1(d1)	더미변수2(d2)	더미변수3(d3)
봄	0	0	0
여름	1	0	0
가을	0	1	0
겨울	0	0	1

　　일반적으로 두 개의 집단으로 분류된 명목변수는 더미변수를 별도로 만들 필요 없이 그대
로 투입해도 좋으나, 회귀식을 해석하는 과정에서 주의를 요한다.
　더미변수를 이용한 회귀분석을 위한 예로 앞에서 다른 예에 교육수준(x4) 변수를 추가 조사한
결과이다. 변수값 1은 고졸, 2는 전문대졸, 3은 대졸 이상으로 입력하였다.

(금액: 억 원)

광고액(x1)	근무년수 (x2)	1일 문의 전화건수(x3)	교육수준(x4)	매출액(y)
25	8	30	1	89
30	9	20	1	95
32	10	15	2	100
37	8	20	2	105
35	10	16	3	110
36	9	15	3	100
40	9	16	1	112
48	7	10	2	100
50	10	20	2	130
55	8	15	3	135

[표 11-7] 더미변수용 회귀분석 자료

　　위의 자료를 이용하여 다음의 절차에 따라 입력하면, [그림 11-15] 화면이 나타난다.

[그림 11-15] x4(교육 수준) 변수 입력 화면   [데이터: ch11-2.sav]

여기 예에서는 x4(교육 수준)를 더미변수로 변환하여, 이 교육 수준이 y(매출액)에 미치는 영향을 회귀모형으로 분석한다. 따라서 회귀모형은 다음과 같다.

$$\hat{Y} = b_0 + b_1 X4$$

여기서 $\hat{Y}$ = Y(매출액)의 추정치

x4 = 교육 수준

x4은 고졸, 전문대졸, 대졸 등 세 집단을 가지고 있으므로, 더미변수의 개수는 두 개가 된다. 따라서 분석될 회귀모형은 다음과 같이 된다.

$$\hat{Y} = b0 + b1 \; D1X4 + b2 \; D2X4$$

[표 11-8]은 더미변수를 지정하는 방식을 나타내고 있다.

고　　졸: x4=1이면,   D1X4=0, D2X4=0으로 할당
전문대졸: x4=2이면,   D1X4=1, D2X4=0으로 할당
대　　졸: x4=3이면,   D1X4=0, D2X4=1으로 할당

[표 11-8] 더미변수 지정하기

1) 더미변수의 입력

이제 더미변수의 입력은 다음 절차에 의한다.

> **변환(T)**
> > **변수계산(C)...**

[그림 11-16] 더미변수의 입력 1

[그림 11-16]에 나타난 것처럼 **대상 변수(T):** 란에 D1X4를 입력하고, **숫자표현식(E):** 란에 0을 입력한다. 다음으로 조건(I)⋯ 단추를 누르면, [그림 11-17]과 같은 화면이 나타난다.

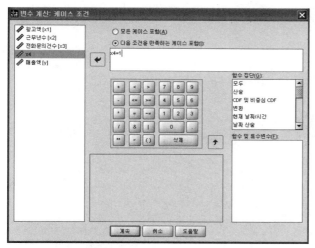

[그림 11-17] 더미변수의 입력 2

[그림 11-17]에서 ◉ **다음 조건을 만족하는 케이스 포함(I): 단추를** 선택하고, 왼쪽 변수 상
자로부터 x4를 지정한 후 <kbd>→</kbd> 단추를 누른다. x4는 1(고졸 이하를 의미함)이라고 입력을 한 뒤,
<kbd>계속</kbd> 단추를 누른다. [그림 11-18]의 화면이 나타난다.

[그림 11-18] 더미변수의 입력 3

[그림 11-18] 하단의 <kbd>조건(I)…</kbd> 단추의 오른쪽에 'x4=1'이라고 나타난 것을 볼 수 있다.

여기서 확인 단추를 누르면, 데이터 보기 창에 'x4=1이면 D1X4=0으로 할당'된 것이 화면에 나타난 것을 볼 수 있다.

지금까지의 더미변수의 입력 절차를 요약하면 다음의 표와 같다.

메뉴	예제
① 변환(T)	
② 변수계산(C)...	
③ 대상 변수(T):	D1X4
④ 숫자표현식(E)	0
⑤ 조건(I)...	
⑥ 모든 조건을 만족하는 케이스포함(I)...	
⑦ ▶	
⑧ 계속	x4=1
⑨ 확인	

[표 11-9] 더미변수 입력절차의 요약

다른 더미변수 D2X4도 [표 11-9]에 나타난 D1X4와 동일한 방법으로 만들면 된다. 이런 과정을 거쳐 새로이 생성된 더미변수는 다음의 그림과 같다.

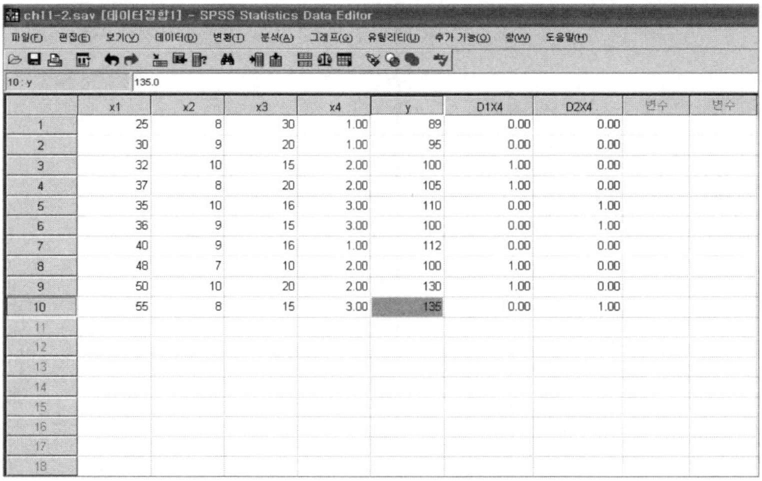

	x1	x2	x3	x4	y	D1X4	D2X4	변수	변수
1	25	8	30	1.00	89	0.00	0.00		
2	30	9	20	1.00	95	0.00	0.00		
3	32	10	15	2.00	100	1.00	0.00		
4	37	8	20	2.00	105	1.00	0.00		
5	35	10	16	3.00	110	0.00	1.00		
6	36	9	15	3.00	100	0.00	1.00		
7	40	9	16	1.00	112	0.00	0.00		
8	48	7	10	2.00	100	1.00	0.00		
9	50	10	20	2.00	130	1.00	0.00		
10	55	8	15	3.00	135	0.00	1.00		

[그림 11-19] 생성된 더미변수

[그림 11-19]의 오른쪽 변수란에 DIX4, D2X4의 더미변수가 생성된 것을 확인할 수 있다.

이제 두 더미변수를 이용하여 회귀분석을 실시하여 보자.

분석(A)

    회귀분석(R) ▶

        선형(L)...

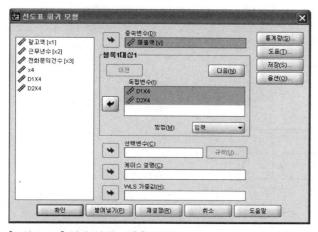

[그림 11-20] 더미변수를 이용한 회귀분석

[그림 11-20]은 생성된 더미변수 D1X4, D2X4를 **독립변수(I):** 란에 지정하고, 매출액(Y)을
종속변수(D): 란에 지정한 후, ⬚확인⬚ 단추를 누르면 다음의 결과를 얻을 수 있다.

2) 더미변수 회귀분석의 결과

▶결과11-22 더미변수의 회귀분석 결과

모형 요약

모형	R	R 제곱	수정된 R 제곱	추정값의 표준오차
1	.457ª	.208	-.018	14.90

a. 예측값: (상수), D2X4, D1X4

분산분석ᵇ

모형		제곱합	자유도	평균제곱	F	유의확률
1	선형회귀분석	408.983	2	204.492	.921	.441ª
	잔차	1553.417	7	221.917		
	합계	1962.400	9			

a. 예측값: (상수), D2X4, D1X4
b. 종속변수: 매출액

계수ª

모형		비표준화 계수		표준화 계수	t	유의확률
		B	표준오차	베타		
1	(상수)	98.667	8.601		11.472	.000
	D1X4	10.083	11.378	.353	.886	.405
	D2X4	16.333	12.163	.534	1.343	.221

a. 종속변수: 매출액

[결과 11-22]의 설명

회귀식은 통계적으로 유의하지 않으며(유의확률=0.441 >0.05), 총변동에 대한 설명력이 20.8% (R 제곱 0.208) 정도이다. 회귀식은

$$Y = 98.667 + 10.083\ D1X4 + 16.333\ D2X4$$

이다. 두 회귀계수 모두 유의수준 0.05에서 통계적으로 유의하지 않다. 그러나 교육수준 변수가 유의하다는 가정하에 세 집단에 따른 매출액을 예상하여 보면,

고졸자 이하: $Y = 98.667 + 10.083\ (0) + 16.333\ (0) = 99$(억 원)
전문 대졸자: $Y = 98.667 + 10.083\ (1) + 16.333\ (0) = 109$(억 원)
대 졸 자: $Y = 98.667 + 10.083\ (0) + 16.333\ (1) = 115$(억 원)

이 된다. 이 더미변수는 여러 개의 독립변수를 가진 회귀식에 투입하여, 각 집단 간의 차이를

분석하는 데도 이용된다. 더미(Dummy)변수를 이용한 회귀분석 결과는 이들 변수로 사용하여 분산분석을 실시한 것과 같은 결과를 가져온다.

3) 더미변수 분산분석

더미변수 처리 후 생성된 변수를 독립변수로 하여 종속변수의 관계를 확인하기 위해서 분산분석을 실시하여 보자. 분산분석을 실시하기 위해서는 다음과 같은 절차를 따르면 된다.

> **분석(A)**
>   **일반선형 모형(G)▶**
>   **일변량(U)...**

그러면 다음과 같은 화면을 얻을 수 있다. 여기서는 종속변수(D)에 매출액(y), 독립변수인 모수요인(F)에 D1X4, D1X4를 지정하기로 한다.

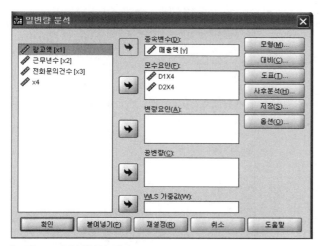

[그림 11-21] 분산분석 화면

여기서 [확인] 단추를 누르면 다음의 분산분석 결과를 얻을 수 있다.

→ 결과11-22 더미변수를 통한 분산분석의 결과

개체-간 효과 검정

종속변수: 매출액

소스	제 III 유형 제곱합	자유도	평균제곱	F	유의확률
수정 모형	408.983ª	2	204.492	.921	.441
절편	111861.760	1	111861.760	504.071	.000
D1X4	174.298	1	174.298	.785	.405
D2X4	400.167	1	400.167	1.803	.221
D1X4 * D2X4	.000	0			
오차	1553.417	7	221.917		
합계	117740.000	10			
수정 합계	1962.400	9			

a. R 제곱 = .208 (수정된 R 제곱 = -.018)

[결과 11-23]의 설명

분산분석 결과, 앞의 더미변수를 통한 회귀분석의 결과와 같은 결과를 보여 주고 있다.

290 중급 과정

SPSS

12장　로지스틱 회귀분석

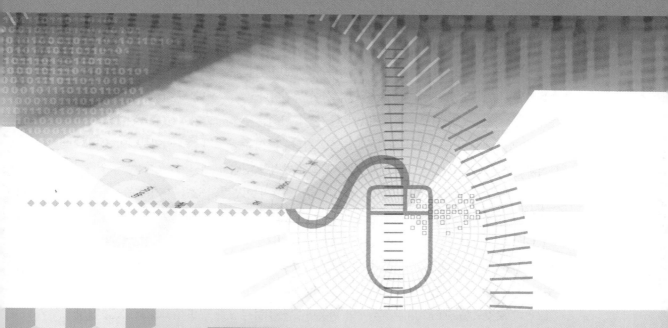

학습 목표

로지스틱 회귀모형은 독립변수는 양적인 변수를 가지고, 종속변수가 이변량 (0,1)을 가지는 비선형의 회귀분석을 말한다.

1. 로지스틱 회귀분석에서 우도비 검정통계량을 통해 모형의 적합성을 검정을 이해한다.
2. 로지스틱 회귀분석의 해석 방법을 이해한다.

12.1 로지스틱 회귀모형의 개념

회귀분석은 앞에서 설명한 바와 같이 변수 간의 종속구조, 즉 독립변수와 종속변수의 관계를 규명하는 기법이다. 이 분석 기법은 독립변수와 종속변수가 주로 연속적으로 측정된 경우에 사용된다. 종속변수가 질적인 경우에는 회귀분석을 사용하는 데에 무리가 따르므로, 판별분석이나 로지스틱 회귀분석의 사용을 권한다. 15장에서 다룰 판별분석은 종속변수(주로 집단)를 주어진 것으로 보고 집단 간의 차이를 가장 크게 하는 독립변수들의 선형결합을 추출하여 집단 분류에 이용한다. **로지스틱 회귀분석**은 종속변수가 질적인 경우(이변량 자료)에 사용되는 분석방법이다.

판별분석과 로지스틱 회귀분석의 차이점을 살펴보면 다음과 같다. 첫째, 판별분석은 독립변수들이 정규분포를 하며, 집단간 분산-공분산이 동일하다고 가정하나, 로지스틱 회귀분석에서는 이러한 가정을 엄격하게 적용하지 않는다. 둘째, 판별분석에서 그 가정이 충족된다고 할지라도 많은 연구가들이 로지스틱 회귀분석을 선호한다. 그 이유는 로지스틱 회귀분석이 선형회귀분석과 유사하고, 비선형적인 효과를 통합하고, 전반적인 진단을 내릴 수 있다는 데 있다.

로지스틱 회귀모형(logistic regression model)은 종속변수가 이변량의 값을 가지는 즉, (0, 1)을 가지는 질적인 변수일 경우에 사용된다. 이 점에서 다중회귀분석과 근본적인 차이점이 있다. 현실적으로 이변량의 경우는 많이 발견된다. 예를 들어 건강 상태가 양호하거나 양호하지 않은 경우, 고객들이 회사의 제품을 구매하는 경우와 구매하지 않는 경우, 성공 기업과 실패 기업 등이 있다. 이러한 예는 정규분포를 가정하는 회귀분석을 이용하는 데에 무리가 있다.

그런데 **로짓모형**(logit model)은 두 개의 반응범주를 취하는 Y를 공변량(covariate) X로 설명하기 위한 모형이다. 예를 들어, 소득 수준(X)에 따라서 외식을 하는지(1), 못하는지(0) 여부를 예측하기 위한 확률 비율을 승산율(odds ratio)라고 부른다.

$$\frac{P(Y=1\backslash X)}{P(Y=0\backslash X)} = e^{\beta_0 + \beta_1 X}$$

이 승산율에 자연로그를 취하면 다음과 같은 로짓모형이 된다.

$$\ln \frac{P(Y=1\backslash X)}{P(Y=0\backslash X)} = \beta_0 + \beta_1 X$$

여기서 회귀계수는 확률 비율 즉, 승산율의 변화를 측정한다. 이것은 로그로 표현되었기 때문에 결과 수치가 나오면 앤티로그를 취해서 해석을 하여야 한다. 로지스틱 회귀분석은 로짓 분석에서 파생되었으며, 양자는 동일한 개념으로 쓰이기도 한다.

로지스틱 회귀분석은 독립변수들의 효과를 분석하기 위해서, 어떤 사건이 발생한 경우(1) 와 발생하지 않은 경우(0)를 예측하기보다는, 사건이 발생할 확률을 예측한다. 종속변수는 0(실패)과 1(성공)로 나타내며, 따라서 예측값은 0과 1 사이의 값을 갖는다. 로지스틱 회귀분석에서는 종속변수의 값을 0과 1로 한정하기 위해서 독립변수와 종속변수 사이의 관계를 다음 그림과 같이 나타낸다.

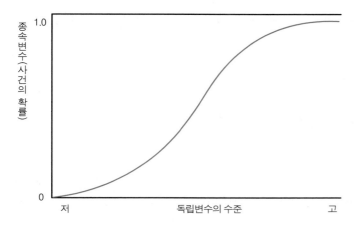

[그림 12-1] 로지스틱 반응 함수

위의 그림에서 보는 바와 같이, 로지스틱 반응 함수에서 독립변수와 종속변수의 관계는 S자의 **비선형**(nonlinear)을 보이고 있다. 독립변수의 수준이 높으면 성공할 확률은 증가한다. 독립 변수가 하나인 로지스틱 회귀모형을 나타내면 다음과 같다.

$$E(Y) = \frac{\exp(\beta_0 + \beta_1 X)}{1 + \exp(\beta_0 + \beta_1 X)} = \pi$$

여기서 E(Y)는 특별한 의미를 갖는다. 즉, Y가 1의 값을 취할 확률 즉, 어떤 사건이 발생할 확률 π를 의미한다. E(Y)는 X가 커짐에 따라(작아짐에 따라) 확률 E(Y)의 증가율(감소율)이 낮아지는 S자형태의 비선형(nonlinear) 관계를 가정한다. 로지스틱 반응 함수는 회귀계수 β에 대하여 비선형이기 때문에, 선형화하기 위하여 자연로그를 취하는 **로짓변환**(logit transformation)을 사용한다. π의 로짓변환이란 $\ln(\pi/1-\pi)$을 의미한다. 독립변수가 두 개인 경우의 선형 로지스틱 모형은 다음과 같다.

$$\ln\left(\frac{\pi}{1-\pi}\right) = \beta_0 + \beta_1 X_1 + \beta_2 X_2$$

예컨대, β_1의 해석은 다른 독립변수들(X_2)의 수준을 일정하게 하였을 때, 해당 독립변수(X_1)를 한 단위 증가하였을 때, $\exp(\beta_1)$만큼 평균적으로 증가하게 된다는 의미이다. 만약 $\beta_1 = 2.0$이라면 독립변수가 한 단위 증가하면 어떤 사건이 발생할 확률이 발생하지 않을 확률보다 2.0배 높아진다는 것을 의미한다.

12.2   로지스틱 회귀계수의 추정과 검정

로지스틱 회귀계수는 다른 선형회귀계수와 마찬가지로 종속변수와 독립변수들 사이의 관계를 설명하고 주어진 독립변수의 수준에서 종속변수를 예측하는데 사용되어 진다. 그러나 회귀계수의 추정방법에 차이가 있다. 선형회귀분석에서는 잔차의 제곱합을 최소화하지만, 로지스틱 분석은 **우도**(likelihood) 즉, 사건 발생 가능성을 크게 하는 데 있다.

이러한 목적을 달성하기 위하여, 자료로부터 로지스틱 회귀계수(β_0, β_1, … β_k)를 추정하는 방법에 대하여 살펴보자. 로지스틱 회귀계수를 추정하는 방법은 독립변수의 수준에서 반복적인 종속변수 관측 여부에 따라 달라지는데, 각 독립변수의 수준에서 비교적 많은 종속변수의 반복적인 관측이 있으면 가중 최소자승법을 사용하고 반복적인 관찰이 없거나 아주 작은 경우에는 **최대우도추정**을 사용한다.

1) 가중최소자승법

가중최소자승 추정방법은 주어진 독립변수의 수준에서 반복적인 종속변수의 관측 자료가 주어진 경우에 사용된다. 예를 들어 독립변수가 하나인 경우 관찰된 X 수준이 c개 있다고 가정하자.

각 수준 X_i (i = 1, 2, ⋯, c)에서 종속변수 Y에 대한 반복적인 관찰 횟수를 n_i라 하자. 이때 독립변수 X_i 수준에서 Y값이 1인 횟수를 r_i(i = 1, 2, ⋯, c)라 하였을 때 X_i에서 Y값이 1을 취할 표본비율은 $p_i = r_i / n_i$가 된다. 이때 어떤 사건이 발생할 확률 π_i는 표본비율 p_i로 대체하여 사용된다. 따라서 가중최소자승추정 방법에서는 표본비율 p_i를 로짓변환시킨 $In(p_i / 1-p_i)$을 종속변수로 사용한다. 로짓변환은 비선형함수를 선형함수로 변환할 수 있으나 종속변수의 분산이 일정하지 않기 때문에 가중치 $w_i = n_i \ p_i(p_i / 1-p_i)$를 사용하여 분석을 하게 된다. 표본비율을 사용한 로짓반응 함수는 다음과 같다.

$$p_i' = In\left(\frac{p_i}{1-p_i}\right) = \beta_0 + \beta_1 X_{1i} + ... + \beta_k X_{ki}$$

2) 최대우도추정법

독립변수의 각 수준에서 Y의 반복적인 관측이 아주 작거나 없으면, 표본 비율을 사용할 수 없기 때문에 독립변수의 각 수준에서 하나의 Y값에 대하여 최대우도추정법을 사용하여 로지스틱 반응 함수를 추정한다. 일단 최대우도추정법에 의하여 회귀계수가 추정되면 로지스틱 회귀모형이 자료에 대하여 어느 정도 설명력이 있는지를 검정한다. 로지스틱 회귀모형에서는 다중회귀모형에서 사용한 F-검정과 **유사한 우도값 검정**(likelihood value test)을 실시한다. 그 절차는 다음과 같다.

(1) 가설설정

$$H_0 : \beta_1 = \beta_2 = \ldots = \beta_k = 0$$
$$H_1 : \text{적어도 하나는 0이 아니다}$$

(2) 우도비 검정통계량

전반적으로 추정된 **모형의 적합성**은 우도값 검정에 의해 판단된다. 우도값은 로그 −2배 또는 (−2LL, 또는 −2Log Likelihood)라고 한다. −2Log 우도는 자료에 모형이 얼마나 적합한지에 대한 정도를 나타낸다. 값이 작을수록 더 적합하다. 단계적 선택법에서 −2Log 우도의 변화량은 모형에서 삭제된 항의 계수가 0이라는 가설을 검정한다.

우도값의 식은 다음과 같다.

$$\Lambda = -2In\frac{L_0}{L} = -2InL_0 + 2InL$$

여기서 L은 k개의 독립변수들의 정보를 모두 이용한 우도를 나타내며, L_0는 k개 독립변수들이 종속변수의 변화에 전혀 영향을 미치지 못한다고 가정했을 때의 우도를 나타낸다. 따라서 모형에 포함된 독립변수들이 중요한 변수가 아니라면 우도비 L_0 / L은 거의 같아져서, 우도비 대수함수인 검정통계량 Λ의 값이 0에 가까운 작은 값을 갖게 된다. 이 경우에 우리는 모형이 적합하지 못하다고 결론을 내릴 수 있다. 반면에, 중요한 독립변수가 포함되어 있을 때에는 검정통계량 Λ의 값은 커지게 된다. 검정통계량 Λ의 표본분포는 귀무가설이 참일 때 df=k인 χ^2 분포에 따른다.

(3) 기각치 설정 및 의사 결정

유의수준 α에서 기각치 χ^2(df = k)과 검정통계량의 값을 비교하여 귀무가설 채택 여부를 결정한다.

만약, $\Lambda \leq \chi^2$이면 H_0를 채택한다.
$\Lambda > \chi^2$이면 H_0를 기각한다.

그리고 추정된 계수의 통계적 유의성 판단은 Wald 통계량으로 한다.

(4) P-값 계산

SPSS 프로그램에서는 추정회귀계수의 유의성을 검정하는 값을 자동적으로 계산하여 준다.

12.3 로지스틱 회귀분석의 예

H 자동차의 마케팅 부서에서는 새로운 차량의 구매 의사를 조사하기 위하여 작년 30명에 대하여 구매 태도 조사를 실시하였다. 설문 항목은 다음과 같다.

<table>
<tr><td colspan="3" align="center">설문지</td></tr>
<tr><td>Y — 귀하의 자동차 소유 여부는?</td><td>예(1) 아니오(0)</td></tr>
<tr><td>X1 — 귀하의 가족 수는?</td><td>( )명</td></tr>
<tr><td>X2 — 귀하의 월급?</td><td>( )만 원</td></tr>
<tr><td>X3 — 월 평균 여행 횟수는?</td><td>( )회</td></tr>
</table>

로지스틱 분석을 위해 다음과 같은 연구가설을 설정하였다.

[연구가설 1] 가족 수는 자동차의 소유 여부에 유의적인 영향을 준다.

[연구가설 2] 월급은 자동차의 소유 여부에 유의적인 영향을 준다.

[연구가설 3] 여행 횟수는 자동차의 소유 여부에 유의적인 영향을 준다.

수집된 자료를 다음과 같이 정리하였다.

번호	Y	x1	x2	x3	번호	Y	x1	x2	x3
1	1	3	150	5	16	1	5	196	6
2	1	4	190	4	17	1	4	183	5
3	0	3	100	3	18	0	4	177	2
4	0	3	90	5	19	1	5	170	4
5	0	3	90	5	20	0	3	175	3
6	1	5	200	4	21	0	5	177	5
7	0	3	150	5	22	1	3	174	3
8	0	2	200	4	23	0	4	140	2
9	0	3	112	3	24	0	3	145	2
10	1	4	187	5	25	1	2	200	6
11	1	4	196	6	26	0	3	132	5
12	0	3	123	1	27	0	3	140	4
13	0	4	125	2	28	1	5	199	5
14	0	3	100	2	29	1	4	176	4
15	1	5	208	5	30	1	3	170	5

[표 12-1] 자료 정리

1) 자료 입력

위 자료를 입력하기 위해 SPSS 데이터 편집기 창의 변수 보기와 데이터 보기를 이용하여 입력한다.

	y	x1	x2	x3	변수	변수	변수	변수	변수
1	1	3	150	5					
2	1	4	190	4					
3	0	3	100	3					
4	0	3	90	5					
5	0	3	90	5					
6	1	5	200	4					
7	0	3	150	5					
8	0	2	200	4					
9	0	3	112	3					
10	1	4	187	5					
11	1	4	196	6					
12	0	3	123	1					
13	0	4	125	2					
14	0	3	100	2					
15	1	5	208	5					
16	1	5	196	6					
17	1	4	183	5					
18	0	4	177	2					

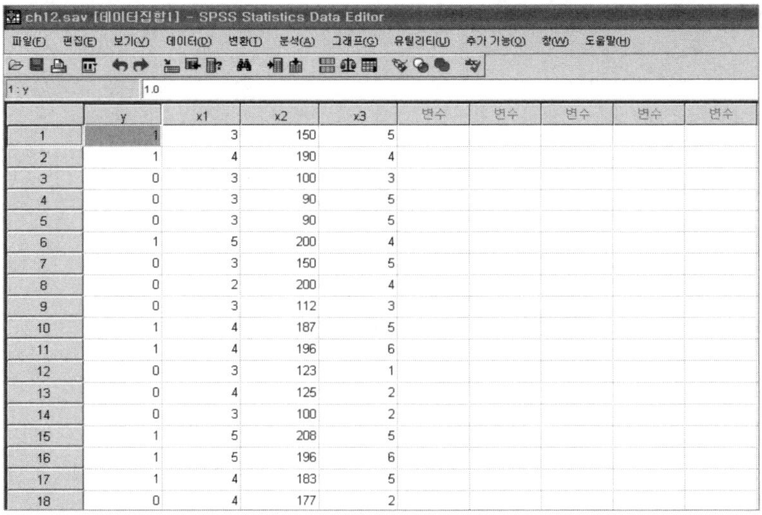

[그림 12-2] 데이터 입력 화면 [데이터: ch12-2.sav]

2) 로지스틱 회귀분석 절차

위 화면에서 로지스틱 회귀분석 대화 상자를 열기 위해서는 다음과 같은 순서로 진행한다.

분석(A)
　　　회귀분석(R) ▶
　　　　　　이분형 로지스틱(G)...

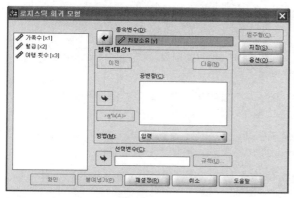

[그림 12-3] 로지스틱 회귀분석 1

[그림 12-3]에서 종속변수(D): 자동차 소유 여부(Y), 공변량(C): x1, x2, x3을 지정하면 다음과 같은 화면이 나타난다.

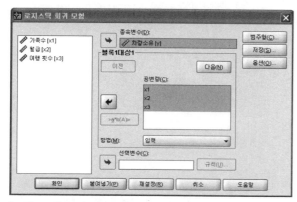

[그림 12-4] 로지스틱 회귀분석 (변수 지정) 2

다음의 표는 [그림 12-4]에 나타난 선택 키워드에 대한 설명이다.

선택 키워드	분석 결과
종속변수(D)	값이 둘만 있는 숫자 종속변수나 짧은 문자 종속변수를 선택한다. 종속변수에 비결측값이 두 개만 있는 경우가 아니면 분석이 수행되지 않는다.
이전 다음(N)	서로 다른 공변량 블록의 입력 방법을 지정할 수 있다. 두 번째 블록을 회귀모형에 추가하려면 다음을 누른다. 공변량 블록 간을 앞뒤로 이동하려면 이전이나 다음을 사용한다.
◀ 공변량(C)	하나 이상의 예측자 변수 블록을 선택한다. 상호 작용 항을 작성하려면 원시 목록에서 둘 이상의 변수를 강조 표시한 다음 a*b를 누른다. 블록의 각 항은 고유해야 하지만 항에는 다른 항의 성분이 포함될 수 있다.
방법(M) ▼	
입력	명명된 변수가 공차한계를 제외한 다른 진입 기준은 확인하지 않은 채로 단일 단계에 진입될 때의 변수 선택 관련 방법
전진: 조건	점수통계량의 유의수준을 기준으로 진입검정을 수행하고 조건적 모수추정값에 따라 우도비 통계량의 확률을 기초로 제거 검정을 수행하는 단계 선택법
전진: LR	점수 통계량의 유의수준을 기준으로 진입 검정을 수행하고 최대 편우도 추정값에 따라 우도비 통계량의 확률을 기초로 제거 검정을 수행하는 단계 선택법
전진: Wald	점수 통계량의 유의수준을 기준으로 진입 검정을 수행하고 Wald 통계량의 확률을 기초로 제거 검정을 수행하는 단계 선택법
후진: 조건	후진제거 선택법으로 조건적 모수추정치를 기초한 우도비(likelihood-ratio) 통계량의 확률를 토대로 제거 여부를 검정한다.
후진: LR	후진제거 선택법으로 부분최우도 추정치를 기초한 우도비(likelihood-ratio) 통계량의 확률를 토대로 제거 여부를 검정한다.
후진: Wald	후진제거 선택법으로 Wald 통계량의 확률을 기초로 제거 여부를 검정한다.

[표 12-2] 로지스틱 회귀분석의 선택 키워드

3) 범주형 변수 정의

앞의 [그림 12-4]에서 범주형(C) 단추를 누르면 다음과 같은 화면을 얻는다.

[그림 12-5] 범주형 변수 정의

범주형(C) 옵션은 하나 이상의 숫자 공변량을 범주형으로 처리할 수 있다. 초기 지정 값으로, SPSS에서는 문자 공변량을 범주형으로, 숫자 공변량을 연속형으로 처리한다. 다음 표는 범주형 변수 정의에 대한 설명이다.

선택 키워드	분석 결과
공변량(C)	이 분석을 위해 선택한 공변량 변수나 예측자 변수를 나열한다. 이 목록에서 범주형으로 처리할 숫자 변수를 선택한다.
범주형 공변량(T)	숫자 공변량 목록에서 범주형으로 처리할 숫자 변수를 선택한다. 문자 공변량은 항상 범주형으로 처리된다.
대비 바꾸기	디폴트로, 각 범주형 공변량은 일련의 편차 대비로 변환된다. 다른 대비 유형을 구하려면 공변량을 하나 이상 선택하고 드롭다운 목록에서 대비 유형을 고른 다음 바꾸기를 누른다.
대비(N) ▼	다음 중 하나 선택
표시자	참조 변수는 0의 행으로 대비 행렬에서 재표현
단순	예측변수의 각 범주는 참조 변수와 비교
Hermert	Hermert 대비의 역
반복	예측변수의 각 범주는 어떤 사건이 일어날 범주의 평균 효과와 직결
다항	직교의 다항식 대비로 범주는 등간격으로 가정
편차	편차를 통한 대비 방법
참조 범주	다음 중의 하나 설정
◉ 마지막(L) ○ 처음(F)	참조 변수의 마지막 범주와 참조 변수 처음 지정

[표 12-3] 범주형 변수 정의

4) 새 변수 저장

앞의 [그림 12-5]에서 계속 을 누르고, 저장(S) 단추를 누르면 다음과 같은 그림을 얻을 수 있다. 예측값, 영향력, 잔차 등을 새 변수로 저장할 수 있다.

[그림 12-6] 새 변수 저장

다음은 [그림 12-6] 화면에 대한 설명이다.

선택 키워드	분석 결과
예측값	다음 중 하나를 선택하면 된다.
☑ 확률(P)	각 케이스마다 사건의 예측 발생 확률을 저장한다. 출력 결과의 표로 새 변수의 이름과 내용을 표시
☑ 소속집단(G)	예측 확률에 기초하여 케이스가 할당된 집단을 저장
영향력	
☑ Cook의 거리(C)	Cook의 영향력 통계량의 로지스틱 회귀 유사형. 특정 케이스를 회귀 계수 계산에서 제외할 때 모든 케이스의 잔차가 얼마나 변경될 수 있는지에 대한 측도를 나타낸다.
☑ 레버리지 값(L)	모형 적합도의 각 관측값에 대한 상대적 영향력
☑ DEBETA(D)	베타 값의 차이는 특정 케이스의 제외로부터 작성된 회귀계수의 변화량을 나타낸다. 값은 모형의 각 항에 대해 계산되며 상수를 포함한다.
잔차	다음 중 하나를 선택
☑ 비표준화(U)	관측값과 모형에 의한 예측값 간 차이
☑ 로짓 로그선형분석	로짓 척도에 예측될 때의 케이스에 대한 잔차. 로짓 잔차는 예측 확률 배수에서 예측 확률을 뺀 값으로 나눈 잔차를 나타낸다.
☑ 스튜던트화(S)	케이스를 제외하는 경우 모형 편차에서의 변화량
☑ 표준화(A)	표준오차의 추정값으로 나눈 잔차. Pearson 잔차라고도 하는 표준화 잔차는 평균이 0이고 표준편차가 1이 된다.
☑ 편차	모형 편차에 기초한 잔차를 나타냄
XML 파일에 모형 정보 내보내기	결과를 XML(확장형 언어)로 저장하는 기능
☑ 공분산행렬 포함(I)	결과물에 공분산행렬을 포함시킴

[표 12-4] 새변수 저장

5) 로지스틱 회귀분석: 옵션

앞의 [그림 12-6]에서 [계속] 단추를 누르고, [옵션(O)] 단추를 누르면 다음과 같은 그림을 얻을 수 있다.

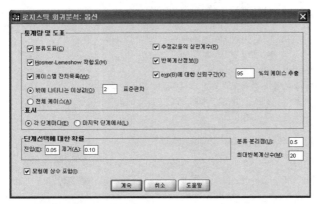

[그림 12-7] 로지스틱 회귀분석 옵션

[옵션(O)] 단추를 통해 통계량이나 도표를 구하거나 모형 작성 기준을 바꿀 수 있다. 다음 표는 옵션(O) 키워드에 대한 설명이다.

선택 키워드	분석 결과
통계량	
☑ 분류도표(C)	종속변수의 실제 값과 예측 값의 히스토그램
☑ Hosmer-Lemeshow 적합도(H)	Hosmer-Lemeshow 적합도 지수는 전체 모형 적합에 액세스하는 데 유용하며 많은 예측자 변수가 있거나 일부 예측자 변수가 연속형인 경우 특히 유용하다.
☑ 케이스별 잔차목록(W)	표준화되지 않은 잔차, 예측 확률, 관측 및 예측 소속 집단 등을 표시한다.
⦿ 밖에 나타나는 이상값(O) 　② 표준편차	이 옵션을 선택한 후 입력한 값보다 더 큰 절대 표준화 잔차 값을 가진 케이스로 케이스별 진단을 제한하는 양의 표준편차값을 입력한다.
○ 전체 케이스(A)	케이스별 진단에 모든 케이스를 포함시킨다. 큰 파일에 대해서는 케이스마다 선이 표시되므로 출력 결과가 길어진다.
☑ 추정값들의 상관계수(R)	모형에서 항에 대한 모수 추정값의 상관행렬을 가리킨다.
☑ 반복 계산정보(I)	모수 추정 과정의 각 반복 계산마다 계수와 log 우도를 표시한다.
☑ exp(B)에 대한 신뢰구간(X) 95%	N% 시간의 값 범위에는 e(2.718)의 모수값 승이 포함된다. 디폴트 값을 바꾸려면 1과 99(주로 90, 95, 99 등) 사이의 값을 입력한다. 모수의 모집단 값이 0이면 신뢰 한계 Exp(B)에는 1 값이 포함되어야 한다.
표시	
⦿ 각 단계마다(E)	각 단계마다 도표, 표, 통계량 등을 인쇄한다. 이 항목은 디폴트이다.
○ 마지막 단계에서(L)	블록의 마지막 모형에 대해 도표, 표, 통계량 등을 인쇄한다. 중간 단계를 요약한다.
단계선택에 대한 확률 진입(E): 0.05　제거(A): .10	점수 통계량의 확률이 진입값보다 작을 때는 변수가 모형에 진입되며 제거값보다 크면 제거된다. 디폴트 설정을 바꾸려면 진입 및 제거에 양수값을 입력한다. 진입값은 제거값보다 작아야 한다.
분류 분리점(U):　.5	분류표를 생성하는 데 사용된 예측 확률에 대한 분리점 값을 지정할 수 있게 한다. 디폴트값은 0.5
최대반복 계산수(M):　20	최대-우도 계수는 반복 계산 과정에서 추정된다. 최대반복 계산수에 이르면 수렴 전에 반복이 종료된다. 다른 최대반복 계산수를 지정하려면 양의 정수값을 입력한다.
☑ 모형에 상수항 포함(I)	디폴트로, 모형에 상수항(절편)이 들어 있다. 상수항을 출력하지 않고 원점을 통과하는 회귀를 구하려면 이 항목을 선택 해제한다. 상수항은 현재 0이다.

[표 12-5] 로지스틱 회귀분석 옵션

[그림 12-7]에서 계속 단추를 누르고, [그림 12-4]에서 확인 단추를 누르면 다음과 같은 결과를 얻을 수 있다.

12.4 결과 해석

결과 12-1 기술통계량

케이스 처리 요약

가중되지 않은 케이스[a]		N	퍼센트
선택 케이스	분석에 포함	30	100.0
	결측 케이스	0	.0
	전체	30	100.0
비선택 케이스		0	.0
전체		30	100.0

a. 가중값을 사용하는 경우에는 전체 케이스 수의 분류표를 참조하십시오.

종속변수 코딩

원래 값	내부 값
차량 무소유	0
차량 소유	1

[결과 12-1]의 설명

로지스틱 회귀분석의 기술통계량이 나타나 있다. 결측치(무응답치)는 없으며, Y(종속변수)의 값은 0은 차량 미보유자, 1은 차량 보유자를 의미한다.

→ 결과 12-2 시작 블록

블록 0: 시작 블록

반복계산정보[a,b,c]

반복계산		-2 Log 우도	계수 상수
0 단계	1	41.455	-.133
계	2	41.455	-.134

a. 모형에 상수항이 있습니다.

b. 초기 -2 Log 우도: 41.455

c. 모수 추정값이 .001보다 작게 변경되어 계산반복수 2에서 추정을 종료하였습니다.

분류표[a,b]

			예측값		
			차량소유		
	관측		차량 무소유	차량 소유	분류정확 %
0 단계	차량소 유	차량 무소유	16	0	100.0
		차량 소유	14	0	.0
	전체 %				53.3

a. 모형에 상수항이 있습니다.

b. 절단값은 .500입니다.

방정식에 포함된 변수

		B	S.E.	Wald	자유도	유의확률	Exp(B)
0 단계	상수	-.134	.366	.133	1	.715	.875

방정식에 포함되지 않은 변수

			점수	자유도	유의확률
0 단계	변수	x1	5.431	1	.020
		x2	14.258	1	.000
		x3	8.681	1	.003
	전체 통계량		17.167	3	.001

[결과 12-2]의 설명

로지스틱 회귀분석에서는 발생 사건의 가능성을 크게 하는 우도(likelihood)를 최대화하는 데 있다. 관찰된 결과의 우도가 높을 때 모형이 적합하다고 할 수 있는데 여기서는 변수를 포함시키지 않은 상태에서 상수만을 포함한 경우의 −2LL값이 41.46임을 보여 주고 있어 모형은 적합하다고 할 수 있다.

우도비 전체 통계량 17.167의 유의확률 = 0.001 < α = 0.05이므로 자동차 소유 여부를 설명하는 데 세 변수(x1, x2, x3)를 포함하는 모형은 유의한 것을 확인할 수 있다.

모형 계수 전체 테스트

		카이제곱	자유도	유의확률
1 단계	단계	23.070	3	.000
	블록	23.070	3	.000
	모형	23.070	3	.000

모형 요약

단계	-2 Log 우도	Cox와 Snell 의 R-제곱	Nagelkerke R-제곱
1	18.385ª	.537	.716

a. 모수 추정값이 .001보다 작게 변경되어 계산반
복수 6에서 추정을 종료하였습니다.

Hosmer와 Lemeshow 검정

단계	카이제곱	자유도	유의확률
1	4.014	8	.856

Hesmer와 Lemeshow 검정에 대한 분할표

		차량소유 = 차량 무소유		차량소유 = 차량 소유		전체
		관측	기대	관측	기대	
1 단계	1	3	2.991	0	.009	3
	2	4	3.937	0	.063	4
	3	3	2.829	0	.171	3
	4	2	2.343	1	.657	3
	5	2	1.972	1	1.028	3
	6	1	.999	2	2.001	3
	7	0	.560	3	2.440	3
	8	1	.235	2	2.765	3
	9	0	.107	3	2.893	3
	10	0	.026	2	1.974	2

[결과 12-3]의 설명

독립변수가 포함된 모형의 적합성을 나타내고 있다. 상수만 나타낸 경우 보다 독립변수가 포함
된 -2LL 값은 낮은 것을 알 수 있다. 여기서 적합도 통계량은 18.385로 나타났다.

모델(Model)에 나타난 통계량(Chi-Square)은 상수만 포함된 경우의 -2LL 값과 현 모델의 -
2LL 값의 차이(23.070=41.45539-18.385)를 뜻한다. 모델의 자유도는 두 모형의 모수 차이로서, 독
립변수의 수이다. 앞의 모형에서는 독립변수의 수가 0이며, 현재 모형의 독립변수의 수는 3이므
로, 따라서 자유도는 3이 되었다.

블록(Block)은 모형 구축과정에서 -2LL의 변화를 나타낸다. 위의 결과는 상수만을 포함하
는 모형과 상수와 세 개의 독립변수를 갖는 모형을 의미한다. Model의 카이제곱 값과 Block 값

은 동일하다. 여기서 카이제곱 값은 23.070, 자유도는 3이고, 통계적으로 유의하다(유의확률 0.000 <α = 0.05).

그리고 [결과 12-3]의 최하단에는 모형의 적합도 검정 결과가 나와 있다. 유의확률은 0.8559>α = 0.05이므로 모형이 적합하다고 할 수 있다. 여기서 유의할 것은 적합도 검정에서 유의확률의 값이 0.05보다 커야, 모형이 적합하다는 귀무가설을 채택한다. 따라서 Y(자동차 소유)와 X1(귀하의 가족 수), X2(월 평균 소득), X3(월 평균 여행 횟수)의 관계를 나타내는 모형은 적합하다고 결론을 내릴 수 있다.

➤ 결과 12-4 분류표

분류표ᵃ

			예측값		
			차량소유		
관측			차량 무소유	차량 소유	분류정확 %
1 단계	차량소유	차량 무소유	14	2	87.5
		차량 소유	2	12	85.7
	전체 %				86.7

a. 절단값은 .500입니다.

[결과 12-4]의 설명

분류표의 분류 행렬을 살펴보면 Observed는 차량 무소유는 0, 차량 소유는 1을 의미한다. 로지스틱 함수에 추정된 Predicted에서 0은 차량 무소유, 1은 차량 소유의 예측을 의미한다. 결과에서, 차량을 무소유한 16명 중에서 역시 차량을 소유하지 않을 것이라고 옳게 예측한 확률은 87.50%(14/16)이다. 차량 소유자인 경우에 옳게 분류한 확률은 85.71%(12/14)를 보이고 있다. 전체적으로 옳게 분류한 확률은 86.67%이다.

방정식에 포함된 변수

		B	S.E.	Wald	자유도	유의확률	Exp(B)	EXP(B)에 대한 95.0% 신뢰구간	
								하한	상한
1단계	X1	.670	.714	.880	1	.348	1.954	.482	7.919
	X2	.057	.027	4.393	1	.036	1.059	1.004	1.117
	X3	.992	.597	2.762	1	.097	2.697	.837	8.693
	상수	-16.055	5.870	7.481	1	.006	.000		

a. 변수가 1: 단계에 진입했습니다 X1, X2, X3.

[결과 12-5]의 설명

[X1 B .670 Sig .348] X1(가족 수)의 회귀계수는 0.670이며, 이 회귀계수의 통계적 유의성을 검정하는 값인 Wald 통계량 0.880의 확률적 표시인 유의확률(Sig)이 0.348이므로, $\alpha = 0.05$에서 통계적으로 유의하지 않다.

[X2 B .057 Sig .036] X2(월 평균 소득)의 회귀계수는 0.057이며, 이 회귀계수는 통계적으로 유의하다(Sig 0.0361 < α =0.05).

[X3 B .992 Sig .0965] X3(월 평균 여행 횟수)의 회귀계수는 0.992이고, 이 회귀계수는 통계적으로 유의하지 않다(Sig 0.097 > α =0.05).

[Constant B -16.0550 Sig .0062] 회귀식의 상수 -16.055이며, Sig. T=0.006 < α =0.05이므로 통계적으로 유의하다.

그리고 회귀식은 다음과 같다.

$$\hat{Y} = -16.055 + 0.670X_1 + 0.057X_2 + 0.992X_3$$

[X2 Exp(B) 1.0590] 회귀식에서는 X2(월 평균 소득)의 계수가 유의하므로 이에 관하여만 설명한다. Exp(0.057) = 1.059이며, 다른 변수의 값을 일정하게 놓고, 소득이 1단위 증가하면, 자동차를 구매할 확률은 구매하지 않을 확률보다 1.059배 늘어난다.

결과 12-5 집단 분류표

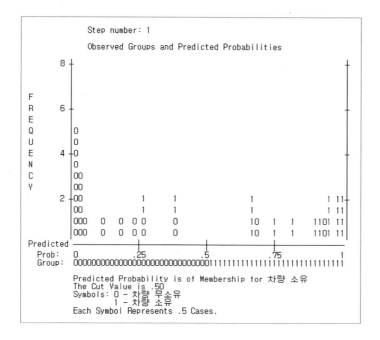

```
             Step number: 1
             Observed Groups and Predicted Probabilities

         8 +0                                                        +
           |                                                         |
F          |                                                         |
R        6 +0                                                        |
E          |                                                         |
Q          |0                                                        |
U          |0                                                        |
E        4 +0                                                        |
N          |0                                                        |
C          |00                                                       |
Y          |00                                                       |
         2 +00            1       1          1              1 11+
           |00            1       1          1                1 11|
           |000   0   0  0  0     0          10  1   1   1101 11|
           |000   0   0  0  0     0          10  1   1   1101 11|
Predicted  ----------------------------------------------------------
  Prob:   0        .25         .5          .75           1
  Group:  00000000000000000000000000000000011111111111111111111111111111

          Predicted Probability is of Membership for 차량 소유
          The Cut Value is .50
          Symbols: 0 - 차량 무소유
                   1 - 차량 소유
          Each Symbol Represents .5 Cases.
```

[결과 12-6]의 설명

각 사례에 대한 분류를 나타내는 것으로 [결과 12-4]의 구체적인 설명이라고 할 수 있다. 0.5를 기준으로 오른쪽에 있는 경우는 차량 무소유(0)를 나타내는 것으로 4명은 잘못 분류되고 있으며, 왼쪽의 경우에도 소유자(1)가 4명 잘못 분류되고 있다.

SPSS

고급 분석 I

13장 신뢰성 분석

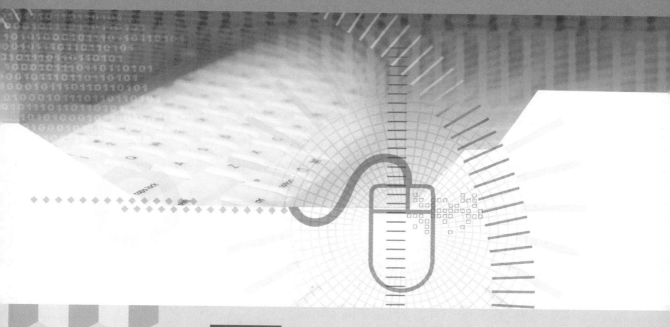

학습 목표

신뢰성은 동일한 개념에 대해서 반복적으로 측정했을 때 나타나는 측정값들의 분산을 의미한다. 신뢰성 분석은 측정의 안정성, 일관성, 예측 가능성, 정확성 등의 개념이 속한다.

1. 신뢰성과 타당성의 개념 차이를 이해한다.
2. 신뢰성 분석 방법과 결과 해석 방법을 정확하게 이해한다.

13.1 신뢰성과 타당성

연구 분석을 위해 수집한 자료가 간혹 측정 오류를 지니고 있는 경우가 있다. 측정 오류를 분류해 보면 크게 세 가지로 나누어 볼 수 있다. 첫째, 연구자가 측정하기를 원한 속성이 아니라 다른 속성을 측정한 경우이다. 예를 들어, 기술적 속성을 측정하고자 하였으나 미적 속성을 측정한 경우이다. 둘째, 응답자의 고유한 성향에 의해 측정 오류가 발생할 수도 있다. 성격이 항상 명랑한 사람과 극단적인 허무주의적 태도를 지닌 사람 간의 응답은 달라질 것이다. 셋째, 응답 당시 응답자가 처한 상황에 따라 응답에도 차이가 날 수 있다. 예컨대, 부부를 동일한 장소에서 면접하는 경우와 각각 개별적으로 면접하는 경우 응답상 차이가 발생하기도 한다. 그 외 측정 도구상의 문제, 측정 방법상의 문제 등으로 인해 측정 오류가 발생하기도 한다.

이와 같은 측정 오류는 크게 체계적 오류와 비체계적 오류로 구분할 수 있다. 체계적 오류란 측정시에 일정한 방향으로 항상 나타나는 오류이며, 비체계적 오류는 무작위적으로 그 크기와 방향이 변화하며 나타나는 오류이다. 신뢰도는 비체계적 오류와 관련된 개념이며, 타당도는 체계적 오류와 관련된 개념이다.

1) 신뢰성

신뢰성(Reliability)은 동일한 개념에 대해서 반복적으로 측정했을 때 나타나는 측정값들의 분산을 의미한다. 신뢰도에는 측정의 안정성, 일관성, 예측 가능성, 정확성 등의 개념이 포함되어 있다.

이러한 신뢰성의 정도, 즉 신뢰도를 측정하는 방법에는 재측정 신뢰도(test-retest reliability), 반분 신뢰도(split-half reliability), 문항 분석(item-total correlation), 알파계수(Chronbach's Alpha), 동등 척도신뢰도(Alternative reliability), 평가자 간 신뢰도(inter-rater reliability) 등이 있다.

재측정 신뢰도는 동일한 측정방법을 통해 가능한 다른 시간에 측정하여 두 측정값에 있어서의 차이를 분석하는 방법이다. 일반적으로 두 측정값 사이에 차이가 크면 신뢰성은 낮다고 할 수 있다.

반분 신뢰도는 내적상관의 형태로 변수들을 두 개의 그룹으로 나누어 그룹 간의 신뢰도를 측정하는 방법이다.

하나의 개념에 대하여 여러 개의 항목으로 구성된 척도를 이용할 경우에 해당 문항을 가지고 가능한 모든 반분 신뢰도를 구하고 이들의 평균치를 산출한 것이 알파계수(Chronbach's Alpha)이다. 이 방법을 이용하여 해당 척도를 구성하고 있는 개별 항목들의 신뢰도까지 평가할 수 있다. 알파계수를 구하는 공식은 다음과 같다.

$$\alpha = \frac{N}{N-1}\left(1 - \Sigma \frac{\sigma_i^2}{\sigma_t^2}\right)$$

N = 문항수, σ_t^2 = 총분산, σ_i^2 = 각 문항의 분산

문항 전체 수준인 경우, 알파계수가 0.5 이상, 개별 문항 수준인 경우 0.9 이상 정도이면 신뢰도가 높다고 할 수 있다. 만약 신뢰도가 이보다 낮은 경우 신뢰도를 개선하기 위해서 ① 측정 항목의 모호함을 제거하거나, ② 측정 항목수를 늘리거나, ③ 사전에 신뢰도가 검증된 측정 항목을 이용하거나, ④ 척도점을 조정하기도 한다.

2) 타당성

타당성(Validity)은 측정하고자 하는 개념이나 속성을 정확히 측정하였는가를 나타내는 개념이다. 예컨대, 측정 개념이나 속성을 측정하기 위해 개발된 측정 도구가 해당 속성을 정확히 반영하고 있는가와 관련된 것이라 하겠다. 타당도의 종류에는 세 가지가 있다.

첫째, **내용 타당도**(content validity)는 측정 도구를 구성하고 있는 항목들이 측정하고자 하는 개념을 대표하고 있는 정도를 의미한다. 이는 연구자나 전문가의 주관적 판단에 의해 이루어진다.

둘째, **예측 타당도**(predictive validity)는 한 속성이나 개념에 대한 측정값이 다른 속성의 변화를 예측하는 정도에 의해 평가되는 타당도를 의미한다.

셋째, **구성 타당도**(construct validity)는 측정 도구가 연구하고자 하는 개념, 즉 구성을 측정하였는지 검증하는 방법이다. 구성 타당도를 평가하는 방법에는 다속성 측정 방법(multitrait-multimethod matrix), 요인분석 방법 등이 있다. 요인분석의 기본 원리는 항목들 간의 상관 관계가 높은 것끼리 하나의 요인으로 묶어 내며 요인들 간에는 상호 독립성을 유지하도록 할 수 있다. 따라서 요인들

사이에는 서로 상관 관계가 없으므로, 각 요인들은 서로 상이한 개념이라고 할 수 있다. 이는 요인 내의 항목들은 집중 타당성을 유지하고 요인 간에는 판별 타당성이 유지되는 것으로 해석할 수 있는 것이다. 주의할 것은 신뢰도가 높아진다고 해서 타당도가 높아지는 것은 아니다. 그러나 타당도가 높아지면 신뢰도가 높아지게 된다.

13.2 신뢰성 분석의 예

예제는 14장의 요인분석에서도 사용될 것이다.

[상황 설정]

다음 자료는 고려피자에 대해 느끼는 속성에 관한 자료이다. 이 자료를 이용하여 신뢰성 분석을 하여 보기로 한다.

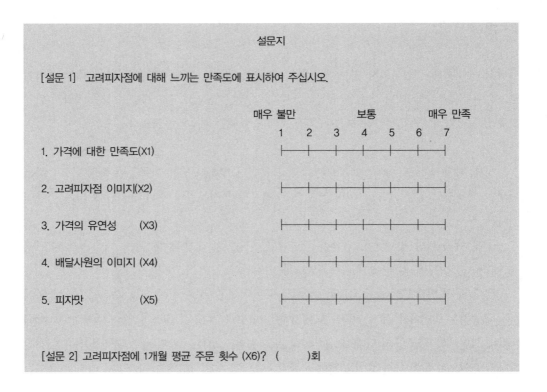

다음의 [표 13-1]은 설문 결과를 모은 25명에 대한 자료치이다.

응답치						응답치					
6	4	7	6	5	4	6	3	5	5	7	3
5	7	5	6	6	6	3	4	4	3	2	2
5	3	4	5	6	4	2	7	5	5	4	4
3	3	2	3	4	3	3	5	2	7	2	5
4	3	3	3	2	2	6	4	5	5	7	4
2	6	2	4	3	3	7	4	6	3	5	2
1	3	3	3	2	1	5	6	6	3	4	3
3	5	3	4	2	2	2	3	3	4	2	3
7	3	6	5	5	4	3	4	2	3	4	3
6	4	3	4	4	5	2	6	3	5	3	5
6	6	2	6	4	6	6	5	7	5	5	5
3	2	2	4	2	3	7	6	5	4	6	5
5	7	6	5	2	6						

[표 13-1] 설문 결과 자료

[표 13-1]의 자료를 SPSS상에 입력하면 [그림 13-1]과 같은 화면을 얻을 수 있다.

	x1	x2	x3	x4	x5	x6	변수	변수	변수
1	6	4	7	6	5	4			
2	5	7	5	6	6	6			
3	5	3	4	5	6	4			
4	3	3	2	3	4	3			
5	4	3	3	3	2	2			
6	2	6	2	4	3	3			
7	1	3	3	3	2	1			
8	3	5	3	4	2	2			
9	7	3	6	5	5	4			
10	6	4	3	4	4	5			
11	6	6	2	6	4	6			
12	3	2	2	4	2	3			
13	5	7	6	5	2	6			
14	6	3	5	5	7	3			
15	3	4	4	3	2	2			
16	2	7	5	5	4	4			
17	3	5	2	7	2	5			
18	6	4	5	5	7	4			

[그림 13-1] 입력 자료 일부 화면   [데이터: ch13-1.sav]

※ 구체적인 입력 방법은 1장과 2장을 참조하라.

13.3 신뢰성 분석의 실행

이제 신뢰성 분석을 위해, 다음과 같은 순서에 따라 진행하면 [그림 13-2]의 초기 화면을 얻는다.

분석(A)
    척도 ▶
        신뢰도분석(R)...

[그림 13-2] 신뢰성 분석의 초기 화면

신뢰성 분석에서 변수는 2개 이상이어야 한다. 여기서 항목(I): 란에 신뢰성 분석을 위한 가격에 대한 만족도(x1), 고려피자점 이미지(x2), 가격의 유연성(x3), 배달사원의 이미지(x4), 피자맛(x5) 등 5개의 변수가 동일 개념을 가지고 있는지 알아보기 위해, 해당 변수를 지정한 후 ⬅ 단추를 클릭하면 다음의 그림과 같이 된다.

[그림 13-3] 신뢰성 분석 창

위 그림에서 신뢰성 분석 모형의 종류를 나타내는 **모형(M):** 란을 살펴보면 5가지 종류의 신뢰계수가 나타나는데, 이중 하나를 선택하면 된다. [표 13-2]는 신뢰계수의 종류를 설명한 것이다.

Model	설명
알파	내적 일관도: 동일한 개념을 측정하기 위하여 여러 개의 항목을 이용하는 경우 신뢰도를 저해하는 항목을 찾아내어 측정 도구에 제외시킴으로써 측정 도구의 신뢰도를 높이기 위한 방법으로 Cronbach's alpha계수를 이용한다.
반분계수	항목 분할 측정치의 상관도: 다수의 측정 항목을 서로 대등한 두 개의 그룹으로 나누고 두 그룹의 항목별 측정치 사이의 상관 관계를 조사하여 신뢰도를 측정하는 방법이다. 이는 동등한 측정 도구에 의한 신뢰도 측정의 한 형태라고 볼 수 있다.
Guttman	참된 신뢰성의 값과 같거나 그보다 적은 6개의 계수를 산출한다.
동형	모든 항목들의 분산이 동일하다는 가정하에서 최대우도 신뢰성(Maximum-likelihood reliability)을 구한다.
절대동형	모든 항목들의 평균 및 분산이 동일하다는 가정하에서 최대우수 추정 신뢰도를 구한다.

[표 13-2] 신뢰계수의 종류

이 화면에서 통계량(S)⋯ 단추를 누르면, [그림 13-4]의 신뢰성 분석 통계량 창이 나타난다.

[그림 13-4] 신뢰성 분석 통계량 창

[그림 13-4]에서 나타난 통계량의 종류를 다음의 [표 13-3]에 설명하였다.

키워드	설명 내용
다음에 대한 기술통계량	
□ 항목(I)	항목 평균과 표준편차
□ 척도(S)	척도 평균, 표준편차 및 분산
□ 항목제거시 척도(A)	하나의 변수를 분석 대상에서 제외할 경우 그 변수를 제외한 나머지 변수들로 구성되는 스케일의 통계량을 나타낸다.
요약값	
□ 평균(M)	해당 항목의 평균에 대한 통계량
□ 분산(V)	해당 항목의 분산에 대한 통계량
□ 공분산(E)	항목 간의 공분산에 대한 요약 통계량
□ 상관관계(R)	항목 간의 상관 관계에 대한 요약 통계량
항목내	
□ 상관관계(R)	항목 간의 상관행렬
□ 공분산(E)	항목 간의 공분산행렬
분산분석표	
◉ 지정않음(N)	ANOVA table을 산출하지 않는다(기본 설정)
○ F-검정(F)	반복이 있는 데이터의 Anova Table을 산출하고 F-test로서 유의성을 검정한다.
○ Friedman 카이제곱(Q)	Friedman의 카이제곱과 Kendall의 일치 계수를 표시한다. 이 옵션은 순위 형식의 데이터에 적합하다. 카이제곱 검정은 분산분석표에서 일반적인 F 검정을 대신한다.
○ Cochran카이제곱(H)	Cochran의 Q를 표시한다. 이 옵션은 이분형 데이터에 적합하다. Q 통계량은 분산분석표에서 일반적인 F 검정을 대신한다.
□ Hotelling의 T 제곱(G)	Hotelling's T2검정, 모든 항목들의 평균이 동일하다는 가정하에서 검정
□ Tukey의 가법성 검정(K)	가법성을 검정하기 위해 척도에 대해 사용해야 할 제곱값(척도의 해당 제곱값 승)을 추정한다. 항목 간 다중 상호 작용이 없다는 가설을 검정한다.
□ 급내 상관계수(T)	각각에 대한 신뢰구간, F통계량, 유의확률에 따른 급내 상관계수의 개별 측도 및 평균 측도를 나타냄
모형(M) ▼	
이차원 혼합	인적 효과가 무작위적이고 항목 효과가 고정되어 있는 경우
이차원변량	인적 효과와 항목 효과가 무작위적인 경우
일차원변량	인적 효과가 무작위적인 경우
유형(Y) ▼	
일치	일치성을 위해서 분산 간의 정의는 기준 분산에서 제외
절대일치	일치성을 위해서 분산 간의 정의는 기준 분산에서 제외시키지 않음

[표 13-3] 신뢰성 분석의 통계량

[그림 13-4]에서 │계속│ 단추를 누르면, [그림 13-3]의 화면으로 복귀한다. 여기서 │확인│ 단추를 누르면 다음 결과를 얻을 수 있다.

13.4 신뢰성 분석의 결과

▶결과13-1 신뢰성 분석의 기술통계

신뢰도 통계량		
Cronbach의 알파	Cronbach's Alpha Based on Standardized Items	항목 수
.705	.695	5

[결과 13-1]의 설명

[Alpha=0.705] 크론바흐 알파 모델에 의하여 x1(가격에 대한 만족도), x2(고려피자점에 대한 이미지), x3(가격의 유연성), x4(배달사원 이미지), x5(피자맛)를 하나의 스케일로 신뢰도 검사를 실시한 결과 크론바흐 알파값이 0.705가 나왔다. 일반적으로 사회과학에서는 알파값이 0.6 이상이면 신뢰성이 있다고 할 수 있으므로, 이 경우에 있어서 척도의 신뢰성이 있다고 볼 수 있다. 그러나 뒤의 [결과 13-5]에서 보는 바와 같이 x2(고려피자점에 대한 이미지)를 제외하고, x1(가격에 대한 만족도), x3(가격의 유연성), x4(배달사원 이미지), x5(피자맛)으로만 스케일을 구성하면, 크론바흐 알파값을 0.7611까지 높일 수 있다. 만일 이 항목들을 하나의 요인으로 나타내고자 하는 경우에는 x2(고려피자점)를 제외한 4항목으로 구성하여야 할 것이다.

[Standardized item alpha = .695] 표준화된 각 변수로 신뢰성 분석을 했을 경우에는 크론바흐 알파값이 0.695가 된다. 만약 각 변수들의 척도가 큰 분산을 가지고 있을 경우에는 두 종류의 알파값 사이에 많은 차이가 나므로 반드시 이 방법을 이용하여야 할 것이다.

결과 13-2 신뢰성 분석의 기술통계량

항목 통계량

	평균	표준 편차	N
가격수준	4.32	1.865	25
피자점 이미지	4.52	1.503	25
가격 유연성	4.04	1.695	25
배달사원 이미지	4.40	1.155	25
피자맛	3.96	1.645	25

[결과 13-2]의 설명

분석 대상이 되는 변수 이름과 각 변수의 평균, 표준편차, 각 변수의 관찰치 개수(case)에 관한 통계량을 나타내고 있다.

결과 13-3 변수들의 상관분석

항목간 상관행렬

	가격수준	피자점 이미지	가격 유연성	배달사원 이미지	피자맛
가격수준	1.000	.027	.629	.248	.683
피자점 이미지	.027	1.000	.220	.355	.009
가격 유연성	.629	.220	1.000	.183	.509
배달사원 이미지	.248	.355	.183	1.000	.272
피자맛	.683	.009	.509	.272	1.000

공분산 행렬을 계산하여 분석에 사용합니다.

[결과 13-3]의 설명

분석 대상 변수 간의 상관 관계를 나타낸다. x1(가격에 대한 만족도)과 x2(고려피자점의 이미지) 간에 상관 관계가 0.027로 상관 관계가 없으며, x1(가격에 대한 만족도)과 x5(피자의 맛)와는 매우 상관 관계가 높은 것을 보이고 있다.

결과 13-4 항목에 관한 통계

요약 항목 통계량

	평균	최소값	최대값	범위	최대값/최소값	분산	항목 수
항목 평균	4.248	3.960	4.520	.560	1.141	.057	5
항목 분산	2.530	1.333	3.477	2.143	2.608	.638	5
항목간 상관관계	.314	.009	.683	.675	78.021	.051	5

공분산 행렬을 계산하여 분석에 사용합니다.

[결과 13-4]의 설명

분석 변수를 하나로 간주한 가상 변수인 항목에 관한 평균, 분산, 표준편차, 변수의 수를 나타낸다.

[항목평균] 각 변수들의 평균의 평균, 평균 값 중 최저 평균, 최고 평균, 평균의 폭, 최대 평균과 최소 평균 간의 비율, 평균의 분산을 표시한다.

[항목분산] 각 변수들의 분산의 평균, 분산 값중 최저분산, 최고 분산, 분산의 폭, 최대 분산과 최소 분산 간의 비율, 분산의 분산을 표시한다.

[항목 간 상관 관계] 각 변수들 간의 상관 관계의 평균, 상관 관계 중 최저 상관계수, 최대 상관계수의 폭, 최대 상관계수와 최소 상관계수 간의 비율, 상관계수의 분산을 표시한다.

▶ 결과13-5 항목과 각 변수의 관계

항목 총계 통계량

	항목이 삭제된 경우 척도 평균	항목이 삭제된 경우 척도 분산	수정된 항목-전체 상관관계	제곱 다중 상관관계	항목이 삭제된 경우 Cronbach 알파
가격수준	16.92	16.160	.626	.583	.576
피자점 이미지	16.72	24.210	.173	.202	.761
가격 유연성	17.20	17.500	.610	.453	.588
배달사원 이미지	16.84	23.640	.361	.210	.695
피자맛	17.28	18.210	.577	.494	.605

척도 통계량

평균	분산	표준 편차	항목 수
21.24	29.023	5.387	5

[결과 13-5]의 설명

[항목이 삭제된 경우 척도 평균] 하나의 변수를 분석 대상에서 제외하였을 경우에 그 변수를 제외한 나머지 변수로 구성되는 스케일의 평균값을 의미한다. 예를 들면 x1(가격에 대한 만족도)을 제외하고 신뢰성을 분석하면 스케일의 평균값 21.24가 16.92로 변한다는 것을 의미한다. 이 값은 [결과 13-5]에서 제시된 스케일의 값에서 [결과 13-4]의 x1(가격에 대한 만족도)의 평균값을 뺀 값과 같다(21.24-4.248).

[항목이 삭제된 경우 척도 분산] 위의 평균과 마찬가지로 하나의 변수를 제외하였을 경우에 나머지로 구성되는 스케일의 분산값을 의미한다. x1(가격에 대한 만족도)을 제외한 스케일의 분산값은 16.160이 된다.

[수정된 항목 전체 상관 관계] 각 개별 변수와 그 변수를 제외한 변수로 구성된 스케일과의 상관 관계를 의미한다. 즉 x1(가격에 대한 만족도), x2(고려피자점의 이미지), x3(가격의 유연성), x4(배달사원의 이미지), x5(피자맛)으로 구성된 스케일과의 상관계수는 0.626이다.

[제곱 다중 상관 관계] 각 개별 변수를 제외하고 구성된 스케일이 전체 분산 중에서 얼마를 설명하는가를 나타낸다. 즉 x1(가격에 대한 만족도)을 종속변수로 하고 x2(고려피자점의 이미지 만족도), x3(가격의 유연성) x4(배달 사원의 이미지)를 독립변수로 구성된 회귀식이 지닌 설명력을 의미한다.

[항목이 삭제된 경우 크론바흐 알파] 각 개별 변수를 제외하였을 경우의 크론바흐 알파값이다. 신뢰성 분석에서는 신뢰도 모형을 디폴트(초기 지정값)로 크론바흐 알파 모델로 실행한다. 예를 들어 x4(배달 사원의 이미지) 변수를 제외하면 크론바흐 알파는 0.695로 높아지게 된다. 만약, 크론바흐 알파가 음(-)의 값을 지니는 경우는 각 변수 간에 양(+)적 상관 관계를 지니고 있지 못하고 신뢰성 모형이 위반되는 경우이다.

➡ **결과13-6** 분산분석의 결과

분산분석(ANOVA)[a]

		제곱합	df	평균 제곱	F	Sig
사람 간		139.312	24	5.805		
사람 내	항목 간	5.712	4	1.428	.834	.507
	잔차	164.288	96	1.711		
	합계	170.000	100	1.700		
합계		309.312	124	2.494		

총 평균 = 4.25
a. 공분산 행렬을 계산하여 분석에 사용합니다.

Hotelling T 제곱 검정

Hotelling의 T 제곱	F	df1	df2	Sig
3.886	.850	4	21	.510

공분산 행렬을 계산하여 분석에 사용합니다.

[결과 13-6]의 설명

[사람 간 df 24] 5개 변수 간의 차이 여부를 검정하기 위한 것으로 표본의 자유도(degree of freedom: DF)는 24(표본수-1)이다.

[사람 내 항목 간 DF 4 , F 0.8344, Sig 0.507] 변수 간의 자유도는 4(변수의 수-1)이며, F값이 0.8344이며, Sig=0.507>0.05이므로 유의하지 않다. 즉, 변수 간에 차이가 없다는 귀무가설이 채택된다.

[Hotelling's T제곱=3.886, F=.850, Sig=.510] 변수(항목) 간의 평균이 동일한지의 여부를 검정하기 위한 것으로 F=0.850이며, Sig=0.510>0.05이므로 유의하지 않다. 즉 항목 간의 평균이 동일하다는 귀무가설이 채택되어, 신뢰성 있는 측정이 이루어졌다고 할 수 있다.

SPSS

14장 요인분석

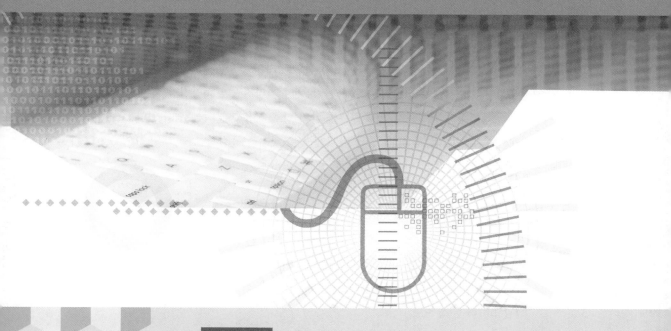

요인분석은 여러 변수들 사이의 상관 관계를 기초로 하여 정보의 손실을 최소화
하면서 변수의 개수보다 적은 수의 요인으로 자료 변동을 설명하는 방법이다.

1. 요인분석의 정의를 이해하고 요인분석을 실시할 수 있다.
2. 요인분석 후 요인 명칭을 부여할 수 있다.
3. 새로 생성된 요인과 종속변수의 관계를 알아보기 위해 회귀분석을 실시할
   수 있다.

14.1 요인분석이란?

1) 요인분석의 의의

요인분석(Factor Analysis)은 여러 변수들 사이의 상관 관계를 기초로 하여 정보의 손실을 최소화하면서 변수의 개수보다 적은 수의 요인(factor)으로 자료 변동을 설명하는 다변량 기법이다. 예를 들어 어떤 회사에서 직무 만족도를 측정하기 위하여 100개의 질문 항목을 사용했을 때, 이를 10개 정도의 요인으로 묶어 직무 만족의 특성을 분석할 수 있을 것이다. 요인분석에서 사용하는 요인은 8장 분산분석의 요인과는 의미가 전혀 다르다. 분산분석의 요인은 단일 변수의 의미가 있지만, 요인분석의 요인은 여러 변수들이 공통적으로 가지고 있는 개념적 특성을 뜻한다.

요인분석이 회귀분석이나 판별분석 등과 같은 다른 다변량 분석방법과 차이가 나는 점은 독립변수와 종속변수가 지정되지 않고 변수들 간의 상호 작용을 분석하는 데 있다. 요인분석에서는 100개의 측정 변수를 묶을 때 상관 관계가 높은 것끼리 동질적인 몇 개의 요인으로 묶기 때문에 다음과 같은 경우에 사용한다.

① 자료의 양을 줄여 정보를 요약하는 경우
② 변수들 내에 존재하는 구조를 발견하려는 경우
③ 요인으로 묶여지지 않는 중요도가 낮은 변수를 제거하려는 경우
④ 동일한 개념을 측정하는 변수들이 동일한 요인으로 묶여지는지를 확인(측정 도구의 타당성검정)하려는 경우
⑤ 요인분석을 통해 얻어진 요인들을 회귀분석이나 판별분석에서 변수로 활용하려는 경우

요인분석을 실시하는 경우에 표본의 수는 적어도 변수 개수의 4~5배가 적당하며, 대체로 50개 이상은 되어야 한다. 그리고 등간척도나 비율척도로 측정된 것이어야 한다. 요인분석을 실시하기 전에 연구자가 가지고 있는 자료가 요인분석에 적합한 것인가를 조사해 보아야 하는데 이것을 검토하는 방법에는 다음과 같은 세 가지 방법이 있다.

첫째, 상관 행렬의 상관계수를 살펴본다. 만일 모든 변수 간의 상관계수가 전체적으로 낮으면 요인분석에 부적합하다고 본다. 그러나 일부 변수들 사이에는 비교적 높은 상관 관계를 보이고, 다른 변수들 사이에서는 낮은 상관 관계를 보인다면, 그 자료는 요인분석에 적합하다고 할

수 있다. 둘째, 모상관행렬이 단위행렬인지를 검정해 보아야 한다. 이를 위해서는 바틀렛(**Bartlett**) 검정이 사용된다. 즉, KMO and Bartlett's test of sphericity를 이용하여 "모상관행렬은 단위행렬이다"라는 귀무가설을 검정할 수 있다. 전체 변수에 대한 표본적합도를 나타내 주는 **KMO(Kaiser-Meyer-Olkin)** 통계량을 이용하여 이 귀무가설이 기각되어야 변수들의 상관 관계가 통계적으로 유의하다고 볼 수 있어 요인분석을 적용할 수 있다. 셋째, 최초 요인 추출 단계에서 얻은 고유치를 스크리차트(scree chart)에 표시하였을 때, 지수함수 분포와 같은 매끄러운 곡선이 나타나면 요인분석에 적합하지 않고, 반대로 한 군데 이상에서 크게 꺾이는 곳이 있어야 요인분석에 적합하다고 볼 수 있다.

2) 요인분석의 절차

요인분석을 실행하는 절차는 다음에서와 같이 여섯 단계로 나누어 설명해 볼 수 있다.

(1) 상관 관계 계산

자료를 입력한 후 요인분석을 실시하려면, 변수 혹은 응답자 간의 상관 관계를 계산해야 한다. 이때, 변수들 간의 상관 관계를 계산하여 몇 개 차원으로 묶어내는 경우를 **R-유형**, 응답자들 간의 상관 관계를 계산하는 경우를 **Q-유형**이라 한다. 일반적으로 사회과학 분야에서는 R-유형이 많이 사용되며, Q-유형을 사용해야 되는 경우에는 대개 이와 유사한 군집분석이 이용된다. Q-유형 요인분석은 군집분석과 유사한 방법으로 상이한 특성을 갖는 평가자들을 몇몇의 동질적인 몇 개의 집단으로 묶어내는 방식이다.

(2) 요인추출모형 결정

요인추출모형에는 **PCA**(Principle Component Analysis), **CFA**(Common Factor Analysis), **ML**(Maximum Likelihood), **GLS**(Generalized Least Square) 등이 있으나 PCA(주성분분석) 방식이나 CFA(공통요인분석) 방식이 널리 이용되고 있다. PCA(주성분분석) 방식과 CFA(공통요인분석) 방식의 차이점은 측정 결과 얻어진 자료에 나타난 분산구성요소 가운데 어떤 분산을 분석의 기초로 이용하는가에 있다. 분산은 다른 변수들과 공통으로 변하는 공분산(Common variable), 변수 자체에 의해서 일어나는 특정분산(Specific Variable), 그리고 기타의 외생변수나 측정 오류에 의하여 발생하는 오류분산

(error Variance)으로 나뉜다. PCA 방식은 정보의 손실을 최소화하면서 보다 적은 수의 요인을 구하고자 할 때에 주로 이용되며, 자료의 총분산을 분석한다. CFA 방식은 변수들 간에 내재하는 차원을 찾아냄으로써 변수들 간의 구조를 파악하고자 할 때 이용된다. 이 방식에서는 자료의 공통분산만을 분석한다. 따라서 총분산에서 공통분산이 차지하는 비율이 크거나, 자료의 특성에 대하여 아는 바가 없으면 CFA 방식을 선택하는 것이 좋다.

(3) 요인수 결정

최초 요인을 추출한 뒤 회전시키지 않은 요인행렬로부터 몇 개의 요인을 추출해야 할 것인가를 결정한다. 요인수를 결정하는 방법에는 연구자가 임의로 요인의 수를 미리 정하는 것 이외에 세 가지 정도로 설명할 수 있다.

① 고유치 기준
고유치(eigen value)는 요인이 설명할 수 있는 변수들의 분산 크기를 나타낸다. 고유치가 1보다 크다는 것은 하나의 요인이 변수 1개 이상의 분산을 설명해 준다는 것을 의미한다. 따라서 고유치 값이 1 이상인 경우를 기준으로 해서 요인수를 결정하게 된다. 고유치가 1보다 적다는 것은 1개의 요인이 변수 1개의 분산도 설명해 줄 수 없다는 것을 의미하므로 요인으로서의 의미가 없다고 볼 수 있다.

② 공통분산의 총분산에 대한 비율
공통분산(communality)은 총분산 중에서 요인이 설명하는 분산 비율을 의미한다. 일반적으로 사회과학 분야에서는 공통분산 값이 적어도 총분산의 60% 정도를 설명해 주고 있는 요인까지를 선정하며, 자연과학 분야에서는 95%까지 포함시키는 경우가 많다. 여기서 60%를 기준으로 요인의 수를 결정한다는 것은 40%의 정보 손실을 감수해야 함을 의미한다.

③ 스크리검정
스크리검정(scree test)은 각 요인의 고유치를 세로축에, 요인의 개수를 가로축에 나타내는 것을 말한다. 고유치를 산포도로 표시한 스크리 차트를 지수함수와 비교하였을 때 적어도 한 지점에서 지수함수 분포의 형태에 크게 벗어나는 지점이 추출하여야 할 요인의 개수가 된다.

(4) 요인부하량 산출

요인부하량(factor loading)은 각 변수와 요인 사이의 상관 관계 정도를 나타내므로, 각 변수는 요인부하량이 가장 높은 요인에 속하게 된다. 사실 요인부하량의 제곱값은 결정계수를 의미하므로, 요인부하량은 요인이 해당 변수를 설명해 주는 정도를 의미한다. 일반적으로 요인부하량의 절대값이 0.4 이상이면 유의한 변수로 간주하고 0.5를 넘으면 아주 중요한 변수라고 할 수 있다. 그러나 표본의 수와 변수의 수가 증가할수록 요인부하량 고려 수준은 낮추어야 할 것이다.

(5) 요인회전 방식 결정

변수들이 여러 요인에 대하여 비슷한 요인부하량을 나타낼 경우, 변수들이 어느 요인에 속하는지를 분류하기가 힘들다. 따라서 변수들의 요인부하량이 어느 한 요인에 높게 나타나도록 하기 위하여 요인축을 회전시킨다. 회전 방식은 크게 직각 회전(orthogonal rotation)과 사각 회전(oblique rotation)으로 나눈다. 다음은 직각 회전의 예를 그림으로 나타낸 것이다. 이 그림에서 보면 회전 후 변수들이 두 집단으로 나뉘는 형태는 회전 전보다 더 명확하다.

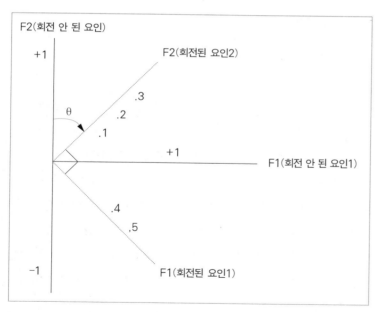

[그림 14-1] 직각 회전

① 직각 회전 방식

회전축이 직각(orthogonal)을 유지하며 회전하므로 요인들 간의 상관계수가 0이 된다. 따라서 요인들의 관계가 서로 독립적이어야 하거나 서로 독립적이라고 간주할 수 있는 경우, 또는 요인점수를 이용하여 회귀분석이나 판별분석을 추가적으로 실시할 때 다중공선성을 피하기 위한 경우 등에 유용하게 사용된다. 그러나 사회과학 분야에서는 서로 다른 두 개의 개념(요인)이 완전히 독립적이지 못한 경우가 대부분이므로 사각 회전 방식이 이용된다. 직각 회전 방식에는 Varimax, Quartimax, Equimax 등이 있는데 Varimax 방식이 가장 많이 이용된다. Varimax 방식은 요인분석의 목적이 각 변수들의 분산구조보다 각 요인의 특성을 알고자 하는 데 있을 때 더 유용하다.

② 사각 회전 방식

대부분의 사회과학 분야에서는 요인들 간에 어느 정도의 상관 관계가 항상 존재하게 마련이다. 사각 회전 방식은 요인을 회전시킬 때 요인들이 서로 직각을 유지하지 않으므로 직각 회전 방식에 비해 높은 요인부하량은 더 높아지고, 낮은 요인부하량은 더 낮아지도록 요인을 회전시키는 방법이다. 비직각 회전 방식에는 **Oblimin**(=oblique), **Covarimin, Quartimin, Biquartimin** 등이 있는데 주로 Oblimin 방식이 많이 이용된다.

(6) 결과 해석

요인행렬에서 우선 각 요인별로 검토하여, 어떤 변수들이 높은 부하량, 혹은 낮은 부하량을 가지고 있는지를 조사한다. 다음에는 변수들을 검토하여 어떤 변수가 한 요인에 대한 부하량은 높고 다른 모든 요인에 대한 부하량은 낮은가를 점검해 본다. 요인이 추출되면 어느 특정 요인에 함께 묶여진 변수들의 공통된 특성을 조사하여 연구자가 주관적으로 요인 이름을 붙인다. 따라서 요인에 대한 해석은 연구자마다 다르게 나타나고, 요인의 추출이 과연 의미가 있는가에 대한 해석도 각자의 판단에 의존하게 된다. 그러나 주의해야 할 점은 추출된 요인이 보편적인 지식과 어느 정도 일치해야 한다는 것이다. 요인이 추출되면 각 사례별로 변수들이 선형 결합되어 이루어진 요인점수를 산정할 수 있다. 그리고 이 요인을 새로운 변수로 취급하여 회귀분석이나 판별분석에서 활용할 수 있다.

14.2 요인분석의 실행

13장 신뢰성 분석의 [표 13-1] 설문 결과를 가지고 요인분석을 실행하여 보기로 하자. [표 13-1]의 자료를 SPSS상에 입력하면 [그림 14-2]와 같은 자료 화면을 볼 수 있다.

	x1	x2	x3	x4	x5	x6	변수	변수	변수
1	6	4	7	6	5	4			
2	5	7	5	6	6	6			
3	5	3	4	5	6	4			
4	3	3	2	3	4	3			
5	4	3	3	3	2	2			
6	2	6	2	4	3	3			
7	1	3	3	3	2	1			
8	3	5	3	4	2	2			
9	7	3	6	5	5	4			
10	6	4	3	4	4	5			
11	6	6	2	6	4	6			
12	3	2	2	4	2	3			
13	5	7	6	5	2	6			
14	6	3	5	5	7	3			
15	3	4	4	3	2	2			
16	2	7	5	5	4	4			
17	3	5	2	7	2	5			
18	6	4	5	5	7	4			

[그림 14-2] 입력 자료 일부 화면　　　　　　[데이터: 앞의 ch13-1.sav와 동일함]

이제 요인분석 초기 화면을 열기 위해서, 다음 순서를 진행하면 된다.

> 분석(A)
> 　　　차원감소 ▶
> 　　　　　　요인분석(F)...

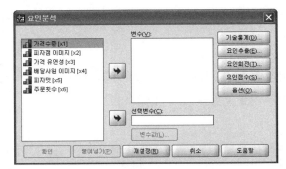

[그림 14-3] 요인분석 초기 화면

이 초기 화면에서 왼쪽의 변수 상자에서 x1부터 x5까지의 5개 변수를 지정하여 오른쪽의 변수(V): 란에 옮겨 놓으면, 다음의 화면을 얻을 수 있다.

[그림 14-4] 대상 변수의 선택

[그림 14-4]에는 기술통계(D)… , 요인추출(E)… , 요인회전(T)… , 요인점수(S)… , 옵션(O)… 등 다섯 개의 선택 단추가 있다. **선택변수**(C): 는 선택변수를 선택하여 이 변수에 대한 특정 값을 갖는 케이스의 부집단으로 분석을 제한하는 데 사용된다. 다음에서는 요인분석에 필요한 것을 위주로 설명할 것이다.

1) 요인분석 기술통계

요인분석에서 기술통계량을 지정하기 위해서는 [그림 14-4]에 있는 기술통계(D)… 단추를 누르면 [그림 14-5]와 같은 화면을 얻을 수 있다.

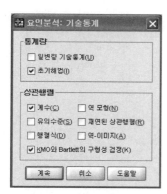

[그림 14-5] 기술통계량

다음은 기술통계 창에 나타난 키워드에 대한 구체적인 설명을 표로 정리한 것이다.

선택 키워드	내용 설명
통계량	기술통계량에 대해 처리할 내용을 지정
☐ 일변량 기술통계(U)	각 변수의 유효 관측값 수, 평균, 표준편차 등을 표시한다.
☑ 초기해법(I)	초기 공통성, 고유값, 설명된 분산의 퍼센트 등을 표시한다.
상관행렬	
☑ 계수(C)	요인분석시 지정된 변수에 대한 상관행렬.
☐ 역 모형(N)	상관계수의 역행렬.
☐ 유의수준(S)	상관행렬에서 계수의 한쪽 유의수준.
☐ 재연된 상관행렬(R)	요인 해법으로부터 추정한 상관행렬. 잔차(추정된 상관계수와 기대된 상관계수 간 차이)도 함께 표시된다.
☐ 행렬식(D)	상관계수행렬의 행렬식.
☐ 역-이미지(A)	역-이미지 상관행렬에는 편상관계수 중 음수가 있고 역-이미지 공분산행렬에는 편 공분산값 중 음수가 있다. 적합한 요인 모형에서는 대부분 비-대각 요소가 작다. 변수에 대한 표본 추출 적합도 측도는 역-이미지 상관행렬의 대각에 표시된다.
☑ KMO와 Bartlett의 구형성 검정(K)	표본 적합도에 대한 Kaiser-Meyer-Olkin 측도는 변수 간 편상관계수가 작은지 여부를 검정한다. Bartlett의 구형성 검정은 해당 상관행렬이 요인 모형의 부적절함을 나타내는 단위행렬에 해당하는지 여부를 검정한다.

[표 14-1] 기술통계 창

[그림 14-5]의 기술통계 화면에서 계속 단추를 누르면 [그림 14-4]의 화면이 다시 나온다.

2) 요인분석 요인추출

[그림 14-4]에서 요인추출(E)··· 단추를 누르면 다음과 같은 화면을 얻을 수 있다.

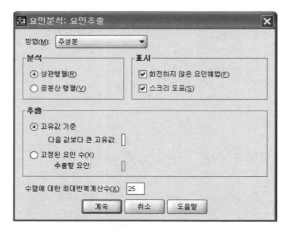

[그림 14-6] 요인분석 요인추출

다음은 요인추출 창에 나타난 키워드에 대한 구체적인 설명을 표로 정리한 것이다.

선택 키워드	내용 설명
방법(M) ▼	요인 추출 방법
주성분	관측된 변수의 상관되지 않은 선형 조합을 형성하는 데 사용되는 요인 추출 방법. 처음 성분이 최대 분산을 가지게 된다. 성분이 연속될수록 점진적으로 더 작아지는 분산을 나타내며 각 성분은 서로 상관되지 않는다. 주성분분석으로 초기 요인 해법을 구할 수 있으며 상관행렬이 단순할 때 사용된다.
가중되지 않은 최소 제곱법	대각선을 무시하는 관측 상관행렬과 재연된 상관행렬 간의 차이 제곱합을 최소화하는 요인 추출 방법.
일반화된 최소 제곱법	관측된 상관행렬과 재연된 상관행렬 간의 차이 제곱합을 최소화하는 요인 추출 방법. 상관계수는 특정 요인분산의 역으로 가중되므로 고유값이 높은 변수는 낮은 변수보다 가중값이 적다.
최대우도	표본이 다변량 정규분포에서 비롯된 경우 관측된 상관행렬을 작성하는 모수 추정값을 생성하는 요인 추출 방법. 상관계수는 변수 고유값의 역으로 가중되고 반복 계산 알고리즘이 적용된다.

주축요인 추출	공통성의 초기 추정값으로서 대각으로 배치된 제곱 다중 상관계수를 사용하여 원래의 상관행렬로부터 요인을 추출하는 방법. 이러한 요인 적재값은 대각으로 위치하는 기존의 공통성 추정값을 대신하는 새 공통성을 추정하는 데 사용된다. 한 반복 계산에서 다음 반복 계산까지 공통성에 대한 변화량이 추출에 대한 수렴 기준을 만족할 때까지 반복 계산은 반복된다.
알파요인 추출	분석할 변수를 잠재 변수의 표본으로 간주하는 요인추출 방법. 이 항목은 요인의 알파 신뢰도를 최대화한다.
이미지요인 추출	Guttman에 의해 개발된 요인추출 방법으로서 이미지 이론에 기초한다. 편이미지라고 하는 변수의 공통 부분은 가설 요인의 함수보다는 남아 있는 변수에서 선형 회귀로 정의된다.
분석	
◉ 상관행렬(R)	상관행렬을 분석한다. 이 항목은 분석시 변수가 다른 척도에 대해 측정되는 경우 유용하다.
○ 공분산행렬(V)	공분산행렬 분석
표시	
☑ 회전하지 않은 요인해법(F)	요인 해법에 대한 회전하지 않은 요인 적재값(요인 패턴 행렬), 공통성, 고유값 등을 표시한다.
☑ 스크리 도표(S)	각 요인과 관련된 분산 도표로 그대로 유지할 요인의 수를 결정하는 데 사용된다. 일반적으로 도표는 큰 요인들의 가파른 기울기와 나머지 요인들의 점진적 꼬리 부분 (스크리) 간의 뚜렷한 구분을 보여 준다.
추출	
◉ 고유값 기준: 1	디폴트로, 고유값이 1보다 크거나 (상관행렬 분석시) 평균 항 분산(공분산행렬 분석시)보다 큰 요인이 추출된다. 요인 추출용 분리점으로 다른 고유값을 사용하려면 분석시 0에서 전체 변수의 수까지의 수를 하나 입력한다.
○ 고정된 요인 수(X)	사용자 지정 요인 수를 고유값에 관계없이 추출한다. 양수를 입력한다.
수렴에 대한 최대반복 계수(X): 25	초기 지정값으로 요인 추출에 대해 25회의 최대반복 계산을 수행한다. 최대값을 다르게 지정하려면 양의 정수를 입력한다.

[표 14-2] 요인추출 창

[그림 14-6]의 요인추출 화면에서 계속 단추를 누르면 [그림 14-4]의 화면이 다시 나온다.

3) 요인분석 요인회전

[그림 14-4]에서 요인회전(T)… 단추를 누르면 다음과 같은 화면을 얻을 수 있다.

[그림 14-7] 요인회전

[그림 14-7]에 나타난 선택 키워드를 설명하면 다음 표와 같다.

선택 키워드	내용 설명
방법	요인 추출방법
○ 지정않음(N)	요인이 회전되지 않음(초기 지정값).
◉ 베리멕스(V)	각 요인의 적재값이 높은 변수의 수를 최소화하는 직교 회전 방법. 이 방법은 요인 해석을 단순화한다.
○ 직접 오블리민(O)	사각(oblique, 직교가 아닌) 회전 방법. 델타가 0일 때(디폴트 값) 해법은 가장 기울어지는 형태를 나타낸다. 델타의 음수성이 강해질수록 요인은 덜 기울어진다. 디폴트 델타 값 0을 바꾸려면 0.8 이하의 수를 입력한다.
○ 쿼티멕스(Q)	각 변수를 설명하는 데 필요한 요인 수를 최소화하는 회전 방법. 관측된 변수의 해석을 단순화한다.
○ 이쿼멕스(E)	요인을 단순화한 베리멕스 방법과 변수를 단순화한 쿼티멕스 방법을 조합한 회전 방법. 요인에 읽어 들인 변수의 수와 변수 설명에 사용할 요인 수는 최소화된다.
○ 프로멕스(P)	요인이 상관되도록 하는 오블리크 회전. 이 회전은 직접 오블리민 회전보다 좀더 빨리 계산될 수 있으므로 큰 데이터 집합에 유용하다.
표시	
☑ 회전 해법(R)	회전 방법을 선택하여 회전 해법을 구할 수 있다. 직교 회전에 대해 회전 패턴 행렬과 요인 변환 행렬이 표시된다. 오블리크 회전에 대해서는 패턴, 구조, 요인 상관행렬이 표시
☑ 적재값 도표(L)	처음 세 요인의 도표를 3차원 요인 적재값 도표. 두 요인 해법의 경우 2차원 도표가 표시된다. 요인이 하나만 추출되면 도표가 표시되지 않는다. 회전을 요청하면 도표에서 회전된 해법을 볼 수 있다.
수렴에 대한 최대반복계수(X): 25	초기 지정값으로 요인 회전에 대해 최대 25번의 반복 계산이 수행된다. 다른 최대 횟수를 지정하려면 양의 정수를 입력한다.

[표 14-3] 요인회전

[그림 14-7]의 요인회전 화면에서 계속 단추를 누르면 [그림 14-4]의 화면이 다시 나온다.

4) 요인분석 요인점수

앞의 [그림 14-4]에서 요인점수(S)… 단추를 누르면 다음과 같은 화면을 얻을 수 있다.

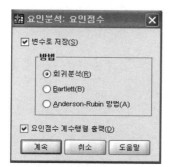

[그림 14-8] 요인분석: 요인점수 창

요인점수 창은 요인점수에 대한 관련 항목을 지정하는 창을 말한다. [그림 14-8]에 나타난 요인점수 창을 설명하면 다음 표와 같다.

선택 키워드	내용 설명
☑ 변수로 저장(S)	요인점수를 변수로 저장한다. 해법에서 각 요인에 대한 변수가 하나씩 작성된다. 출력 결과의 표에는 새 변수명과 요인 점수를 계산할 때 사용되는 방법을 나타내는 변수 설명이 나타난다.
방법	
● 회귀분석(R)	요인점수 계수를 추정하는 방법. 생성된 점수는 평균 0을 가지며 추정된 요인점수와 요인 값 간의 제곱 다중 상관계수와 동일한 분산을 가진다. 점수는 요인이 직교될 경우에도 상관될 수 있다.
○ Bartlett(B)	요인 점수 계수의 추정 방법. 작성된 점수의 평균은 0이고 변수 범위에서 고유한 요인의 제곱합이 최소화된다.
○ Anderson–Rubin방법(A)	요인 점수 계수를 추정하는 방법. 추정된 요인의 직교성을 확인하는 Bartlett 방법을 수정한 것이다. 생성된 점수들은 평균 0이며 표준편차는 1로 서로 상관되지 않는다.
☑ 요인점수 계수행렬 출력(D)	요인 점수 계수 행렬을 표시한다. 요인 점수 공분산행렬도 표시된다.

[표 14-4] 요인점수 창

[그림 14-8]의 요인점수 화면에서 계속 단추를 누르면 [그림 14-4]의 화면이 다시 나온다.

5) 요인분석 옵션

앞의 [그림 14-4]에서 옵션(O)… 단추를 누르면 다음과 같은 화면을 얻을 수 있다.

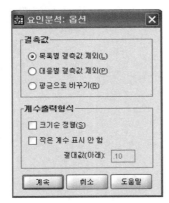

[그림 14-9] 요인분석 옵션 창

옵션 창은 무응답치와 결과에 대한 지정 방법을 나타내는 창을 의미한다. 이 창에 대한 구체적인 설명은 다음 표와 같다.

선택 키워드	내용 설명
결측값	무응답치와 결과에 대한 지정 방법
● 목록별 결측값 제외(L)	분석시 사용되는 변수에 대한 결측값이 있는 케이스를 제외시킨다.
○ 대응별 결측값 제외(P)	특정 통계량 계산시 대응 변수 중 하나나 둘 모두에 대해 결측값이 있는 케이스를 분석에서 제외시킨다.
○ 평균으로 바꾸기(R)	결측값을 변수 평균으로 대체한다.
계수출력형식	
크기순서 정렬(S)	요인 적재값 행렬과 구조 행렬을 정렬하여 동일한 요인에 대해 높은 적재값을 가지는 변수가 함께 나타나게 한다.
작은 계수 표시 안 함	절대값이 지정한 값보다 작은 계수는 출력되지 않는다. 디폴트 값은 0.10이다. 디폴트 값을 바꾸려면 0과 1 사이의 수를 입력한다.

[표 14-5] 요인분석 옵션 창

[그림 14-9]의 요인분석 옵션 창 화면에서 계속 단추를 누르면 [그림 14-4]의 화면이 다시 나온다. 여기서 확인 을 선택하면 요인분석 결과물을 얻을 수 있다.

14.3 요인분석 결과

결과14-1 상관행렬

상관행렬						
		가격수준	피자점 이미지	가격 유연성	배달사원 이미지	피자맛
상관계수	가격수준	1.000	.027	.629	.248	.683
	피자점 이미지	.027	1.000	.220	.355	.009
	가격 유연성	.629	.220	1.000	.183	.509
	배달사원 이미지	.248	.355	.183	1.000	.272
	피자맛	.683	.009	.509	.272	1.000

[결과 14-1]의 설명

[결과 14-1]에서 보면 x1(가격수준) 변수와 x5(피자의 맛) 변수의 상관 관계(0.683)와 x1(가격수준)과 x3(가격의 유연성) 변수의 상관 관계(0.629)가 비교적 높은 것으로 나타나 있다. 그러나 다른 변수들 간에는 상관 관계가 비교적 낮은 편이다.

결과14-2 KMO와 Bartlett의 검정

KMO와 Bartlett의 검정		
표준형성 적절성의 Kaiser-Meyer-Olkin 측도.		.650
Bartlett의 구형성 검정	근사 카이제곱	31.440
	자유도	10
	유의확률	.000

[결과 14-2]의 설명

KMO(Kaiser-Meyer-Olkin)과 Bartlett검정은 수집된 자료가 요인분석에 적합한지 여부를 판단하는 것이다. KMO값은 표본적합도를 나타내는 값으로 0.5 이상이면 표본자료는 요인분석에 적합함을 판단할 수 있다.

마찬가지로 Bartlett의 구형성 검정은 변수 간의 상관행렬이 단위행렬인지 여부를 판단하는 검정방법이다. 여기서 단위행렬(Identity Matrix)은 대각선이 1이고 나머지는 모두 0인 행렬을 말한다. 여기서 유의확률이 0.000이므로 변수 간 행렬이 단위행렬이라는 귀무가설은 기각되어 차후에 계속 진행할 수 있음을 알 수 있다.

▶결과14-3 공통성의 추출

공통성

	초기	추출
가격수준	1.000	.825
피자점 이미지	1.000	.771
가격 유연성	1.000	.652
배달사원 이미지	1.000	.615
피자맛	1.000	.746

추출 방법: 주성분 분석.

[결과 14-3]의 설명

공통성(Communality)은 변수의 포함된 요인들에 의해서 설명되는 비율이라고 할 수 있다. 각 변수의 초기값과 주성분분석법에 의한 각 변수에 대한 추출된 요인에 의해 설명되는 비율이 나타나 있다. 더 자세한 설명은 [결과 14-6]을 참조하기 바란다.

▶결과14-4 변수들의 공분산 및 요인별 고유값

설명된 총분산

성분	초기 고유값			추출 제곱합 적재값			회전 제곱합 적재값		
	합계	% 분산	% 누적	합계	% 분산	% 누적	합계	% 분산	% 누적
1	2.384	47.678	47.678	2.384	47.678	47.678	2.235	44.700	44.700
2	1.226	24.517	72.194	1.226	24.517	72.194	1.375	27.494	72.194
3	.714	14.286	86.480						
4	.395	7.898	94.379						
5	.281	5.621	100.000						

추출 방법: 주성분 분석.

[결과 14-4]의 설명

요인분석의 목적은 변수의 수를 줄이는 데 있으므로 위에 나타난 요인(성분) 5개로 모두 사용하는 것은 합리적이지 못하다. 고유값은 몇 개의 요인이 설명하는 정도를 나타내는 것으로 모든 요인(성분)의 고유값 합계는 요인분석에 사용된 변수의 수와 같다. 여기서는 5이다.

예를 들어, 1요인(성분)의 설명력(분산비)은 $\dfrac{\text{적재값}}{\text{문항수}} = \dfrac{(2.384)}{(5)} = 0.4678$, 약 47%이다. 또한 2요인(성분)의 설명력(분산비)은 $\dfrac{(1.226)}{(5)} = 0.24517$, 약 25%이다. 여기서 요인의 고유값은 요인에 속한 각 변수들의 적재값을 제곱하여 더한 것과 같다. 예를 들어 1요인의 고유값은 $(-0.864)^2 + (0.277)^2 + (0.803)^2 + (0.493)^2 + (0.820)^2 = 2.384$이다.

→ 결과14-5 고유값 스크리 도표

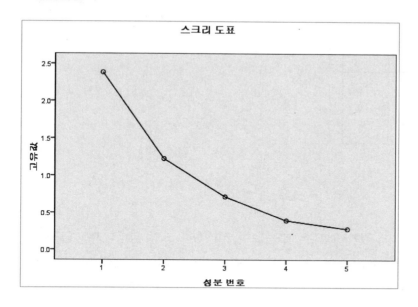

스크리 도표

[결과 14-5]의 설명

고유값의 변화를 보여 주고 있는 스크리 차트(scree chart)이다. 가로축은 요인수, 세로축은 고유값을 나타내고 있다. 그런데 요인(성분) 3부터는 고유값이 크게 작아지고 있다. 이와 같이 고유값이 작아지는 점에서 요인(성분)의 개수를 결정할 수도 있다. 따라서 이 방식에 의해서도 요인(성분)의 개수는 2개가 적당하다 하겠다. 또한 고유값이 크게 꺾이는 형태를 보이고 있으므로 이 자료를 이용하여 요인분석을 실시해도 무방함을 알 수 있다.

▶결과14-6 회전 전의 성분행렬

성분행렬[a]

	성분	
	1	2
가격수준	.864	-.281
피자점 이미지	.277	.834
가격 유연성	.803	-.083
배달사원 이미지	.493	.610
피자맛	.820	-.271

요인추출 방법: 주성분 분석.
a. 추출된 2 성분

[결과 14-6]의 설명

이 성분행렬은 회전시키기 전의 요인 부하량을 보여 주고 있다. 요인(성분) 1, 2에 대하여 3변수 x1(가격수준), x3(가격의 유연성), x5(피자의 맛)의 부하량, x2(피자점의 이미지)와 x4(배달 사원의 이미지)의 부하량은 각각 하나의 공통적인 특성을 가지고 있는 것으로 보인다. 예컨대 가격수준(x1)의 공통성(Communality)은 요인과 변수와의 상관 관계의 제곱합에 의해서 구할 수 있다. 즉, 요인 1에 대한 적재량의 제곱과 가격수준(x1)의 요인 2에 대한 적재량 제곱인 $(0.864)^2 + (-.281)^2 = 0.825$이다.

▶결과14-7 회전된 성분행렬

회전된 성분행렬[a]

	성분	
	1	2
가격 수준	.907	.048
피자점 이미지	-.041	.877
가격 유연성	.780	.210
배달사원 이미지	.242	.746
피자맛	.863	.042

요인추출 방법: 주성분 분석.
회전 방법: Kaiser 정규화가 있는
베리멕스.
a. 3 반복계산에서 요인회전이
수렴되었습니다.

[결과 14-7]의 설명

요인의 **회전**(rotation)을 하는 이유는 변수의 설명축인 요인들을 회전시킴으로써 요인의 해석을 돕는 것이다. 여러 가지 요인 회전 방법이 있으나 여기서는 가장 많이 사용하는 베리멕스 직각 회전 방법을 사용하였다. 일반적으로 직각 회전 방법은 성분점수를 이용하여 회귀분석이나 판별분석 등을 수행할 경우, 요인(성분) 간에 독립성이 있는 것이 요인들의 공선성에 의한 문제점을 발생시키지 않기 때문이다. 이 결과를 가지고 연구자는 변수의 공통점을 발견하여 각 요인(성분)의 이름을 정하게 된다. 여기서는 제1요인(성분)을 피자 제품 요인, 제2요인(성분)을 기업 이미지 요인이라고 부를 수 있다. x1(가격수준), x3(가격의 유연성), x5(피자의 맛)는 제1요인 성분인 피자제품요인, x2(피자점의 이미지)와 x4(배달사원의 이미지)는 제2요인(성분)인 기업 이미지요인이라고 말할 수 있다.

결과14-8 성분변환행렬

성분 변환행렬

성분	1	2
1	.934	.359
2	-.359	.934

요인추출 방법: 주성분 분석.
회전 방법: Kaiser 정규화가 있는 베리멕스.

[결과 14-8]의 설명
성분 변환행렬의 요인이 회전된 경우, 변환 행렬값이 나타나 있다.

➡ **결과14-9** 회전공간의 성분도표

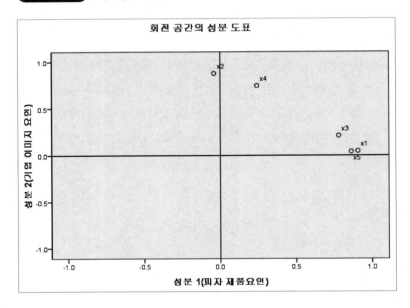

[결과 14-9]의 설명

요인(성분)이 2개로 구성되어 각 5개의 변수들이 공간에 위상을 차지하고 있다. 여기서 x1(가격 수준), x3(가격의 유연성), x5(피자의 맛)는 요인 1인 피자 제품 요인과 x2(피자점의 이미지), x4(배달 사원의 이미지)의 요인 2인 기업 이미지 요인은 서로 다른 위상에 위치하는 것을 볼 수 있다.

➡ **결과14-10** 성분점수 계수행렬과 성분점수 공분산행렬

성분점수 계수행렬

	성분	
	1	2
가격수준	.420	-.084
피자점 이미지	-.135	.676
가격 유연성	.339	.057
배달사원 이미지	.015	.539
피자맛	.400	-.083

요인추출 방법: 주성분 분석.
회전 방법: Kaiser 정규화가 있는 베리멕스.
요인 점수.

성분점수 공분산행렬

성분	1	2
1	1.000	.000
2	.000	1.000

요인추출 방법: 주성분 분석.
회전 방법: Kaiser 정규화가 있는 베리멕스.
요인 점수.

[결과 14-10]의 설명

요인점수(Factor scores)는 각 표본 대상자의 변수별 응답을 요인들의 선형결합으로 표현한 값이

다. 각 개체들의 요인점수는 다음과 같다.

$$F_{jk} = \sum_{i=1}^{P} W_{ji} Z_{ik}$$

여기에서, P는 변수의 개수, Z_{ik}는 표준화된 변수, W_{ji}는 각 변수에 주어지는 가중치, F_{jk}는 개별 표본 대상자의 요인점수이다. 요인점수는 표본 대상자가 각 변수에 대해 응답한 결과를 요인별 가중치를 이용하여 요인 공간상의 점수로 변환시켜 연구자가 각 표본의 요인 공간상의 위치를 파악할 수 있게 해준다. 요인점수를 계산해 보면 다음과 같다.

요인(성분)1의점수 $= (0.420)X_1 + (-0.135)X_2 + (0.339)X_3 + (0.015)X_4 + (0.400)X_5$
요인(성분)2의점수 $= (-0.084)X_1 + (0.676)X_2 + (0.057)X_3 + (0.539)X_4 + (-0.083)X_5$

여기서 각 변수들의 관찰치를 대입하면, 대상자별로 요인점수를 구할 수 있다. 성분점수 공분산행렬이 대각선은 1이고 나머지는 0인 것은 배리맥스 방법에 의한 회전 방법을 선택하여 직각 회전의 결과이기 때문에 두 요인 간의 관련성이 0인 단위행렬이기 때문이다. 이른바 두 요인은 독립적인 관련성을 갖는다고 해석을 해야 한다.

14.4 요인분석을 이용한 회귀분석

연구자가 13장의 표 13-1에서 다섯 개의 변수들(x1~x5)이 월 평균 주문횟수(x6)에 영향을 미치는지 여부를 알고 싶다면, 직접 그 변수들을 이용하여 회귀분석을 실시할 수 있다. 그러나 많은 변수들을 몇 개의 요인으로 묶어서(이 경우에는 두 개의 요인이 됨) 회귀분석을 실시하면 한 차원 더 높은 분석 방법을 체득하는 셈이다.

요인분석이 끝나면, 데이터 편집기 창에 다음 그림과 같이 두 개의 새로운 요인 '변수'가 추가된다. [그림 14-10]의 데이터 편집기 창은 새로이 생성된 요인(성분)을 보여 주고 있다.

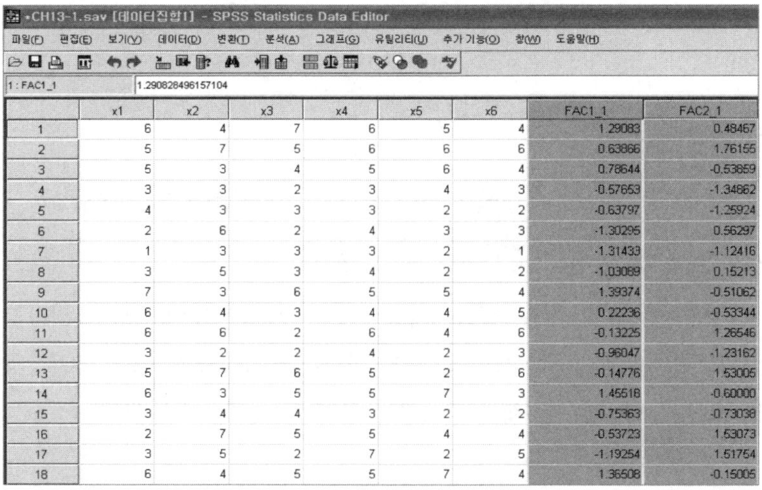

	x1	x2	x3	x4	x5	x6	FAC1_1	FAC2_1
1	6	4	7	6	5	4	1.29083	0.48467
2	5	7	5	6	6	6	0.63866	1.76155
3	5	3	4	5	6	4	0.78644	-0.53859
4	3	3	2	3	4	3	-0.57653	-1.34862
5	4	3	3	3	2	2	-0.63797	-1.25924
6	2	6	2	4	3	3	-1.30295	0.56297
7	1	3	3	3	2	1	-1.31433	-1.12416
8	3	5	3	4	2	2	-1.03089	0.15213
9	7	3	6	5	5	4	1.39374	-0.51062
10	6	4	3	4	4	5	0.22236	-0.53344
11	6	6	2	6	4	6	-0.13225	1.26546
12	3	2	2	4	2	3	-0.96047	-1.23162
13	5	7	6	5	2	6	-0.14776	1.53005
14	6	3	5	5	7	3	1.45518	-0.60000
15	3	4	4	3	2	2	-0.75363	-0.73038
16	2	7	5	5	4	4	-0.53723	1.53073
17	3	5	2	7	2	5	-1.19254	1.51754
18	6	4	5	5	7	4	1.36508	-0.15005

[그림 14-10] 새로이 생성된 변수 [데이터: 앞의 ch13-1.sav 요인분석 후의 결과 저장된 화면임.]

여기서는 요인 1은 fac1-1, 요인 2는 fac2-1로 생성된 것을 볼 수 있다. 그러나 회귀분석을 실시하기 전에 각 요인에 대하여 신뢰성 검정을 실시하는 것이 합당한 분석 절차이다. 우리는 신뢰성 검정 결과 후(이 절차는 각자 확인하기 바란다), 요인 1인 제품 요인은 x1(가격수준), x3(가격의 유연성), x5(피자의 맛)로, 요인 2인 이미지 요인은 x2(피자점의 이미지)와 x4(배달 사원의 이미지)로 구성된다.

이제 두 요인이 월 평균 피자 주문횟수(x6)에 미치는 영향력을 조사하기 위하여 회귀분석을 실시하여 보자. 다음 같은 순서로 진행을 하면 회귀분석을 하기 위한 회귀분석 창이 나온다.

분석(A)

회귀분석(R)▶

선형(L)...

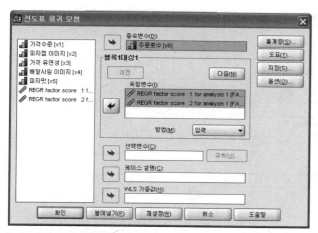

[그림 14-11] 요인분석을 이용한 회귀분석

[그림 14-11]은 종속변수를 나타내기 위해 **종속변수(D):** 란에 x6(월 평균 피자 주문횟수)를 지정하고, 독립변수를 지정하기 위해 **독립변수(I):** 란에 왼쪽변수에서 제1요인(성분)인 fac1-1과, 제2요인(성분)인 fac2-1을 클릭한다. 여기서 확인 단추를 누르면 다음의 [결과 14-11]을 얻을 수 있다.

결과 14-11 두 요인(성분)이 월 평균 고려피자 이용에 미치는 영향

모형 요약

모형	R	R 제곱	수정된 R 제곱	표준 오차 추정값의 표준오차
1	.813ª	.660	.629	.874

a. 예측값: (상수), REGR factor score 2 for analysis 1, REGR factor score 1 for analysis 1

분산분석b

모형		제곱합	자유도	평균 제곱	F	유의확률
1	회귀 모형	32.644	2	16.322	21.378	.000ª
	잔차	16.796	22	.763		
	합계	49.440	24			

a. 예측값: (상수), REGR factor score 2 for analysis 1, REGR factor score 1 for analysis 1

b. 종속변수: 주문횟수

계수ª

모형		비표준화 계수		표준화 계수		
		B	표준 오차 오류	베타	t	유의확률
1	(상수)	3.680	.175		21.058	.000
	REGR factor score 1 for analysis 1	.439	.178	.306	2.463	.022
	REGR factor score 2 for analysis 1	1.080	.178	.753	6.057	.000

a. 종속변수: 주문횟수

[결과 14-11]의 설명

이 결과의 회귀식은 다음과 같다.

$$\hat{Y} = 3.680 + 0.439f1 + 1.080f2$$

여기서 $\hat{Y}$ = (월 평균 피자주문 횟수) = X6

f1 = 요인 1(제품 요인)

f2 = 요인 2(이미지 요인)

이 회귀식은 통계적으로 유의하며(유의확률 Sig F=0.000<0.05), R^2=0.66으로서 총변동의 66%를 설명하고 있다. 1요인(제품 요인)은 통계적으로 유의하며(유의확률 Sig F=0.022<0.05), 2요인(이미지 요인)도 통계적으로 유의한 것으로 밝혀졌다(유의확률 Sig F=0.000<0.05). 이에 대한 결과를 시각적인 그림으로 재구성하면 다음과 같다.

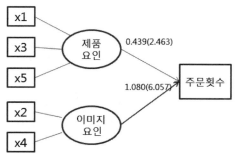

[그림 14-12] 회귀분석 결과

* ( )=t값을 나타냄

결론적으로, 고려피자는 제품 자체와 기업 이미지를 모두 중요시해야 한다. 그리고 이미지 요인의 회귀계수가 제품 요인보다 더 크므로, 기업의 이미지 향상에 더 주의를 기울여야 한다. 그런데 요인의 타당성과 신뢰성(13장 참조)이 확보된 경우에, 다음과 같이 단일차원의 요인으로 변환시킬 수도 있다(2장의 변수 만들기 참조).

$$f_1 = \frac{1}{3}(X_1 + X_3 + X_5)$$

$$f_2 = \frac{1}{3}(X_2 + X_4)$$

이것을 가지고 X6에 대하여 회귀분석을 하면 다음과 같은 결과를 얻는다.

$$\hat{Y} = -1.553 + 0.207f_1 + 0.983f_2 \ (R^2 = 0.68)$$

(-1949*) (1.743) (6.102)

*(주) 괄호 안의 값은 t값을 나타냄.

위 식에서 f1(제품 요인)은 유의하지 않으나, f2(이미지 요인)는 유의한 것으로 나타났다. 앞의 결과와 차이가 나는 것은 표본수가 적어서 이러한 결과가 도출된 것으로 추측된다.

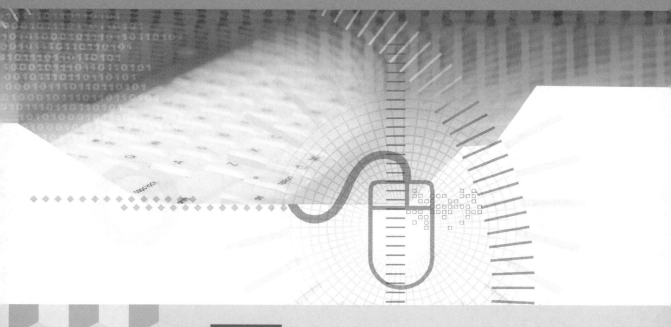

학습 목표

1. 각 관찰 대상들이 어느 집단에 속하는지를 알 수 있는 판별식을 구할 수 있다.
2. 표본집단에 대한 판별식을 통해서 집단별 분류를 할 수 있다.
3. 판별식에 의거하여 새로운 개체(유보 집단)를 분류할 수 있다.

15.1 판별분석이란?

1) 판별분석의 의의

판별분석(Discriminant Analysis)은 기존의 자료를 이용하여 관찰 개체들을 몇 개의 집단으로 분류하고자 하는 경우에 사용된다. 이 분석은 등간척도나 비율척도로 이루어진 독립변수를 이용하여 여러 개의 집단으로 분류하는 방법이다. 예를 들어 한 고객이 신용카드 발급을 은행에 신청한 경우 신용카드를 발급할 것인가 혹은 거절할 것인가를 결정한다든지, 혹은 생물학자가 새의 몸 크기, 색깔, 날개 크기, 다리 길이 등을 측정하여 암수를 구별하고자 할 때에 판별분석이 이용된다.

판별분석의 목적은 각 관찰 대상들이 어느 집단에 속하는지를 알 수 있는 판별식을 구하고, 그리고 이 판별식을 이용하여 새로운 대상을 어느 집단으로 분류할 것인가를 예측하는 데 있다. 즉, 두 개 이상의 집단을 구분하는 데 있어 분류 오류를 최소화할 수 있는 선형결합을 도출하는 것이 주요 목적이다. 이 선형결합을 선형판별식 또는 선형판별함수(Linear Discriminant Function)라고 하는데, 아래의 식과 같이 p개의 독립변수에 일정한 가중치를 부여한 선형결합 형태를 갖고 있다.

$$D = W_1 X_1 + W_2 X_2 + ... + W_P X_P$$

여기서 D는 판별점수(Discriminant Score), W_i는 i번째의 독립변수의 판별가중치, X_i는 i번째의 독립변수를 나타낸다.

이와 같이 판별분석에서는 독립변수를 선형결합의 형태로 판별식을 구하고, 이로부터 판별대상의 판별점수를 구한다. 그리고 이 판별점수를 기준으로 하여 집단 분류를 한다. 그런데 판별함수의 목적이 종속변수를 정확하게 분류할 수 있는 예측력을 높이는 데 있다면, 일단 판별함수로부터 판별력이 유의한 독립변수들을 선택한 다음 판별함수로부터 계산된 판별점수나 분류함수로부터 계산된 분류점수를 이용할 수 있다. 변수가 2개일 때 관찰 개체를 판별하는 것을 그림으로 나타내면 다음과 같다.

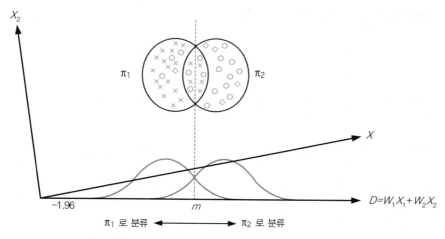

[그림 15-1] 판별분석의 기하학적 예시

위 그림에서 ×표는 집단 1의 구성원에 대한 측정치이며 ○표는 집단 2의 구성원에 대한 측정치이다. ×표와 ○표를 둘러싸고 있는 두 타원은 각 집단에서 90% 정도를 포함한다고 할 수 있다. 위 산포도는 각 관찰치들의 위치를 알려주며 두 개의 타원은 두 집단을 분류하는 이변량 집합군을 나타낸다.

판별분석에서 필요한 기본 가정은 독립변수들의 결합분포는 다변량 정규분포이며, 각 변수들 간의 공분산행렬은 같다는 것이다. 그리고 판별분석의 절차는 다음과 같으며, 각 단계는 예제를 통하여 설명하기로 한다.

① 변수의 선정
② 표본의 선정
③ 판별식의 수 결정
④ 상관 관계 및 기술통계량의 계산
⑤ 판별함수의 도출
⑥ 판별함수의 타당성 검정
⑦ 검증된 판별함수의 해석
⑧ 판별함수를 이용한 예측

15.2 판별분석의 실행

[상황 설정]

경희콘도의 마케팅부에 근무하는 김 대리는 지난 2년간 여름철 휴가 기간 동안 경희콘도를 이용하는 고객의 특성을 파악하고, 어떠한 특성을 가진 고객들이 경희콘도를 이용하는지 파악하기 위해 30명에 대하여 조사를 실시하였다.

변수명	내용	코딩
id	고객 번호	
x1	방문 여부	1=방문, 2=방문안함
x2	월 평균 소득	만 원
x3	여행 성향	1-10(1: 매우 싫어함, 10: 매우 좋아함)
x4	가족 여행에 대한 중요성	1-10(1: 전혀 중요치 않음, 10: 매우 중요)
x5	가족 구성원 수	( )명
x6	가장의 연령	( )세

Id	x1	x2	x3	x4	x5	x6
1	1	330	5	8	3	43
2	1	400	6	7	4	61
3	1	340	6	5	6	52
4	1	350	7	5	5	36
5	1	320	6	6	4	55
6	1	300	8	7	5	68
7	1	310	5	3	3	62
8	1	330	2	4	6	51
9	1	320	7	5	4	57
10	1	200	7	6	5	45
11	1	310	6	7	5	44
12	1	300	5	8	4	64
13	1	320	1	8	6	54
14	1	350	4	2	3	56
15	1	400	5	6	2	58
16	2	170	5	4	3	58
17	2	200	4	3	2	55
18	2	240	2	5	2	57
19	2	290	5	2	4	37
20	2	300	6	6	3	42
21	2	250	6	6	2	45
22	2	300	1	2	2	57
23	2	260	3	5	3	51
24	2	290	6	4	5	64
25	2	220	2	7	4	54
26	2	240	5	1	3	56
27	2	250	8	3	2	36
28	2	230	6	8	2	50
29	2	235	3	2	3	48
30	2	240	3	3	2	42

[표 15-1] 콘도 방문 정보

[그림 15-2]는 [표 15-1]의 자료를 SPSS 데이터 편집기 창의 변수 보기와 데이터 보기를 이용하여 입력하면 된다. 다음은 데이터를 입력한 일부 화면이다.

[그림 15-2] 자료의 입력 화면   [데이터: ch15.sav]

The data table shows:

	id	x1	x2	x3	x4	x5	x6	변수	변수
1	1	1	330	5	8	3	43		
2	2	1	400	6	7	4	61		
3	3	1	340	6	5	6	52		
4	4	1	350	7	5	5	36		
5	5	1	320	6	6	4	55		
6	6	1	300	8	7	5	68		
7	7	1	310	5	3	3	62		
8	8	1	330	2	4	6	51		
9	9	1	320	7	5	4	57		
10	10	1	200	7	6	5	45		
11	11	1	310	6	7	5	44		
12	12	1	300	5	8	4	64		
13	13	1	320	1	8	6	54		
14	14	1	350	4	2	3	56		
15	15	1	400	5	6	2	58		
16	16	2	170	5	4	3	58		
17	17	2	200	4	3	2	55		
18	18	2	240	2	5	2	57		

1) 판별분석 창 열기

판별분석의 창을 열기 위해서는 다음의 순서에 따라 진행하면,

> 분석(A)
>> 분류분석(Y) ▶
>>> 판별분석(D)...

초기 화면을 얻을 수 있다.

[그림 15-3] 판별분석의 초기 화면

위 그림에서 왼쪽 상자에서 'x1(방문여부)'를 지정하여 판별대상 변수를 나타내는 **집단변수 (G):** 란에 위치시킨다. 밝게 반전된 범위지정(D)… 단추를 눌러, [그림 15-4]와 같이 입력하면 된다. 독립변수(예측변수라고도 함)에 해당하는 변수들인 x2(월 평균 소득), x3(여행 성향), x4(가족 여행에 대한 중요성), x5(가족 구성원 수), x6(가장의 연령) 등을 지정한 후 ➡ 단추를 눌러 **독립변 수(I):** 란에 지정한다.

[그림 15-4] 대상 변수의 지정

2) 집단화 변수 범위 정의

위의 그림과 같이 독립변수가 지정되고 나서는, 집단화 변수의 범위를 정하여야 한다. 앞에서 언급한 것처럼, 범위지정(D)… 단추를 누르고 집단을 나타내는 숫자를 입력하면 된다.

[그림 15-5] 집단화 변수 범위 정의 1

[그림 15-5]에서 집단화 변수 범위지정을 입력하기 위해, 범위지정(D)… 단추를 누르면, 판별분석: 범위지정 창이 열린다. 이 창에서 **최소값:** 란에는 콘도 방문 여부를 나타내는 방문한 경우 변수값 1을, **최대값:** 란에는 방문하지 않은 경우 나타내는 2를 입력한다. 여기서 계속

단추를 누르면, [그림 15-6]을 얻는다.

[그림 15-6] 집단화 변수 범위 정의 2

그리고 독립변수를 투입하는 방법은 [그림 15-6]에서 볼 수 있는 것과 같이 두 가지가 있다. 초기 지정값으로 지정되어 있는 ⦿ **독립변수 모두 진입**(E)은 선택된 독립변수를 한꺼번에 투입하는 방식이다. ○ **단계선택법 사용**(U)은 독립변수를 한꺼번에 투입하는 것이 아닌 선택된 독립변수의 수만큼 단계적으로 투입하는 방식이다. 이번 예제인 고객 특성파악 판별분석은 ⦿ **단계선택법 사용**(U)을 적용할 것이다([그림 15-6] 확인).

3) 판별분석의 선택 단추

위의 [그림 15-6]에는 판별분석에 필요한 [통계량(S)], [방법(M)…], [분류(C)…], [저장(A)…] 등네 개의 단추가 있다. 여기서 유의할 사항은 만일 ⦿ **독립변수 모두 진입**(E) 방식을 선택한다면, [방법(M)…] 단추는 반전되지 않는다는 사실이다. 즉, ⦿ **단계선택법 사용**(U)을 선택하였을 때만 반전된다.

(1) 특정변수의 선택

[그림 15-6]에서 해당변수의 특정집단을 분석과정에서 제한하기 위해서 **선택변수**(C) 란으로 변수를 지정할 수 있다. 이 옵션을 선택한 다음 선택 변수를 고르고 케이스 선택 변수에 대한 설정값을 입력한다. 여기서 택한 변수(T): 란에 특정변수를 지정하고, [값(V)…] 단추를 눌러 특정값을 입력하면 된다. 이번 예에서는 모든 사례를 판별분석 대상으로 하였으므로 선택변수(C) 란

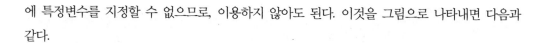

에 특정변수를 지정할 수 없으므로, 이용하지 않아도 된다. 이것을 그림으로 나타내면 다음과 같다.

[그림 15-7] 특정변수의 값 선택

(2) 통계량 구하기

앞의 [그림 15-6]에서 <u>통계량(S)</u> 단추를 누르면, [그림 15-8]의 판별분석 통계량 창이 나온다.

[그림 15-8] 판별분석 통계량 창

여기에서 기술통계, 함수의 계수, 행렬에 해당하는 통계량 모두를 선택한 것을 보여 주고 있다. 다음 표는 이에 대한 설명이다.

키워드	설명 내용
기술통계	기술통계량
☑ 평균(M)	전체 평균과 집단 평균을 표시하고 독립변수에 대한 표준편차 표시
☑ 일변량분산분석(A)	집단별 독립변수에 대한 평균의 동일성 검정
☑ Box의 M(B)	집단별 공분산 분산의 동일성 검정
함수의 계수	피셔의 1차 판별함수계수
☑ Fisher의 방법(F)	비표준화 분류계수를 이용한 판별점수 계산 후 집단 분류
☑ 비표준화(U)	비표준화된 판별함수
행렬	행렬
☑ 집단-내 상관행렬(R)	상관계수를 계산하기 전에 모든 집단에 대한 개별 공분산의 평균을 구하여 집단-내 통합 상관행렬을 표시
☑ 집단-내 공분산행렬(V)	집단-내 통합 공분산행렬을 표시하는데 이는 전체 공분산행렬과 다를 수 있다. 이 행렬은 모든 집단에 대해 개별 공분산행렬을 평균하여 구한다.
☑ 개별-집단 공분산행렬(E)	개별집단 공분산행렬
☑ 전체 공분산(T)	표본 전체에 대한 총분산

[표 15-2] 통계량 창의 설명

[그림 15-8]에서 계속 단추를 누르면, [그림 15-6]으로 복귀한다. 여기서 방법(M) 단추를 누르면 [그림 15-9]가 나타난다.

(3) 판별분석 단계선택법

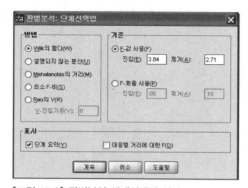

[그림 15-9] 판별분석 단계선택법 상자

[그림 15-9]는 독립변수를 선정하거나 평가하는 방법으로 가장 중요한 변수가 제일 먼저 판별식에 포함되는 방식인 단계선택법에서 Wilk의 람다(W)를 선택하였다.

다음 표는 이 상자의 방법, 기준, 출력에 대한 설명이다. 여기서 　계속　 단추를 누르면, [그림 15-6]으로 복귀한다.

키워드	설명 내용
방법	판별함수에 포함되는 독립변수의 평가 기준
⦿ Wilk의 람다(W)	Wilks의 람다를 낮추는 정도에 따라 방정식에 입력할 변수를 선택하는 단계별 판별분석용 변수 선택 방법. 각 단계에서 전체 Wilks의 람다를 최소화할 변수를 입력한다.
○ 설명되지 않는 분산(U)	판별집단에 대해서 설명 안 되는 분산의 합 최소화
○ Mahalanobis의 거리(M)	가장 가까운 마할라노비스 거리 D2 통계량을 최대화하는 거리. 독립변수의 한 케이스 값이 모든 케이스 평균과 얼마나 다른지에 대한 측도. 마할라노비스 거리가 크면 하나 이상의 독립변수에 대한 극단값을 가지는 케이스를 나타낸다.
○ 최소 F-비(S)	두 집단 간의 F비율이 최소인 것을 최대가 되는 변수 선택하는 방식
○ Rao의 V(R)	집단 평균 간 차이에 대한 측도. Lawley-Hotelling 트레이스라고도 하며 각 단계에서 Rao의 V의 증가를 최대화하는 변수가 입력된다. 이 옵션을 선택한 다음 변수가 가져야 하는 최소값을 입력하여 분석에 사용한다.
기준	변수의 투입 및 탈락의 기준
⦿ F-값 사용(F)	변수의 투입 및 탈락의 기준을 F값으로 결정
○ F-값의 확률 사용(P)	변수의 투입 및 탈락의 기준을 F값의 확률값으로 결정 디폴트로 0.05
출력	출력
☑ 단계요약(Y)	모든 변수에 대한 통계량 제시
☐ 대응별 거리에 대한 F(D)	각 쌍의 F비율 행렬 제시

[표 15-3] 단계적 판별분석 상자 설명

(4) 관찰 자료의 분류 방법

앞의 [그림 15-6]에서 분류(C) 단추를 누르면 [그림 15-10]이 나타난다.

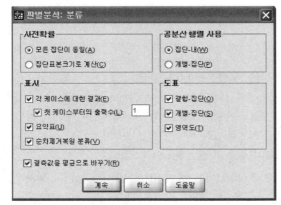

[그림 15-10] 판별분석 분류 창

[그림 15-16]의 판별분석 분류 창에 대한 설명은 [표 15-4]에 나타나 있다.

키워드	설명 내용
사전확률	사전확률 선택 내용
◉ 모든 집단이 동일(A)	모든 집단에 속할 사전확률이 동일하다고 가정
○ 집단표본크기로 계산(C)	각 집단에 속할 사례의 비율에 따라 사전확률 계산
표시	출력 옵션으로는 각 케이스에 대한 결과, 요약표, 순차제거복원 분류
☑ 각 케이스에 대한 결과(E)	실제 집단, 예측 집단, 사후 확률, 판별 점수 등에 대한 코드가 각 케이스에 대해 표시
☑ 첫 케이스부터의 출력수(L)	출력 결과를 처음 n 케이스로 제한한다. 표시되는 케이스의 수를 바꿀 수 있다.
☑ 요약표(U)	판별분석을 기초로 한 각 집단에 정확하거나 정확하지 않게 할당된 케이스 수. '혼돈 행렬'이라고도 한다.
☐ 순차제거복원 분류(V)	분석에서 각 케이스는 자신을 제외한 다른 모든 케이스들로부터 유도된 함수에 의해 분류된다. 이 방법은 "U-방법"이란 이름으로도 알려져 있다.
☐ 결측값을 평균으로 바꾸기(R)	분류 중에 평균이 예측자 변수에 대한 결측값으로 대체되고 결측값이 있는 케이스는 분류된다.
공분산행렬 사용	공분산행렬
◉ 집단-내(W)	집단 내 공분산행렬
○ 개별-집단(P)	각 사례별 공분산행렬
도표	
☑ 결합-집단(O)	처음 두 판별함수 값의 전체-집단 산점도를 작성한다. 함수가 하나만 있으면 산점도 대신 히스토그램이 표시된다.
☑ 개별-집단(S)	처음 두 판별함수 값의 개별-집단 산점도를 작성한다. 함수가 하나만 있으면 산점도 대신 히스토그램이 표시된다.
☑ 영역도(T)	함수 값에 따라 케이스를 집단으로 분류하는 데 사용하는 경계의 도표. 숫자는 케이스가 분류된 집단에 해당한다. 각 집단의 평균은 경계 내에서 별표로 표시된다. 판별함수가 하나만 있을 때는 영역도가 표시되지 않는다.

[표 15-4] 판별분석 분류 상자

여기서 계속 단추를 누르면, [그림 15-6]으로 복귀한다. 이 화면에서 저장(A) 단추를 누르면, 다음의 [그림 15-11]을 얻는다.

(5) 판별분석: 저장

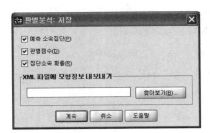

[그림 15-11] 변수의 저장 창

다음 표는 판별분석 새로운 변수 저장 창에 대한 설명이다.

키워드	설명 내용
☑ 예측 소속집단(P)	실제 파일에 예측된 그룹을 나타냄
☑ 판별점수(D)	판별점수를 나타냄
☑ 집단소속 확률(R)	판별점수에 대해 확률을 나타냄
☐ XML 파일에 모형정보 내보내기	분석 결과에 대하여 XML파일 형태로 내보내기

[표 15-5] 새로운 변수 저장 창

[그림 15-11]에서 계속 단추를 누르면 [그림 15-6]으로 되돌아간다. 여기서 확인 단추를 클릭하면 다음 결과를 얻는다.

15.3 판별분석의 결과

결과15-1 집단별 평균 및 표준편차

집단 통계량

x1		평균	표준편차	유효수(목록별) 가중되지 않음	유효수(목록별) 가중됨
1	x2	325.33	46.425	15	15.000
	x3	5.33	1.877	15	15.000
	x4	5.80	1.821	15	15.000
	x5	4.33	1.234	15	15.000
	x6	53.73	8.771	15	15.000
2	x2	247.67	36.784	15	15.000
	x3	4.33	1.952	15	15.000
	x4	4.07	2.052	15	15.000
	x5	2.80	.941	15	15.000
	x6	50.13	8.271	15	15.000
합계	x2	286.50	57.041	30	30.000
	x3	4.83	1.949	30	30.000
	x4	4.93	2.100	30	30.000
	x5	3.57	1.331	30	30.000
	x6	51.93	8.574	30	30.000

[결과 15-1]의 설명

방문 여부 집단의 자료 개수와 집단별 평균값, 표준편차가 제시되어 있다. 콘도를 방문한 경우
와 방문하지 않은 경우의 x2(월 소득)의 평균은 각각 325.33(만 원), 247.67(만 원)이다. x3(여행 성
향)의 평균은 5.33, 4.33, x4(가족 여행에 대한 중요성)의 평균은 5.80, 4.07, x5(가족 구성원 수)는
4.33, 2.88, x6(가장의 연령)의 평균은 53.73, 50.13 평균값이 차이를 보이고 있으나 두 집단 간의
평균 차이가 통계적으로도 유의한지는 [결과 15-2]에서 살펴보겠다.

결과15-2 집단평균의 동질성 검정

집단평균의 동질성에 대한 검정

	Wilks 람다	F	자유도1	자유도2	유의확률
x2	.521	25.790	1	28	.000
x3	.932	2.045	1	28	.164
x4	.824	5.990	1	28	.021
x5	.657	14.636	1	28	.001
x6	.954	1.338	1	28	.257

[결과 15-2]의 설명

x2, x3, x4, x5, x6에 대한 Wilks 람다와 이를 F통계량으로 환산한 값이 제시되어 있다.

$Wilks'\Lambda(람다) = \dfrac{집단내분산(SSW)}{총분산(SST)}$ 값이 크면 F통계량 값이 작아지고, Wilks 람다 값이 작으면 F통

계량이 값이 커진다. F통계량 값이 클수록 전체 분산 비율이 크므로 판별력이 높아지게 된다. 여섯 개 변수 중에서 x2, x5, x4는 F통계량값의 유의확률 < 0.05이므로 x1(콘도 방문 여부)에 대한 x2(월 평균 소득), x5(가족 구성원 수), x4(가족 여행에 대한 중요성)의 평균 차이는 유의하다고 볼수 있다. 그러나 x3(여행 성향), x6(가장의 연령)는 평균 차이가 유의하지 않은 것으로 밝혀졌다. 집단 간의 분산이 적을수록 Wilk의 람다 값은 1에 가까워져 집단 간에는 차이가 없음을 확인할수 있다.

▶ 결과15-3 집단 내 통합 행렬

집단-내 통합 행렬ᵃ

		x2	x3	x4	x5	x6
공분산	x2	1754.167	-6.786	-8.631	-5.488	-5.857
	x3	-6.786	3.667	.345	-.095	-3.190
	x4	-8.631	.345	3.762	.150	.288
	x5	-5.488	-.095	.150	1.205	-.402
	x6	-5.857	-3.190	.288	-.402	72.667
상관	x2	1.000	-.085	-.106	-.119	-.016
	x3	-.085	1.000	.093	-.045	-.195
	x4	-.106	.093	1.000	.070	.017
	x5	-.119	-.045	.070	1.000	-.043
	x6	-.016	-.195	.017	-.043	1.000

a. 공분산행렬의 자유도는 28입니다.

[결과 15-3]의 설명

각 집단 내 통합행렬의 공분산행렬과 상관행렬이 나타나 있다.

▶ 결과15-4 공분산행렬

공분 산행렬ᵃ

x1		x2	x3	x4	x5	x6
1	x2	2155.238	-16.905	-8.143	-19.762	61.524
	x3	-16.905	3.524	.214	-.333	-.119
	x4	-8.143	.214	3.314	.357	-.057
	x5	-19.762	-.333	.357	1.524	-2.762
	x6	61.524	-.119	-.057	-2.762	76.924
2	x2	1353.095	3.333	-9.119	8.786	-73.238
	x3	3.333	3.810	.476	.143	-6.262
	x4	-9.119	.476	4.210	-.057	.633
	x5	8.786	.143	-.057	.886	1.957
	x6	-73.238	-6.262	.633	1.957	68.410
합계	x2	3253.707	13.534	26.483	25.500	66.655
	x3	13.534	3.799	.782	.305	-2.149
	x4	26.483	.782	4.409	.832	1.892
	x5	25.500	.305	.832	1.771	1.039
	x6	66.655	-2.149	1.892	1.039	73.513

a. 전체 공분산행렬은 29의 자유도를 가집니다.

[결과 15-4]의 설명

전체 공분산행렬이 나타나 있다.

결과 15-5 분산행렬의 동일성 검정(Box의 검정)

로그 행렬식		
x1	순위	로그 행렬식
1	2	7.970
2	2	7.022
집단-내 통합값	2	7.642
인쇄된 판별값의 순위와 자연로그는 집단 공분산행렬의 순위 및 자연로그를 나타냅니다.		

검정 결과		
Box의 M		4.072
F	근사법	1.252
	자유도1	3
	자유도2	141120.000
	유의확률	.289
모집단 공분산행렬이 동일하다는 영가설을 검정합니다.		

[결과 15-5]의 설명

판별분석은 다변량 정규분포를 가정하고, 또한 각 집단의 공분산이 동일하다는 가정하에 성립된다. 집단에 대한 공분산행렬의 동일성 검정은 **Box검정**을 통하여 이루어진다. 공분산이 동일하다는 귀무가설은 유의확률(0.289) > 0.05이므로 채택된다.

귀무가설이 채택된 경우에는 판별분석이 유효하나, 기각되는 경우에는 적절한 조치가 필요하다. 등공분산성의 가정이 위반되는 경우에는 독립변수를 표준화시켜서 변형시킬 수 있다. 그러나 두 공분산행렬이 크게 차이가 나지 않는 경우에는 선형판별함수를 그대로 사용해도 무방하다. 그리고 공분산행렬이 같지 않다는 결과는 정규분포의 가정도 위반되었다는 것을 의미할 수도 있다. 이 경우에는 각 독립변수의 정규분포성을 검정하여 위반시에는 이를 시정하고 Box의 M 검정을 재시도하는 것이 좋다. 자료가 다변량정규분포를 이루고 있으나 공분산행렬이 같지 않는 경우에는 선형판별함수 대신에 비선형판별함수의 이용을 권한다.

결과 15-6 입력/제거된 변수

진입된/제거된 변수[a,b,c,d]

단계	진입된	Wilks 람다							
		통계량	자유도1	자유도2	자유도3	정확한 F			
						통계량	자유도1	자유도2	유의확률
1	x2	.521	1	1	28.000	25.790	1	28.000	.000
2	x5	.380	2	1	28.000	22.042	2	27.000	.000

각 단계에서 전체 Wilks의 람다를 최소화하는 변수가 입력됩니다.

  a. 최대 단계 수는 10입니다.
  b. 입력할 최소 부분 F는 3.84입니다.
  c. 제거할 최대 부분 F는 2.71입니다.
  d. F 수준, 공차한계 또는 VIN 부족으로 계산을 더 수행할 수 없습니다.

분석할 변수

단계		공차한계	제거할 F	Wilks 람다
1	x2	1.000	25.790	
2	x2	.986	19.682	.657
	x5	.986	10.002	.521

[결과 15-6]의 설명

이번 예에서는 Wilks 방식을 지정하였고, 단계선택법을 하고 있다. 선택 규칙은 Wilks 람다 값을 최소화하게 된다. 이때 변수들이 각 단계별 판별분석에 들어갈 것인지의 여부를 결정하는 기준이 독립변수들 간의 선형적인 연관성을 나타내 주는 공차한계이다. 1단계에서는 앞의 [결과 15-2]에 나타난 바와 같이 F통계량이 가장 큰 x2(월 평균 소득)변수가 투입되고, 2단계에서는 앞에서 예상한 바와 같이 x5(가족 구성원 수)가 추가되어, 판별식은 x2, x5로 구성된다. 이 판별식의 유의도는 유의확률 = 0.000 < 0.05이어서 판별식이 유의함을 알 수 있다.

    정준판별함수(Canonical Discriminant Functions)의 최대 개수는 1개로 나타나 있다. 판별함수의 개수는 그룹의 수-1과 독립변수의 수 중 작은 값만큼 만들어진다. 이 예의 경우, 그룹의 수는 2개이고 독립변수의 수는 5개이므로 정준판별함수는 1개가 산출된 것이다. 그러나 산출할 수 있는 판별함수 모두가 통계적으로 유의한 것은 아니므로 α =0.05를 기준으로 평가해 보아야 한다.

    첫 번째로 얻어지는 판별함수의 설명력이 항상 가장 크다. 만일 이 첫 번째로 산출된 판별함수가 통계적으로 유의하지 못하면 판별분석을 더 이상 진행할 필요가 없다.

→ 결과 15-7 분석할 변수 없음

분석할 변수 없음

단계		공차한계	최소 공차한계	입력할 F	Wilks 람다
0	x2	1,000	1,000	25,790	.521
	x3	1,000	1,000	2,045	.932
	x4	1,000	1,000	5,990	.824
	x5	1,000	1,000	14,636	.657
	x6	1,000	1,000	1,338	.954
1	x3	.993	.993	1,749	.489
	x4	.989	.989	4,530	.446
	x5	.986	.986	10,002	.380
	x6	1,000	1,000	.772	.506
2	x3	.990	.978	1,585	.358
	x4	.985	.976	2,662	.345
	x6	.998	.984	.735	.369

[결과 15-7]의 설명

각 단계별로 투입될 변수를 나타낸다. 0단계에서는 변수들의 Wilks 람다 값이 나타나 있다. F통계량이 크면, 집단 간의 차이가 크므로 설명력은 크다고 볼 수 있다. 1단계에서는 F통계량이 가장 큰 x2(월 평균 소득) 변수가 투입되고, 2단계에서는 x2(월 평균 소득), x5(가족 구성원의 수)변수 등이 투입됨을 알 수 있다.

→ 결과 15-8 WILKS의 람다

Wilks의 람다

단계	변수의 수	람다	자유도1	자유도2	자유도3	정확한 F			
						통계량	자유도1	자유도2	유의확률
1	1	.521	1	1	28	25,790	1	28,000	.000
2	2	.380	2	1	28	22,042	2	27,000	.000

[결과 15-8]의 설명

1단계와 2단계의 WILKS의 람다 값이 나타나 있다. 단계 1에서의 람다 값은 0.551로 통계적으로 유의하다(유의확률 0.00 < 0.05). 단계 2에서의 람다 값은 0.380으로 통계적으로 유의하다(유의확률 0.00 < 0.05).

고유값

함수	고유값	분산의 %	누적 %	정준 상관
1	1.633ᵃ	100.0	100.0	.788

a. 첫 번째 1 정준 판별함수가 분석에
사용되었습니다.

Wilks의 람다

함수의 검정	Wilks의 람다	카이제곱	자유도	유의확률
1	.380	26.137	2	.000

[결과 15-9]의 설명

정준상관관계는 판별점수와 집단 간의 관련 정도(0.788)를 나타내는 것으로 이 값이 클수록 판별력은 우수하다고 할 수 있다. 고유치는 집단 내의 분산을 집단 간 분산으로 나눈 값이다. 고유치가 클수록 우수한 판별함수라고 할 수 있다. 고유치(Eigenvalue)는 집단 간 분산을 집단 내 분산으로 나눈 비율이므로, 고유치가 여러 개인 경우 고유치의 상대적 크기는 판별함수가 총분산을 어느 정도 설명해 주고 있는가를 나타낸다. 예를 들어, 판별함수가 2개 도출된 경우 첫 번째 판별함수의 고유치가 1.3494(Pct of Variance 92.1)이고, 두 번째 판별함수의 고유치가 0.1161(Pct of Varinance 7.9)이라고 하자. 이때 고유치를 보고 첫 번째 판별함수가 두 번째 판별함수에 비해 설명력이 상당히 크다는 것을 알 수 있다. 그러나 설명력이 상대적으로 낮은 두 번째 판별함수가 통계적으로 유의한지의 여부를 알 수 있는 검정통계량은 SPSS에서 제공되지 않는다. 여기서는 판별함수의 고유치가 1.633으로 총분산의 100%(분산의 % 100.0)를 설명하고 있다고 알려주고 있다.

그리고 정준상관(Canonical Correlation)은 판별함수의 판별능력을 나타내는 것으로서 이 값이 1에 가까울수록 판별함수의 판별력이 높다는 것을 의미한다. 이것은 일원 분산분석(one-way analysis of variance)의 에타(eta)와 같은 것으로서 설명력을 나타낸다. 집단의 수가 두 개일 때 Wilks 람다 값은 집단 내 분산을 총분산으로 나눈 비율을 나타낸다. 그러나 집단의 수가 두 개 이상일 때에는 각 판별함수의 집단 내 분산/총분산의 적(積)을 나타낸다. 따라서 람다의 값이 적을수록 그 판별함수의 설명력은 높아진다. 이 람다 값과 자유도를 고려한 χ^2-통계량값으로 환산한 값과 그 확률값이 제공되므로, 이를 이용하여 판별함수의 유의성을 검정할 수 있다. 여기서 χ^2=26.137의 확률값 $0.000 < \alpha = 0.05$이므로 판별함수 즉, 집단 간 판별점수 차이는 유의한 것으로 나타났다.

결과15-10 표준화된 정준판별함수

표준화 정준 판별함수 계수

	함수
	1
x2	.830
x5	.665

[결과 15-10]의 설명

첫 번째 판별함수의 계수를 표준화시켜 보여 주고 있다. 이를 함수로 나타내면 D = 0.830 X2 + 0.665 X5이다. 여기에 자료를 대입할 때는 자료도 표준화시켜야 한다. 이 판별식에서 계수의 절대값 크기는 변수들 간의 상대적인 중요도를 나타내고 있다. 즉, x2와 x5의 계수의 절대값 크기를 비교해 보면 x2가 x5에 비해 설명력이 더 높은 변수임을 알 수 있다.

결과15-11 구조행렬

구조행렬

	함수
	1
x2	.751
x5	.566
x3ᵃ	-.100
x6ᵃ	-.042
x4ᵃ	-.041

판별변수와 표준화 정준 판별함수 간의 집단-내 통합 상관행렬. 변수는 함수내 상관행렬의 절대값 크기순으로 정렬되어 있습니다.
a. 이 변수는 분석에 사용되지 않습니다.

[결과 15-11]의 설명

구조행렬에서는 판별함수와 변수들의 상관 관계를 나타내고 있다. 이 상관계수가 높을수록 판별점수도 높아진다. x2의 상관계수가 가장 높기 때문에 이 판별함수에서 가장 영향력이 큰 변수라고 볼 수 있다.

결과 15-12 정준판별함수(비표준화된 판별함수)

정준 판별함수 계수

	함수
	1
x2	.020
x5	.606
(상수)	−7.842

표준화하지 않은 계수

[결과 15-12]의 설명

비표준화된 정준판별함수는 D = −7.842 + 0.020X2 + 0.606X5이다. 이 판별함수에는 원래 자료를 그대로 대입하여 판별점수를 구한다. 그리고 판별함수의 계수는 표준화되지 않았으므로 독립변수(x2, x5)의 상대적인 중요성을 판단하는 데 사용해서는 안 된다.

결과 15-13 함수의 집단 중심점

함수의 집단중심점

	함수
x1	1
1	1.234
2	−1.234

표준화하지 않은 정준 판별함수가
집단 평균에 대해 계산되었습니다.

[결과 15-13]의 설명

[결과 15-12]의 판별식에 의해 구해진 판별점수가 분류 기준보다 크면 집단 1, 반대로 작으면 집단 2로 분류한다. 아래에 집단 중심점(Group Centroids) 혹은 각 집단의 평균 판별점수가 나타나 있다. 집단 1의 평균 판별점수는 1.234이고 집단 2의 평균판별점수는 −1.234이다. 분류기준은 이 두 집단 중심점의 평균이므로 {1.234 + (−1.234)}/2 = 0이다. 그러므로 0 보다 큰 값을 갖는 경우는 집단 1(콘도 이용 고객)에 분류되고 0보다 작은 값을 가지면 집단 2(콘도 미이용 소비자)로 분류된다. 그런데 두 집단의 표본수가 다른 경우 ($n_1 \neq n_2$)에는 다음과 같이 계산된다.

$$중심점 = \frac{n_2 C_1 + n_1 C_2}{n_1 + n_2}$$

여기서 C1과 C2는 각 집단의 중심점(Group Centroid)이다.

집단에 대한 사전확률			
		분석에 사용된 케이스	
x1	사전확률	가중되지 않음	가중될
1	.500	15	15.000
2	.500	15	15.000
합계	1.000	30	30.000

분류 함수 계수		
	x1	
	1	2
x2	.200	.151
x5	4.506	3.010
(상수)	-42.918	-23.557
Fisher의 선형 판별함수		

[결과 15-14]의 설명

각 집단별 판별점수를 결정하는 피셔의 일차판별함수를 보여 주고 있다. 콘도 이용 1집단 Y = −42.92 + 0.200X2 + 4.506X5, 콘도를 이용하지 않는 2집단 Y = −23.56 + 0.151X2 + 3.010X5가 된다. 여기서 판별하고자 하는 집단의 변수값들을 한 개씩 대입하면 개별 경우의 집단별 판별점수를 구할 수 있다.

케이스별 통계량											
				최대집단				두 번째로 큰 최대집단			판별점수
				P(D>d | G=g)							
	케이스 수	실제집단	예측집단	확률	자유도	P(G=g | D=d)	중심값까지의 제곱 Mahalanobis 거리	집단	P(G=g | D=d)	중심값까지의 제곱 Mahalanobis 거리	함수 1
원래값	1	1	1	.474		.783	.512	2	.217	3.075	.519
교차 유효값[a]	1	1	1	.420		.747	1.733	2	.253	3.900	

원래 데이터의 경우 제곱 Mahalanobis 거리는 정준 함수를 기준으로 결정됩니다. 교차유효화 데이터의 경우 제곱 Mahalanobis 거리는 관측에 따라 결정됩니다.
a. 분석시 해당 케이스에 대해서만 교차유효화가 수행됩니다. 교차유효화시 각 케이스는 해당 케이스를 제외한 모든 케이스로부터 파생된 함수별로 분류됩니다.

[결과 15-15]의 설명

각 사례에 대한 실제집단과 예측집단에 속할 확률과 판별점수가 나타나 있다. 여기서 ** 표시는 잘못 분류된 경우를 표시하고 있는데 이것이 오판확률이 된다. P(D/G)는 case 1이 집단2에 속할 때 판별점수 D를 얻을 수 있는 확률을, P(G/D)는 판별점수가 D일 때 집단 2에 속한 사후확률을 나타낸다. 그리고 '두 번째로 큰 집단'은 case 1이 판별식에 의해 소속될 확률이 두 번째로 높은 집단은 집단 2라는 것이며, P(G/D)는 집단 2의 사후확률을 나타낸다. 그리고 마지막으로 **판별점수**(Discriminant Scores)가 제공되고 있다.

첫 번째 표본에서 두 확률 집단의 P(G/D) 수치를 합하면 0.783 + 0.217 = 1이 된다. 마지막 열에는 판별점수가 나와 있는데 분류 기준 혹은 집단 중심점과 비교하여 판별하게 된다. 첫 번째 표본은 판별점수가 0.519로서 0보다 크므로 집단 1, 즉 콘도 이용자로 분류되었다. 집단 중심점과 비교하는 경우에는 판별점수가 집단 1의 중심점에 가까우면 집단 1로, 집단 2의 중심점에 가까우면 집단 2로 판별되기 때문이다.

결과15-16 히스토그램(1집단)

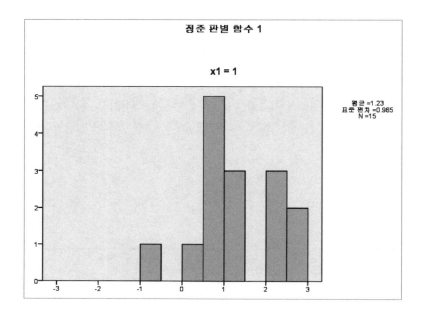

[결과 15-16]의 설명

0을 기준으로 0보다 크면 1집단(콘도 이용 고객), 0보다 작으면 2집단에 분류되는데 여기서는 1개의 개체가 2집단으로 잘못 판별하고 있는 것을 보여 주고 있다. 여기서 막대의 높이는 빈도를 의미한다.

결과 15-17 히스토그램(2집단)

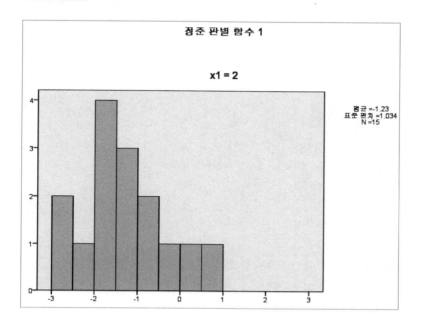

정준 판별 함수 1

x1 = 2

평균 =-1.23
표준 편차 =1.034
N =15

[결과 15-17]의 설명

이 그래프에서 집단 2의 자료는 x1 =2로 표시하고 있다. X축의 0은 중심값을 나타낸다. 0을 중심으로 오른쪽에는 2개체가 있어 오판된 부분을 의미한다.

분류결과[b,c]

		x1	예측 소속집단		전체
			1	2	
원래값	빈도	1	14	1	15
		2	2	13	15
	%	1	93.3	6.7	100.0
		2	13.3	86.7	100.0
교차 유효값[a]	빈도	1	14	1	15
		2	2	13	15
	%	1	93.3	6.7	100.0
		2	13.3	86.7	100.0

a. 분석시 해당 케이스에 대해서만 교차유효화가 수행됩니다. 교차유효화시 각 케이스는 해당 케이스를 제외한 모든 케이스로부터 파생된 함수별로 분류됩니다.

b. 원래의 집단 케이스 중 90.0%이(가) 올바로 분류되었습니다.

c. 교차유효화 집단 케이스 중 90.0%이(가) 올바로 분류되었습니다.

[결과 15-18]의 설명

이 표는 판별한 결과를 정리한 것이다. 집단 1에 속한 15개 중 14개가 집단 1로 판별되었고, 1개가 집단 2로 판별되었으므로 집단 1의 판별 적중률은 93.3%이다. 집단 2의 경우는 13개를 집단 2로 2개를 집단 1로 판별하여 판별적중률은 86.7%이다. 따라서 전체의 판별적중률은 90%이다. 여기서 판별적중률은 회귀분석의 적합도를 나타내는 r^2의 개념과 비슷하다. 회귀분석에서의 r^2는 선형회귀식이 얼마나 자료를 잘 적합시켰는가를 나타내는 것이고, 판별적중률은 판별식이 대상을 잘 분류하는가를 나타내는 정도라고 할 수 있다.

15.4 새로운 개체의 판별(예측)

지금까지 얻어진 정보를 근거로 무작위로 표본을 추출하여 다음 소비자 3명을 조사하여 경희콘도의 이용 여부를 판별하여 보자.

구분	X2 (월 평균 소득)	X5 (가족 구성원 수)
1	340	4
2	320	5
3	230	3

여기서 기억할 것은 콘도 이용 여부의 판별에 중요한 영향을 미치는 독립변수들 중에서 중요한 변수로 구성된 [결과 15-12]의 비표준화된 정준판별함수는 D = -7.842 + 0.020X2 + 0.606X5를 이용한다. 왜냐하면 x2, x5의 데이터가 표준화된 자료가 아니기 때문이다.

이 세 명의 소비자가 어느 그룹에 속할 것인가를 알기 위해서 다음과 같은 순서에 의해 SPSS의 Syntax의 명령문 편집기에서 입력하면 된다. 그러면 [그림 15-12]를 얻을 수 있다.

> **파일(F)**
> > **새파일(N) ▶**
> > > **명령문(S)**

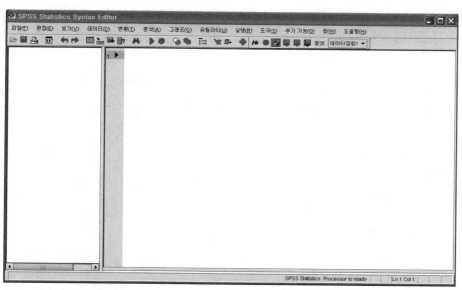

[그림 15-12] 명령문 창 불러오기

[그림 15-12] 화면이 열리면, 사용자는 SPSS 실행 명령어를 입력할 수 있다. [그림 15-13]은 새로운 개체를 판별하기 위한 프로그램이다.

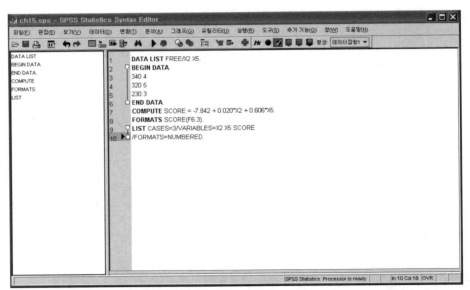

[그림 15-13] 새로운 개체를 판별하기 위한 프로그램

[데이터: ch15.sps]

[그림 15-13]과 같이 프로그램을 작성한 후, [그림 15-14] 프로그램의 상단부터 끝부분까지 범위를 설정한 후 ▶ (실행) 단추를 누르거나, 다음을 실행하면 그 결과를 얻을 수 있다.

실행(R)
　　끝까지(T)

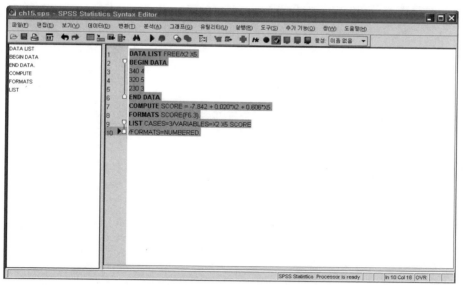

[그림 15-14] 명령문 프로그램 단추에 의한 실행 방법

결과15-19 소비자 판별 결과

```
              X2        X5  SCORE

     1    340.00     4.00  1.382
     2    320.00     5.00  1.588
     3    230.00     3.00 -1.424



Number of cases read:  3    Number of cases listed:  3
```

[결과 15-19]의 설명

소비자 1과 2는 0보다 크므로 경희콘도를 이용 가능성 있는 잠재 고객으로 분류되고, 소비자 3
은 0보다 작으므로 경희콘도 이용 가능성이 없는 것으로 분류하였다. 이 결과가 데이터 보기
창에 저장되어 있는 것을 확인할 수 있을 것이다.

16장 군집분석

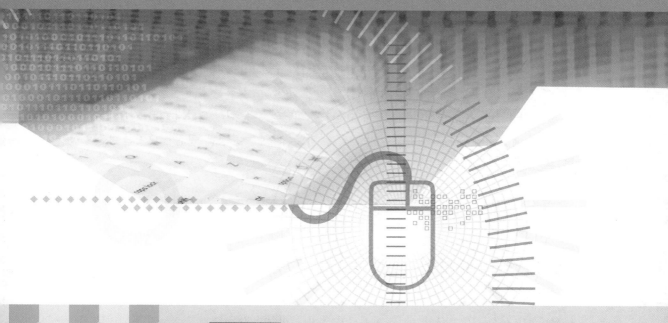

다양한 특성을 지닌 관찰 대상을 유사성을 바탕으로 동질적인 집단으로 분류하는 방법이 군집분석이다.

1. 계층적인 군집분석과 비계층적인 군집분석을 실행할 수 있다.
2. 각 군집별 평균 차이를 보고 각 군집에다 명칭을 부여할 수 있다.

16.1 군집분석이란?

사물을 관찰하다 보면 다양한 특성들을 지닌 개체들을 동질적인 집단으로 분류할 필요성이 생긴다. 예를 들어, 동물의 경우 외형적인 조건에 따라 성별을 구분하는 경우에는 명확한 분류 기준이 있어 비교적 쉽다고 할 수 있으나, 변수가 많거나 또는 명확한 분류 기준이 없는 경우에는 관찰 대상들을 분류하는 것이 쉬운 일이 아닐 것이다. **군집분석**(Cluster Analysis)은 다양한 특성을 지닌 관찰 대상을 유사성을 바탕으로 동질적인 집단으로 분류하는 데 쓰이는 기법이다.

군집분석은 15장에서 설명한 판별분석과는 다르다. 판별분석에서는 분류하기 전에 미리 집단의 수를 결정할 뿐만 아니라 새로운 관찰 대상을 이미 정해진 집단들 중의 하나에 할당하는 것을 목적으로 한다. 그러나 군집분석에서는 집단의 수를 미리 정하지 않는다. 단지 전체 대상들에 대한 유사성이나 거리에 의거하여 동질적인 집단으로 분류한다. 군집분석은 시장 세분화 등에 사용된다. 분류 규칙이 불명확하거나 또는 집단의 수를 미리 정하지 않는 경우에는 군집분석이 매우 유용하다. 군집분석은 자료 탐색, 자료 축소, 가설 정립, 군집에 근거한 예측 등과 같은 여러 가지 목적을 가진다.

16.2 군집분석의 절차

군집분석은 특성들의 유사성, 즉 특성 자료가 얼마나 비슷한 값을 가지고 있는지를 거리로 환산하여 거리가 가까운 대상들을 동일한 집단으로 편입시키게 된다. 요인분석이나 판별분석 등은 자료의 상관 관계를 이용하여 유사한 집단 분류를 하게 되지만 군집분석은 단지 측정치의 차이를 이용하는 방법이다. 따라서 군집분석에서는 다음과 같은 질문이 중요시 된다.

① 어떠한 특성에 대한 측정치의 차이를 비교할 것인가?(변수 선정 문제)
② 어떻게 유사성의 차이를 측정할 것인가?(유사성 측정 방법)
③ 어떻게 동질적인 집단으로 묶을 것인가?(군집화 방법)

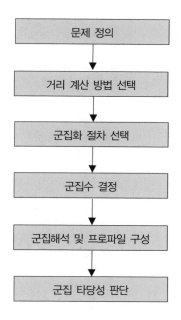

1) 변수 선정

변수 선정은 군집분석에서 가장 중요한 문제이다. 중요한 변수가 빠지거나 불필요한 변수가 추가되면 변수값들의 유사성 평가에 오류를 범하게 된다. 군집분석에서는 회귀분석이나 판별분석과 같이 의미 없는 변수를 제거할 수 있는 방법이 없기 때문에 선정된 변수는 모두가 동일한 비중으로 유사성 평가에 이용된다. 따라서 변수의 선정이 잘못되면 엉뚱한 결과가 나타날 수 있다. 또한 군집분석에서는 다른 분석 방법들과는 달리 최종 결과에 대한 통계적 유의성을 검정할 수 있는 방법이 없기 때문에 더욱 문제가 될 수 있다.

2) 유사성 측정 방법

유사성은 각 대상이 지니고 있는 특성에 대한 측정치들을 하나의 거리로 환산하여 측정하게 된다. 거리의 측정 방식에는 다음과 같은 세 가지 방식들이 있다.

(1) 유클리디안 거리(Euclidean distance)

변수값들의 차이를 제곱하여 합산한 거리, 다차원 공간에서 직선 최단 거리를 말한다. 가장 일반적으로 사용되는 거리 측정 방법이다.

$$d = \sqrt{\sum_{i=1}^{p} (X_{1i} - X_{2i})^2}$$

X_{ji} = 개체 j의 변수 i의 좌표

(2) 유클리디안 제곱 거리(Squared Euclidean distance)

유클리디안 거리를 제곱한 거리이다.

$$d = \sum_{i=1}^{p} (X_{1i} - X_{2i})^2$$

(3) 민코스키 거리(Minkowski distance)

거리를 산정하는 일반식으로서 함수에 포함된 지수들을 조정해 줌으로써 앞에서 언급된 거리 뿐만 아니라 다양한 방식의 거리를 구해낼 수 있다.

$$d = \left[\sum_{i=1}^{p} |X_{1i} - X_{2i}| m \right]^{\frac{1}{m}}$$

민코스키 거리는 절대값을 사용하는데, 특히 m=1일 때 p차원의 두 점 거리는 '도시 블록' 거리 라고 한다. 그리고 m=2일 때에는 유클리드 거리가 된다. 이 식은 거리를 재는 일반식으로서 m 은 자주 여러 가지로 변할 수 있어서 다양한 방식의 거리를 구하는 데에 이용된다. 그런데, 실 제로 대상을 특정 짓는 변수의 측정 단위는 다른 경우가 대부분이다. 이러한 경우에는 측정 자 료를 표준화하여서 거리를 측정해야 한다.

3) 군집화 방법

대상을 군집화하는 방법에는 알고리즘이 다양하게 있어 여러 가지가 소개되고 있다. 이 방법을 크게 두 가지로 나누어 보면 계층적 군집화 방법과 비계층적 군집화 방법이 있는데 계층적 군 집화 방법이 널리 이용된다. 계층적 방법에서 군집화 과정은 가까운 대상끼리 순차적으로 묶어

가는 Agglomerative Hierarchical Method(AHM)와 전체 대상을 하나의 군집으로 출발하여 개체들을 분할해 나가는 Devisive Hierarchical Method(DHM)가 있다. 여기에서는 AHM의 방식만을 세 가지 소개하겠다.

(1) 단일 기준 결합 방식(single linkage, nearest neighbor)

어느 한 군집에 속해 있는 개체와 다른 군집에 속해 있는 개체 사이의 거리가 가장 가까운 경우에 두 군집이 새로운 하나의 군집으로 이루어지는 방식을 의미한다. 거리가 가장 가깝다는 것은 가장 유사하다는 것을 의미한다.

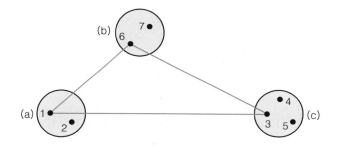

위의 그림에서 대상 1과 6이 가장 가깝기 때문에 군집 A와 군집 B는 새로운 군집을 만들게 된다.

(2) 완전 기준 결합 방식(complete linkage, furthest neighbor)

완전 기준 결합 방식은 각 단계마다 한 군집에 속해 있는 대상과 다른 군집에 속해 있는 대상 사이의 유사성이 최대 거리로 정해진다는 것이다. 따라서 앞의 단일 기준 결합 방식에서 유사성이 최소 거리로 정해지는 것과 대조를 보인다.

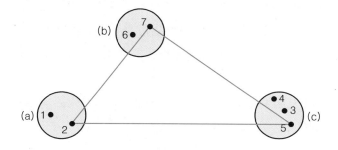

(3) 평균 기준 결합 방식(average linkage)

평균 기준 결합 방식은 한 군집 안에 속해 있는 모든 대상과 다른 군집에 속해 있는 모든 대상의 쌍집합에 대한 거리를 평균적으로 계산한다. 이러한 특성만 제외하고는 앞에서 설명한 결합 방식과 비슷하다. 즉, 제1단계로 거리 행렬에서 가까운 거리에 있는(유사한) 두 대상, 예를 들어 A와 B를 선발하여 한 군집(AB)에 편입시킨다.

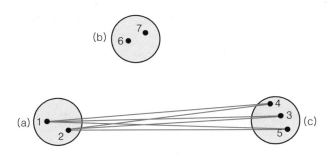

그 다음으로 그 군집(AB)와 다른 군집(K) 사이의 거리를 다음 식에 의하여 계산한다.

$$d_{(AB)K} = \sum_i \sum_j d_{ij} / N_{(AB)} N_K$$

ij는 군집(AB)의 개체 i와 군집 K의 개체 j 사이의 거리를 의미하며, N(AB)과 NK는 각각 군집 (AB)과 군집(K)에 포함된 개체들의 수를 의미한다.

그런데, 비계층적 군집분석은 일반적으로 사용되는 계층적인 군집분석과 달리 군집화 과정이 순차적으로 이루어지지 않는 군집분석법을 말한다. 비계층적인 군집화 방법을 실행하기 위해서는 중심을 기준으로 군집의 수와 최초 시작점을 지정하여야 한다. 비계층적인 군집방법을 일반적으로 K-평균 군집분석 방법이라고 한다. 비계층적인 군집화 방법에서 K-평균 군집분석 방법이 가장 많이 사용되고 있기 때문이다. K-평균 군집분석 방법은 군집화의 각 단계가 끝나면서 발생하는 오류를 계산하여 주고 오류가 발생하지 않는 방향으로 군집화를 계속하는 것이 특징이다.

군집분석에서는 예를 통하여 일반적으로 사용되는 계층적인 군집분석을 실시하고, 나중에 비계층적인 군집분석을 실행하도록 해보자.

16.3 계층적인 군집분석 실행

[상황 설정]

고려백화점은 쇼핑 고객에 대한 성향에 근거하여 고객들을 군집하려 하고 있다. 과거의 연구 결과를 근거로 하여, 6개의 변수를 측정하기로 하였다.

응답번호(ID:)

		적극 동의 안 함	보통	적극 동의
(x1) 쇼핑은 흥미 있음		①—②—③—④—⑤—⑥—⑦		
(x2) 쇼핑은 당신의 소득에 악영향을 끼침		①—②—③—④—⑤—⑥—⑦		
(x3) 쇼핑을 하면서 외식을 즐김		①—②—③—④—⑤—⑥—⑦		
(x4) 쇼핑 시 최고 제품을 구입하기 위한 노력		①—②—③—④—⑤—⑥—⑦		
(x5) 쇼핑에 관심이 없음		①—②—③—④—⑤—⑥—⑦		
(x6) 쇼핑 시 가격 비교를 통해 많은 돈 절약		①—②—③—④—⑤—⑥—⑦		

위와 같은 설문서를 통해서 소비자 10명 대한 조사 결과는 다음과 같다.

소비자 번호	x1	x2	x3	x4	x5	x6
1	6	4	7	3	2	3
2	2	3	1	4	5	4
3	7	2	6	4	1	3
4	4	6	4	5	3	6
5	1	3	2	2	6	4
6	6	4	6	3	3	4
7	5	3	6	3	3	4
8	7	3	7	4	1	4
9	2	4	3	3	6	3
10	3	5	3	6	4	6

[표 16-1] 표본 자료

[표 16-1]의 자료를 SPSS 데이터 창에서 데이터 보기와 변수 보기 창을 이용하여 입력하면 다음과 같은 [그림 16-1]을 얻을 수 있다.

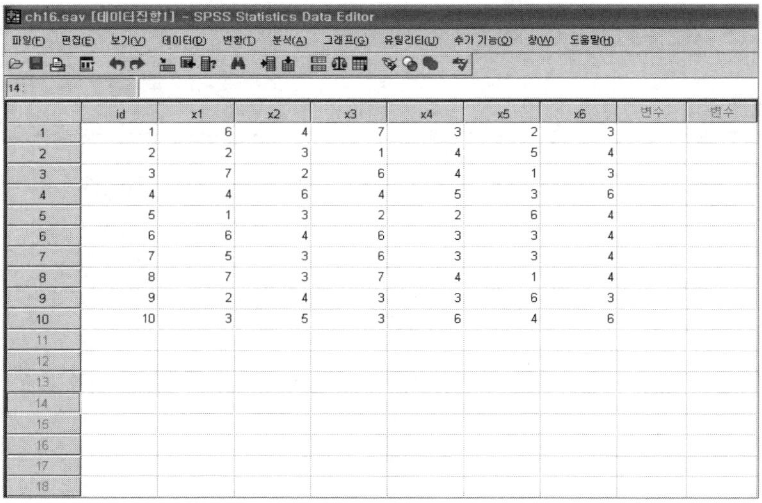

	id	x1	x2	x3	x4	x5	x6	변수	변수
1	1	6	4	7	3	2	3		
2	2	2	3	1	4	5	4		
3	3	7	2	6	4	1	3		
4	4	4	6	4	5	3	6		
5	5	1	3	2	2	6	4		
6	6	6	4	6	3	3	4		
7	7	5	3	6	3	3	4		
8	8	7	3	7	4	1	4		
9	9	2	4	3	3	6	3		
10	10	3	5	3	6	4	6		

[그림 16-1] 자료 입력 화면 [데이터: ch16.sav]

1) 자료 표준화

자료의 **표준화**란 관찰치의 척도에 관계없이 평균을 0, 분산을 1로 만드는 과정이다. 만약, 자료에서 변수의 측정 단위가 모두 다른 경우, 군집분석을 하기 위해서는 자료를 표준화시켜서 사용하여야 한다. 이 자료를 표준화하기 위해서는 다음과 같은 순서로 하면 된다.

> **분석(A)**
> **기초통계량(U)▶**
> **기술통계(D)...**

이렇게 하면 기술통계 창이 열리는데 여기에서 표준화하기 위한 변수를 지정한 후, ☑ **표준화 값을 변수로 저장(Z)**을 지정하고 확인 단추를 누르면 표준화가 되면서 새로운 변수로 저장된다. 연구자는 자료의 단위가 다른 경우, 반드시 표준화를 통한 새로운 변수로 군집화를 해야 한다는 점이다. 이것을 잊으면 안 된다. 여기서는 각 변수가 등간척도로 측정되었기 때문에 변수를 표준화할 필요가 없다.

2) 군집분석 창 열기

군집분석의 창을 열기 위해서는 다음의 순서에 따라 진행하면 된다.

분석(A)
      분류분석(Y)▶
            계층적 군집분석(H)...

다음은 군집분석의 초기 화면이다.

[그림 16-2] 계층적 군집분석의 초기 화면

[그림 16-2] 화면에서 변수 x1, x2, x3, x4, x5, x6 등을 **변수(V):** 란에 옮기면, 다음과 [그림 16-3] 화면을 얻는다.

3) 군집분석 대상 변수의 지정

[그림 16-3] 계층적 군집분석 변수 지정 화면

[그림 16-3]의 **케이스 설명 기준변수(C):** 는 문자변수 값을 사용하여 케이스를 구별할 때 사용된다. 군집 상자에서 ⦿ **케이스**는 초기 지정값으로 설정된 것으로 사례(case) 간, 즉 관찰 대상 간의 거리 계산을 통해 사례별 군집분석을 실시하는 것이다(본 예는 사례별 군집분석에 해당된다). 반면에, 변수 간의 거리 계산을 통해 변수들을 군집화할 경우는 ○ **변수**를 지정하면 된다. 또한 표시 란의 ☑ **통계량**, ☑ **도표**가 초기 지정값으로 지정되어 있다.

위 화면에서 보면, 군집분석의 선택 단추는 통계량(S) , 도표(T) , 방법(M) , 저장(A) 등 네 가지가 있다. 이들을 차례로 설명하여 보자.

(1) 통계량 구하기

[그림 16-3]에서 통계량(S) 단추를 누르면, [그림 16-4]와 같은 화면이 나타난다.

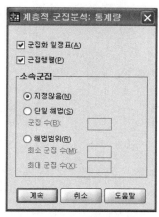
[그림 16-4] 군집분석 통계량 창

[표 16-2]는 군집분석의 통계량 옵션키를 설명한 것이다.

키워드	설명 내용
☑ 군집화 일정표(A)	사례들 간의 거리계수 제시(초기 지정값)
☑ 근접행렬(P)	항목 간 거리행렬로서 작성된 행렬의 유형(상이성이나 유사성)은 선택한 측도에 따라 달라진다. 항목 수가 큰 경우 이 사항을 지정하면 큰 출력 결과가 생성된다.
소속군집	아래 세 가지 중 하나를 선택하면 된다.
◉ 지정않음(N)	군집 전체를 제거
○ 단일해법(S): ☐ 군집 수(B)	원하는 군집 수를 ☐안에 기입한다.
○ 해법범위(R): 최소 군집 수(M) 최대 군집 수(X)	군집 해법의 범위에 대한 소속군집을 표시한다. 최저 및 최대 군집 해법에 해당하는 값을 입력한다. 두 값 모두 1보다 큰 정수여야 하고, 첫 번째 값은 두 번째 값보다 작아야 한다.

[표 16-2] 군집분석의 통계량 옵션키 설명

[그림 16-4] 화면에서 계속 단추를 누르면, [그림 16-3]으로 복귀한다. 여기서 도표(T) 단추를 누르면 [그림 16-5]의 화면을 얻는다.

(2) 도표 그리기

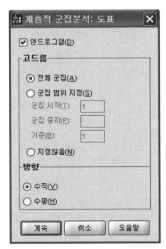

[그림 16-5] 군집분석 도표 창

여기서는 덴드로그램(Dendrogram)을 나타내거나 고드름 산포도(Icicle)의 형태를 선택하는 것이다. [표 16-3]은 군집분석의 산포도 창에 대한 설명이다.

키워드	설명 내용
☑ 덴드로그램(D)	덴드로그램으로 군집화 상태를 나타냄
고드름	군집의 수에 따라 고드름으로 묶이는 차례를 보여 줌
◉ 전체군집(A)	모든 군집에 대해 고드름 플롯을 제시(초기 지정값)
○ 군집범위 지정(S) 군집 시작(T): ☐ 군집 중지(P): ☐ 기준(B): ☐	특정 군집에 대한 고드름의 형태를 제시하는 것을 나타내는 것임. 예) 시작 ② 끝 ⑥까지 ②의 의미는 최소 2, 최대 6, 간격은 2를 의미한다.
○ 지정않음(N)	고드름도표 출력 결과를 출력하지 않음.
방향	
◉ 수직(V)	수직 고드름 형태 제시(초기 지정값)
○ 수평(H)	수평 고드름 형태 제시

[표 16-3] 군집분석의 산포도 창의 설명

[그림 16-5]의 계속 단추를 누르면, [그림 16-3]으로 복귀한다. 여기서 방법(M) 단추를 누르면 [그림 16-6]의 화면을 얻는다.

(3) 군집화 방법의 선택

[그림 16-6] 군집화 방법

위 [그림 16-6]은 변수들의 군집화 방법의 선택 옵션이다. 여기서 **군집방법(M):** 란에 집단 간 평균 결합을 나타내는 집단-간 연결을 설정하였다.

측도 상자에서 ◉ **등간(N)**(거리 자료에 대한 유사성과 비유사성을 측정) 란에는 유클리디안 거리를 선택하였다. ○ **빈도(T)**(빈도 계산 자료에 대한 비유사성을 측정) 란에는 카이제곱 측정이 나타나 있다.

값 변환 상자는 변환의 종류를 나타내는 것으로 ☐ **절대값(L)**은 거리의 절대치를 가지며, ☐ **부호 바꾸기(H)**는 비유사성을 유사성, 유사성을 비유사성으로 변환하는 것이다. ☐ **0-1 범위로 척도 조정(E)**은 0과 1 사이의 범위에 대한 거리를 재측정하는 것을 나타낸다.

[그림 16-6]에서 계속 단추를 누르면, [그림 16-3]으로 복귀한다. 여기서 저장(S) 단추를 누르면, [그림 16-7] 화면이 나타난다.

(4) 새 변수의 저장

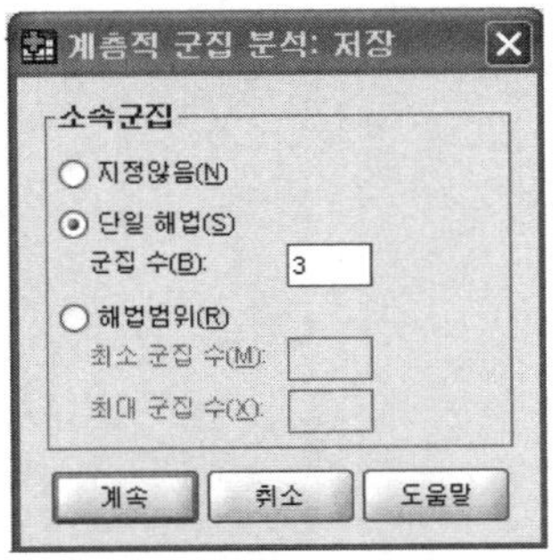

[그림 16-7] 새 변수의 저장 창

[그림 16-7]은 군집분석에서 생성된 새 변수들을 저장하기 위한 화면이다. [표 17-4]는 새 변수 저장 상자에 대한 설명이다.

저장 방법	내용 설명
소속군집	군집를 저장하는 방법을 제시
○ 지정않음(N)	군집 전체를 저장하지 않음(기본 설정)
⊙ 단일 해법(S) 군집 수(B) □	지정한 군집 수가 있는 단일 군집 해법에 대해 소속군집을 저장한다. 1보다 큰 정수를 입력
○ 해법범위(R) 최소 군집 수(M) 최대 군집 수(X)	군집해 범위에 대한 전체 해를 저장하는 방법

[표 16-4] 새 변수 저장 방법

[그림 16-7]에서 계속 단추를 누르면, [그림 16-3]으로 되돌아간다. 여기서 확인 단추를 누르면 다음의 결과를 얻는다.

16.4 군집분석 결과

▶결과16-1 개체들 간의 유클리디안 거리 행렬

근접행렬

케이스	유클리디안 거리									
	1	2	3	4	5	6	7	8	9	10
1	.000	8.000	2.828	5.568	8.307	1.732	2.236	2.236	6.928	6.928
2	8.000	.000	8.246	5.568	2.646	6.856	6.245	8.775	2.828	4.243
3	2.828	8.246	.000	6.557	9.110	3.317	3.317	1.732	8.000	7.483
4	5.568	5.568	6.557	.000	6.633	4.472	4.690	6.000	5.568	2.236
5	8.307	2.646	9.110	6.633	.000	7.211	6.481	9.487	2.236	5.745
6	1.732	6.856	3.317	4.472	7.211	.000	1.414	2.828	5.916	5.745
7	2.236	6.245	3.317	4.690	6.481	1.414	.000	3.162	5.385	5.568
8	2.236	8.775	1.732	6.000	9.487	2.828	3.162	.000	8.307	7.280
9	6.928	2.828	8.000	5.568	2.236	5.916	5.385	8.307	.000	4.899
10	6.928	4.243	7.483	2.236	5.745	5.745	5.568	7.280	4.899	.000

이것은 상이성 행렬입니다.

[결과 16-1]의 설명

위 결과 표는 개체들 사이의 유클리디안 거리 행렬을 보여 주고 있다. 이 표에서 거리 행렬의 계수는 상이성(dissimilarity)의 크기를 나타내므로 계수가 작을수록 유사성이 높다고 볼 수 있다. 따라서 6번째 소비자와 7번째 소비자 간의 거리가 1.412로서 가장 가깝고, 5번째 소비자와 8번째 소비자 간의 거리가 9.487로서 가장 멀다는 것을 알 수 있다.

▶결과16-2 군집화 일정표

군집화 일정표

단계	결합 군집		계수	처음 나타나는 군집의 단계		다음 단계
	군집 1	군집 2		군집 1	군집 2	
1	6	7	1.414	0	0	3
2	3	8	1.732	0	0	7
3	1	6	1.984	0	1	7
4	4	10	2.236	0	0	8
5	5	9	2.236	0	0	6
6	2	5	2.737	0	5	8
7	1	3	2.948	3	2	9
8	2	4	5.442	6	4	9
9	1	2	6.942	7	8	0

[결과 16-2]의 설명

이 표는 단일기준 결합방식을 이용하여 소비자들의 군집화되는 과정을 보여 주고 있다. 계수는

해당 소비자들이 속해 있는 군집 간의 거리 정도를 나타내므로 이 값이 클수록 늦게 군집화된다. 따라서 이 값이 가장 작은 6과 소비자 7이 단계 1에서 군집화된다. 그리고 단계 2에서는 소비자3과 소비자 8이 군집화되고 있다. 그리고 다음 단계는 예를 들어, 단계 1에서 결합된 소비자 6과 소비자 7의 군집은 단계 3에 가서 다른 군집이나 소비자들과 결합된다는 것을 보여 주고 있다. 단계 3에서는 소비자 1과 소비자 6이 결합되고 있음을 알 수 있다. 마지막 단계인 단계 9에서는 소비자 1과 소비자 2가 군집화되고 있다.

➡ 결과 16-3 수직고드름 도표

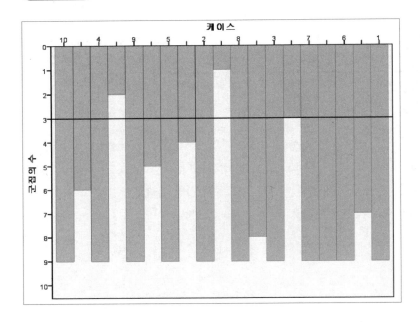

[결과 16-3]의 설명

군집의 수에 따라 학생들이 **수직고드름**(Vertical Icicle: VICICLE) 형식으로 묶이는 차례를 보여주고 있다. 수직축은 군집의 수를, 수평축은 소비자들의 번호를 나타내고 있다. 만약 10명의 소비자를 하나의 군집으로 한다면 전체 10명이 포함되고, 두 군집으로 분류한다면 (10, 4, 9, 5, 2)와 (8, 3, 7, 6, 1)로 나누어진다. 만일 [결과 16-3]에 그려진 실선을 기준으로 세 집단으로 나눈다면, (10, 4), (9, 5, 2), (8, 3, 7, 6, 1)이 된다. 그리고 개체의 군집화는 다음에서 설명하는 덴드로그램을 이용해도 된다.

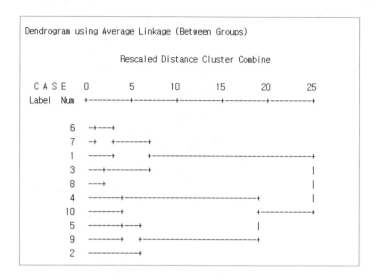

```
Dendrogram using Average Linkage (Between Groups)

              Rescaled Distance Cluster Combine

 C A S E     0        5        10       15       20       25
Label  Num   +--------+--------+--------+--------+--------+

       6    -+---+
       7    -+   +-------+
       1    -----+       +-------------------------------+
       3    ---+---------+                               |
       8    ---+                                         |
       4    -------+-----------------------+             |
      10    -------+                        +------------+
       5    -------+---+                    |
       9    -------+   +--------------------+
       2    -----------+
```

[결과 16-4]의 설명

이는 **덴드로그램**으로 군집화 상태를 나타낸 것이다. 여기서 수직축은 소비자 번호, 수평축은 상대적 거리를 나타낸다. 군집화 과정을 살펴보면 소비자 6과 7이 처음으로 묶이고 다음에는 3과 8이 묶이며, 마지막 단계에서는 소비자 1과 2가 묶임을 알 수 있다. 만약 이 소비자들을 세 집단으로 나눈다면, (6, 7, 1, 3, 8), (4, 10), (5, 9, 2)가 된다. 그리고 두 집단으로 나눈다면, (6, 7, 1, 3, 8), (4, 10, 5, 9, 2)로 된다.

또한, 다음 그림은 앞의 [그림 16-7]과 **단일해(S):** ③ 군집을 선택한 결과 새로운 군집변수 (clu3_1)와 해당 군집을 숫자로 표시하여 저장한 것을 보여 주고 있다.

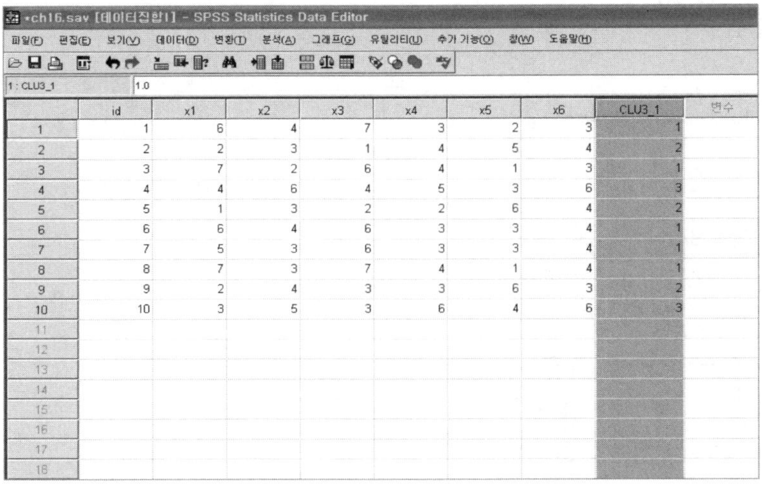

*ch16.sav [데이터집합1] - SPSS Statistics Data Editor

	id	x1	x2	x3	x4	x5	x6	CLU3_1	변수
1	1	6	4	7	3	2	3	1	
2	2	2	3	1	4	5	4	2	
3	3	7	2	6	4	1	3	1	
4	4	4	6	4	5	3	6	3	
5	5	1	3	2	2	6	4	2	
6	6	6	4	6	3	3	4	1	
7	7	5	3	6	3	3	4	1	
8	8	7	3	7	4	1	4	1	
9	9	2	4	3	3	6	3	2	
10	10	3	5	3	6	4	6	3	

[그림 16-8] 새로운 군집변수 저장

여기서 연구자는 세 집단으로 나누어진 군집에 각각 명칭을 부여하여 한다. 집단별 각각의 명칭을 부여하기 위해서는 기술통계분석이나 일원 분산분석을 이용할 수 있다. 이때 연구자는 변수의 특성을 고려하면서 군집의 명칭을 부여하여야 한다.

만약, 연구자가 집단별 기술통계량을 구하기 위해서는 데이터(D) ⇒ 케이스 선택 ⇒⊙ 조건을 만족하는 케이스 선택(C)을 지정하고 해당 집단을 표시한다. 그리고 분석(A) ⇒ 기술통계분석을 실시하면 된다.

연구자는 분석 ⇒ 일원(배치)분산분석을 이용할 수 있다. 이 경우 옵션 지정 창에서 기술통계량을 지정하면 된다.

다음 표와 같은 기술통계량을 구할 수 있다.

군집 수	변수의 평균					
	x1	x2	x3	x4	x5	x6
1	6.20	3.20	6.40	3.40	2.00	3.60
2	1.67	3.33	2.00	3.00	5.67	3.67
3	3.50	5.50	3.50	5.55	3.50	6.00

[표 16-5] 기술통계량

군집 1(8, 3, 7, 6, 1)에서 보면, x1(쇼핑의 흥미), x3(쇼핑을 하면서 외식을 즐김)은 각각 평균 6.20, 6.40으로 높은 편이고, x5(쇼핑에 관심이 없음)는 평균 2.00으로 낮게 평가되고 있다. 그러므로 군집 1은 '쇼핑 애호가 군(群)'이라고 할 수 있다.

군집 2(9, 5, 2)를 보면, x1(쇼핑의 흥미)과 x3(쇼핑을 하면서 외식을 즐김)은 낮은 평균 점수를 보이고 있고 x5(쇼핑에 관심이 없음)는 높은 점수를 보이고 있어 '냉담한 소비자 군'으로 명칭을 붙일 수 있다.

군집 3(10, 4)은 x2(쇼핑은 가계에 악영향), x4(쇼핑시 최고의 상품을 구입하기 위해 노력), x6(가격 비교에 의하여 많은 돈을 절약)의 변수가 높은 평균 점수를 보이고 있어 '경제적인 소비자군'으로 명명할 수 있다.

연구자는 인구 통계학적인 변수, 제품 사용수, 매체에 대한 사용 등 다른 변수를 조사하여 생성된 군집과 비교할 수 있다. 군집 간 변수의 평균 차이를 분석해 본 결과, $\alpha = 0.05$에서 모두 차이가 있는 것으로 나타났다.

16.5 군집분석의 신뢰성 평가

군집분석에 있어서 수반하는 문제는 신뢰성과 타당성에 관한 것이다. 신뢰성과 타당성이 없는 군집분석은 수용할 수 없다. 군집분석의 해에 대한 신뢰성과 타당성을 검정하는 것은 매우 어렵다. 그러나 다음과 같은 절차에 의해 군집분석의 효과를 판단해야 한다.

① 같은 데이터를 상이한 거리 측정 방법을 통해 군집분석을 실시한 후 결과를 비교한다.
② 상이한 군집분석 방법을 적용하여 각 방법으로 얻어진 결과를 비교한다.
③ 응답자가 답변한 데이터를 2개로 나누어 제1의 군집의 반분결과와 제2의 군집의 반분 결과를 전체의 결과와 비교한다.
④ 비계층적인 방법을 통해, 사례 수에 따라 결과가 달라지므로 다양한 방법을 적용한다.

16.6 비계층적인 K-평균 군집분석법

1) 비계층적인 K-평균 군집분석법 정의

비계층적인 군집화 방법은 앞에서 다룬 계층적인 군집화 방법보다 군집화 속도가 빨라 군집화를 하려는 대상이 다수인 경우 신속하게 처리할 수 있는 방법이다. 비계층적인 군집화의 방법으로 가장 많이 사용되고 있는 방법은 **K-평균 군집화** 방법이다. K-평균 군집화 방법은 순차적으로 군집화 과정이 반복되므로 순차적인 군집화 방법(Sequential threshold method)이라고도 한다. K-평균 군집화 방법은 변수를 군집화하기보다는 대상이나 응답자를 군집화하는 데 많이 사용된다. 여기서 K의 의미는 미리 정하는 군집의 수로 보면 되겠다.

K-평균 군집화 방법은 계층적인 군집화의 결과를 토대로 미리 군집의 수를 정해야 하며, 군집의 중심(cluster center)을 정하여야 한다. 군집의 중심을 잘 선정하여야 정확한 군집의 결과를 얻을 수 있다.

K-평균 방법에서는 한 번의 군집이 묶일 때마다 각 군집별로 그 군집의 평균을 중심으로 군집 내 대상들 간의 유클리디안 거리의 합을 구하는데 이 값을 군집화 과정에서 발생하는 오류라고 할 수 있다. 이 값이 낮을수록 군집화에 따른 오류가 낮은 것이며, 따라서 대상들이 보다 타당성 있게 군집화되었다고 볼 수 있다. K-평균 방법에서는 각 군집화 과정에서 발생하는 오류를 최소화하는 방향으로 군집화를 계속하며, 오류가 발생하지 않는 군집화 단계에서 군집화가 종료된다.

2) 비계층적인 군집화 방법의 종류

(1) 순차적인 군집화 방법

군집의 중심이 선택되고 사전에 지정된 값의 거리 안에 있는 모든 속성들은 동일한 군집으로 분류된다. 한 군집이 형성되고 난 후 새로운 군집의 중심이 결정되면 이 중심을 기준으로 일정 거리 안에 있는 모든 대상이나 속성은 또 다른 군집으로 분류된다. 이러한 과정은 모든 속성이 최종적으로 군집화될 때까지 반복된다. 그래서 이러한 군집화 방법을 순차적 군집화 방법(Sequential threshold method)라고 한다.

(2) 동시 군집화 방법

사전에 지정된 값 안에 속성이나 응답자가 속하는 경우, 몇 개의 군집이 동시에 결정되는 경우를 말한다. 동시 군집화 방법(Paralled threshold method)은 몇 개의 군집이 곧바로 결정되는 방법으로 연구자는 작은 속성 또는 많은 속성이 군집에 포함되도록 사전에 거리를 조정할 수도 있다.

(3) 최적할당 군집화 방법

최적 할당 군집화 방법(Optimizing partitioning method)은 사전에 주어진 군집의 수를 위한 군집 내 평균 거리를 계산하는 최적화 기준에 의해 최초의 군집에서 다른 군집으로 재할당될 수 있다는 점에서 앞에서 언급한 순차적 군집화 방법과 동시 군집화 방법과 다르다.

3) K-평균 군집분석 실행 예

앞의 계층적 군집분석 실행에서 적용된 예의 데이터를 가지고 K-평균 군집분석을 실행하기로 한다. K-평균 군집분석을 실시하기 위해서는 앞의 [그림 16-1]에서 다음과 같은 순서로 진행하면 다음과 같은 화면을 얻을 수 있다.

분석(A)
    분류분석(Y) ▶
        K-평균 군집분석(K)...

[그림 16-9] K-평균 군집분석 화면   [데이터: ch16.sav]

위에서 군집화를 위한 변수인 x1, x2, x3, x4, x5, x6를 선택한 후, ➡ 단추를 누르면 다음 그림과 같이 변수(V) 상자에 변수들이 나타난다.

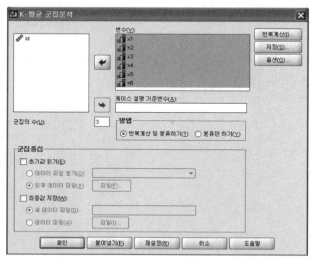

[그림 16-10] K-평균 군집분석 변수 지정하기

[그림 16-10]의 **케이스 설명 기준변수(A):** 는 초기 지정값으로, 케이스는 출력 결과에서 케

이스 번호로 구별된다. 경우에 따라서 문자변수 값을 사용하여 케이스를 구별할 수 있어, 필요하면 문자 변수를 지정하면 된다. **군집의 수(U)** 란에는 초기 지정값으로 ② 설정되어 있으나 여기서는 앞의 계층적 군집화 분석 결과를 토대로 ③을 입력하여 군집의 수를 3으로 한다. 초기 지정값으로 바꾸려면 양의 정수값을 입력한다.

군집 수는 케이스 수보다 크지 않아야 한다. **군집 중심**의 키워드는 자체의 초기 군집 중심을 제공하거나 후속 분석을 위해 최종 중심을 저장하는 경우에 사용된다. 방법란에는 ◉ **반복 계산 및 분류하기(T)** 선택 키워드와 ○ **분류만 하기(Y)** 선택 키워드가 나타나 있다. ◉ **반복 계산 및 분류하기(T)** 선택 키워드는 반복 계산 프로세스에서 초기 군집 중심점을 새로 고친다. 갱신된 중심은 케이스 분류에 사용되고, ○ 분류만 하기(Y) 선택 키워드는 초기 군집 중심을 사용하여 케이스를 분류한다. 군집 중심은 갱신되지 않는 것을 나타낸다.

[그림 16-10]의 화면에서 보면 군집분석의 선택 단추는 반복 계산(I)… , 저장(S)… , 옵션(O)… 등 세 가지가 있다. 이들을 차례로 설명하여 보자.

(1) 반복 계산

앞의 [그림 16-10]에서 반복 계산(I)… 단추를 누르면, 다음과 같은 화면을 얻을 수 있다.

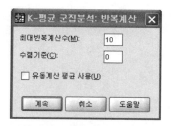

[그림 16-11] 반복 계산 창

K-평균 군집분석: 반복 계산 창은 초기 군집 중심 갱신에 사용된 기준을 수정할 수 있는 창이다. 여기에 나타난 옵션을 설명하면 다음 표와 같다.

선택 키워드	설명 내용
최대반복계산수(M) 10	군집 중심을 새로 고치기 위한 최대반복 계산수. 각 반복 계산마다 케이스가 차례로 최근 군집 중심으로 할당되고 군집 평균이 갱신된다. 초기 지정 값으로 최대 반복 계산 수를 바꾸려면 양의 정수를 입력한다.
수렴기준(C)	초기 지정값으로 군집 중심에서 최대 변화량이 초기 중심 간 최소 거리의 2%보다 작은 경우(혹은 최대 반복 계수에 도달했을 때) 반복 계산은 중지된다. 수렴값을 바꾸려면 1 이하의 양수를 입력한다.
☐ 유동계산 평균 사용(U)	반복 계산 중 군집 중심은 모든 케이스를 군집에 할당한 다음 재계산된다. 이 옵션으로 케이스를 군집에 할당할 때마다 새 군집 중심을 계산한다. 평균 실행을 사용할 때는 데이터 파일의 케이스 순서가 군집 중심에 영향을 미칠 수 있다.

[표 16-6] K-평균 군집분석: 반복 계산 창

[그림 16-11]에서 계속 단추를 누르면, [그림 16-10]으로 복귀한다. 여기서 저장(S)⋯ 단추를 누르면, [그림 16-12] 화면이 나타난다.

(2) K-평균 군집분석 새 변수로 저장

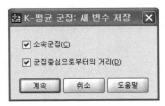

[그림 16-12] K-평균 군집분석 새 변수로 저장

여기에서 지정한 키워드에서 ☑ **소속군집(C)**은 각 케이스가 할당된 최종적인 군집을 저장한다. 값의 범위는 1에서부터 전체 군집의 수까지 지정할 수 있는 것을 나타낸다. ☑ **군집중심으로부터의 거리(D)** 거리와 케이스 분류에 사용된 군집 중심 간의 유클리디안 거리를 저장하는 키워드를 말한다.

[그림 16-12]에서 계속 단추를 누르면, 앞의 [그림 16-10]으로 복귀한다. 여기서 옵션(O)⋯ 단추를 누르면, [그림 16-13] 화면이 나타난다.

(3) K-평균 군집분석 옵션

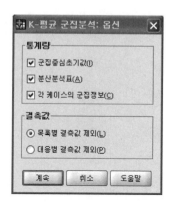

[그림 16-13]에 있는 선택 키워드를 설명하면 다음과 같다.

선택 키워드	설명 내용
통계량	다음을 선택할 수 있음
☑ 군집중심초기값(I)	각 군집에 대한 변수 평균의 첫 번째 추정값이다. 초기 지정값으로 적절한 간격이 떨어져 있는 케이스를 군집 수와 동일하게 선택한다. 군집 중심 초기값은 분류의 첫 번째 반올림에 사용된 다음 갱신된다.
☑ 분산분석표(A)	각 군집변수에 대한 일변량 F 검정이 포함된 분산분석표를 표시한다. F 검정은 기술통계뿐이며 결과 확률은 해석되지 않는다. 케이스가 모두 단일 군집에 지정될 때는 분산분석표가 표시되지 않는다.
☑ 각 케이스의 군집정보(C)	케이스마다 최종 군집 할당을 표시하며 케이스 분류에 사용된 케이스와 군집 중심 간 유클리디안 거리를 표시한다. 최종 군집 중심 간 유클리디안 거리도 함께 표시한다.
결측값	다음을 지정하면 된다.
◉ 목록별 결측값 제외(L)	분석에서 군집변수에 대한 결측값이 있는 케이스를 제외한다.
○ 대응별 결측값 제외(P)	비결측값이 있는 모든 변수로부터 계산한 거리를 기초로 케이스를 군집에 할당한다.

[표 16-7] K-평균 군집분석: 옵션

[그림 16-13]에서 계속 단추를 누르면, 앞의 [그림 16-10]으로 되돌아간다. 여기서 확인 단추를 누르면 다음 결과를 얻을 수 있다.

4) K-평균 군집화 분석의 결과

결과16-5 초기 군집 중심

초기 군집중심			
	군집		
	1	2	3
x1	4	1	7
x2	6	3	2
x3	4	2	6
x4	5	2	4
x5	3	6	1
x6	6	4	3

[결과 16-5]의 설명

각 변수에 대한 초기 세 개(3) 군집의 중심값이 나타나 있다. 이러한 중심의 값은 케이스 할당을 위한 임시값이라고 할 수 있다. 이러한 초기 군집 중심값을 기준으로 각 응답자(case)와 각 군집의 중심점과의 거리를 계산하여 거리가 가장 가까운 군집에 응답자를 할당한다.

결과16-6 반복 계산 정보

반복계산정보[a]			
	군집중심의 변화량		
반복계산	1	2	3
1	1.118	1.333	1.990
2	.000	.000	.000

a. 군집 중심값의 변화가 없거나 작아 수렴이 일어났습니다. 모든 중심에 대한 최대 절대 좌표 변경은 .000입니다. 현재 반복계산은 2입니다. 초기 중심 간의 최소 거리는 6.557입니다.

[결과 16-6]의 설명

반복 계산에 따른 군집 중심의 변화량이 나타나 있다.

결과 16-7 소속군집의 거리

소속군집

케이스 수	군집	거리
1	3	1,249
2	2	1,667
3	3	1,990
4	1	1,118
5	2	1,333
6	3	1,470
7	3	1,720
8	3	1,600
9	2	1,453
10	1	1,118

[결과 16-7]의 설명

각 케이스(응답자)가 어떤 군집에 속하며 각 케이스와 군집의 중심점 간의 거리를 나타내고 있다

결과 16-8 최종 군집과 소속 군집의 거리

최종 군집중심

	군집		
	1	2	3
x1	4	2	6
x2	6	3	3
x3	4	2	6
x4	6	3	3
x5	4	6	2
x6	6	4	4

최종 군집중심간 거리

군집	1	2	3
1		5,167	5,780
2	5,167		7,317
3	5,780	7,317	

[결과 16-8]의 설명

최종적으로 각 변수에 대한 세 개 군집의 중심값이 나타나 있다. 초기의 중심점을 이용하여 군집분석을 하는 과정에서 새로운 케이스가 포함되기 때문에 평균이 달라지게 되므로 군집의 중심도 변하게 된다. 이러한 과정은 모든 케이스가 세 개의 군집 중 한 곳이라도 포함되어야 종료된다.

분산분석

	군집		오차			
	평균제곱	자유도	평균제곱	자유도	F	유의확률
x1	20,067	2	,567	7	35,412	,000
x2	4,067	2	,567	7	7,176	,020
x3	19,400	2	,529	7	36,703	,000
x4	4,200	2	,529	7	7,946	,016
x5	12,617	2	,738	7	17,094	,002
x6	4,517	2	,267	7	16,937	,002

다른 군집의 여러 케이스 간 차이를 최대화하기 위해 군집을 선택했으므로 F 검정은 기술통계를 목적으로만 사용되어야 합니다. 이 경우 관측유의수준은 수정되지 않으므로 군집평균이 동일하다는 가설을 검정하는 것으로 해석될 수 없습니다.

[결과 16-9]의 설명

세 개의 군집 간에 평균의 차이가 있는가에 대한 분산분석을 실시한 결과인데, 군집의 평균제곱은 각 변수에 대한 전체 평균으로부터 각 군집 평균들의 차이의 제곱합을 자유도로 나눈 값이다. 오차의 평균제곱은 군집 내 각 케이스들의 군집 평균으로부터 차이 제곱을 자유도로 나눈 값이다. 군집의 평균제곱과 오차의 평균제곱의 비율은 F비율이다. 예를 들어, x1 변수의 F값은 35.412($\frac{20.067}{0.567}$)이다.

여기서 연구자는 군집에 대한 명칭을 부여할 수 있는데, 군집 1은 '경쟁적인 소비자 군', 군집 2는 '냉담한 소비자 군' 군집 3은 '쇼핑 애호가 군'으로 나눌 수 있다. 이러한 3개의 군집 간에 차이가 있음을 알 수 있다(유의확률 < α = 0.05).

결과 16-10   군집에 포함된 케이스(응답자) 수

각 군집의 케이스 수

군집	1	2,000
	2	3,000
	3	5,000
유효		10,000
결측		,000

[결과 16-10]의 설명

K-평균 군집화 방법에 의한 분석 결과, 세 개의 군집이 나타났음을 볼 수 있다. 각 군집에 포함된 케이스의 수가 나타나 있다. 이것은 SPSS 데이터 창으로 확인할 수 있다. 각 케이스마다 분류된 군집의 수가 나타나 있다.

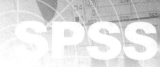

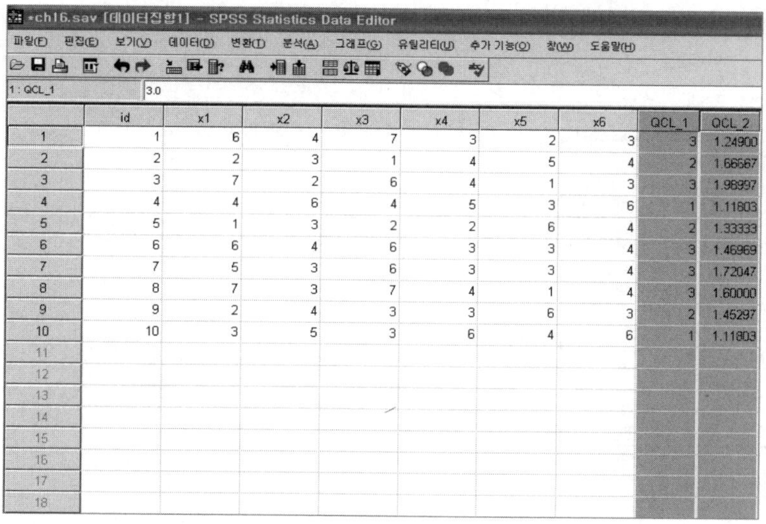

	id	x1	x2	x3	x4	x5	x6	QCL_1	QCL_2
1	1	6	4	7	3	2	3	3	1.24900
2	2	2	3	1	4	5	4	2	1.66667
3	3	7	2	6	4	1	3	3	1.98997
4	4	4	6	4	5	3	6	1	1.11803
5	5	1	3	2	2	6	4	2	1.33333
6	6	6	4	6	3	3	4	3	1.46969
7	7	5	3	6	3	3	4	3	1.72047
8	8	7	3	7	4	1	4	3	1.60000
9	9	2	4	3	3	6	3	2	1.45297
10	10	3	5	3	6	4	6	1	1.11803
11									
12									
13									
14									
15									
16									
17									
18									

[그림 16-14] 새로운 군집 저장 화면

[그림 16-14]의 화면에서 새로이 생성된 qcl_1 변수를 볼 수 있다. 앞의 계층적 군집분석의 결과 동일한 결과를 보이나 앞의 [그림 16-8]에서 군집 1은 [그림 16-14]에서는 군집 3으로 분류된 것을 알 수 있다.

이제 어느 개체가 어느 그룹에 속해 있는지 하나의 표로 알아보기 위해서 교차분석을 실시한다. 이를 위해서 다음과 같은 순서로 진행하면 된다.

분석(A)
기초통계량 ▶
교차분석(C)...

교차분석 화면에서 **행(O):** 란 Id를 지정하고, 열(C) 란에는 **케이스 군집 번호**(qcl_1)를 지정한 후 확인 단추를 누르면 된다.

id * 케이스 군집 번호 교차표

빈도

		케이스 군집 번호			전체
		1	2	3	
id	1	0	0	1	1
	2	0	1	0	1
	3	0	0	1	1
	4	1	0	0	1
	5	0	1	0	1
	6	0	0	1	1
	7	0	0	1	1
	8	0	0	1	1
	9	0	1	0	1
	10	1	0	0	1
전체		2	3	5	10

[결과 16-11]의 설명

군집 1에는 응답자(4, 10), 군집 2에는 응답자(2, 5, 9), 그리고 군집 3에는 응답자(1, 3, 6, 7, 8)가 각각의 군집에 포함됨을 하나의 표로 비교적 간단하게 알 수 있다.

SPSS

17장 다차원 척도분석

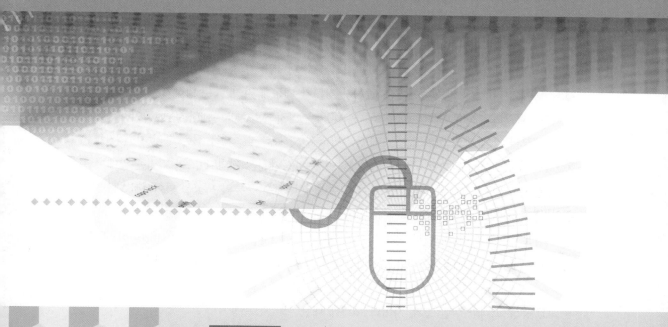

학습 목표

다차원 척도분석(Multidimensional Scaling: MDS)은 인지도 분석(Perceptual Mapping)이라고도 하는데, 대상들 간의 관련 이미지(회사, 제품, 서비스 등)의 복잡한 관계를 적은 수의 차원(2차원 혹은 3차원)의 공간에서 단순한 구도로 시각화하여 주는 통계분석 기법이다.

1. 다차원척도법(MDS: Multidimensional Scaling)의 개념과 다양한 다차원척도법을 이해할 수 있다.
2. 다차원척도법의 절차, 명칭 부여 방법, 결과에 대한 신뢰성과 타당성 평가 방법을 이해할 수 있다.
3. 다차원척도법, 판별분석, 요인분석의 관계를 이해할 수 있다.

17.1 다차원 척도분석이란?

1) 다차원 척도분석의 의의

우리는 주위의 여러 대상들과 관계를 맺으면서 살고 있다. 그리고 이들을 끊임없이 관찰하고 비교하는 가운데, 관찰 대상들을 좋아하는 것과 싫어하는 것 또는 서로 비슷한 것과 다른 것으로 분류하게 된다. 대상물을 인지하고 평가할 때 사용하는 기준은 사람에 따라 다를 수 있다. 그런데 인간은 인지 능력의 한계 때문에 대상물이 갖고 있는 모든 속성을 평가 기준으로 삼기보다는, 자신에게 편리하고 중요하다고 생각되는 몇 가지 속성만을 선택적으로 사용하는 경향이 높다. 예컨대 냉장고를 선택하는 기준으로 가격, 디자인, 광고, 실용성 등을 고려한다고 할 때, 사람에 따라 선택 기준에 대한 가중치가 다르기 때문에 각기 다른 냉장고를 고르게 된다.

다차원 척도분석(Multidimensional Scaling: MDS)은 인지도 분석(Perceptual Mapping)이라고도 하는데, 대상들 간의 관련 이미지(회사, 제품, 서비스 등)의 복잡한 관계를 적은 수의 차원(2차원 혹은 3차원)의 공간에서 단순한 구도로 시각화하여 주는 통계분석 기법이다. 이 기법은 앞에서 설명한 판별분석이나 군집분석과 같은 분류 기법이지만, 단순 분류의 특성을 넘어서서 대상물이 위치하는 지점을 시각적 구도 속에서 알려준다는 점에서 유용하게 사용된다.

이 분석법은 우리나라에서 현재 일부의 연구가들에 의하여 이용되고 있으며, 특히 마케팅 분야에서 매우 많이 사용하고 있다. 마케팅에서 사용되고 있는 적용 범위는 다음과 같다.

① 충성 고객과 일반 고객 사이의 회사에 대한 이미지 측정
② 시장 세분화 전략
③ 신제품 개발
④ 광고 효과 측정
⑤ 가격 분석
⑥ 유통 경로 결정
⑦ 소비자들이 중요하게 생각하는 제품의 특성 파악

이 분석 기법은 마케팅뿐만 아니라, 다른 사회과학이나 이학 분야에서도 널리 이용되고 있다.

다차원 척도분석 기법은 소비자가 대상을 인지하거나 평가할 때 어떠한 기준에 의해서 하게 되는지를 규명하기 위해서 적정수의 평가 차원을 결정하며, 그리고 규명된 각 차원이 의미하는 바와 각 차원에서의 좌표를 적절히 해석하는 등과 같은 여러 가지 목적을 가진다. 여기서 차원이란, 수학적으로 말해서 이차원은 평면을 구성하고, 삼차원은 공간을 구성한다는 의미이다. 이차원이나 삼차원과 같은 저차원은 관찰 대상들을 시각적으로 구분할 수 있게 해준다.

2) 다차원척도법의 실행 절차

연구자가 다차원척도법을 실행하려면, 자료를 적합한 형태로 취합되고 분석이 쉽게 하기 위해서 다차원척도법 절차를 잘 알아야 한다. 연구자가 해결해야 할 중요한 문제는 좌표 평면에서 차원수를 몇 개로 결정하는 문제이다. 또한 차원의 이름을 결정하는 것도 중요한 문제이다. 마지막으로 획득된 결과에 대한 평가도 중요한 대목이다.

다차원척도법의 실행 절차는 다음 그림과 같다.

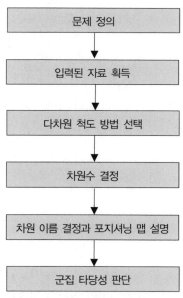

[그림 17-1] 다차원척도법의 실행 절차

(1) 문제의 정의

문제 정의를 위해서 연구자는 다차원척도법의 결과가 어디에 쓰일 것인지에 대하여 정확하게 파악하고 있어야 한다. 본 예제에서는 먼저, 우리나라 주요 도시간의 거리표를 2차원 평면에 나타내는 기초적인 문제를 다룬다. 그리고 호텔의 이미지 비교 및 호텔 서비스에 대한 만족도 등의 예제를 통하여 다차원척도법의 문제 정의에 대하여 설명한다.

(2) 입력 자료 획득

다차원척도에서의 입력 자료는 유사성 또는 선호도의 자료가 이용된다. 유사성이나 선호도의 자료는 정량형태와 정성형태로 대별될 수 있는데, 정량형태의 자료는 유사성이나 선호도가 등간척도나 비율척도로 측정하여 얻어진 자료이며, 정성자료는 서열척도에 의하여 얻어진 자료를 말한다.

(3) 다차원척도방법 선택

다차원척도법은 주로 소비자들의 심리상에 위치해 있는 평가 대상들의 상대적인 위치를 도표화하여 나타내는 기법이다. 다차원척도법(MDS)의 종류로는 전통적 다차원척도법(Classical MDS), 반복 다차원척도법(Replicated MDS), 가중다차원척도법(Weighted MDS) 등이 있다.

전통적 다차원척도법(Classical MDS)은 비유사성 행렬이 단 한 개인 경우로 가장 간단한 다차원척도법이다. **반복 다차원척도법**(Replicated MDS)은 하나 이상의 자료 행렬을 분석하는 경우에 사용되는 방법이다. **가중 다차원척도법**(Weighted MDS)은 개인별이나 또는 세부적인 집단별 평가를 할 수 있는 다차원척도법으로 **INDISCAL**(INdividual DIfference SCALing)이라고도 한다.

(4) 차원수 결정

다차원척도법은 입력 자료를 이용하여 공간상에서 관찰 대상들 간의 상대적인 거리를 가능한 정확히 위치시킴으로써 다차원 평가 공간을 형성한다. 관찰 대상들의 상대적인 거리의 정확도를 높이기 위해서, 다차원 공간에의 **적합**(fitting)은 더 이상의 개선이 안 될 때까지 반복적으로 계속된다. 이 적합의 정도를 스트레스 값(stress value)으로 표현한다. 다른 말로 하면, **스트레스 값**은 불일치의 정도(badness of fits, lack of fit measure)로 볼 수 있다. 스트레스 값의 크기에 따라

차원 수 결정이 적절한지 여부를 판단한다.

스트레스 값은 실제 거리와 적합된 거리 사이의 오차 정도를 나타내는 것으로서, 다음과 같은 공식에 의해 측정된다.

$$S = \sqrt{\frac{\sum\limits_{1=i,i \neq j}^{n}(d_{ij} - \widehat{d_{ij}})^2}{\sum\limits_{1=i,i \neq j}^{n}(d_{ij})^2}}$$

d_{ij} = 관찰 대상 i부터 j까지의 실제 거리

$\widehat{d_{ij}}$ = 프로그램에 의하여 추정된 거리

분석 프로그램에 의해 추정된 거리가 실제와 일치하면, $(d_{ij} - \widehat{d_{ij}})$는 0이 되어 스트레스 값은 0이 된다. 이것은 추정이 완벽함을 의미한다. **크루스칼**(Kruskal)은 추정이 잘 되었는지 여부를 나타내는 적합 정도를 다음 [표 17-1]과 같이 제시하고 있다. 스트레스 값이 줄어드는 방향으로 분석 과정을 반복하면 관찰 대상들의 좌표가 변화되어 간다.

스트레스 값	적합정도
0.2 이상	매우 나쁨
0.2	나쁨
0.1	보통
0.05	좋음
0.025	매우 좋음
0	완벽함

[표 17-1] 스트레스 값의 해석

이론적으로 n개 대상에 대여 n-1차원에서 완벽한 적합이 이루어질 수 있다. 그러나 3차원이 넘는 포지셔닝 맵은 시각적인 제한으로 인하여 분석이 거의 불가능하다. [그림 17-2]는 분석 결과를 나타내 주는 scree plot으로서, 스트레스 값과 차원수를 함께 표시하고 있다. 이 그림에서 스트레스 값의 감소폭이 줄어드는 팔꿈치(elbow) 지점에서 차원의 수를 정하게 된다. 여기서는 2차원으로 정하게 된다.

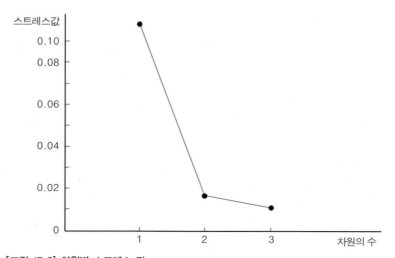

스트레스값

[그림 17-2] 차원별 스트레스 값

(5) 차원 이름과 포지셔닝 맵 설명

차원의 수가 결정되면 연구자는 차원의 이름을 결정하여야 한다. 요인분석에서 요인이름을 결정하는 것과 같은 원리로, 다차원척도법에서도 연구자 자신이 각 차원의 이름을 결정해야 한다. 차원의 이름을 결정하는 방법은 관찰 대상들에 대해서 잘 알고 있는 전문가(관리자나 연구자의 경험)에 의한 방법, 개체의 특성을 고려한 회귀분석을 통한 방법, 점수 간의 상관계수가 높은 속성을 차원 이름으로 이용하는 방법, 그리고 브랜드와 같은 외형적인 특성(physical characteristic)에 의한 방법 등이 있다.

각 차원에 이름을 부여하고 나면, 포지셔닝 맵을 얻을 수 있다. 포지셔닝 맵이란 소비자들이 제품, 상표 등을 평가하는 기준에 비추어 볼 때 어떠한 평가를 하고 있는가를 나타내 주는 것이다. 포지션이란 소비자들이 특정 대상에 대하여 느끼는 심리적 공간상의 위치를 말한다. 포지셔닝 맵은 시장과 경쟁 구조에 대한 기초적인 진단을 통하여 소비자들의 인지→선호→선택에 이르는 일련의 과정을 일관성 있게 이해할 수 있게 해주므로, 신제품 개발, 시장 세분화, 포지셔닝, 마케팅믹스 전략 등에 효과적으로 이용할 수 있다.

(6) 신뢰성과 타당성 검정

다차원 척도분석의 결과에 대해 신뢰성과 타당성을 알아보기 위해서는 **모형의 적합도 지수**(idex

of fit)를 알아보아야 한다. 모형의 적합도 지수는 회귀분석에서 R^2과 유사한 것이다. 적합도 지수는 0과 1 사이에 있으며, 0.6 이상이면 설명력이 높다고 할 수 있다. 또한 신뢰성 검정을 동일한 측정 도구를 사용하여 1차 측정한 후에 재측정을 하여, 두 측정값들 간의 차이를 분석하는 test-retest reliability를 사용하는 방법이 있다.

17.2 전통적 다차원척도법

1) 예제 실행

전통적 다차원척도법(Classical MDS)은 소비자가 인지한 관찰 대상을 전체적인 상황으로 나타내기 위해서 포지셔닝 맵을 그릴 때에 매우 유용한 방법이다. 입력되는 행렬이 하나인 경우에 이 기법이 이용된다. 예제로서, 서울과 부산 사이의 경부고속도로에 있는 인터체인지 간의 거리표를 통하여 사람들이 생각하는 바를 얼마나 정확하게 표현해 주고 있는지를 알아보도록 하자.

(단위: km)

	서울 (1)	수원 (2)	천안 (3)	대전 (4)	구미 (5)	동대구 (6)	부산 (7)
(1)	0						
(2)	31.23	0					
(3)	83.50	52.27	0				
(4)	152.27	121.00	68.77	0			
(5)	254.10	222.87	170.60	101.83	0		
(6)	305.36	274.13	221.86	153.09	51.26	0	
(7)	427.95	396.72	344.50	275.73	173.90	122.64	0

[표 17-2] 서울과 부산 사이 인터체인지 거리표

[표 17-2]의 자료를 입력하기 위해서 데이터 보기, 변수 보기 창을 이용하면 다음과 같은 화면을 얻을 수 있다.

[그림 17-3]에서 일행과 일(서울)열이 만나는 곳에 0이라고 입력한 이유는 자기 자신의 거리를 나타내므로 0이라고 하였다. 2행과 서울열이 만나는 31.23은 서울과 수원 사이의 인터체인지간의 거리가 31.23km임을 나타낸다.

이제 포지셔닝 맵을 그리기 위해서는 다음과 같은 절차를 거치면 된다.

분석(A)
        척도 ▶
                다차원척도법(ALSCAL)(M)...

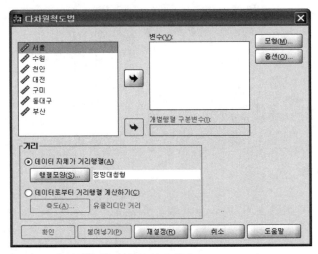

[그림 17-4] 다차원 척도분석의 초기 화면

위 화면에서 왼쪽의 변수 상자로부터 서울, 수원, 천안, 대전, 구미, 동대구, 부산을 지정한 후, 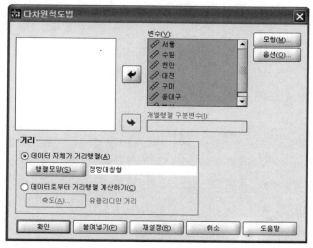 단추를 오른쪽의 변수(V): 란에 옮긴다. 그러면 [그림 17-5]와 같은 화면을 얻을 수 있다.

[그림 17-5] 변수 옮기기

개별행렬 구분변수(I): 란은 집단을 구분하는 변수를 지정한다. 개별 거리행렬은 집단마다 계산되고 중복된 모형이나 가중된 모형이 계산된다(개별 척도 모형의 선택 여부에 따라 결정). 만약 관찰 자료가 이미 행렬 형태로 되어 있다면, 선택할 필요가 없다.

거리 상자는 현재 입력된 자료를 읽거나 거리행렬로 다시 계산하기 위해 사용한다. 다음 중의 하나를 선택한다.

◉ 데이터 자체가 거리행렬(A): 이것은 자료를 거리행렬로 나타내어, 유사성의 정도를 나타낸다.
○ 데이터로부터 거리행렬 계산하기(C): 자료로부터 정방행렬과 대칭행렬을 계산한다.

여기서는 ◉ **데이터 자체가 거리행렬(A):** 에 대해서만 설명한다. 기존 상이성 행렬의 특성을 정의할 수 있다. 상이성 거리행렬의 입력 형태를 정하기 위해서 앞의 [그림 17-5]에서 거리 상자의 행렬모양(S)··· 단추를 누르면 [그림 17-6]과 같은 창을 얻는다.

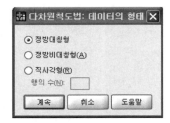

[그림 17-6] 입력 자료가 행렬인 경우

다음 표는 [그림 17-6]에 나타난 키워드를 설명한 것이다.

키워드	내용 설명
◉ 정방대칭형	입력된 자료가 정방행렬이면서 대칭행렬을 말한다.
○ 정방비대칭형(A)	비대칭행렬로 대응값이 서로 다르다.
○ 직사각형(R)	직사각행렬

[표 17-3] 행렬 형태의 설명

[그림 17-6]에서 계속 단추를 누르면, [그림 17-5]로 복귀한다.

다음으로, [그림 17-5]에 나타난 모형(M)… 단추와 옵션(O)… 단추를 설명하여 보자.

(1) 입력 모형의 결정

입력 모형의 측정, 조건, 차원, 척도 모형의 수준을 결정하기 위해서 [그림 17-5]의 모형(M)…
단추를 누르면 다음과 같은 다차원척도법: 모형 창을 얻는다.

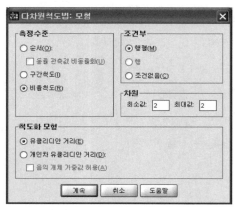

[그림 17-7] 입력 모형의 창

다음 표는 입력 모형 특성 창에 대한 설명이다.

키워드	내용 설명
측정수준	측정 수준을 나타냄
○ 순서(O)	서열척도를 처리하는 방법으로 크루스칼의 최소제곱 단일 변환을 사용하여 데이터를 순서 데이터나 정렬된 범주형 데이터로 처리한다. 분석은 비정량적이다. 디폴트로, 동률 순위들은 분석 내내 동률 상태를 유지한다. 동률인 관측값을 비동률화를 선택하여 동률을 비동률 상태로 바꾼다.
☐ 동률 관측값 비동률화(U)	이것을 선택하면 동리한 등급을 해제시킴
○ 구간척도(I)	등간척도인 경우
⦿ 비율척도(R)	비율척도인 경우
조건부	조건화에 의한 자료치를 비교
○ 행렬(M)	행렬 또는 속성별의 의미 있는 자료치 비교
○ 행	각 행렬내의 행에서 의미 있는 자료치 비교, 이 키워드는 비대칭과 사각행렬에서만 유용하다.
○ 조건없음(C)	입력 행렬이나 행렬군의 모든 값 간 비교를 수행할 수 있는 경우 이 옵션을 선택한다. 행렬 자료를 비교할 수 있으면 선택하지 않아도 됨.
차원	최소 ②, 최대 ②는 1차원과 2차원을 각각 나타냄.
최소값 ② 최대값 ②	초기 지정값으로, SPSS에서는 2차원 해법을 작성한다. 다른 차원에 대한 해법을 구하려면 1과 6 사이의 최소값과 최대값을 입력한다. 가중 모형에 대해서는 최소 차원이 2 이상이어야 한다.
척도화 모형	척도 모형
⦿ 유클리디안 거리(E)	유클리드 거리로 환산, 유클리디안 모형은 여러 행렬 유형에서 사용된다. 데이터가 단순 행렬일 때는 SPSS에서 고전적인 다차원척도(CMDS) 분석을 수행한다. 데이터가 둘 이상의 행렬일 때는 중복된 다차원척도(RMDS) 분석이 작성된다.
○ 개인차 유클리디안 거리(D) ☐ 음의 개체 가중값 허용(A)	가중치가 있는 개별적인 유클리드 거리 모형, 음의 값을 갖는 속성 가중치는 포함되지 않는다.

[표 17-4] 입력 모형 특성의 창 설명

여기서 [계속] 단추를 누르면, [그림 17-5]로 복귀한다.

(2) 결과 형식의 선택

결과 형식을 선택하려면, [그림 17-5]에서 옵션(O)… 단추를 누른다. 그러면 [그림 17-8]의 화면을 얻는다. 이 단추는 선택 창에서 결과 선택, 반복 평가, 무응답치의 처리 등을 위해서 이용된다.

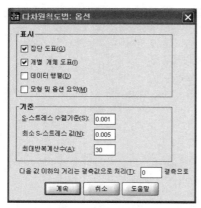

[그림 17-8] 결과 형식의 선택 창

[표 17-5]는 결과 선택 창에 대한 설명이다.

키워드	내용 설명
출력	출력 결과를 보여 주는 형태
☑ 집단 도표(G)	산포도
☑ 개별 개체 도표(I)	개별 속성 산포(점)도를 표시함
☐ 데이터 행렬(D)	속성별 자료치와 입력된 행렬을 나타냄
☐ 모형 및 옵션 요약(M)	자료, 모형, 출력, 그리고 선택에 대한 요약
기준	스트레스 값의 기준
S-스트레스 수렴기준(S): .001	최대로 수렴하는 스트레스 값 0.001
최소 S-스트레스 값(N): .005	최소 0.005 이하이면 모형이 적합함
최대반복계산수(A): 30	최대 반복 30회
다음 값 이하의 거리는 결측값으로 처리(T): ⓪	초기 지정값으로 0보다 작은 자료는 무응답으로 처리한다. 만약 5를 입력하면 5 이하의 값은 무응답 처리된다.

[표 17-5] 결과 선택의 창 설명

[그림 17-8]에서 계속 단추를 누르면, [그림 17-5]로 복귀한다. 여기서 확인 단추를 누르면, 다음의 결과를 얻는다.

2) 결과

→ 결과17-1 반복 과정

Iteration history for the 2 dimensional solution (in squared distances)

Young's S-stress formula 1 is used.

Iteration S-stress Improvement

1 .00007

Iterations stopped because
S-stress is less than .005000

Stress and squared correlation (RSQ) in distances

RSQ values are the proportion of variance of the scaled data (disparities)
in the partition (row, matrix, or entire data) which
is accounted for by their corresponding distances.
Stress values are Kruskal's stress formula 1.

For matrix
Stress = .00010 RSQ = 1.00000

[결과 17-1]의 설명

이것은 반복적인 실행 결과를 나타내고 있다. 모두 1회의 반복이 일어났으며, 스트레스 값의 향상이 1회에 0.00007로서 0.005보다 작게 되어 끝났음을 보여 주고 있다. 현재 스트레스 값은

0.00010로서, 이 모형은 매우 적합하다는 것을 보여 준다. 그리고 RSQ는 0.6 이상의 값을 보여 주고 있어서 모형이 적합하다는 것을 다시 한 번 더 확인시켜 준다.

▶결과 17-2 좌표값

```
Configuration derived in 2 dimensions




    Stimulus Coordinates

    Dimension

Stimulus Stimulus 1 2
  Number Name


  1 서울 1.7469 .0107
  2 수원 1.4423 .0199
  3 천안 .9332 −.0145
  4 대전 .2627 −.0100
  5 구미 −.7302 −.0220
  6 동대구 −1.2298 −.0073
  7 부산 −2.4251 .0232
```

[결과 17-2]의 설명

이차원 평면에서 도시의 좌표를 나타내고 있다. 예를 들어 서울의 경우(1.7469, 0.0107)의 값을 보이고 있다.

결과 17-3 포지셔닝 맵(2차원)

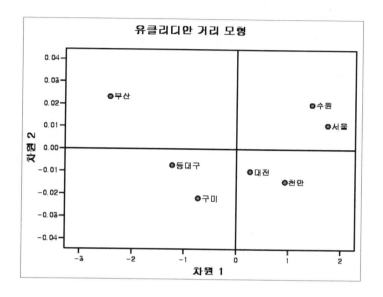

[결과 17-3]의 설명

앞의 [결과 17-3]에 나타난 결과를 좌표상에 나타낸 것이다. 이 결과를 통하여 각 도시의 위치와 거리 관계를 알 수 있다. 예를 들어, 서울과 수원, 천안과 대전이 동일한 지역권에 속하며, 구미와 동대구가 동일한 지역에 있는 것으로 나타났다. 실제 지도와는 다르게 나타나 있어, MDS의 해석은 주의를 요한다.

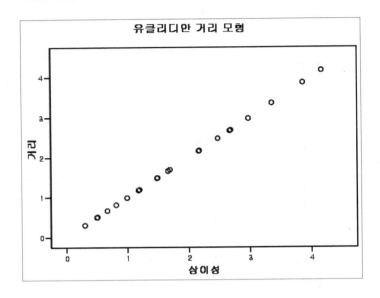

[결과 17-4]의 설명

이 산포도에서 각 도시들을 유클리드 거리로 나타내고 있다. 이 도시들은 대각선상에 선형적으로 위치하고 있어서 모형이 적절함을 보여 주고 있다. 이 도시들 간의 거리가 얼마나 잘 2차 평면상에 정보의 손실 없이 위치하였는가를 판단하는 것을 선형 적합성의 산점도를 통해 판단할 수 있다.

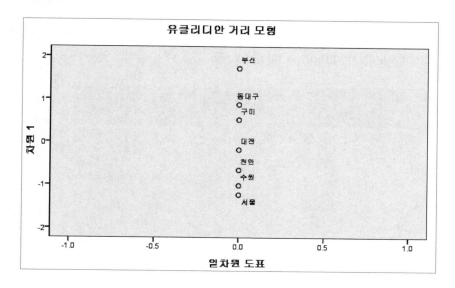

[결과 17-5]의 설명

이 결과 그림은 앞 [그림 17-7]의 차원에서 최대값: ①, 최소값: ①을 입력하고 얻은 결과로 서울에서 부산까지 또는 부산에서 서울까지 실제로 위치하고 있는 도시들을 1차원적인 선에 나타내었다.

17.3 반복 다차원척도법

반복 다차원척도법(Replicated MDS)은 하나 이상의 자료 행렬을 분석하는 경우에 사용되는 기법으로서, 전통적인 다차원척도법을 확장한 것이다. 이 기법은 유클리드 거리 모형을 응용해서 여러 개의 비유사성 행렬을 동시에 분석한다.

1) 예제 실행

다음은 국내의 생활용품을 전문으로 취급하는 5개의 기업 이미지가 어느 정도로 유사한지를 측정한 자료이다. 측정 대상 회사는 LG, CJ, 태평양(아모레), 옥시, 애경 등이다.

	매우 유사하다						전혀 다르다
LG-CJ	1	2	3	4	5	6	7
LG-태평양	1	2	3	4	5	6	7
·							
·							
·							
옥시-애경	1	2	3	4	5	6	7

[표 17-6] 기업 이미지 비교 문항

(주) 자료 입력시, 행렬의 대각선은 0이 된다.

평가되는 자료를 쌍으로 묶어서 계산하면, 모두 $n(n-1)/2=15$가 된다. 왜냐하면 $n=5$이기 때문이다. 여기서 n은 stimulus 개수이다. 예제로서 두 사람에 대한 설문조사 자료를 입력하기 위해서 데이터 보기, 변수 보기 창을 이용하면 다음과 같은 화면을 얻을 수 있다. [그림 17-9] 화면을 얻을 수 있다.

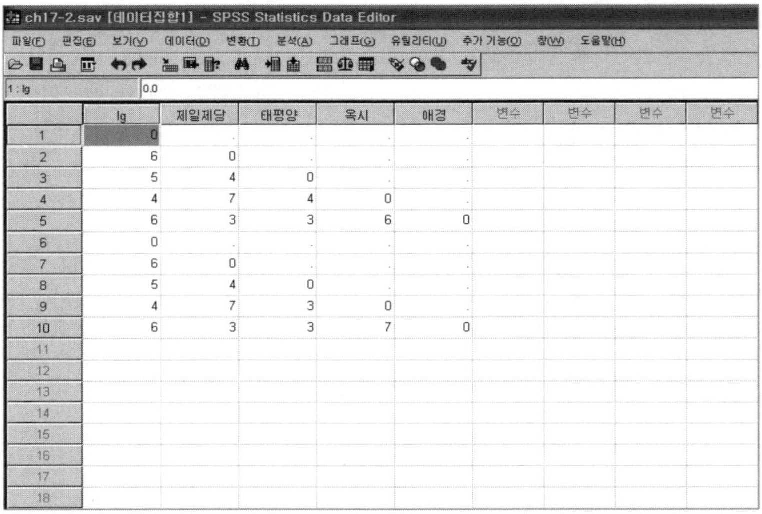

	lg	제일제당	태평양	옥시	애경	변수	변수	변수	변수
1	0	.	.	.	.				
2	6	0	.	.	.				
3	5	4	0	.	.				
4	4	7	4	0	.				
5	6	3	3	6	0				
6	0	.	.	.	.				
7	6	0	.	.	.				
8	5	4	0	.	.				
9	4	7	3	0	.				
10	6	3	3	7	0				
11									
12									
13									
14									
15									
16									
17									
18									

[그림 17-9] 두 사람에 대한 조사 자료의 입력 화면 [데이터: ch17-2.sav]

앞의 입력 화면에서 왼쪽 행의 1열~5열은 첫 번째 사람의 설문 응답이고, 6열~10열은 두 번째 사람의 설문 응답이다. [그림 17-9]의 입력 자료를 토대로 포지셔닝 맵을 그리기 위해서 다음과 같은 절차를 거치면, [그림 17-10]과 같은 화면을 얻는다.

위 화면에서 왼쪽의 변수 상자로부터 엘지, 제일제당, 태평양, 옥시, 애경을 지정한 후, **▶** 단추를 눌러서 오른쪽의 **변수(V):** 란에 옮긴다. 그러면 [그림 17-11]과 같은 화면을 얻을 수 있다.

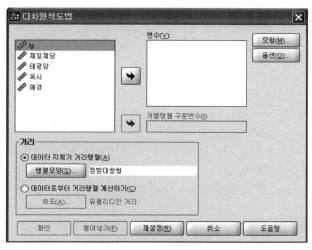

[그림 17-10] 다차원 척도분석의 초기 화면

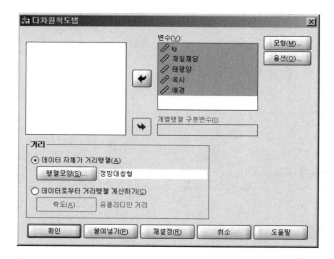

[그림 17-11]에서 **변수(V):** 란에 변수들이 옮겨진 것을 볼 수 있다. 또한 거리 상자에서 ⦿ **데이터 자체가 거리행렬(A):** 을 선택하여 거리행렬로 유사성(혹은 비유사성)의 정도를 나타낸다.

다음으로, 입력 모형의 특성을 결정하기 위해서 [그림 17-11]의 모형(M)… 단추를 누르면 다음과 같은 다차원척도법: 모형 창을 얻는다.

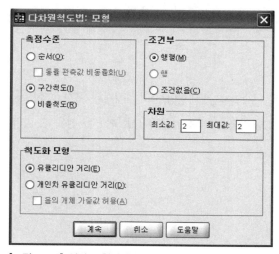

[그림 17-12] 입력 모형의 창

입력 모형의 창 [그림 17-12]의 측정 수준 상자에서 ◉ 구간척도(I)를 선택하고 있다. 이에 대한 자세한 설명은 앞의 [표 17-4]를 참조하기 바란다. 여기서 계속 단추를 누르면 [그림 17-11]로 복귀한다.

다음으로 결과 형식을 결정하기 위해 [그림 17-11]에서 옵션(O)… 단추를 누르면, [그림 17-13]의 화면을 얻는다. 이 단추는 선택 창에서 결과 선택, 반복평가, 무응답치의 처리 등을 위해서 이용된다.

[그림 17-13] 결과 형식의 선택 창

이 화면은 포지셔닝 맵의 산포도를 나타내는 ☑ 집단도표(G)만을 선택한 것을 보여 주고 있다. S-스트레스 수렴기준(S), 최소 S-스트레스 값(N), 최대반복 계산수(A)를 나타내는 기준 상자 란에서는 초기에 이미 지정되어 있는 초기 지정값을 그대로 적용하였다. [그림 17-13]에서 계속 단추를 누르면, [그림 17-11]로 복귀한다.

여기서 확인 단추를 누르면, 다음의 결과를 얻는다.

2) 결과

결과17-6 반복과정

```
Iteration history for the 2 dimensional solution (in squared distances)
Young's S-stress formula 1 is used.
Iteration S-stress Improvement
1 .10638
2 .10141 .00497
3 .10136 .00005


Iterations stopped because
S-stress improvement is less than .001000


Stress and squared correlation (RSQ) in distance
RSQ values are the proportion of variance of the scaled data (disparities)
in the partition (row, matrix, or entire data) which
is accounted for by their corresponding distances.
Stress values are Kruskal's stress formula 1.


Matrix Stress RSQ Matrix Stress RSQ
1 .059 .970 2 .096 .917


Averaged(rms) over matrices
Stress = .07937 RSQ = .94328
```

[결과 17-6]의 설명

반복적인 실행 결과를 나타내는 것으로 모두 3회의 반복이 일어났으며, 스트레스 값의 향상이 마지막회 0.00005로서 0.001보다 작게 되어 끝났음을 보여 주고 있다. 현재 스트레스 값은 0.07937로서 이 모형은 보통이다. 그리고 RSQ는 0.94328 이상의 값을 보여 주고 있어서 모형이 적합하다는 것을 확인시켜 주고 있다.

```
              Configuration derived in 2 dimensions

     Stimulus Coordinates
     Dimension


     Stimulus Stimulus  1          2
     Number Name


       1 LG           1.1868     1.0721
       2 CJ          -1.4245      .5524
       3 태평양        -.0826     -.7155
       4 옥시          1.5855     -.6295
       5 애경         -1.2651     -.2795
```

[결과 17-7]의 설명

이차원 평면에서 기업 간의 좌표를 나타내고 있다. 예를 들어 LG의 경우 (1.1868, 1.0721)의 값을 보이고 있다. 각 기업 간의 좌표를 통해 동일 차원으로 간주될 수 있다는 것을 추측할 수 있다. 즉, 태평양과 애경은 1차원 좌표가 음(-)의 값을 갖고, 2차원 좌표는 음(-)의 값을 갖고 있어 동일 차원에 포지셔닝이 될 것이라는 것을 예측할 수 있다.

결과 17-8 회사별 포지셔닝 맵

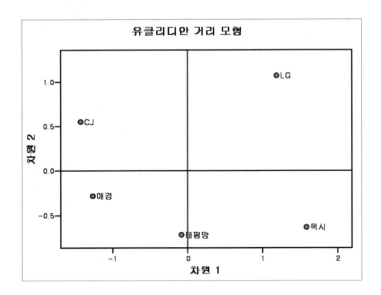

[결과 17-8]의 설명

좌표상에 나타난 결과를 보면 두 사람이 느끼는 기업의 이미지 측면에서 애경과 태평양의 이미
지가 동일한 것으로 나타났다.

결과 17-9 유클리드 모형에 의한 선형적합성 산포도

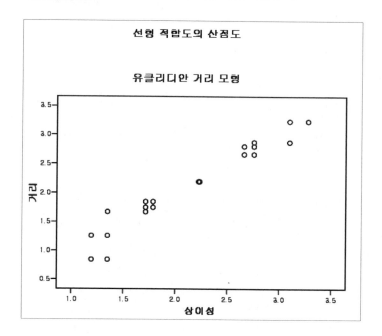

[결과 17-9]의 설명

이 산포도에서 각 회사에 대한 자료들을 유클리드 거리로 나타내고 있는 바, 이들은 선형적으로 나타나고 있어 모형이 적절함을 보여주고 있다.

17.4 다차원척도법(PROXSCAL)

다차원척도법(PROXCAL)은 유클리드 거리 모형을 일반화한 것으로서, 여러 개의 비유사성 행렬들은 비선형적으로 서로 다르다는 것을 가정하고 있다. 반복 MDS는 개별 측정의 차이점만을 설명해 주지만, PROXCAL MDS는 개인별 차이를 인지과정 상에서 설명하여 준다. 모든 사람에게 공통되는 공간이 있지만, 각 개인은 각 공간의 차원에 대해서 고유한 가중치를 갖는다고 가정하여 전체적인 차원과 개인별 가중치를 고려한 자료를 제공해 준다. 이 기법은 개인별이나

또는 세부적인 집단별 차이를 평가를 할 수 있는 다차원척도법으로 INDISCAL(INdividual DIfference SCALing)이라고도 한다.

1) 예제 실행

다음은 1998년 4월 1일자 <동아일보>의 기사를 인용한 것이다. 미국의 경제 예측 기관인 와튼계량경제예측연구소(WEFA)가 경제협력개발기구(OECD)의 1998년 3월 중 국가 위험도를 조사한 결과이다. 이 결과를 가지고 국가별 포지셔닝 맵을 그려 보도록 하자.

구분	경제 성장	물가	금리	환율	금융 시장	재정 건전도	외채	노사 관계	기업가 신뢰	행정 규제 완화	사회 안정	정치 안정
미국	8	7	7	7	9	8	9	9	9	9	9	9
독일	7	8	6	6	9	6	10	8	7	7	8	9
호주	6	8	7	6	9	7	7	8	8	8	8	8
일본	2	8	9	5	3	7	10	8	6	7	8	8
중국	6	6	6	7	6	6	6	6	7	6	6	5
홍콩	4	7	6	7	6	6	8	7	5	7	7	6
인도	4	3	3	3	7	4	5	6	5	5	6	5
인도네시아	2	1	3	1	3	4	2	3	2	4	2	2
말레이지아	5	5	4	4	5	6	6	5	5	7	7	7
파키스탄	4	3	3	3	2	2	2	3	3	3	3	3
필리핀	4	4	5	5	3	5	4	5	5	5	5	5
싱가포르	6	6	5	6	7	8	9	7	7	8	9	9
대만	6	7	6	7	6	7	8	8	7	8	8	8
태국	4	5	3	4	4	4	2	6	4	8	4	4
베트남	6	5	3	3	2	4	3	5	4	3	5	4
한국	3	3	5	3	2	6	3	4	4	5	4	3

[표 17-7] WEFA가 분석한 나라별 국가 위험도

(※10점 만점으로 점수가 낮을수록 국가 위험도가 높다는 것을 의미임).

예제로서, 신문 자료를 입력하기 위해서 변수 보기와 데이터 보기를 이용하여 입력하면 [그림 17-14]와 같은 화면을 얻을 수 있다.

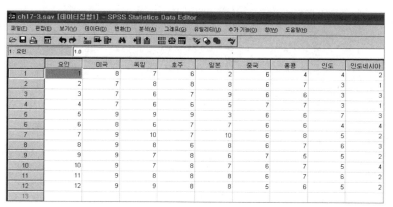

[그림 17-14] 자료의 입력 화면　　　　　　　　　　　　　　　[데이터: ch17-3.sav]

위 입력 화면은 [표 17-7]의 일부를 나타낸 것이다. 여기서 요인은 국가 위험도를 나타내는 변수들을 말한다. [그림 17-14]의 입력 자료를 토대로 포지셔닝 맵을 그리기 위해서 다음과 같은 절차를 거치면, [그림 17-15]와 같은 화면을 얻는다.

분석(A)
　　　척도 ▶
　　　　　　다차원척도법(PROXSCAL)(P)...

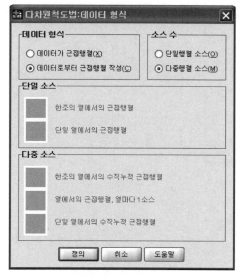

[그림 17-15] 다차원척도법: 데이터 형식

데이터 형식에서 ⦿ 데이터로부터 근접행렬 작성(C)과 ⦿ 다중행렬 소스(M)를 누르고 ⌈정의⌉ 단추를 누르면 다음과 같은 화면을 얻을 수 있다.

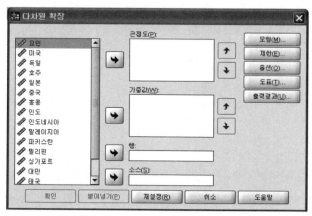

[그림 17-16] 다차원 확장

연구자가 유사성 행렬을 구하기 위한 변수들을 변수(V) 란에 옮기고 각 케이스(여기서는 요인이 해당됨)를 구분하는 변수를 소스(S) 란에 옮긴다. 그러면 다음과 같은 화면을 얻을 수 있다.

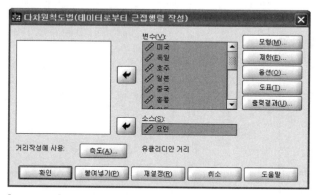

[그림 17-17] 다차원척도법(데이터로부터 근접행렬 작성)

여기서 ⌈확인⌉ 단추를 누르면 다음의 결과를 얻을 수 있다.

2) 결과

▶ **결과 17-10** 좌표

최종좌표

	차원	
	1	2
미국	.969	.048
독일	.667	.109
호주	.619	-.221
일본	.422	.514
중국	.197	-.245
홍콩	.255	.057
인도	-.314	-.250
인도네시아	-1.032	.276
말레이지아	-.020	-.013
파키스탄	-.925	-.110
필리핀	-.290	.131
싱가포르	.592	-.040
대만	.448	-.135
태국	-.435	-.058
베트남	-.572	-.262
한국	-.580	.199

[결과 17-10]의 설명

각국에 해당되는 차원별 좌표가 계산되어 나타나 있다. 미국의 경우 0.969, 0.048임을 알 수 있다.

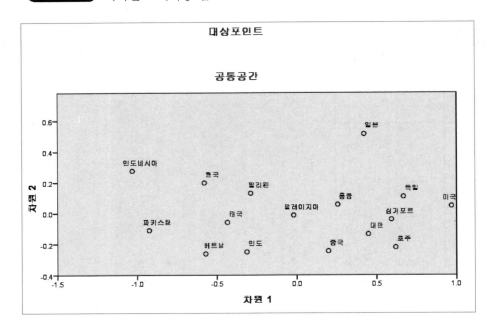

[결과 17-11]의 설명

이 결과에서 우리는 베트남, 한국, 파키스탄, 인도네시아, 필리핀, 태국 등이 각각 동일한 포지션에 있다는 것을 알 수 있다. 또한 미국, 독일, 호주, 싱가포르, 대만, 중국은 다른 차원에 포지션되어 있는 것을 알 수 있다. 즉, 이들 국가는 요인에 해당되는 값에서 높은 점수를 얻은 것을 확인할 수 있다. MDS에서 중요한 것은 맵의 형상만이 의미를 가지고 있으며, 차원의 방향에는 의미가 없다는 점이다. 필요에 따라서는 차원의 방향을 적절하게 회전시켜서 해석할 수 있어야 한다. 여기서 한 가지 제안할 수 있는 것은, 미국과 독일의 방향으로 화살표를 그어서, 그 차원의 명칭을 국가 위험도가 매우 적은 나라로 명명할 수 있을 것이다. 국가 위험도를 낮을수록 각 변수별 평가 점수가 높기 때문이다.

17.5 다차원 확장(PREFSCAL)

다차원 확장(PREFSCAL: Preference Scaling)은 고객의 인지 상태를 분석하기 위해서 이미지 맵(포지셔닝 맵이라고도 함)에 개인별, 집단별 선호 정도를 포함시켜서 개인이나 집단이 이상적으로 생각하는 이상점(ideal point)을 찾아내는 데 사용하는 방법이다.

개인이나 집단의 선호정도(이상점)를 포지셔닝 맵에 포함시키기 때문에 다차원확장을 이상점 모델(ideal point model) 혹은 전개 모델(unfolding model)이라 부른다. 다차원확장의 특징은 기존의 포지셔닝 맵에 제품이나 서비스의 속성과 고객의 이상점을 동시에 나타낼 수 있어 실무에서 유용하게 사용된다. 이 다차원 확장은 심리학이나 소비자 관련 연구기관에서 많이 사용하는 방법이다.

다차원확장 분석을 위해서는 개인이나 집단별 선호도 자료, 평가 대상물이 있어야 한다.

1) 예제 실행

다음은 Green & Rao(1972)가 와튼스쿨 학생들을 대상으로 조사한 자료이다. Green & Rao는 21명의 Wharton School MBA 학생들과 그 배우자들에게 15가지 아침 식사 메뉴별(Toast pop-up부터 Corn muffin and butter까지) 선호도에 따라 1부터 15까지 순위를 매기도록 하였다. 여기서 1은 '가장 좋아함'을 의미하고 15는 '가장 싫어함'을 의미한다. 구체적인 예는 데이터(breakfast.sav)의 변수 보기를 활용하여 확인하면 된다.

또한 여섯 가지 시나리오를 제작하여 선호도를 평가하였다. 여섯 가지 시나리오에 대한 평가는 '전반적인 선호(1 = Overall preference)'로부터 '음료수만 포함된 가벼운 식사(6 = Snack, with beverage only)'에 이른다. 학생들은 이에 대한 선호도를 평가한다(변수명: srcid).

다음은 저장된 데이터(breakfast.sav)의 일부를 그림으로 나타낸 것이다.

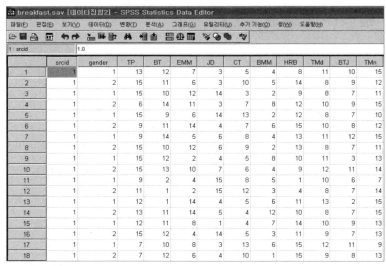

[그림 17-18] 데이터

[데이터: breakfast.sav]

다차원 확장(PREFSCAL: Preference Scaling)을 실행하기 위해 다음과 같은 절차를 따른다.

분석(A)
　　척도 ▶
　　　　다차원 확장(PREFSCAL)(T)...

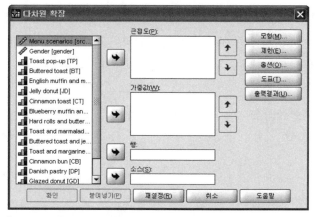

[그림 17-19] 다차원 확장 초기 화면

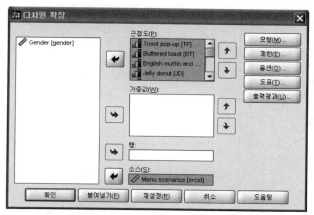

연구자는 근접도를 확인하기 위해서 행렬을 구하기 위한 아침 식사 메뉴 변수(Toast pop-up부터 Corn muffin and butter까지)를 근접도(P) 란에 옮기고 자극점이라고 할 수 있는 시나리오 카드 변수인 srcid(아침식사 시나리오)를 소스(S) 란에 옮긴다. 그러면 다음과 같은 화면을 얻을 수 있다.

[그림 17-20] 변수 지정 화면

다음으로 입력 모형의 특성을 결정하기 위해서 모형(M)··· 단추를 누른다. 그리고 다음과 같이 척도화 모형란에서 가중된 유클리디안(W) 거리를 지정한다. 나머지는 초기화 상태로 놔둔다.

[그림 17-21] 모형 지정 화면

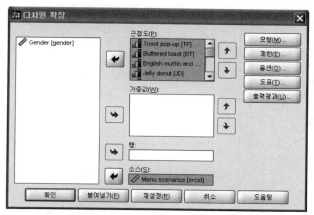

[그림 17-21]에서 계속 단추를 누르면, [그림 17-20]으로 복귀한다. 다음으로 결과 형식을 결정하기 위해 [그림 17-20]에서 옵션(O)… 단추를 누른다. 자료가 순위 척도이기 때문에 옵션란의 초기 설정 부분에서 표준(A) 대치기준(U): 란에서 Spearman을 지정한다.

[그림 17-22] 다차원 확장: 옵션

[그림 17-22]에서 계속 단추를 누르면 [그림 17-20]으로 복귀한다. [그림 17-20]에서 도표(T)… 단추를 눌러 도표란에서 ☑ 최종공간도표(F), ☑ 공간 가중값(G), ☑ 개별공간도표(I) 등을 지정한다. 이를 그림으로 나타내면 [그림 17-23]과 같다.

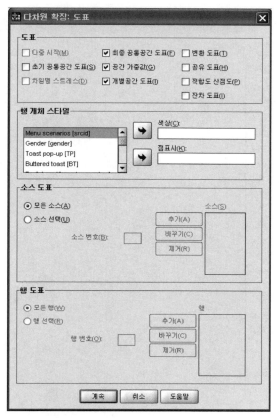

[그림 17-23] 다차원 확장: 도표

　　여기서 　계속　 단추를 누르면, [그림 17-20]으로 복귀한다. 　확인　 단추를 누르면 다음의 결과를 얻을 수 있다.

2) 결과

다차원 확장(PREFSCAL: Preference Scaling)실행 결과물이 많아 여기서는 보고서나 논문 작성에 필요한 기본 결과를 중심으로 설명하기로 한다.

측정변수		
반복계산		481
최종 함수 값		.8199642
함수 값 부분	스트레스 부분	.3680994
	벌점 부분	1.8265211
부적합도	정규화된 스트레스	.1335343
	Kruskal의 Stress-I	.3654234
	Kruskal의 Stress-II	.9780824
	Young의 S-Stress-I	.4938016
	Young의 S-Stress-II	.6912352
적합도	설명되는 산포	.8664657
	설명된 분산	.5024853
	복구된 기본 설정 순서	.7025321
	Spearman의 Rho	.6271702
	Kendall의 타우-b	.4991188
변동 계수	변동 근접도	.5590170
	변동 변환된 근접도	.6378878
	변동 거리	.4484515
감소 지수	DeSarbo의 혼합 지수 제곱합	.2199287
	Shepard의 근사 비감소 지수	.7643613

[결과 17-12]의 설명

이 결과는 481회의 반복 계산(실행)의 결과이다. 스트레스 기준치에는 미달하나, Shepard의 근사 비 감소지수가 양호(0.7643)하기 때문에 적합도에 문제가 없는 것으로 판단한다.

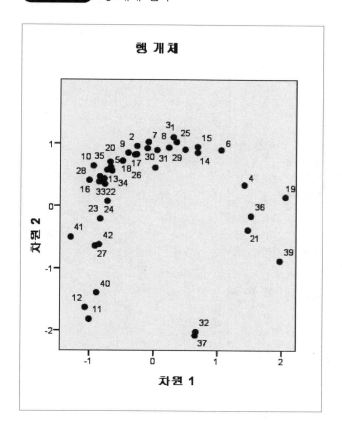

결과 17-13 행 개체 결과

[결과 17-13]의 설명

 응답자 총 41명의 좌표가 2사분면에 나타나져 있다. 결과를 보면 차원 2의 상단에 응답자들이 많이 몰려 있음을 알 수 있다.

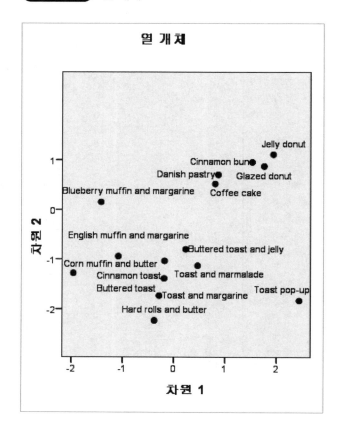

열 개체

[결과 17-14]의 설명

15가지 아침 식사 메뉴(Toast pop-up부터 Corn muffin and butter까지)별 선호도를 2사분면으로 나타 낸 결과, 2차원의 경우 높은 값은 부드러운(soft) 식사류, 낮은 값은 거친(hard)한 식사류임을 알 수 있다. 1차원의 특징을 쉽게 구별하기는 용이하지 않은 상태이다.

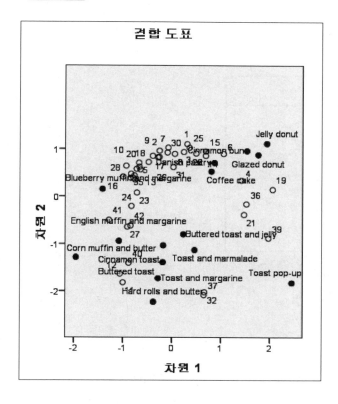

[결과 17-15]의 설명

행 개체(응답자)와 열 개체(선호 식사류)에 좌표를 2사분면으로 통합해서 나타낸 결과이다. 대부분의 응답자는 소프트한 계열의 아침식사를 선호하는 것을 알 수 있다.

개별 공간

차원 가중값

소스		차원		특이도[a]
		1	2	
소스	Overall preference	3.235	4.297	.186
	Breakfast, with juice, bacon and eggs, and beverage	4.883	2.193	.457
	Breakfast, with juice, cold cereal, and beverage	4.131	3.438	.109
	Breakfast, with juice, pancakes, sausage, and beverage	4.291	3.267	.164
	Breakfast, with beverage only	3.124	4.413	.223
	Snack, with beverage only	2.750	4.541	.313
중요도[b]		.504	.496	

a. 특이도는 소스의 전형성을 표시합니다. 특이도의 범위는 0과 1 사이입니다. 0은 동일한 차원 가중값이 있는 평균 소스를 표시하고 1은 하나의 예외적인 큰 차원 가중값 및 0에 가까운 다른 가중값이 있는 매우 특정한 소스를 표시합니다.

b. 한 차원의 제곱합과 전체 제곱합 간의 비율로 지정된 각 차원의 상대적 중요도입니다.

[결과 17-16]의 설명

여섯 가지 아침식사 시나리오별 선호도 평가에 따른 좌표, 특이도, 중요도가 나타나 있다. 전반적인 선호(overall preference)경우의 1차원과 2차원의 좌표가 각각 3.235, 4.297이다. 특이도는 공동 도표로부터 개별 공간의 차이 정도로 0에 가까울수록 차이가 없는 것이다. 전반적인 선호의 특이도는 0.186이다. 중요도는 차원별 해에 대한 기여도로 1차원은 50.4%, 2차원은 49.6%의 기여도로 두 차원 모두 중요함을 알 수 있다.

$$1차원의 \ 중요도 = \frac{(3.235)^2 + (4.883^2) + (4.131^{2)} + 4.291^2) + (3.124^2) + (2.750^2)}{\sum(1차원 \ 소스별)^2 + \sum(2차원 \ 소스별)^2} = 0.504$$

$$2차원의 \ 중요도 = \frac{(4.297)^2 + (2.193^2) + (3.438^{2)} + 3.267^2) + (4.413^2) + (4.541^{2)}}{\sum(1차원 \ 소스별)^2 + \sum(2차원 \ 소스별)^2} = 0.496$$

결과 17-17 이상점

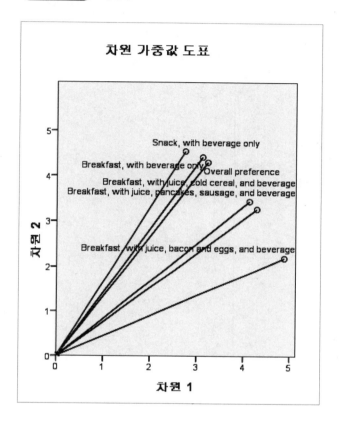

차원 가중값 도표

[결과 17-17]의 설명

차원 2의 경우 음료와 간단한 식사(Snack, with beverage only)가 근접해 있고 1차원의 경우는 주스, 베이컨, 소시지, 음료가 포함된 아침식사(Breakfast, with juice, bacon and eggs, and beverage)가 근접해 있는 것을 알 수 있다. 그러나 여기서 큰 특이성을 발견하는 것은 용이하지 않은 편이다. 앞 [결과 17-15]와 [결과 17-17]을 같이 생각해 보면 고객은 이상점에 근접한 식사류를 더 선호한다고 해석을 할 수 있다.

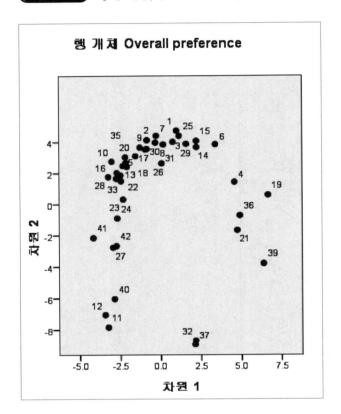

[결과 17-18]의 설명

대부분의 개체가 2차원 상단에 몰려 있음을 확인할 수 있다. 따라서 차원 2에 의해서 주로 설명 될 것임을 유추할 수 있다. 다른 다섯 가지 개체별 도표는 각자 확인하도록 하자.

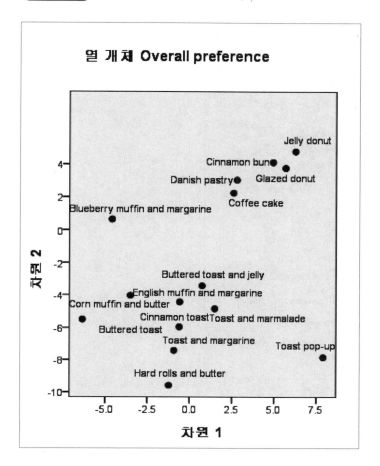

열 개체 Overall preference

[결과 17-19]의 설명

열 개체별 선호도 결과에서는 특이점을 발견할 수 없다. 특이 사항을 발견할 수 없는 경우 앞
[그림 17-22]의 옵션 창에 해당되는 초기 설정에서 대응일치(O)를 설정하고 재실행한 후 특이
사항을 발견할 수 있다.

이 밖에도 여러 도표의 결과물이 있다. 차분히 살펴보면서 전략이나 대안 마련의 시사점을
찾아내도록 해야 할 것이다.

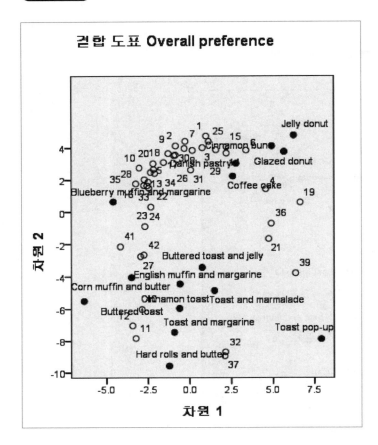

[결과 17-20]의 설명

행 개체와 열 개체의 결합 도표가 나타나 있다. 다른 결합 도표에 대해서는 각자 해석해 보자.

고급
분석 I

SPSS

18장 컨조인트 분석

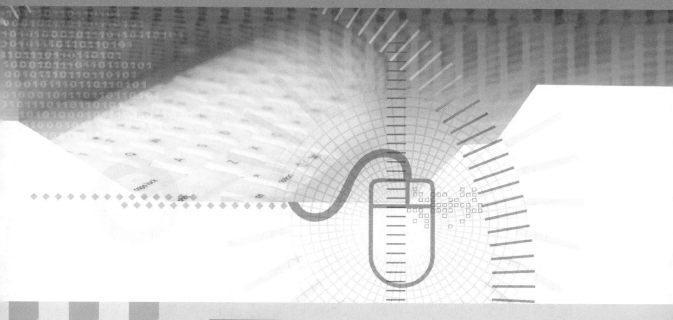

학습 목표

유형의 제품과 무형의 서비스를 취급하는 종사자들의 가장 큰 고민은 고객이
선호하는 속성 연구를 통해 최고의 신상품을 출시하는 일일 것이다.

1. 컨조인트 분석의 개념과 컨조인트 분석 절차를 이해한다.
2. 실제 컨조인트 분석을 실시할 수 있고 분석 결과를 해석할 수 있다.
3. 회귀분석을 이용한 회귀분석 방법을 실행할 수 있다.

18.1 컨조인트 분석이란?

컨조인트 분석(Conjoint Analysis)은 제품과 서비스 속성들을 통해 소비자들의 의사 결정을 제시해 주는 분석 방법이다. 컴퓨터의 보급과 더불어 마케팅 연구가들은 소비자의 행동과 관련된 정보를 입력함으로써 예측 변수의 조합을 통해 소비자의 행동을 예상할 수 있다. 컨조인트 분석은 다음과 같은 경영 분야에서 사용된다.

① 각종 의사 결정과 전략 개발
② 신제품의 속성(브랜드, 회사) 또는 컨셉트(포지셔닝, 혜택, 이미지) 개발
③ 최적의 속성 조합을 통한 개념과 속성 개발
④ 제품에 대한 속성과 전반적인 수준을 통한 상대적인 기여도
⑤ 상이한 특징을 가진 제품군에 있어 구매자 평가 또는 고객의 판단을 근거로 시장 점유율 예측
⑥ 높고 낮은 잠재적 세분 시장에서 중요성 차이 발견

이 분석 기법은 전통적인 실험계획법과 유사하다. 예를 들어, 비누 제조 회사의 연구자는 비누의 강도를 결정하는 데 있어 온도와 압력의 효과를 파악하기를 원한다고 하자. 이러한 실험은 대부분 연구소에서 이루어진다. 실험 결과에 대한 분석 방법은 앞에서 언급한 **분산분석 방법**(ANOVA: Analysis of Variance)를 실시하면 된다. 여기서 인간의 행위가 포함되어 있으며 요인을 통제하려고 하는 것을 '실험'한다라고 말한다. 비누를 얇게 하거나 향기를 높이는 일, 미용과 세척력, 소취 기능을 향상시키는 일, 적정 가격대를 결정하는 일 등이 포함된다고 하겠다.

컨조인트 분석은 질적 자료인 **예측변수**(Predictor variables)의 효과를 분석하기 위해 개발된 것이며, 이론적으로 정보의 통합과 기능적인 측정에 근거한 것이라고 할 수 있다. 이 분석 모형은 다음과 같이 양적 변수와 질적 변수 모두를 포함한다.

$$Y = f(양적\ 독립변수,\ 질적\ 독립변수)$$

우리는 컨조인트 분석을 통하여 잠재적으로 상품과 서비스의 속성 중에서 사전에 결정된 속성의 조합을 통해 소비자의 행동을 적절하게 이해할 수 있다. 이 방법의 유용성을 살펴보면,

(1) 양적인 변수와 비계량적인 변수를 모두 이용할 수 있으며, (2) 서열척도의 사용이 가능하고, (3) 종속변수와 독립변수의 관계에 대한 일반적인 가정이 가능하다.

18.2 컨조인트 분석의 기본적인 용어

컨조인트 분석은 제품과 서비스를 선호하는 소비자들의 욕구를 파악하는 데 이용되는 다변량 분석 기법이다. 소비자들은 제품과 서비스의 효용, 가치, 아이디어 등의 각각의 분리된 속성의 조합을 통해 이들의 효용, 가치, 아이디어를 결정한다는 가정을 한다. 연구자들은 선택된 속성의 조합을 통해 가상적으로 또는 실질적으로 상품군을 형성할 수 있다. 가상의 제품들은 응답자들의 전반적인 평가 결과에 의해 나타난다.

성공적인 컨조인트 분석이 이루어지기 위해서, 연구자는 제품이나 서비스의 속성을 나타내는 요인과 요인수준을 결정하여야 한다. 컨조인트 분석에서는 '특정 요인'에서 '특정 수준'이라는 용어를 사용한다. 실험계획에서는 제품과 서비스에 있어서 요인과 수준을 선택하는 것을 **처리**(treatment) 또는 **자극**(stimulus)이라고 한다.

18.3 다변량 분석 방법과 컨조인트 분석의 비교

컨조인트 분석은 세 가지 측면에서 다른 다변량 분석 기법과는 다른 다음과 같은 특징이 있다.

① 근본적인 요인 해체를 통하여 각 요인의 중요성을 발견한다.
② 추정치를 통해 개별 수준을 파악한다.
③ 독립변수와 종속변수 사이의 관계 설정이 용이하다.

1) 결합적인 기법과 분리적인 기법

연구자들은 컨조인트 분석을 통해 소비자의 선택 기준인 제품의 특성과 전반적인 선호를 알 수 있다. 그리고 각 속성에 대한 척도를 결정하고, 전반적인 선호에 대해 질문할 필요가 있다. 컨조인트 분석은 각 속성 가치를 결정하는 선호를 분리(decompose)하기 때문에, **분리모형**(decompositional model)이라고 한다. 분석자들은 제품 특성(색상, 스타일)에 대한 응답자들의 평가를 수집한다. 그리고 예상모형을 개발하기 위한 전반적인 선호와 연결시킨다. 한편, 회귀분석과 판별분석은 응답자들의 각 제품의 속성 평가로부터 전반적인 선호를 계산하거나 또는 **결합모형**(composition model)을 이용한다.

2) 컨조인트 요인 구체화

컨조인트 분석은 다른 다변량 분석 방법에서 사용된 것과 유사한 요인을 이용한다. 컨조인트 **변량**(variate)은 종속요인에 대한 독립요인 효과의 선형 결합을 말한다. 컨조인트 변량에서 중요한 것은 요인과 요인수준을 구체화하여야 한다는 점이다. 응답자에 의해 제공된 수준은 종속적인 측정을 통해 가능하다. 연구자들은 응답자의 반응을 가지고 회귀분석을 통해, 각 수준을 **분해**(decompose)한다. 컨조인트 분석의 성공 여부는 실험계획에 달려 있다. 요인 또는 요인수준이 연구 설계에서 계획되지 않는다면, 컨조인트 분석은 유용하지 못하다. 그리고 이 분석은 포함되는 요인 수가 한정되어 있어, 개념화 보완을 위해 임의로 변수를 추가하기가 어렵다.

3) 개별적인 분리모형

컨조인트 분석은 각 응답자를 위한 선호를 예측하는 개별 모형을 개발하는 것이기 때문에 대부분의 다변량 분석 방법과 차이점이 있다. 대부분 다변량 분석 방법은 응답자로부터 선호(관찰) 정도를 단일 측정을 통해 응답자 모두를 분석하는 데 동시에 적용한다.

4) 관계의 유형

컨조인트 분석은 독립변수와 종속변수 사이의 관계 조사에 국한되지 않는다. 회귀분석에서는 독립변수 한 단위 변화에 따른 종속변수의 변화를 예측할 수 있는 선형 관계를 가정하였다.

그러나 컨조인트 분석은 독립변수의 각 수준의 효과를 위한 개별 예측을 만들 수 있으나 모든 관련성을 추정하지는 않는다. 컨조인트 분석은 비선형 관계를 조사할 수가 있으며, 요인수준의 값이 증가하다 감소하고, 다시 증가하는 등 복잡한 비선형 관계도 설명해 준다.

18.4 컨조인트 분석 절차

일반적인 컨조인트 분석의 절차는 다음 그림과 같다.

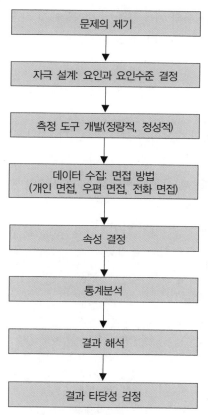

```
┌─────────────────────────────┐
│        문제의 제기          │
└─────────────────────────────┘
              │
              ▼
┌─────────────────────────────┐
│  자극 설계: 요인과 요인수준 결정  │
└─────────────────────────────┘
              │
              ▼
┌─────────────────────────────┐
│   측정 도구 개발(정량적, 정성적)   │
└─────────────────────────────┘
              │
              ▼
┌─────────────────────────────┐
│      데이터 수집: 면접 방법       │
│ (개인 면접, 우편 면접, 전화 면접) │
└─────────────────────────────┘
              │
              ▼
┌─────────────────────────────┐
│          속성 결정           │
└─────────────────────────────┘
              │
              ▼
┌─────────────────────────────┐
│          통계분석           │
└─────────────────────────────┘
              │
              ▼
┌─────────────────────────────┐
│          결과 해석           │
└─────────────────────────────┘
              │
              ▼
┌─────────────────────────────┐
│        결과 타당성 검정        │
└─────────────────────────────┘
```

[그림 18-1] 컨조인트 분석 절차

1) 문제의 제기

연구의 출발점은 다른 통계분석 방법과 마찬가지로 문제의 제기이다. 컨조인트 분석의 실험계획은 다음의 두 가지 목적하에서 행하여진다.

① 예측 변수의 공헌과 소비자 선호의 결정에 개별 가치를 결정하는 데 있다. 예를 들어, 비누의 구매에 향기가 소비자 선호에 어느 정도 영향을 미치는가, 어느 정도의 향기가 최적의 수준인가, 비누의 서로 다른 향이 비누 구매에 어느 정도 영향을 주는지 등을 알아보는데 있다.
② 소비자로부터 평가가 이루어지지 않았을지라도, 소비자들이 받아들일 속성의 조합을 통해 소비자 판단을 위한 타당성 있는 모형을 개발하는 데 있다.

이번 예제에서는 운동화를 생산, 판매하는 고려 주식회사의 예를 통해, 소비자들에게 최대 효용을 제공하는 요인을 발견하여 신제품 개발 전략을 강구하는 데 있다.

2) 자극 설계

먼저 **표적집단면접**(FGI)나 **심층면접**(Depth interview)을 통하여 중요한 속성을 발견한다. 이와 같은 질적인 조사를 통해 분석의 효율성 측면을 고려한 속성의 수를 결정하는 것은 매우 중요하다. 이러한 과정을 거쳐 이번 예제에서는 운동화를 구매하는데 운동화 바닥창, 위창, 가격이 중요한 선택 기준임을 발견하였다. 이것을 표로 나타내면 다음과 같다.

(가격: 원)

속성	수준	
	숫자	설명
바닥창 (sole)	3	고무
	2	폴리우레탄
	1	비닐
위창 (upper)	3	천연 가죽
	2	캔버스
	1	나일론
가격 (price)	3	10,000
	2	20,000
	1	30,000

[표 18-1] 운동화의 속성과 수준

3) 속성 결정

위의 내용을 토대로 3원 배치법에 의해 27개(3^3)의 서로 다른 운동화 상품을 고안해 낼 수 있다. 라틴 방격법을 사용하면 9(3^2)회의 실험을 통하여 운동화 구입에 영향을 주는 요인이 A(바닥창), B(위창), C(가격) 등 세 가지라고 할 경우, A(바닥창), B(위창)를 이원배치에, 그리고 **라틴방격**(Latin square)을 C(가격)의 세 수준으로 나타내면 다음 [표 18-2]와 같이 나타낼 수 있다.

	A1	A2	A3
B1	C1	C2	C3
B2	C2	C3	C1
B3	C3	C1	C2

[표 18-2] 3×3 라틴 방격법

[표 18-2]에서 보는 바와 같이 아홉 번의 실험 조건에서 행한 실험이 된다. 아홉 번 실험은 랜덤하게 실험 순서를 정하여 실험하여야 한다.

실험번호	실험 조건
1	$A_1B_1C_1$
2	$A_1B_2C_2$
3	$A_1B_3C_3$
4	$A_2B_1C_2$
5	$A_2B_2C_3$
6	$A_2B_3C_1$
7	$A_3B_1C_3$
8	$A_3B_2C_1$
9	$A_3B_3C_2$

[표 18-3] 실험 조건

SPSS에서는 ORTHOPLAN(직교배열) 프로그램을 사용하면, 선호도 특성을 분석하는 데 필요한 운동화 상품을 선정하는 데 하나의 요인의 효과를 구할 때 다른 요인의 효과에 치우침이 발생하지 않는다.

위 예제의 경우, 27종류의 운동화 상품 중에서 9종류의 상품을 대상으로 고객의 선호도를 분석한다. 그리고 분석된 선호도 모형의 타당성 검정을 위해서 2종류의 운동화 상품을 추가로 선정하기로 한다.

18.5 직교계획 프로그램에 의한 컨조인트 분석

1) 직교계획

직교계획 생성은 요인수준의 조합을 모두 검정하지 않고, 일부 가짓수(예컨대, 27가지 중에서 9가지)만 검정하기 위해서 데이터 파일을 작성한다. 직교계획 프로그램은 불필요한 교호작용을 구하지 않고, 각 수준의 조합 중에서 일부만을 선택하여 실험을 실시하는 방법으로 **일부 실시법**(Fractional factorial desgin)이다. 운동화 상품 중에서 9종류의 상품을 선정하기 위해 SPSS에서 다음과 같은 순서로 진행하면 [그림 18-2]의 직교계획 생성 화면이 나타난다.

데이터(D)
    직교계획(H) ▶
        생성(G)...

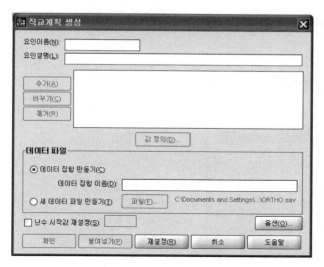

[그림 18-2] 직교계획 생성 1

위 화면에서 **요인이름(N)** 항목에 3가지 요인과 변수 설명문을 입력한다. 요인항목에 입력하는 순서는 다음과 같다. 먼저 **요인이름(N):** 란에 'Sole'을 입력하고, 요인설명(L) 란에는 '바닥창'을 입력하고, 반전된 ［ 추가(A) ］를 누르면 다음과 같은 화면을 얻을 수 있다.

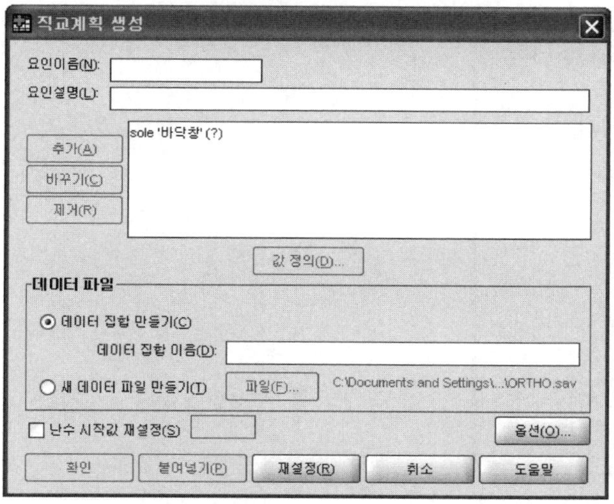

[그림 18-3] 직교계획 생성 2

[그림 18-3]의 화면에서 sole '바닥창'(?)을 마우스로 지정(클릭)하면, 다음과 같은 화면을 얻을 수 있다.

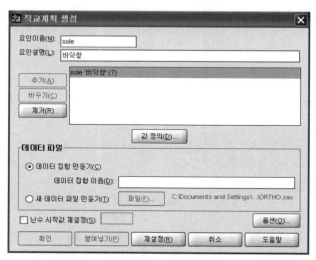

[그림 18-4] 직교계획 생성 3

[그림 18-4]의 화면에서 값 정의(D)... 단추를 누르면 다음과 같은 화면을 얻을 수 있다.

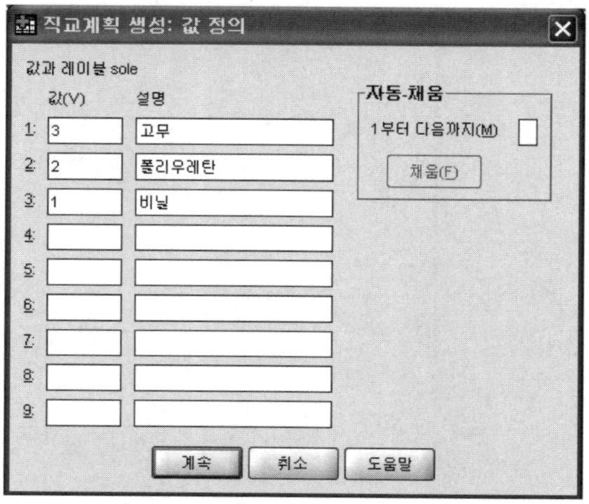

[그림 18-5] 직교계획 생성 4: 값 정의

앞의 [그림 18-5]에서 계속 단추를 누르면 다음과 같은 화면이 나타난다.

[그림 18-6] 직교계획 생성 5

[그림 18-6]의 화면에서는 'Sole(바닥창)'에 대한 정보가 입력된 것을 볼 수 있다. 위와 같은 방법으로 '위창(Upper)', '가격(Price)' 등의 속성에 대한 정보를 입력하면 다음과 같은 화면을 얻을 수 있다.

[그림 18-7] 직교계획 생성 6

[그림 18-7]은 운동화 선택의 기본적인 속성에 대한 정보가 입력되어 있다. 데이터 파일 상

자에는 다음과 같은 선택 키워드가 있다.

○ 데이터 집합 만들기(C): 작업 데이터 파일을 생성된 계획으로 대체하는 경우

◉ 새 데이터 파일 만들기(T): 계획에서 작성한 요인과 케이스가 있는 새 데이터 파일을 작성한다. 초기 지정값으로, 이 데이터 파일명은 ORTHO.sav이고 현재 디렉터리에 저장된다. 다른 이름이나 위치를 지정하려면 파일(F) 단추를 누른다.

□ 난수 시작값 재설정(S): 키워드는 지정한 값으로 난수 시작값을 재설정한다. 이 시작값은 0부터 2,000,000,000까지의 정수 값이 될 수 있으며 작업 중 사용자가 난수 시작값을 작성할 때마다 SPSS에서는 다른 시작값을 사용하여 다른 결과를 작성할 수 있다.

지금까지 설명한 것은 속성 수준별 부분-가치를 계산하기 위한 **추정 세트**(estimation set)에 관한 것이었다. 이제 컨조인트 분석을 수행할 때 모형의 신뢰성과 타당성을 검정하기 위한 **검정표본**(holdout set) 상품 추출에 관한 설명을 하겠다. 검정표본 상품을 추출하기 위해서는 옵션(O)... 을 누르면 다음과 같은 화면이 나타난다.

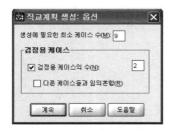

[그림 18-8] 직교계획 생성: 옵션 창

앞의 [그림 18-8]의 직교계획 생성: 옵션 창을 설명하여 보자. 생성하기 위한 최소 케이스 수(M): 9 계획에 대한 최소 케이스 수를 지정한다. 전체 케이스 수보다 작거나 같은 양의 정수를 선택하는데 전체 케이스 수는 요인수준의 가능한 모든 조합에서 작성될 수 있다. 여기서는 최소의 케이스 수인 9를 입력하였다.

검정용 케이스 키워드에서는 ☑ **검정용 케이스의 수(N):** 2는 정규 계획 케이스에 덧붙여 예비 케이스를 작성한다. 요인수준의 가능한 모든 조합에서 작성할 수 있는 전체 케이스 수와 같거나 작은 양의 정수를 지정할 수 있다. 예비 값을 지정하지 않으면 예비 케이스가 작성되지

않는다.

□ **다른 케이스들과 임의혼합(R)**은 실험 케이스를 예비 케이스와 무작위로 혼합한다. 이 옵션을 해제하면 파일에서 예비 케이스가 실험 케이스 다음에 개별적으로 나타난다.

앞의 [그림 18-8]에서 [계속] 단추를 누르면 [그림 18-7]로 복귀한다. 여기서 생성 파일을 다른 이름이나 위치를 지정하려면 새 데이터 파일 만들기(T) 단추를 눌러, 저장 경로를 명시한 다(여기서 C:\사회과학통계분석\17K\데이터\shoes.sav). 그러면 다음과 같은 화면을 얻을 수 있다.

[그림 18-9] 생성 파일 저장 경로

데이터 파일 란([파일(F)...])에는 C:\사회과학통계분석\17K\데이터\shoes.sav가 나타나 있다. 여기서 [확인] 단추를 누르면 데이터 편집장에 9종류의 추정 상품(Design)과 2종류의 검정용 상품(Holdout)이 생성된다.

SPSS 데이터 편집기 창의 파일(F) ⇒ 열기(O)에서 C:\사회과학통계분석\데이터\shoes.sav을 지정하면 다음과 같은 화면을 얻을 수 있다.

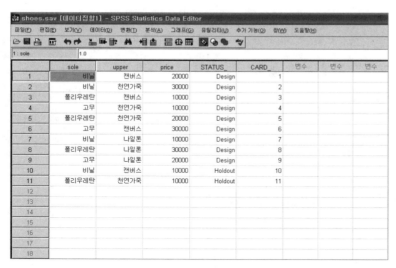

[그림 18-10] SPSS 데이터 편집기　　　　　　　　　　　[데이터: shoes.sav]

　　직교계획 키워드에서는 **가상상품**을 추출한다. 따라서 매번 동일한 직교계획를 실시하더라도 서로 다른 결과가 나타나므로 반드시 매번 저장을 하는 것이 작업상 용이하다.

3) 추정 상품의 출력

선정된 추정 상품에 대한 내용을 출력하려면 다음과 같은 순서로 하면 된다.

> 데이터(D)
>　　직교계획(H) ▶
>　　　　표시(D)...

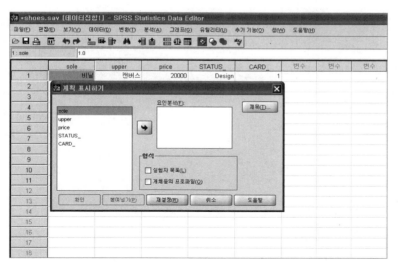

[그림 18-11] 직교계획 표시

요인분석(F) 란은 선택한 요인을 나열하기 위한 것이다. 여기서 요인에 해당되는 sole, upper, price를 지정하면 다음과 같은 화면을 얻을 수 있다.

[그림 18-12] 요인 지정 화면에서 형식 결정

지정 화면의 형식란의 ☑ **실험자 목록(L)**은 예비 프로파일을 실험 프로파일과 구별하는 계획을 초안 형식으로 표시하고 실험 프로파일과 예비 프로파일 뒤에 개별적으로 시뮬레이션 프로파일을 나열하는데 이 키워드를 지정하고 있다. ☐ **개체들의 프로파일(O)** 란은 개체에 제공될 수 있는 프로파일을 작성한다. 이 형식은 예비 프로파일을 구별하지 않으며 시뮬레이션 프로파일도 생성하지 않는다.

　[그림 18-12]에 나타난 [제목(T)…] 단추는 출력 결과나 프로파일의 맨 위나 아래에 나타나는 텍스트를 정의하는 것이다. [그림 18-12]에서 [확인] 단추를 누르면 다음의 출력 결과를 결과 창(Output)에서 얻을 수 있다.

▶ 결과 18-1　11개의 운동화 상품

카드 목록

	카드 ID	바닥창	위창	가격
1	1	비닐	캔버스	20000.00
2	2	비닐	천연가죽	30000.00
3	3	폴리우레탄	캔버스	10000.00
4	4	고무	천연가죽	10000.00
5	5	폴리우레탄	천연가죽	20000.00
6	6	고무	캔버스	30000.00
7	7	비닐	나일론	10000.00
8	8	폴리우레탄	나일론	30000.00
9	9	고무	나일론	20000.00
10[a]	10	비닐	캔버스	10000.00
11[a]	11	폴리우레탄	천연가죽	10000.00

a. 검증용

[결과 18-1]의 설명

앞의 [그림 18-11]의 데이터를 소비자들이 선택하기 편하도록 카드 형태로 출력을 한 것이다. 예를 들어, Card 1에서 바닥창은 비닐, 위창은 캔버스, 가격은 20,000원인 상품을 의미한다. Card 1에서 Card 9까지는 실험계획을 위한 9가지 종류의 운동화이며, Card 10, Card 11은 검정용 상품이다.

4) 소비자의 선호도 조사

다음으로 소비자의 선택 기준인 제품의 특성과 전반적인 선호를 알아보기 위해 먼저, [결과 18-1]에 근거하여 10명에 대한 소비자 조사를 실시한다. 여기서 가장 선호하는 상품의 카드에는 순서대로 '1'번을 기록하도록 하고, 가장 선호하지 않는 상품은 11번을 적도록 한다. 총 10명에 대한 데이터는 다음의 화면과 같다.

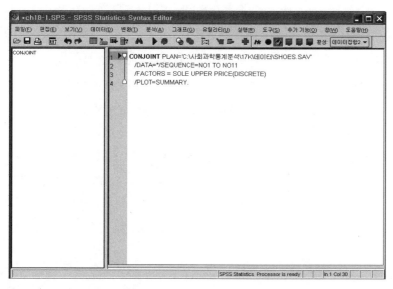

[그림 18-13] 소비자 선호도 조사　　　　　　　　[데이터: research.sav]

　　여기서 no1부터 no11은 [결과 18-11]의 운동화 각각의 상품을 나타낸 것이다. 이것을 입력하여 C:\사회과학통계분석\17K\데이터\research.sav 파일로 저장한다.

5) 컨조인트 분석

컨조인트 분석을 위해 C:\사회과학통계분석\17K\데이터\research.sav를 활성화시킨다. 그런 다음파일(F) ⇒ 새로 만들기(N) ▶ ⇒ 명령문(S)의 드롭다운 단추를 이용하여 명령문 창을 열어, 분석에 필요한 명령문을 작성하면 그림과 같은 화면을 얻을 수 있다.

[그림 18-14] 컨조인트 명령문 창　　　　　　　[데이터: ch18-1.SPS]

명령문 편집기에 입력한 명령어를 설명하면 다음과 같다.

```
CONJOINT PLAN='C:\사회과학통계분석\17K\데이터\SHOES.sav'          ──────①
    /DATA = *  /SEQUENCE = NO1 TO NO11                        ──────②
    /FACTORS = SOLE UPPER PRICE(DISCRETE)                      ──────③
    /PLOT=SUMMARY.                                             ──────④
```

① CONJOINT PLAN = 'C:\사회과학통계분석\17K\데이터\SHOES.sav'
컨조인트 분석을 위해 선정 상품과 추정 상품의 파일을 불러오는 명령어이다.

② /DATA = * /SEQUENCE = NO1 TO NO11
현재 가동 중인 데이터 파일에서 변수가 순차적으로 계산되는 명령어이다. 만일 데이터가 구간
으로 되어 있으면 SEQUENCE 대신 RANK를, 점수로 되어 있으면 SCORE 명령어를 사용한다.

③ /FACTORS = SOLE UPPER PRICE(DISCRETE)
요인이 계급 또는 점수와 관련이 있을 것을 규정하는 경우, 'DISCRETE'는 모든 요인에 적용된
다. 여기서 DISCRTE MORE는 요인의 값이 클수록 선호되는 경우를 나타내고, DISCRTE LESS
는 요인의 값이 낮을수록 선호되는 경우를 나타낸다.

④ /PLOT = SUMMARY.
일반적인 컨조인트 결과물에 시각적인 효과를 제공해 준다. PLOT=SUMMARY는 모든 변수의
가치 중요도를 나타내는 것이다. PLOT=SUBJECT는 각 요인의 중요 가치를 나타낸다. 여기서
ALL은 모든 내용을 나타내고, NONE은 그래프를 제공하지 않는 경우를 말한다.

이제 [그림 18-14]에서 명령문 편집기 창에서 작성한 전체 명령문의 범위를 지정한 후 ▶
단추를 눌러 실행하면 고객들의 취향에 관한 컨조인트 분석의 결과를 얻을 수 있다. 또는 명령
문 편집기 창에서 다음과 같은 순서로 진행을 하면 동일한 결과물을 얻을 수 있다.

```
실행(R)
        모두(A)
```

유틸리티

		유틸리티 추정	표준 오차
sole	비닐	-.133	.922
	폴리우레탄	1.567	.922
	고무	-1.433	.922
upper	나일론	1.233	.922
	캔버스	-.233	.922
	천연가죽	-1.000	.922
price	30000	-.767	.922
	20000	-.700	.922
	10000	1.467	.922
(상수)		5.000	.652

중요도 값

sole	40.179
upper	29.911
price	29.911

평균 중요도
점수

상관계수ª

	값	유의확률
Pearson의 R	.896	.001
Kendall의 타우	.667	.006
검증용 Kendall의 타우	1.000	.

a. 관측 및 추정 기본 설정 간 상관관계

[결과 18-2]의 설명

컨조인트 분석 결과에서 개별 모형과 종합 모형 등의 추정 모형이 정확하여야 한다. 양적 자료로 되어 있든 질적 자료로 되어 있든, 컨조인트 분석을 통해 소비자의 선호를 정확하게 예측할 수 있다. 모형의 신뢰성 평가의 목적은 각 소비자의 평가를 통해 개발된 모형이 일관성 있게 적용될 것인가를 검정하는 것이다. 예를 들어, 데이터가 명목–서열척도 등의 질적 자료로 되어 있다면, **스피어맨**(Spearman's)**의 로우**(rho), **켄달**(Kendall's)**의 타우**(tau)를 통해 평가하면 된다. 데이터가 양적 자료로 구성되어 있다면 피어슨 계수(Pearson's R)값을 통해 적합성을 판단할 수 있다. 위 결과를 볼 때, 켄달 타우(Kendall's tau)의 값이 .667이므로 모형의 적합성은 인정된다고 할 수 있다.

요인	요인수준	부분 효용	차이(최대-최소)	중요성 계산
바닥창	비닐 폴리우레탄 고무	− .1333 1.5667 − 1.4333	3	40.18%
위창	나일론 캔버스 천연가죽	1.2333 − .2333 − 1.0000	2.2333	29.91%
가격	30,000 20,000 10,000	− .7667 − .7000 1.4667	2.2334	29.91%
합계				100.0%

[표 18-4] 요인별 중요성 계산

[표 18-4]는 컨조인트 결과물에서 요인의 중요도를 계산한 것이다. 운동화 구매시 주요 고려 요인인 바닥창, 위창, 가격 중에서 바닥창이 가장 중요한 요인(40.18%)임을 알 수 있다. 위창(29.99%), 가격(29.99%) 등이 그 다음으로 중요한 요인임을 알 수 있다. 기본적인 컨조인트 분석 모형은 다음 공식으로 나타낸다.

$$U(x) = \sum_{i=1}^{m} \sum_{j=1}^{k_i} \alpha_{ij}\, x_{ij}$$

여기서 U_x = 전반적인 선호도, 또는 i요인(i, i=1, 2, ..., m)의 j수준의

관련 선호도(i, i=1, 2, 3..., m)

k_i = i의 요인의 수준

m = 요인의 수

이것을 토대로 컨조인트 분석 모형의 추정식을 세우면 다음과 같다.

$$U(효용) = 5.0000 + 1.5667 sole + 1.2333 upper + 1.4667 price$$

요인의 중요성인 I_i는 개별 요인의 범위 α_{ij}로 정의된다.

$$I_i = \{ 최대값(\alpha_{ij}) - 최소값(\alpha_{ij}) \}$$

요인의 중요성은 다른 요인의 상대적인 중요성으로 규정할 수 있으며, 이것을 W_i로 나타내면,

$W_i = \dfrac{I_i}{\displaystyle\sum_{i=1}^{m}}$ 이다. 결국 모든 요인의 중요성을 더하면 1이 된다. $\displaystyle\sum_{i=1}^{m} W_i = 1$ 이다.

➡결과 18-3 바닥창의 요약 유틸리티

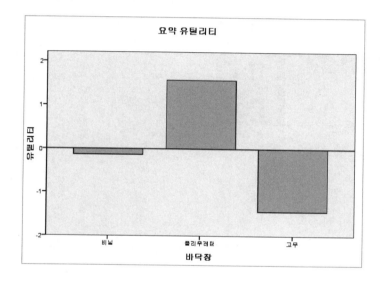

[결과 18-3]의 설명

앞의 [표 18-4]에서 정리한 바닥 창의 부분 효용이 나타나 있다. 여기서 폴리우레탄 재질의 효용이 1.5667로 가장 높다.

위창의 유틸리티

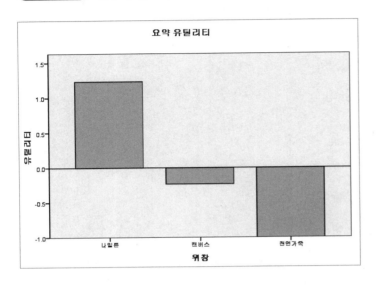

[결과 18-4]의 설명

위창의 유틸리티 중에서 나일론이 1.233으로 가장 높다.

결과 18-5 가격의 유틸리티

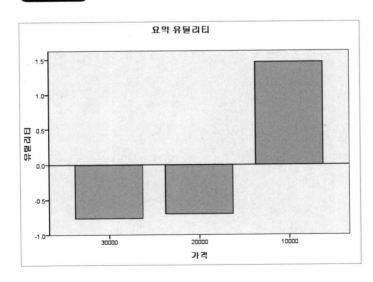

[결과 18-5]의 설명

앞의 [표 18-4]에서 정리한 가격대별 부분 효용이 나타나 있다. 여기서 가격이 10,000원인 경우
의 효용이 1.4667로 가장 높다.

결과18-6 중요도 요약

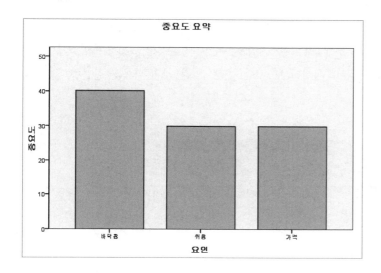

[결과 18-6]의 설명

이 결과는 요인의 중요도를 나타내고 있다. 운동화 구매시 주요 고려 요인인 바닥창, 위창, 가
격 중에서 바닥창이 가장 중요한 요인(40.18%)임을 알 수 있다. 다음으로 위창(29.91%), 가격
(29.91%) 등이 중요한 요인을 알 수 있다.

5) 컨조인트 추가 분석 ─ 가상 운동화 상품

(1) 가상 상품에 대한 정보 입력

우리는 **모의실험**(Simulation)이라는 가상적인 시나리오를 만들어 놓고 추정된 계수들을 이용하여
각 제품 및 서비스 등이 획득할 시장 점유율을 예측할 수 있다. 여기서 가상의 운동화 상품에
대한 고객의 가상 선호도를 계산할 수 있는데, 다음에서 보는 바와 같이 두 가지 가상 운동화
상품에 대한 선호도를 계산하여 보자.

Card 12		Card 13	
바닥창	폴리우레탄	바닥창	고 무
위창	캔버스	위창	나일론
가격	20,000	가격	10,000

[표 18-5] 가상 상품

위의 자료를 입력하는 경우의 카드를 모의 실험 카드라고 하는데 기존 상품 카드의 내용을 가지고 있는 파일(C:\사회과학통계분석\데이터\shoes.sav) 뒷부분에 가상 상품 2개에 대한 정보를 추가시키면 된다. C:\사회과학통계분석\데이터\shoes.sav 불러오기를 하면 다음과 같은 그림을 얻을 수 있다.

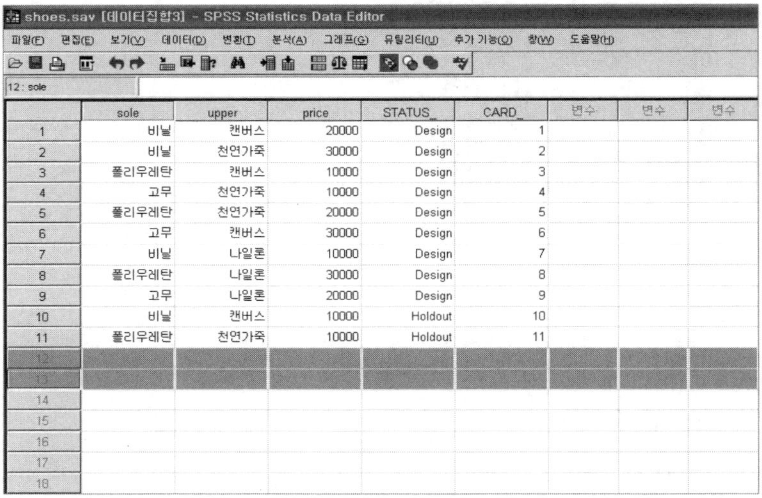

[그림 18-15] 가상 상품에 대한 정보 입력 1　　　　　[데이터: shoes.sav]

케이스(사례 수) 12와 13번에 카드 12와 카드 13에 관한 정보를 입력하면 다음과 같은 화면을 얻을 수 있다.

	sole	upper	price	STATUS_	CARD_	변수	변수
1	비닐	캔버스	20000	Design	1		
2	비닐	천연가죽	30000	Design	2		
3	폴리우레탄	캔버스	10000	Design	3		
4	고무	천연가죽	10000	Design	4		
5	폴리우레탄	천연가죽	20000	Design	5		
6	고무	캔버스	30000	Design	6		
7	비닐	나일론	10000	Design	7		
8	폴리우레탄	나일론	30000	Design	8		
9	고무	나일론	20000	Design	9		
10	비닐	캔버스	10000	Holdout	10		
11	폴리우레탄	천연가죽	10000	Holdout	11		
12	폴리우레탄	캔버스	20000		.		
13	고무	나일론	10000	.	.		
14							
15							
16							
17							
18							

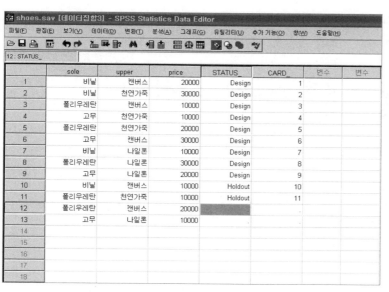

[그림 18-16] 가상 상품에 대한 정보 입력 2

가상 운동화 상품을 추가시킬 경우, 케이스 12와 13에 해당하는 변수 status_ 에 변수 설명을 입력하기 위해서는 마우스로 [▼] 부분의 화살표(▼)를 누르면 다음과 같은 화면을 얻는다.

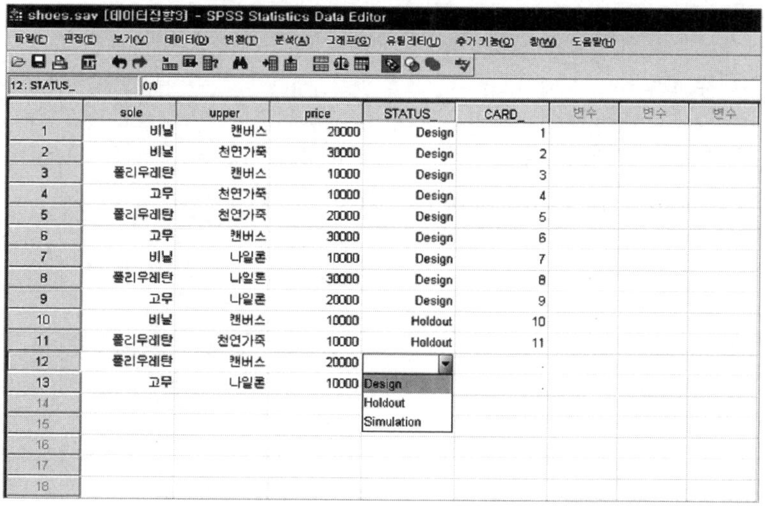

	sole	upper	price	STATUS_	CARD_	변수	변수	변수
1	비닐	캔버스	20000	Design	1			
2	비닐	천연가죽	30000	Design	2			
3	폴리우레탄	캔버스	10000	Design	3			
4	고무	천연가죽	10000	Design	4			
5	폴리우레탄	천연가죽	20000	Design	5			
6	고무	캔버스	30000	Design	6			
7	비닐	나일론	10000	Design	7			
8	폴리우레탄	나일론	30000	Design	8			
9	고무	나일론	20000	Design	9			
10	비닐	캔버스	10000	Holdout	10			
11	폴리우레탄	천연가죽	10000	Holdout	11			
12	폴리우레탄	캔버스	20000		.			
13	고무	나일론	10000	Design	.			
14				Holdout				
15				Simulation				
16								
17								
18								

[그림 18-17] 가상 상품에 대한 정보 입력 3

앞의 [그림 18-17]에서 '모의 실험(Simulation)'을 선택한다. 각각 케이스 12, 13에서 모의실험을 지정하면 다음과 같은 그림을 얻을 수 있다.

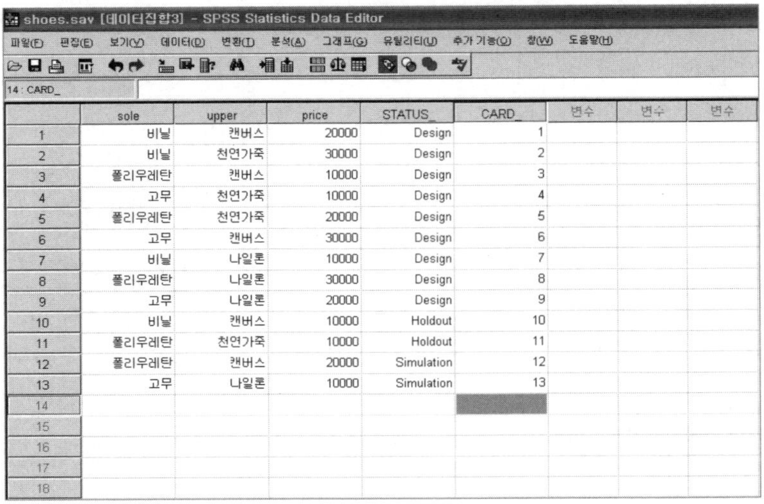

	sole	upper	price	STATUS_	CARD_	변수	변수	변수
1	비닐	캔버스	20000	Design	1			
2	비닐	천연가죽	30000	Design	2			
3	폴리우레탄	캔버스	10000	Design	3			
4	고무	천연가죽	10000	Design	4			
5	폴리우레탄	천연가죽	20000	Design	5			
6	고무	캔버스	30000	Design	6			
7	비닐	나일론	10000	Design	7			
8	폴리우레탄	나일론	30000	Design	8			
9	고무	나일론	20000	Design	9			
10	비닐	캔버스	10000	Holdout	10			
11	폴리우레탄	천연가죽	10000	Holdout	11			
12	폴리우레탄	캔버스	20000	Simulation	12			
13	고무	나일론	10000	Simulation	13			
14								
15								
16								
17								
18								

[그림 18-18] 가상 상품에 대한 정보 입력 4   [데이터: Shoes2.sav]

여기서 입력된 파일을 컨조인트 분석하기 위해 편의상 C:\사회과학통계분석\17K\데이터\SHOES2.sav로 저장하기로 한다.

(2) 모의 실험의 컨조인트 분석

컨조인트 분석을 위해, 앞의 C:\사회과학통계분석\데이터\research.sav 파일을 활성화시켜 놓은 상태에서, 해당 명령문을 작성하면 그림과 같은 화면을 얻을 수 있다.

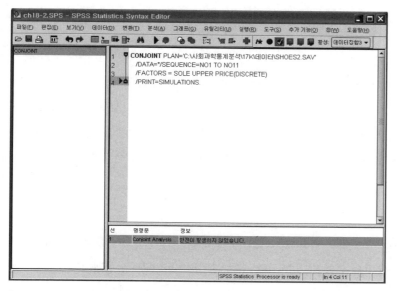

[그림 18-19] 가상 상품에 대한 선호도 측정 명령문　　　　　[데이터: ch18-2.sps]

명령문 편집기에 입력한 명령어를 설명하면 다음과 같다.

CONJOINT PLAN = 'C:\사회과학통계분석\17K\데이터\SHOES2.sav' ─────────①
　　/DATA = * /SEQUENCE = NO1 TO NO11 ───────────────②
　　/FACTORS = SOLE UPPER PRICE(DISCRETE) ───────────③
　　/PRINT = SIMULATIONS. ─────────────────────④

① CONJOINT PLAN = 'C:\사회과학통계분석\17K\데이터\SHOES2.sav'
컨조인트 분석을 위해 선정 상품과 추정 상품의 파일을 불러오는 명령어이다.

② /DATA = * /SEQUENCE = NO1 TO NO11
현재 가동 중인 데이터 파일에서 변수가 순차적으로 계산되는 명령어이다. 만일 데이터가 구간
으로 되어 있으면 SEQUENCE대신 RANK를, 점수로 되어 있으면 SCORE 명령어를 사용한다.

③ /FACTORS = SOLE UPPER PRICE(DISCRETE)
요인이 계급 또는 점수와 관련이 있을 것을 규정하는 경우, "DISCRETE"는 모든 요인에 적용된
다. 여기서 DISCRTE MORE는 요인의 값이 클수록 선호되는 경우를 나타내고, DISCRTE LESS

는 요인의 값이 낮을수록 선호되는 경우를 나타낸다.

④ /PRINT = SIMULATIONS

실험 데이터의 분석 결과의 출력 방향을 결정한다. ANALYSIS는 실험 데이터의 결과만을 출력하는 경우, SIMULATIONS는 모의 실험 데이터의 결과만을 출력하는 경우로 최대 효용, Bradle-Terry-Luce(BTL), Logit 모형이 출력된다. SUMMARY ONLY는 개별 속성은 나오지 않고 요약본만 출력하는 경우이다. ALL는 결과물 모두가 나타난다. NONE은 출력 결과가 나타나지 않는 경우를 말한다.

앞의 [그림 18-19]에서 명령문 편집기 창에서 ▶ 단추를 눌러 실행하면 고객들의 취향에 관한 컨조인트 분석의 결과를 얻을 수 있다. 또는 명령문 편집기 창에서 다음과 같은 순서로 진행하면 동일한 결과물을 얻을 수 있다.

▶ 결과18-7 가상 운동화 상품에 대한 검정 결과

모형 설명

	수준 수	순위 또는 점수에 관련
sole	3	이산형
upper	3	이산형
price	3	이산형

모든 요인이 직교됩니다.

시뮬레이션의 기본 설정 점수

카드 번호	ID	점수
1	12	5.633
2	13	6.267

시뮬레이션의 기본 설정 확률[b]

카드 번호	ID	최대 유틸리티[a]	Bradley-Terry-Luce	로짓 로그선형분석
1	12	.0%	47.3%	34.7%
2	13	100.0%	52.7%	65.3%

a. 동률 시뮬레이션 포함
b. 이러한 개체에 모두 음수가 아닌 점수가 있기 때문에 1/1 개의 개체가 Bradley-Terry-Luce 및 로짓 방법에 사용됩니다.

[결과 18-7]의 설명

컨조인트 분석에서 많이 사용되는 확률적인 선택 모형은 BTL(Bradly-Terry-Luce) 모형과 로짓모형(Logit Model)이 있다.

· BTL

특정 상품의 선호도를 U_{ij} 라고 나타내면, $U_{ij} = \dfrac{U_{ik}}{(U_{i1} + U_{i2} + \cdots + U_{im})}$ 으로 나타낼 수 있다. 이 식을 토대로 다음과 같이 위의 결과를 구할 수 있다.

$$BTL_{(12)} = \frac{5.6}{5.6 + 6.3} = 47.34\%$$

$$BTL_{(13)} = \frac{6.3}{5.6 + 6.3} = 52.94\%$$

· Logit

로짓모형에서는 응답자 i가 제품 k를 구입할 확률을 다음과 같이 주어진다.

$$Logit_{(ij)} = \frac{\exp(U_{ik})}{[\exp(U_{i1}) + \exp(U_{12}) + \cdots + \exp(U_{im})]}$$

$$Logit_{(12)} = \frac{e^{5.6}}{e^{5.6} + e^{6.3}} = 34.68\%$$

$$Logit_{(13)} = \frac{e^{6.3}}{e^{5.6} + e^{6.3}} = 65.32\%0$$

많은 통계적인 방법이 그렇듯이 각 기법은 의사 결정을 지원하는 하나의 도구이지 의사 결정의 전부는 아니다. 컨조인트 분석도 마찬가지라고 할 수 있다. 컨조인트 분석은 지금까지 설명한 바와 같이 다양한 요인에 대하여 선호도를 분석할 수 있다. 그러나 요인의 선정 과정에서 요인수와 수준을 결정하는 일은 쉽지 않다. 컨조인트는 요인들 간의 상호 작용이 존재하지 않는 것을 가정하는 가산적인 모형에 가정을 두고 있으나, 상호 작용이 발생하는 모형이 있는 실제 생활에 적용하기에는 문제점이 있다고 하겠다.

18.6 회귀분석을 통한 컨조인트 분석

소비자들은 그들이 선호하는 상품에 대하여 다음과 같은 속성 프로파일을 만들 수 있다. 이것은 [표 18-1]을 토대로 소비자 9명의 선호도를 측정한 것이다. 각 속성 수준의 프로파일은 명목 척도이고, 종속변수에 속하는 선호도는 리커트 9점 척도로 응답되어졌다(1점: 매우 선호하지 않음, 9점: 매우 선호). 다음은 운동화 상품의 프로파일과 선호도가 나타나 있다.

프로파일 번호 (ID)	속성 수준			선호도 (Y)
	바닥창(sole)	위창(upper)	가격(price)	
1	1	1	1	9
2	1	2	2	7
3	1	3	3	5
4	2	1	2	6
5	2	2	3	5
6	2	3	1	6
7	3	1	3	5
8	3	2	1	7
9	3	3	2	6

[표 18-6] 운동화 상품의 프로파일과 선호도

이와 같은 데이터를 SPSS 데이터 편집기 창의 데이터 보기, 변수 보기 단추를 이용하여 입력하면 다음과 같다.

ch18-1.sav [데이터집합4] - SPSS Statistics Data Editor

	id	sole	upper	price	y	x1	x2	x3	x4	x5	x6	변수	변수
1	1	1	1	1	9	1	0	1	0	1	0		
2	2	1	2	2	7	1	0	0	1	0	1		
3	3	1	3	3	5	1	0	0	0	0	0		
4	4	2	1	2	6	0	1	1	0	0	1		
5	5	2	2	3	5	0	1	0	1	0	0		
6	6	2	3	1	6	0	1	0	0	1	0		
7	7	3	1	3	5	0	0	1	0	0	0		
8	8	3	2	1	7	0	0	0	1	1	0		
9	9	3	3	2	6	0	0	0	0	0	1		

[그림 18-20] 운동화 상품의 프로파일과 선호도 [데이터: ch18-1.sav]

앞의 11장에서처럼 더미변수를 이용한 회귀분석에서와 같이 독립변수 중에서 명목변수가 있을 때에, 그 변수를 더미변수(dummy variable) 혹은 가상변수로 변환하는 경우가 있다. 더미변수의 수는 원래 변수가 지닌 집단의 개수보다 하나 적다(n-1).

예를 들어, 바닥창(sole)의 변수는 2(3-1)개의 변수 즉, X1, X2로 새로이 생성할 수 있다. 만약 바닥창(Sole)의 더미변수는 다음과 같은 표로 나타낼 수 있다.

	X1	X2
수준 1	1	0
수준 2	0	1
수준 3	0	0

[표 18-7] 운동화 바닥창의 더미변수

위창(upper)은 x3, x4로, 가격(price)은 x5, x6으로 더미변수화할 수 있다. 이것을 표로 나타내면 다음과 같다.

선호도	속성					
	sole		upper		price	
	x1	x2	x3	x4	x5	x6
9	1	0	1	0	1	0
7	1	0	0	1	0	1
5	1	0	0	0	0	0
6	0	1	1	0	0	1
5	0	1	0	1	0	0
6	0	1	0	0	1	0
5	0	0	1	0	0	0
7	0	0	0	1	1	0
6	0	0	0	0	0	1

[표 18-8] 운동화 상품의 회귀분석을 위한 더미변수화　　　　　　　　[데이터: ch18-1.sav]

위와 같은 더미변수의 데이터를 회귀분석하기 위해서는, 다음과 같은 순서로 실행하면 된다.

| 분석(A) |
| 　　　　회귀분석(R) |
| 　　　　　　　선형(L)... |

생성된 각각의 더미변수를 독립변수로 하고 선호도(Y)를 종속변수로 지정하면, 다음과 같은 화면을 얻을 수 있다.

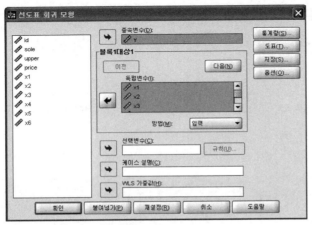

[그림 18-21] 회귀분석을 위한 변수 지정 화면

위 화면에서 　확인　 단추를 누르면 다음과 같은 단순회귀모형의 계수에 대한 결과물을 얻을 수 있다.

결과18-8 단순회귀분석의 회귀계수

계수a

모형		비표준화 계수		표준화 계수	t	유의확률
		B	표준오차	베타		
1	(상수)	4.222	.588		7.181	.019
	X1	1.000	.544	.384	1.837	.208
	X2	-.333	.544	-.128	-.612	.603
	X3	1.000	.544	.384	1.837	.208
	X4	.667	.544	.256	1.225	.345
	X5	2.333	.544	.896	4.287	.050
	X6	1.333	.544	.512	2.449	.134

a. 종속변수: Y

[결과 18-8]의 설명

위 식의 각 더미변수는 통계적으로 유의하지 않으나(유의확률 > 0.05), 더미변수화를 설명하는 목적으로, 회귀식을 나타내면 다음과 같다.

$$Y = 4.222 + 1.000X_1 - 0.333X_2 + 1.000X_3 + 0.667X_4 + 2.333X_5 + 1.333X_6$$

각 더미변수의 회귀계수는 각 수준의 부분 가치의 차이라고 할 수 있다. 운동화 바닥창 (Sole)의 경우, 다음과 같이 나타낼 수 있다.

$$\alpha_{11} - \alpha_{13} = b_1$$
$$\alpha_{21} - \alpha_{13} = b_2$$

부분 가치를 풀기 위해서는 다음과 같은 추가적인 제약식이 필요하다.

$$\alpha_{11} + \alpha_{12} + \alpha_{13} = 0$$

이 세 식을 가지고 첫 번째 속성인 바닥창(Sole)에 대한 방정식을 풀면,

$$\alpha_{11} - \alpha_{13} = 1.000$$

$$\alpha_{21} - \alpha_{13} = -0.333$$

$$\alpha_{11} + \alpha_{12} + \alpha_{13} = 0$$

이며, 여기서 해를 구하면 $\alpha_{11} = 0.778$, $\alpha_{12} = -0.556$, $\alpha_{13} = -0.222$이다.

두 번째 속성 위창(upper)의 부분 가치는 다음과 같이 풀면 된다.

$$\alpha_{21} - \alpha_{23} = b_3$$

$$\alpha_{22} - \alpha_{23} = b_4$$

$$\alpha_{21} + \alpha_{22} + \alpha_{23} = 0$$

그리고 세 번째 속성 가격(price)의 부분 가치는 다음과 같이 풀면 된다.

$$\alpha_{31} - \alpha_{33} = b_5$$

$$\alpha_{32} - \alpha_{33} = b_6$$

$$\alpha_{31} + \alpha_{32} + \alpha_{33} = 0$$

앞의 [결과 18-2]에서처럼, $I_i = \{$최대값$(\alpha_{ij}) -$최소값$(\alpha_{ij})\}$ 즉, 요인의 중요성은 다른 요인의 상대적인 중요성으로 규정할 수 있다.

이 중요성을 W_i로 나타내면, $W_i = \dfrac{I_i}{\sum\limits_{i=1}^{m}}$ 이다. 그리고 모든 요인의 중요성을 더하면 1이 된다. $\sum\limits_{i=1}^{m} W_i = 1$이다.

따라서, 각 요인의 부분 가치 범위는

$$= [0.778 - (-0.556)] + [0.445 - (-0.556)] + [1.111 - (-1.222)] = 4.668$$

이 되며, 각 요인의 중요도를 구하면 다음과 같다.

$$바닥창(Sole)의\ 중요도\ =\frac{1.334}{4.668}=0.286$$

$$위창(Upper)의\ 중요도\ =\frac{1.001}{4.668}=0.214$$

$$가격(Price)의\ 중요도\ =\frac{2.333}{4.668}=0.500$$

지금까지 나타난 컨조인트의 분석 결과를 표로 정리하면 다음과 같다.

요인	설명	효용	중요도
Sole(바닥창)	고무	0.778	0.286
	폴리우레탄	−0.556	
	비닐	−0.222	
Upper(위창)	천연가죽	0.445	0.214
	캔버스	0.111	
	나일론	−0.556	
Price(가격)	10,000	1.111	0.500
	20,000	0.111	
	30,000	−1.222	

[표 18-9] 컨조인트 분석의 결과

결론적으로 컨조인트 분석 결과, 소비자들은 가격(중요도: 50%)에 대해 가장 중요하게 생각을 하고, 바닥창(28.6%), 위창(21.4%)을 운동화 선택시 중요한 요인으로 생각하고 있다는 것을 알수 있다. 앞의 직교계획에 의한 컨조인트 분석 [결과 18-2]와의 중요도가 다른 것은 조사 대상이 다르기 때문이다.

19장 대응일치분석

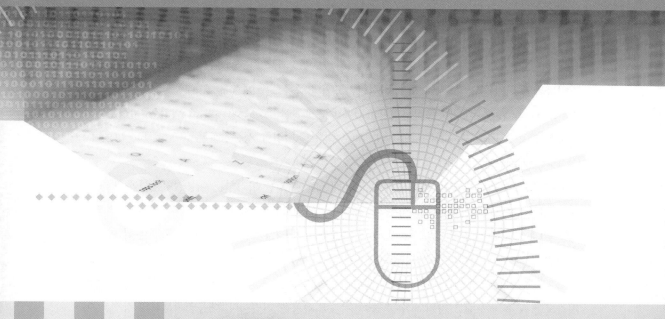

조사자가 연구조사를 하는 경우, 범주형의 자료를 얻는 경우가 있다. 이러한
범주형의 자료는 분할표(교차분석표)로 나타낼 수 있다.

1. 분할표에 대한 χ^2(카이자승) 검정을 통해, 독립성 여부를 판단하여 상관 정
   도를 나타내는 방법을 이해한다.
2. 대응일치분석을 통하여, 분할표를 위치도에 나타냄으로써 보다 시각적인 효
   과를 얻는 방법을 실행할 수 있다.

19.1 대응일치분석의 의의

사회과학적인 조사연구 조사에서 측정 대상을 상호 배타적인 집단으로 분류하는 데는 명목척도가 많이 이용되고 있다. 이 명목척도로 응답된 자료는 교차분석에 의해 분할표를 통해 정리될 수 있다. 여기서 분할표란 데이터를 행(row)과 열(column)의 형태로 배열한 것으로 사실을 쉽게 파악할 수 있도록 하는 테이블을 의미한다.

SPSS에서는 이러한 분할표를 **지각도**(Perceptual Map)을 통해 제공해 주는 통계분석으로서 최적화 척도법(Optimal Scaling)을 들 수 있다. 여기서 지각도는 일종의 포지셔닝 맵으로서 소비자들이 제품에 대하여 심리적으로 느끼는 공간상의 상대적 위치를 말한다. 지각도를 통해 소비자들이 판단, 선호하는 기업 및 속성의 평가를 통해, 이 결과를 차원에 나타냄으로써 자사와 경쟁기업들과의 위치를 파악할 수 있다. 최적화척도법의 종류로는 예컨대, ① **대응일치분석**(ANACO: Correspondence Analysis), ② **동질성 분석**(HOMALS: Homogeneity Analysis), ③ **비선형 주성분분석** (PRINCALS: Nonlinear Principal Components Analysis), ④ **비선형 정준상관분석**(OVERALS: Nonlinear Canonical Correlation Analysis) 등이 있다.

이 장에서는 행과 열의 유사성 분석을 통해 상관 관계를 파악하는 대응일치분석에 대해 주로 설명하기로 한다. 대응일치분석은 다차원 척도분석(MDS: Multidimensional Scaling)의 방법으로 행(속성)과 열(회사별, 브랜드별, 제품별 등)의 분할표로 나타낼 수 있는 질적 자료의 분석 방법이다. 다차원 척도에 있어 전통적인 다변량 분석방법은 판별분석과 요인분석에 의존하여 왔다. 그러나 대응일치분석 기법은 지각도를 나타내는 방법으로 최근 개발된 기법이다. 대응일치분석은 지각도를 구축하여 주고 차원의 수를 줄여주는 데 유용한 기법이다. 대응일치분석의 장점은 이항 또는 명목척도 등과 같이 질적 자료로 획득된 자료의 수를 줄여 주고, 속성 사이의 각 수준별 관측치들을 저차원(예컨대, 2차원 평면)으로 나타낼 수 있어 비유사성을 확인할 수 있다. 그러나 대응일치분석의 단점은 탐색적인 자료 분석 기법이므로 가설검정에는 적합하지 않다는 점, 적정한 수의 차원을 제공하지 못한다는 점이다. 또한 행(속성)과 열(브랜드)에 대한 이상치에 민감하므로 결과 해석시에 일부 대상 및 속성이 누락될 우려가 있다는 점 등이다.

19.2 예제 실행

서울 인근의 대표적인 놀이공원의 포지셔닝을 파악하기 위하여 드림랜드, 롯데월드, 서울랜드, 에버랜드, 둘리랜드, 어린이 대공원 등을 대상으로 입장료, 편의 시설, 즐길거리 다양성, 놀이기구 안전성, 지리적 위치, 주차 시설 등의 6가지에 대하여 복수 응답 방식을 채택하였다. 다음은 소비자 20명에 대한 교차분석 결과의 자료는 다음과 같다.

factor＼company	드림랜드 (1)	롯데월드 (2)	서울랜드 (3)	에버랜드 (4)	둘리랜드 (5)	어린이 대공원 (6)
입장료가 저렴 (1)	6	4	3	5	6	8
편의 시설이 우수 (2)	3	6	5	8	4	4
즐길거리가 다양함 (3)	4	8	6	9	5	2
놀이 기구가 안전함 (4)	3	8	6	9	7	4
지리적으로 가까움 (5)	3	4	5	3	4	5
주차 시설이 편리함 (6)	5	6	4	7	6	5

[표 19-1] 놀이공원과 이미지 요인의 교차분석 분할표
(※ 숫자는 응답자 현황을 나타냄)

앞과 같은 자료는 다음과 같은 순서에 의하여 입력할 수 있다.

1) 자료 입력

SPSS 데이터 편집기 창의 변수 보기, 데이터 보기를 이용하여 입력하면 다음과 같은 화면을 얻을 수 있다. [그림 19-1]은 [표 19-1]의 자료를 입력한 일부를 나타낸 것이다.

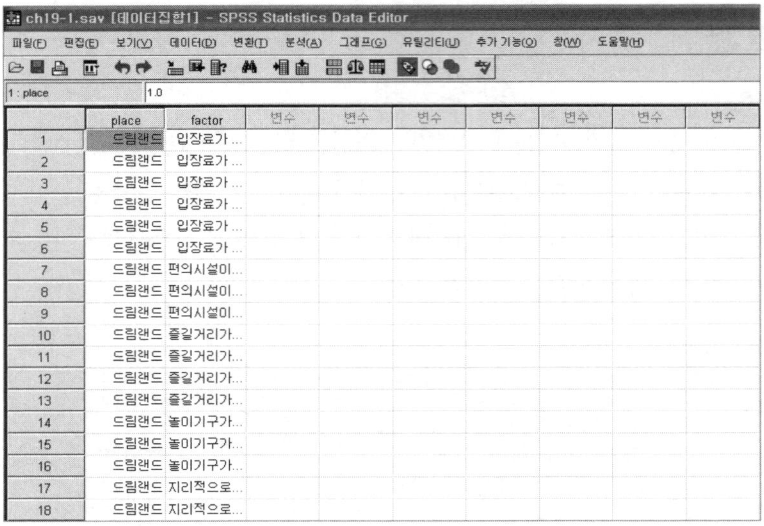

[그림 19-1] 자료 입력   [데이터: ch19-1.sav]

위의 그림은 대응일치분석을 위한 자료의 일부를 화면으로 나타낸다. 이것을 교차분석하여 보면 앞의 [표 19-1]과 같은 교차분석 표와 동일하여야 입력이 정확하게 된 것이라고 할 수 있다.

2) 대응일치분석 실행

SPSS상에 나타난 대응일치분석을 통해 지각도를 그리기 위해서는 다음과 같은 절차를 따르면 [그림 19-2]의 화면을 얻을 수 있다.

> 분석(A)
>> 차원감소 ▶
>>> 대응일치분석(C)⋯

[그림 19-2] 대응일치분석 1

여기서 행(R) 변수에는 factor를 지정하면 다음과 같은 화면을 얻을 수 있다.

[그림 19-3] 대응일치분석 2

선택한 행이나 열에 대해 최소 정수값과 최대 정수값을 지정한다. 각 변수에 대한 범위를 지정하기 위해, ⏚ 범위지정(D)... ⏚ 단추를 누르면, 다음과 같은 화면을 얻을 수 있다.

[그림 19-4] 행 변수 범위지정

[그림 19-4]는 factor(요인)에 대한 분류값을 의미하며 최소값(M) 란에는 ①, 최대값(A) 란에는 ⑥을 입력하고, 갱신(U) 단추를 누르면 [그림 19-5]의 화면이 나타난다.

[그림 19-5] 행 변수 범위지정 갱신

여기서 계속 단추를 누르면 [그림 19-3]의 화면이 다시 나타난다. 여기서 Place(놀이공원)를 지정한 후, 열(C) 변수에 지정하고 범위지정(D)... 단추를 눌러 최소값(M): '1', 최대값(A)에 '6'을 입력한다. 다음과 같은 화면이 나타난다.

[그림 19-6] 열 변수 범위지정

여기서 갱신(U) 단추를 누른 다음 계속 단추를 누르면 다음과 같은 화면이 나온다.

[그림 19-7] 대응일치분석 3

여기서 [모형(M)...] 단추를 누르면 다음과 같은 화면을 얻을 수 있다.

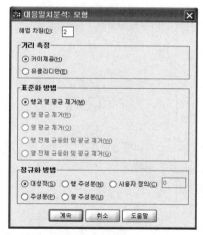

[그림 19-8] 대응일치분석 4

[그림 19-8]의 대응일치분석: 모형의 대한 설명을 표로 나타내면 다음과 같다.

옵션 키워드	내용 설명
해법 차원(D): ②	차원을 구체화함, 일반적으로 변동의 설명을 위한 저차원을 선정
거리측정	대응일치 표의 행과 열의 계산 방법
◉ 카이제곱(H)	가중 프로파일 거리 계산, 표준 대응일치분석을 위해 필요
○ 유클리디안(E)	행과 열 사이의 유클리디안 거리
표준화 방법	다음 중에서 표준화 방법을 선택
◉ 행과 열의 평균 제거(M)	행과 열이 중심이 되는 표준 대응일치분석
○ 행 평균 제거(R)	행만이 중심이 됨
○ 열 평균 제거(O)	열만이 중심이 됨
○ 행 전체 균등화 및 평균 제거(W)	행이 중심이 되기 전 행 최대화 거리
○ 열 전체 균등화 및 평균 제거(Q)	열이 중심이 되기 전 열 최대화 거리
정규화 방법	다음 중에서 선택
◉ 대칭적(S)	각 차원에 대해 행은 일치 단일 값으로 나눈 다음 가중된 열의 평균이다. 두 변수 간 차이나 유사성을 보는 방법
○ 행 주성분(N)	행 점 간 거리는 카이제곱 거리의 근사값이다. 행 점 간 거리를 최대화하는 방법으로서 행 변수 범주 간 차이나 유사성을 보는 방법
○ 사용자 정의(C)	사용자가 임의로 초기값을 정할 수 있는 방법
○ 주성분(P)	행 점과 열 점 간 거리는 카이제곱 거리의 근사값이다. 두 변수 간 차이 대신 한 변수나 두 변수의 범주 간 차이를 보는 방법
○ 열 주성분(C)	열 점 간 거리는 카이제곱 거리의 근사값이다. 행 점 간 거리를 최대화하는 방법으로서 열 변수 범주 간 차이나 유사성을 보는 방법

[표 19-2] 대응일치분석의 옵션 창

앞의 [그림 19-8]에서 ☐ 계속 ☐ 단추를 누르면 [그림 19-7]의 화면으로 복귀한다. [그림 19-7]에서 ☐ 통계량(S)... ☐ 단추를 누르면 다음과 같은 그림을 얻을 수 있다.

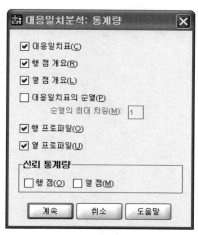

[그림 19-9] 대응일치분석 통계량

[그림 19-9]의 대응일치분석: 통계량에 대한 설명을 표로 나타내면 다음과 같다.

옵션 키워드	내용 설명
☑ 대응일치표(C)	행과 열의 대응일치표
☑ 행 점 개요(R)	행 점의 대응일치표
☑ 열 점 개요(L)	열 점의 대응일치표
☐ 대응일치표의 순열(P)	대응일치표의 순열
☑ 행 프로파일(O)	행 프로파일
☑ 열 프로파일(U)	열 프로파일
신뢰 통계량	다음 중에서 선택
☐ 행 점(O)	행 점수의 표준편차와 상관계수의 표시
☐ 열 점(M)	열 점수의 표준편차와 상관계수 표시

[표 19-3] 대응일치분석의 통계량

앞의 [그림 19-9]에서 계속 단추를 누르면 [그림 19-7]의 화면으로 복귀한다. [그림 19-7]에서 도표(T)... 단추를 누르면 다음과 같은 그림을 얻을 수 있다.

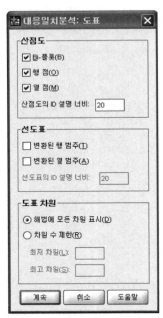

[그림 19-10] 대응일치분석: 도표

[그림 19-10]의 대응일치분석: 도표에 대한 설명을 표로 나타내면 다음과 같다.

옵션 키워드	내용 설명
산점도	
☑ Bi-플롯(B)	행과 열의 산포도
☑ 행 점(O)	행의 산포도
☑ 열 점(M)	열의 산포도
산점도의 ID 설명 너비	20
선포도	
☑ 변환된 행 범주(T)	변환된 행 점수의 일변량 도표를 표시
☑ 변환된 열 범주(A)	변환된 열 점수의 일변량 도표를 표시

[표 19-4] 대응일치분석의 도표

앞의 [그림 19-10]에서 계속 단추를 누르면 [그림 19-7]의 화면으로 복귀한다. 여기서 확인 단추를 누르면 다음의 결과를 얻는다.

19.3 결과 분석

결과 19-1 놀이공원과 이미지 요인의 교차분석 현황표

대응일치표

factor	드림랜드	롯데월드	서울랜드	에버랜드	툴리랜드	어린이대공원	액티브 주변
				place			
입장료가 저렴	6	4	3	5	6	8	32
편의시설이 우수	3	6	5	8	4	4	30
즐길거리가 다양함	4	8	6	9	5	2	34
놀이기구가 안전함	3	8	6	9	7	4	37
지리적으로 가까움	3	4	5	3	4	5	24
주차시설이 편리함	5	6	4	7	6	5	33
액티브 주변	24	36	29	41	32	28	190

[결과 19-1]의 설명

앞의 [표 19-1] 놀이공원과 이미지 요인의 교차분석 현황표와 동일한 결과를 나타내는 교차분석표가 나타나 있다. 여기서 액티브 주변은 행과 열의 각 합을 말한다.

결과 19-2 행 포인트 개요

행 포인트 개요[a]

factor	매스	차원의 점수 1	차원의 점수 2	요약 관성	차원의 관성에 대한 포인트 1	차원의 관성에 대한 포인트 2	포인트의 관성에 대한 차원 1	포인트의 관성에 대한 차원 2	전체
입장료가 저렴	.168	-.831	.246	.028	.507	.105	.964	.036	.999
편의시설이 우수	.158	.263	-.026	.004	.047	.001	.565	.002	.567
즐길거리가 다양함	.179	.571	.109	.015	.254	.022	.907	.014	.921
놀이기구가 안전함	.195	.344	-.060	.007	.101	.007	.733	.009	.742
지리적으로 가까움	.126	-.372	-.744	.011	.076	.723	.366	.619	.985
주차시설이 편리함	.174	-.137	.281	.002	.014	.141	.328	.583	.911
액티브 전체	1.000			.067	1.000	1.000			

a. 대칭 정규화

[결과 19-2]의 설명

정확한 차원을 결정하는 일과 X, Y축에 명칭을 부여하는 것은 연구자에게 중요한 과제이다. 놀이공원 이미지 요인(factor)에 대한 차원의 점수가 나타나 있다. 놀이공원의 요인(Factor)에 X축(1차원)에 공헌하는 정도는 입장료가 50.7%, 즐길거리가 25.4% 순으로 높게 나타나 있으며, X축은 입장료 축으로 명칭을 부여한다. Y축(2차원)의 경우 지리적 위치가 72.3%의 가장 높은 공헌도를 보이므로, Y축은 지리적 위치축으로 명칭을 부여하면 될 것이다.

열 포인트 개요[a]

place	차원의 점수			요약 관성	기여도				
					차원의 관성에 대한 포인트		포인트의 관성에 대한 차원		
	매스	1	2		1	2	1	2	전체
드림랜드	.126	-.487	.356	.010	.131	.165	.688	.155	.842
롯데월드	.189	.396	-.019	.007	.129	.001	.985	.001	.986
서울랜드	.153	.287	-.603	.009	.055	.574	.338	.632	.970
에버랜드	.216	.437	.303	.012	.180	.205	.778	.157	.935
물리랜드	.168	-.133	.067	.003	.013	.008	.255	.027	.283
어린이대공원	.147	-.875	-.176	.027	.493	.047	.959	.016	.975
액티브 전체	1.000			.067	1.000	1.000			

a. 대칭 정규화

[결과 19-3]의 설명

놀이공간(Place)에 대한 차원의 점수가 나타나 있다. 또한, 놀이공간(Place) 측면에서 앞의 [결과 19-2]에서 부여한 X축(입장료 축: 1차원)에 가장 높은 공헌도의 놀이공간은 어린이 대공원으로서 49.3%의 설명력을 가지고 있다. Y축에는 서울랜드가 57.4%의 가장 높은 설명력을 갖는 것으로 나타났다.

결과19-4 행 점

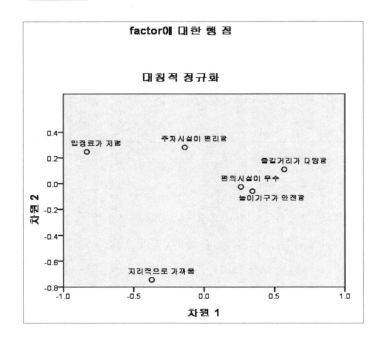

[결과 19-4]의 설명

행 점(factor)에 대한 차원별 좌표가 나타나 있다.

결과19-5 열 점

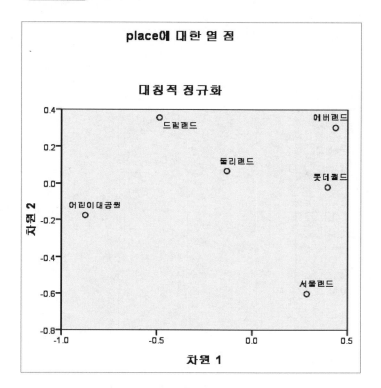

[결과 19-5]의 설명

열 점(place)에 대한 차원별 좌표가 나타나 있다.

→ 결과19-6 행 점 및 열 점 대칭적 정규화

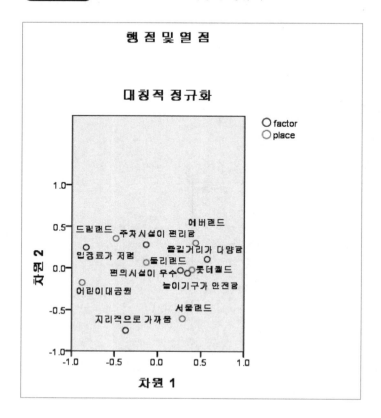

[결과 19-6]의 설명

이 결과에는 놀이요인에 의한 행(Factor) 지각도 [결과 19-4]와 놀이공간에 의한 열(Place) 지각도 [결과 19-5]를 서로 겹쳐서 만든 행렬 결합 지각도가 나타나 있다. 여기서 롯데월드의 경우, 편의 시설이 우수하고 놀이기구가 다양하고, 즐길거리가 많은 것으로 해석할 수 있다. 에버랜드의 경우는 즐길거리가 많고 주차 시설이 편리한 것으로 해석할 수 있다.

이와 같이 대응일치분석은 적은 수의 차원을 이용하여 행과 열의 관계를 나타낸다. 다차원 척도법은 단지 기업 비교만 가능하지만, 대응일치분석은 회사와 관련된 속성(요인)을 직접적으로 비교할 수 있는 기법이다. 연구자는 지각도를 나타내는 데 있어 속성과 기업을 동시에 비교할 수 있으므로, 경영 의사 결정에 유용하게 이용할 수 있다.

SPSS

20장 비모수 통계분석

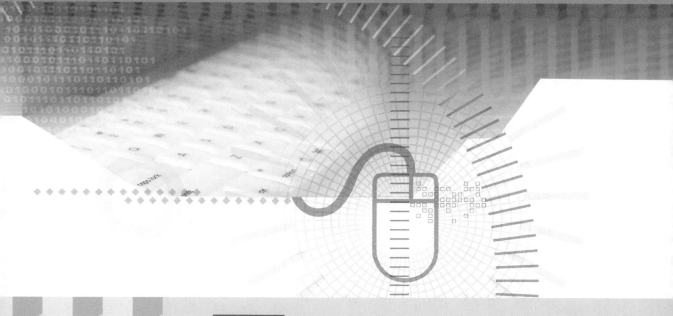

학습 목표

비모수 통계분석은 분포의 모양에 대한 가정 없이 가설검정하는 방법이다. 비
모수 통계분석의 이점은 자료를 명목척도나 예비 연구 자료를 수집할 경우 등
과 같이 표본의 크기가 매우 작은 경우에 유용한 방법이다. 또한 모수적인 방
법에 대한 적용이 용이하고 이해가 쉬우므로 신속한 검정을 할 수 있다.

1. 모수 통계분석과 비모수 통계분석의 차이점을 이해한다.
2. 다양한 비모수 통계분석을 실행해 보고 해석 방법을 익힌다.

20.1 비모수 통계분석이란?

1) 비모수 통계분석의 의의

지금까지 우리가 다루어 온 통계적 추론은 표본에서 얻어지는 통계량을 이용하여 모집단의 특성을 나타내는 모수(母數, parameter)를 추정하거나 가설을 검정하는 것이었다. 이러한 통계학은 모수 통계학(Parametric Statistics)이라고 부른다.

그러나 모수 통계학은 모집단 확률분포에 대하여 엄격한 가정이 현실적으로 불가능하거나 또는 합당하지 않은 경우가 많으며, 통계적 추론을 위해 모수 통계학을 이용하는 경우 오류를 범할 수 있다. 이러한 문제점을 해결해 줄 수 있는 것이 **비모수 통계학**(Nonparametric Statistics)이다. 물론 비모수 통계학의 검정도 모집단에 관한 것이어서 표본을 이용하지만, 모수 통계학처럼 모집단의 분포가, 예를 들어 정규분포라는 특별한 가정을 필요로 하지는 않는다. 따라서 비모수 통계학은 엄격한 가정하의 추론이 아닌 비모수적(nonparametric) 성격을 가졌고, 특정 분포 형식에서 벗어나 자유로운 검정을 하게 된다.

비모수 통계학이 모수 통계학에 비하여 갖는 일반적인 이점은 다음과 같다.

① 자료를 명목척도나 순위척도로 측정하는 경우에 유용한 방법이다.
② 희귀한 질병이나 예비 연구 자료를 수집할 경우 등과 같이 표본의 크기가 매우 작은 경우에 유용한 방법이다.
③ 모수적 방법에 대한 적용이 용이하고, 이해가 쉬우므로 신속한 검정을 할 수 있다.

2) 비모수 통계분석 방법의 종류

(1) 적합도검정

모집단이 일정한 확률분포 형태를 갖는다고 가정할 경우 표본에서 얻어진 분포가 모집단에서 가정하고 있는 분포에 적합한지를 검정하는 방법이다(예: 단일표본 카이자승(χ^2) 검정, 단일표본 콜모고로프–스미르노프검정, 이항분포검정).

(2) 무작위성 검정

일련의 관찰치(사건)가 무작위적(random)으로 발생한 것인지 아니면 어떠한 규칙성, 즉 앞서 일어난 사건이 뒤에 일어날 사건에 영향을 미치는 것인지를 검정하는 방법이다(예: Run의 검정).

(3) 변수 간 분포의 동질성 검정

두 개 변수 또는 3개 이상의 변수값들이 이루는 확률분포가 동일한지를 검정하는 방법이다. 이 때에 확률분포는 정규분포와 같은 특정한 분포를 가정하지는 않는다(예: 부호 검정, 윌콕슨 검정, 맥네마르 검정, 프리드맨 검정, 켄달의 검정, 코크란큐 검정).

(4) 집단 간 분포의 동질성 검정

두 집단 또는 세 집단 이상의 특정 변수에 대한 확률분포들이 동일한가를 검정하는 방법이다. 순위 자료를 이용한 분산분석으로 생각하면 쉽게 이해될 것이다(예: 맨-휘트니 검정, 두 표본 콜모고로프-스미르노프 검정, 왈드-월포비치 검정, 중앙값 검정, 크루스칼-월리스 검정).

(5) 변수 간의 상관 관계 분석

순위 자료를 이용하여 변수 간의 상관 정도를 분석하는 방법과 명목척도로 측정된 자료를 이용하여 두 변수 간의 상관 정도를 분석하는 방법이 있다. 이 경우에는 명목자료로 된 변수 간의 상호독립성을 검정함으로써 두 변수의 도수분포상의 상관 정도를 검정하게 된다(예: 스피어맨 순위상관분석, 교차분석).

사용 목적	비모수 통계분석 방법	목적이 유사한 모수 통계분석 방법
적합도검정	단일표본 카이스퀘어 검정	없음
	단일표본 콜로고프-스미르노프 검정	없음
	이항분포 검정	없음
무작위성검정	연의 검정	없음
두 변수의 비교	부호 검정	Paried
	윌콕슨 검정	t-test
	코크란 큐 검정	
세 변수의 비교	프리드맨 검정	
	켄달의 일치계수	MANOVA
	코크란 큐 검정	
두 집단의 비교	맨-휘트니 검정	
	2개 표본 콜모고로프-스미르노프 검정	t-Test
	윌드-월포비치검정	
	중앙값 검정	
세 집단 이상의 비교	중앙값 검정	ANOVA
	크루스칼-월리스 검정	
변수 간의 상관분석	스피어맨 순위 상관분석	Correlation
	카이자승 분석(교차분석)	

[표 20-1] 비모수 통계분석 방법 요약

20.2 적합도검정

여기에서는 한 표본의 분포가 어떤 이론적인 분포와 일치된다(적합도)고 볼 수 있는지 여부에 관한 비모수 통계기법을 살펴보기로 하겠다.

1) 단일표본 카이자승 검정

단일표본 카이자승 검정(Chi-square Test)은 한 표본의 값의 실제 빈도와 기대 빈도가 일치하는지를 검정할 때 이용된다.

[상황 설정]

멘델의 유전 법칙에 의하면 네 가지 완두콩 모양이 나타날 비율은 9 : 3 : 3 : 1이라고 한다. 다음과 같은 완두콩 수확을 얻었다고 할 때, 완두콩 모양의 비율이 멘델의 유전 법칙과 일치한다고 볼 수 있을까?

완두콩 모양(X)	1	2	3	4
수확량(W)	170	60	80	30

H_0 : 멘델의 유전 법칙과 일치한다.
H_1 : 멘델의 유전 법칙과 일치하지 않는다.

① 자료 입력

카이자승 검정을 하기 위해서 완두콩 모양(X), 수확량(W) 등에 관한 자료를 다음과 같이 입력한다.

[그림 20-1] 자료 입력 화면　　　　　　　　　　　　[데이터: ch20-1.sav]

② 가중치 부여

자료에 가중치를 부여하려면 다음과 같은 순서로 진행한다.

데이터(D)

　　　가중 케이스 선택(W)...

[그림 20-2] 가중치 지정 화면

여기서 가중 케이스 지정(W)을 마우스로 지정하고 w(수확량) 변수를 지정하고 빈도변수(F): 에 보낸다. 그러면 다음과 같은 화면을 얻을 수 있다.

[그림 20-3] 가중치 지정 화면

여기서 [확인] 단추를 누르면 양적 변수에 대한 가중치 계산이 끝나게 된다. 그리고 다음과 같은 순서로 작업을 하면 카이자승 검정 화면을 얻을 수 있다.

분석(A)

　　　비모수 검정(N) ▶

　　　　　　카이제곱 검정(C)...

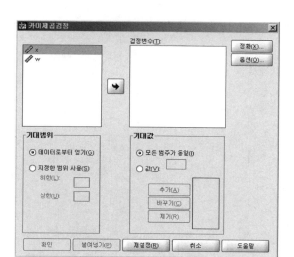

[그림 20-4] 단일표본 자승검정 화면

[그림 20-4]의 왼쪽 변수 상자에서 x와 w를 마우스로 지정하여 ➡ 단추를 누른다. 기대
범위 상자는 나타난 각 개별 값은 범주로 정의하는 ⦿ **데이터로부터 열기(G)**와 하한과 상한에
대해 정수 값을 입력하는 **지정한 범위 사용(S)** 등이 있다.

기대값 상자에서 ⦿ **값(V):** 란을 지정한 후 9 : 3 : 3 : 1 중에서 먼저 9를 입력하면 [그림
20-5]를 얻을 수 있다.

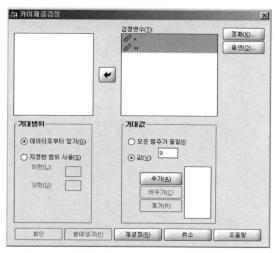

[그림 20-5] 변수 지정 화면 1

여기서 [추가(A)] 단추를 누르면 다음 화면을 얻는다.

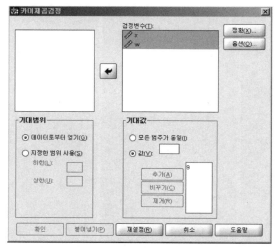

[그림 20-6] 변수지정 화면 2

계속해서 ◉ **값(V)**: 란에 3, 3, 1을 차례로 입력하면 [그림 20-7]을 얻는다.

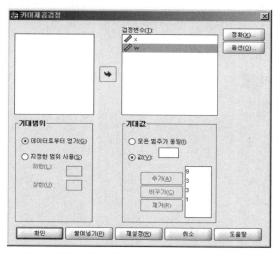

[그림 20-7] 변수 첨가 화면

여기서 선택한 통계량의 유의수준을 계산하는 데는 정확한 방법이나 Monte Carlo 방법이
필요한 경우를 나타내는 [정확(X)...] 키워드가 있다. 이 단추를 누르면 다음과 같은 화면을 얻

을 수 있다.

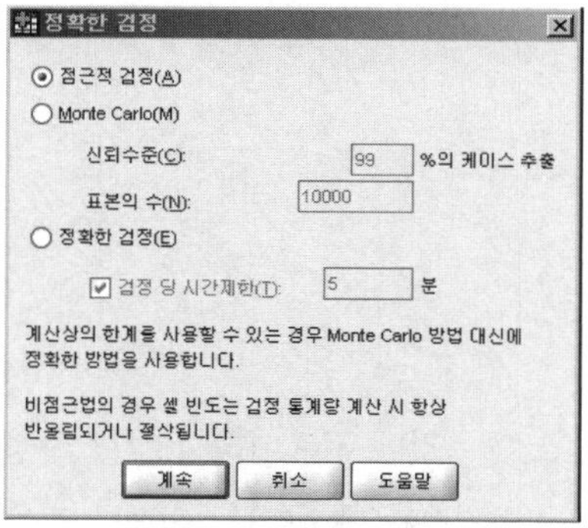

[그림 20-8] 정확한 검정

정확한 검정에 나타난 것을 구체적으로 설명하면 다음 [표 20-2]와 같다.

키워드	내용 설명
◉ 점근적 검정(A)	이 유의수준은 검정통계량의 점근적 분포를 토대로 계산되며, 대표 본 즉, 데이터의 많음을 가정한다. 데이터가 적거나 동률이 많고, 불 균형을 이루거나, 빈약하게 분포되어 있을 때, 정확한 분포를 토대 로 유의수준을 계산하는 것보다 더 바람직하다.
○ Monte Carlo(M) 신뢰수준(C) 표본의 수(N)	정확한 유의수준의 비편향 추정값으로 차원, 행과 열의 여백이 관측 된 표의 경우와 같은 표의 참조 집합으로부터 반복적으로 표본을 추 출하여 계산된다. Monte Carlo 방법을 사용하여 점근적 방법에 필 요한 가정 없이도 정확한 유의수준을 추정을 할 수 있다. 이 방법은 데이터 변수군이 너무 커서 정확한 유의수준을 계산할 수 없을 때 유용하게 사용되지만 이러한 데이터는 점근적 방법의 가정을 만족 시키지 않는다.
정확한 검정(E) ☐ 검정 당 시간제한(T): 5분	관측 결과의 확률 또는 더 많은 극단값의 출현 확률을 정확하게 계 산한다.

[표 20-2] 정확한 검정

여기서 ┌─계속─┐ 단추를 누르면 앞의 [그림 20-4]와 같은 화면으로 복귀한다. 여기서 요약 통계량을 나타내기 위해 ┌─옵션(O)...─┐ 단추를 누르면 다음과 같은 화면을 얻을 수 있다.

[그림 20-9] 카이제곱 옵션 화면

　여기서는 통계량 상자에서 ☑ **기술통계(D)**를 지정하였고, **결측값**에서는 여러 검정을 지정할 때, 각 검정은 결측값에 따라 개별적으로 평가하는 ◉ **검정별 결측값 제외(T)**를 선정한 것을 보여 주고 있다.

　다음 표는 단일 표본 카이자승 검정의 창을 요약 설명한 것이다.

키워드	내용 설명
기대범위	
◉ 데이터로부터 얻기(D)	데이터의 값에 따라 범주가 정의된다.
○ 지정한 범위 사용(S)	범위의 하한값(Lower)과 상한값(Upper)을 지정하는 란
기대값	
○ 모든 범주가 동일(I)	모든 범위의 기대값은 동일함을 나타낸다.
◉ 값(V)	기대치를 먼저 선정한 후 추가 버튼을 누른다. 예를 들어 9 : 3 : 3 : 1 을 넣기 위해서는 먼저 9를 클릭한 후 추가 버튼을 누른다.
정확	
◉ 점근적 검정(A)	이 유의수준은 검정통계량의 점근적 분포
○ Monte Carlo(M) 신뢰수준(C) 표본의 수(N)	Monte Carlo 방법을 사용하여 점근적 방법에 필요한 가정 없이도 정확한 유의수준을 추정
옵션	
통계량	
☑ 기술통계(D)	사례수, 표준편차, 최소치, 최대치, 평균 등이 나타난다.
사분위수(Q)	25백분위수, 50백분위수, 75백분위수와 일치하는 값이 나타난다.
결측값	무응답치 적용 방법
◉ 검정별 결측값 제외(T)	무응답치가 있는 사례들은 분석에서 제외됨을 나타낸다.

[표 20-3] 단일표본 카이자승 검정 창

※ 선택 키워드인 Option 창은 모든 비모수 통계분석에서 동일한 키워드임.

[그림 20-9]에서 〔 계속 〕 단추를 누르면, [그림 20-7] 화면을 얻는다. 여기서 〔 확인 〕 단추를 누르면 다음의 결과를 얻는다.

▶결과 20-1 카이스퀘어 검정

기술통계량

	N	평균	표준편차	최소값	최대값
x	340	1.91	1.041	1	4
w	340	117.06	54.558	30	170

x

	관측수	기대빈도	잔차
1	170	191.3	-21.3
2	60	63.8	-3.8
3	80	63.8	16.3
4	30	21.3	8.8
합계	340		

w

	관측수	기대빈도	잔차
30	30	191.3	-161.3
60	60	63.8	-3.8
80	80	63.8	16.3
170	170	21.3	148.8
합계	340		

검정 통계량

	x	w
카이제곱	10.327[a]	1181.569[a]
자유도	3	3
근사 유의확률	.016	.000

a. 0 셀 (.0%)은(는) 5보다 작은 기대빈도를 가집니다. 최소 셀 기대빈도는 21.3입니다.

[결과 20-1]의 설명

위의 결과는 변수 완두콩 모양(X), 수확량(W)의 기술통계량과 카이자승 검정으로써 빈도를 보여 주고 있다. 완두콩 모양(X)의 평균은 1.91, 표준편차 1.041, 최소값은 1, 최대값은 4임을 알 수 있다. 수확량(W)의 평균은 117.06, 표준편차 54.558, 최소값은 30, 최대값은 170임을 알 수 있다. 수확량(W) 적합도를 나타내고 있는 χ^2(카이제곱) 통계량 값은 10.327이고 이의 확률값이 0.016이다. χ^2 통계량의 근사유의확률 0.016 < 0.05이므로 귀무가설은 기각되어 완두콩 수확에서 얻어진 완두콩 모양의 비율은 멘델의 유전법칙과 일치한다고 볼 수 없다.

2) 단일표본 콜모고로프–스미르노프 검정

이 방법은 흔히 **콜모고로프–스미르노프**(Kolmogorov–Smirnov)의 적합도검정이라고 불리는데, 주어진 어떤 표본분포가 이론적으로 기대되는 분포(이항분포, 정규분포, 포아송분포)와 일치하는지의 여부를 검정할 때 이용된다. 이 방법을 적용하기 위해서는 자료가 적어도 순위 자료 이상이어야 하며, 연속적 분포를 가정할 수 있어야 한다. χ^2검정의 경우는 이산적 분포라는 점이 이와 다르다.

[상황 설정]

다음 자료는 통계학 수강생 10명의 점수이다. 통계학 점수가 정규분포를 이루는지를 검정하라.

학생	1	2	3	4	5	6	7	8	9	10
점 수 (S)	50	65	85	90	78	80	75	84	60	55

H0: 이 자료는 정규분포를 이룬다.
H1: 이 자료는 정규분포를 이루지 않는다.

[데이터: ch20–2.sav]

콜모고로프–스미르노프 검정 대화 상자를 열기 위해서는 다음 순서에 의해서 진행하면 다음과 같은 그림을 얻는다.

분석(A)
　　　비모수 검정(N) ▶
　　　　　일표본 K–S(1)...

[그림 20-10] 단일표본 콜모고로프-스미르노프 검정 대화 상자

먼저 왼쪽의 변수 상자로부터 score 변수를 **검정변수(T):** 란에 옮긴다. 검정분포 상자에서 ☑ **정규(N)**를 선택한 것을 보여 주고 있다. 다음으로 정확(X)... 단추는 초기 지정 상태를 그대로 유지하고 옵션(O)... 단추를 눌러 [그림 20-6]의 통계량의 **기술통계(D), 결측값** 상자에서 ⦿ **검정별 결측값 제외(T)**를 선택하였다. [표 20-4]는 단일표본 콜모고로프-스미르노프 검정 키워드에 대한 설명이다.

키워드	설명 내용
검정분포	
☑ 정규(N)	정규분포
☐ 균일(U)	일양분포
☐ 포아송(I)	포아송분포
☐ 지수모형(E)	지수분포
정확(X)	초기 지정값
옵션(O)	
통계량	통계량
☑ 기술통계량(D)	사례수, 표준편차, 최소치, 최대치, 평균 등이 나타난다.
⦿ 검정별 결측값 제외(T)	여러 가지 검정들이 지정되었을 때, 각 검정은 무응답치에 대해서 무응답치가 있는 사례만 제외된다.

[표 20-4] 단일표본 콜모고로프-스미르노프 검정

여기서 확인 단추를 누르면 다음의 결과를 얻는다.

→ 결과 20-2 단일표본 콜모고로프-스미르노프 검정

일표본 Kolmogorov-Smirnov 검정

		score
N		10
정규 모수^{a,b}	평균	72.20
	표준편차	13.790
최대극단차	절대값	.180
	양수	.112
	음수	-.180
Kolmogorov-Smirnov의 Z		.571
근사 유의확률(양측)		.901

a. 검정 분포가 정규입니다.
b. 데이터로부터 계산.

[결과 20-2]의 설명

Kolmogorov-Smirnov의 Z통계량값이 0.571이고 이에 대한 확률값이 0.901이다. 근사유의확률(양쪽) $0.901 > \alpha = 0.05$이므로 통계학 점수의 분포가 정규분포를 이룬다는 귀무가설을 채택한다. 따라서 학생 10명의 통계학 점수는 정규분포를 이룬다고 볼 수 있다.

3) 이항분포 검정

이항분포 검정(Binomial Test)은 이항변수의 각 관찰치가 기대도수와 일치하는지 또는 특정값이 나타날 기대확률과 실제로 나타난 확률이 일치하는지를 검정할 때 이용된다. 예를 들면, 주사위를 던져서 1이 나올 확률이나 동전의 앞뒷면이 평평한 정도를 검정하기 위하여 앞면이 나올 확률이 1/2이 되는지의 여부를 검정하고자 할 때 이용된다.

[상황 설정]

동전을 반복해서 1,000번 던졌는데 앞면(X=1)이 570번, 뒷면(X=2)이 430번 나왔다. 이 동전을 던졌을 때 앞면이 나올 확률이 $\frac{1}{2}$이라고 볼 수 있는가?

H_0: 확률이 $\frac{1}{2}$이다.

H_1: 확률이 $\frac{1}{2}$이 아니다.

[데이터: ch20-3.sav]

이항분포 검정을 하기 위해서는 다음과 같은 순서로 진행을 하면 된다.

분석(A)

　　　비모수 검정(N) ▶

　　　　　　이항검정(B)...

[그림 20-11] 이항분포 검정

　　여기서 동전 던지기 X1의 앞면은 '1', 뒷면은 '2'를 입력하고, W는 횟수를 나타낸다. 각 X1, W를 **검정변수(T):** 란에 지정하였다. 이분형 정의 상자에서 자료를 그대로 사용하는 ◉ **데이터 로부터 얻기(G)**를 지정하고, **검정비율(E)**에서는 0.50 을 선택하였다. 여기서 ▣확인▣ 단추를 누르면 다음의 결과를 얻는다.

결과 20-3 이항분포 검정

이항검정

		범주	N	관측비율	검정 비율	정확한 유의확률 (양측)
동전의 면	집단 1	앞면	1	.50	.50	1.000
	집단 2	뒷면	1	.50		
	합계		2	1.00		
횟수	집단 1	570.00	1	.50	.50	1.000
	집단 2	430.00	1	.50		
	합계		2	1.00		

[결과 20-3]의 설명

위의 표에서 검정비율은 검정하고자 하는 동전의 앞면이 나올 확률 0.5를 의미하고 관측 비율은 실제 관찰 자료에서 앞면이 나올 확률을 의미한다. 정확한 유의확률(양쪽) = 1.000 > 0.05이므로 'H$_0$: 동전의 앞면이 나올 확률은 0.5이다'라는 귀무가설은 채택된다. 이번 동전 던지기에서 앞면이 나올 확률은 $\frac{1}{2}$이라고 할 수 있다.

20.3 무작위성 검정-런의 검정

무작위(Random)란 모집단을 구성하고 있는 개체가 표본으로 선택될 확률이 모두 동일한 상황을 의미한다. 특수한 경우를 제외하고는 표본이 무작위로 추출되었을 때만 가치 있는 표본이 될 수 있다. 따라서 일련의 연속적인 관찰치가 무작위적으로 나타난 것인지, 아니면 앞에서 나타난 관찰치가 뒤에 나타나는 관찰치에 어떤 영향을 미치는지를 검정하는 데 이용되는 것이 **런**(run test, 連)이다. 런(run)이란 두 종류의 부호가 어떤 순서를 가지고 배열되었을 때 동일한 부호로 이루어진 부분을 뜻하며, 이 런의 수에 근거를 두고 무작위성을 검정하게 된다. 런의 수가 매우 많거나 매우 적으면 관찰치 간의 연관성이 있다고 판단하게 되는 것이다.

[상황 설정]

다음은 학생들의 통계학 점수(score)의 일부분이다. 이 자료가 무작위로 추출되었는지에 대해 검정하라.

50, 60, 70, 40, 30, 20, 10, 70, 80.

H_0: 표본은 무작위로 추출되었다.
H_1: 표본은 무작위로 추출되지 않았다.

[데이터: ch20-4.sav]

연의 검정을 위해서는 SPSS에서 다음과 같은 절차에 따르면 된다.

분석(A)
　　　비모수 결정(N)▶
　　　　　　런(R)...

[그림 20-12] 런의 검정

[그림 20-12]에서 왼쪽상자에서 Score(통계학 점수)를 **검정변수(T):** 란에 지정한다. 다음 [표 20-4]는 런의 검정의 키워드를 설명한 것이다.

키워드	내용 설명
검정변수(T)	분석을 위해 선택한 변수를 표시한다. 변수마다 검정이 따로 작성된다.
절단점	절사점을 나타낸다.
☑ 중위수(M)	중앙값이 절사점이 된다.
☑ 평균	평균이 절사점이 된다.
정확(X)	초기 지정값
옵션(O)	
통계량	통계량
☑ 기술통계량(D)	사례수, 표준편차, 최소치, 최대치, 평균 등이 나타난다.
⦿ 검정별 결측값 제외(T)	여러 가지 검정들이 지정되었을 때, 각 검정은 무응답치에 대해서 무응답치가 있는 사례만 제외된다.

[표 20-5] 연의 검정

여기서 [확인] 단추를 누르면 다음의 [결과 20-4]를 얻는다.

런(Run)의 계산 기준으로는 중위수(중앙값), 평균 등을 사용한다. 첫 번째 명령어의 경우 런의 계산 기준이 중위수이므로 그 기준은 50이 된다. 따라서 50을 기준으로 런을 계산해 보면 다음과 같다.

점수	50	60	70	40	30	20	10	70	80
차이(점수-50)		+10	+20	-10	-20	-30	-40	+20	+30
런		+	+	-	-	-	-	+	+
런의 수	3개								

런 검정 2		런 검정	
	score		score
검정값ᵃ	47.7778	검정값ᵃ	50.00
케이스 < 검정값	4	케이스 < 검정값	4
케이스 >= 검정값	5	케이스 >= 검정값	5
전체 케이스	9	전체 케이스	9
런의 수	3	런의 수	3
Z	-1.406	Z	-1.406
근사 유의확률(양측)	.160	근사 유의확률(양측)	.160
a. 평균		a. 중위수	

[결과 20-4]의 설명

런의 개수는 3개이고 중앙값과 평균값보다 큰 관찰치가 5개, 작은 것이 4개임을 보여 주고 있다. 근사유의확률(양쪽)=160 > 0.05이므로 이 자료가 무작위로 추출되었다는 귀무가설은 기각될 수 없다. 따라서 학생들의 통계학 점수는 무작위로 추출되었다고 볼 수 있다.

20.4 두 변수 간 분포의 동질성 검정

1) 부호 검정(Sign Test)

부호 검정(Sign Test) 방법은 n개의 짝지어진 표본 간에 분포의 차이가 있는가를 검정할 때 이용된다. 이것은 두 표본에 관한 t검정이나 다음에 설명할 윌콕슨의 검정방법이 적용될 수 없는 자료에 이용될 수 있는 비모수적 방법이다. 두 표본의 각 관찰치에 순위나 점수를 매겨서 부호 검정을 하게 된다.

[상황 설정]

다음은 두 상표의 보리 음료 맛에 대한 시음회에서 소비자들이 응답한 표이다. 두 상표의 보리 음료 맛에는 차이가 있는지를 검정하라.

소비자	1	2	3	4	5	6	7	8	9	10	11
제일상표(X1)	5	1	2	4	3	4	5	3	5	4	4
두일상표(X2)	3	2	1	2	3	5	2	5	2	1	5
부호(X1-X2)	+	−	+	+	0	−	+	−	+	+	−

H_0: 두 상표의 맛 차이는 없다.

[데이터: ch20-5.sav]

부호 검정을 위해서는 다음과 같은 절차에 의하면 된다.

분석(A)

　　　비모수 검정(N)▶

　　　　　　대응 2-표본(L)...

[그림 20-13] 부호 검정

　　　왼쪽의 변수 상자로부터 x1과 x2를 **검정 쌍(T):** 상자에 지정하고, 검정 유형 상자에서 ☑ **부호(S)**를 지정한다. [표 20-6]은 동질성 검정의 키워드에 대한 설명이다.

키워드	내용 설명
검정 쌍수(T):	변수 X1, X2를 입력한다.
검정유형	다음의 검정방법을 선택한다.
☐ Wilcoxon(W)	윌콕슨 검정
☑ 부호(S)	부호 검정
☐ McNemar(M)	맥네마르 검정
☐ 주변 동질성(H)	두 가지 대응 순서 변수에 대한 비모수 검정. 이 검정은 이분형 응답으로부터 다중응답까지 맥네마르 검정을 확장한 것이다. 이 방법은 카이제곱 분포를 사용하여 반응에 대한 변화량을 검정한다. 사전-사후 계획에서 실험 조정에 따라 반응의 변화량을 검정하는데도 유용하다.
정확	초기 지정값
옵션	
통계량	통계량
☑ 기술통계량(D)	평균, 표준편차
⦿ 검정별 결측값 제외(T)	여러 가지 검정들이 지정되었을 때, 각 검정은 무응답치에 대해서 무응답치가 있는 사례만 제외된다.

[표 20-6] 변수 간 분포의 동질성 검정

이제 [확인] 단추를 누르면 다음의 결과가 나온다.

▶결과 20-5 부호 검정

빈도 분석		N
x2 - x1	음수차[a]	6
	양수차[b]	4
	동률[c]	1
	합계	11

a. x2 < x1
b. x2 > x1
c. x2 = x1

검정 통계량[b]	x2 - x1
정확한 유의확률(양측)	.754[a]

a. 이항분포를 사용함.
b. 부호검정

[결과 20-5]의 설명

위의 결과에서 x1, x2 변수의 평균과 표준편차가 나타나 있으며, x2 변수값이 x1 변수값보다 작은 관찰치는 6개, 큰 관찰치는 4개이며 같은 경우는 1개이다. 같은 관찰치 1개는 분석 대상에서 제외된다. 이에 대한 부호 검정 결과 정확한 유의확률(양측)=0.754>0.05이므로 두 상표의 보리 음료 맛에는 차이가 없다는 귀무가설을 채택할 수 있다. 따라서 두 음료의 맛의 차이는 없다고 볼 수 있다.

2) 윌콕슨 검정

부호 검정은 차이의 크기는 무시하고 단지 차이의 부호만을 이용하므로, 수치 측정이 어려운 경우에 매우 유용하다. 그러나 수치 측정이 가능한 경우, 정보의 손실이 매우 크므로 이런 단점을 보완한 것이 **윌콕슨 검정**(Wilcoxon Test)이다.

앞의 부호 검정의 [그림 20-10]에서 ☑ Wilcoxon을 이용해 보자.

▶결과 20-6 윌콕슨 검정

순위

		N	평균순위	순위합
x2 - x1	음의 순위	6ª	6.92	41.50
	양의 순위	4ᵇ	3.38	13.50
	동률	1ᶜ		
	합계	11		

a. x2 < x1
b. x2 > x1
c. x2 = x1

검정 통계량ᵇ

	x2 - x1
Z	-1.444ª
근사 유의확률(양측)	.149

a. 양의 순위를 기준으로.
b. Wilcoxon 부호순위 검정

[결과 20-6]의 설명

x2 변수값이 x1 변수값보다 작은 경우의 평균 순위는 6.92이고, 큰 경우의 평균 순위는 3.38으로서 평균 순위에 큰 차이를 보여 주고 있다. 이에 대한 검정 결과 근사 유의확률(양쪽) 0.149>0.05이므로 두 상표 보리 음료 맛에는 차이가 없다는 귀무가설을 채택할 수 있다. 이는 앞의 부호 검정과 동일한 결과이다.

3) 맥네마르 검정

맥네마르 검정(McNemar Test)은 이항변수로 되어 있는 두 변수 간의 분포의 차이를 검정할 때 이용되며 자료가 명목변수와 순위변수로 이루어져 있을 때 적절한 분석 방법이다.

[상황 설정]

A대학에서는 새로운 강의 방법을 도입하고자 한다. 이를 위해 새로운 강의법과 기존의 강의법을 이용하여 한 달간 각각 수업을 실시한 후 무작위로 추출된 10명의 학생들에게 찬성(=1) 및 반대(=2) 의사를 물었다. 두 강의법에 대한 학생들의 찬반 의견이 일치하는가를 검정하라.

학생	1	2	3	4	5	6	7	8	9	10
새 강의법(X1)	1	1	2	2	1	2	2	1	1	1
기존 강의법(X2)	2	2	1	1	2	1	1	2	2	2

H_0: 찬반 의견은 일치한다.
H_1: 찬반 의견은 일치하지 않는다.

[데이터: ch20-6.sav]

맥네마르(McNemar Test) 검정을 위해서는 다음과 같은 절차에 의하면 된다.

> 분석(A)
>
> > 비모수 검정(N) ▶
> >
> > > 대응 2-표본(L)...

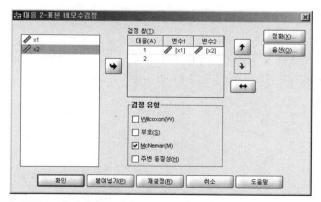

[그림 20-14] 맥네마르 검정

[그림 20-14]와 같은 방법으로 변수 x1과 x2를 지정한다. 여기서 McNemar(M) 검정을 선택하고, [확인] 단추를 누르면 다음의 결과가 나온다.

결과 20-7 맥네마르 검정

x1 및 x2			
		x2	
x1		1	2
1		0	6
2		4	0

검정 통계량[b]	
	x1 및 x2
N	10
정확한 유의확률(양측)	.754[a]

a. 이항분포를 사용함.
b. McNemar 검정

[결과 20-7]의 설명

입력 자료가 2×2 분할표에 정리되어 있으며 자료수가 10개임을 보여 주고 있다. x1(새로운 강의법)과 x2(기존 강의법)에 대한 찬반 의사는 같다라는 귀무가설은 정확한 유의확률=0.754 > 0.05 이므로 채택된다. 따라서 A대학에서 새로운 강의법을 꼭 도입하고자 한다면 이 새로운 강의법의 내용을 더욱 연구하여 보완한 다음 다시 학생들의 의견을 수렴해 보아야 할 것이다.

20.5 세 개 이상의 변수 간 분포의 동질성 검정

1) 프리드맨 검정

프리드맨 검정(Friedman Test)은 세 개 이상의 변수들의 평균 순위에 차이가 있는지의 여부를 검정하는 경우에 이용된다. 따라서 순위 자료일 경우에도 사용할 수 있다.

[상황 설정]

전화기 제조 회사에서는 자사에서 생산하고 있는 무선 전화기 색깔에 따른 선호도를 조사하기 위해 무작위로 추출된 10명의 고객을 대상으로 전화기 색깔에 따른 선호도 등급(1, 2, 3)을 매기도록 하였다.

소비자	1	2	3	4	5	6	7	8	9	10	합계
검정(X1)	2	1	2	1	2	2	1	2	1	2	16
빨강(X2)	3	2	3	3	1	3	2	1	3	3	24
파랑(X3)	1	3	1	2	3	1	3	3	2	1	20

H_0: 전화기 색깔에 대한 선호도에는 차이가 없다.
H_1: 전화기 색깔에 대한 선호도에는 차이가 있다.

[데이터: ch20-7.sav]

각 색깔에 대한 순위를 합하였을 때, 각 색깔별로 순위합이 차이가 난다면 순위합이 가장 높은 색상이 가장 선호되는 것이라고 볼 수 있을 것이다. 즉, 순위의 합을 계산하여 변수들 간의 평균 순위에 차이가 있는지의 여부를 검정하려는 기법이 프리드맨 검정이다.

프리드맨 검정을 위해서는 다음과 같은 절차에 의해서 시행하면 된다.

> 분석(A)
>> 비모수검정(N) ▶
>>> 대응 K-표본(S)…

[그림 20-15] 프리드맨 검정

왼쪽 상자로부터 **검정변수(T):** 란에 x1, x2, x3를 옮겨 놓은 후, 검정유형에서 ☑ **Friedman(F)**을 누른다. [표 20–6]은 변수 간 분포의 동질성 검정을 설명한 내용이다.

키워드	내용 설명
검정변수(T):	변수 X1, X2, X3를 입력한다.
검정유형	다음의 검정방법을 선택한다.
☑ Friedman(F)	프리드맨 검정
□ Kendall의 W(K)	켄달 검정
□ Cochran의 Q(C)	코크란 Q검정
정확	초기 지정값
옵션	
통계량	통계량
☑ 기술통계량(D)	사례수, 표준편차, 최소치, 최대치, 평균 등이 나타난다.
● 검정별 결측값 제외(T)	여러 가지 검정들이 지정되었을 때, 각 검정은 무응답치에 대해서 무응답치가 있는 사례만 제외된다.

[표 20–7] 변수 간 분포의 동질성 검정

여기서 [확인] 단추를 누르면 다음의 결과가 나온다.

결과 20–8 프리드맨 검정 결과

순위	평균순위
x1	1.60
x2	2.40
x3	2.00

검정 통계량[a]	
N	10
카이제곱	3.200
자유도	2
근사 유의확률	.202

a. Friedman 검정

[결과 20–8]의 설명

각 색깔별 평균 순위와 χ^2-통계량(카이제곱) 값이 나타나 있다. 근사유의확률 = 0.202 > 0.05이므로 세 가지 색깔에 따라 무선전화기 선호도에는 차이가 없다는 귀무가설을 채택한다. 따라서 이 회사에서는 무선전화기 색깔 종류보다는 기능에 관한 연구 개발에 더 많은 투자를 하는 것이 마케팅에 도움이 될 것이다.

2) 켄달 검정(Kendall Test)

순위 자료로 측정된 두 개 이상의 변수값들이 동일한 모집단에서 추출되었는지의 여부를 검정하는 방법이다. **켄달의 일치도 계수**(coefficient of concordance)를 계산하여 관찰치별로 각 변수에 대하여 부여한 순위와 일치 하는지의 여부를 검정한다. 켄달의 일치계수(W)는 다음과 같은 식에 의해서 계산된다.

$$W = \frac{S}{\frac{1}{12}K^2(n^3 - n)} \quad \text{이 때} \quad S = \sum_{i=1}^{n}(R_i - \overline{R})^2$$

여기서 K는 평가자의 수이며, R은 서열의 합계, $\overline{R}$ 는 R의 평균, 그리고 n은 평가 대상의 수를 말한다.

[상황 설정]

음악경연대회에서 최종 결선에 오른 4명의 바이올린 연주자에 대한 심사위원들의 채점 순위는 다음과 같다. 이때 최종 결선에 오른 연주자와 관계자들은 심사위원들의 채점 순위에 대해 몹시 궁금해할 것이다. 이러한 경우, 심사위원들의 채점 평가가 독립적인지의 여부를 검정하기 위해 켄달 검정을 이용하게 된다.

연주자 심사위원	x1	x2	x3	x4
1	2	1	3	4
2	3	1	2	4
3	4	2	1	3
4	1	3	4	2
5	1	4	3	2
6	2	1	3	4
7	1	2	4	3

H₀: 심사위원의 채점 순위는 독립적이다(상호 관련이 없다).
H₁: 심사위원의 채점 순위는 독립적이 아니다(상호 관련이 있다).

[데이터: ch20-8.sav]

이와 같은 채점 순위 자료를 이용하여 켄달 검정을 실시해 보자.

검정변수 란에 x1, x2, x3, x4변수를 지정하고 [그림 20-15]의 Kendall의 W(K)를 선택하고 확인 단추를 누르면 다음의 결과가 나온다.

결과 20-9 켄달 검정

순위	
	평균순위
x1	2.00
x2	2.00
x3	2.86
x4	3.14

검정 통계량	
N	7
Kendall의 W[a]	.208
카이제곱	4.371
자유도	3
근사 유의확률	.224

a. Kendall의 일치계수

[결과 20-9]의 설명

각 연주자들에 대한 평균 순위와 켄달의 일치도 계수가 나타나 있다. 켄달의 일치도 계수 W가 0.208이고 이를 χ^2-통계량(카이제곱) 값으로 환산한 값은 4.371이다. 이에 대한 근사 유의확률값이 0.224인데 0.224 > 0.05이므로 심사위원들 간의 순위 평가가 독립적이라는 귀무가설을 채택한다. 따라서, 연주 실력에 대한 심사위원들의 평가 의견 간에는 상호 관련이 없으므로, 공정하다고 할 수 있다. 그러나 이것은 심사위원의 평가 기준이 반드시 옳다는 것을 의미하지는 않는다.

3) 코크란 큐 검정

코크란 큐 검정(Cochran Q Test)은 이항변수로 되어 있는 3개 이상의 변수 간 비율 차이를 검정하는 방법이다. 따라서 맥네마르 검정의 확장이라고 볼 수 있다. 이 방법은 자료가 명목변수 및 순위 변수로 이루어져 있을 때 적절하다고 하겠다.

[상황 설정]

K화장품 회사에서는 세 가지 판매 전략을 구사하고 있다. 이 판매 전략들의 효과에 차이가 있는지를 조사하기 위해 판매 사원 13명에게 판매시 사용하고 있는 판매 전략에 대해 기입하도록 하였다(1=판매 성공, 2=판매 실패). 판매 전략 종류에 따라 판매 효과에 차이가 있는지를 검정하라.

판매사원	1	2	3	4	5	6	7	8	9	10	11	12	13
판매 전략1(X1)	1	2	1	2	2	1	2	1	2	1	1	1	2
판매 전략2(X2)	1	1	2	1	2	1	1	2	1	2	1	1	1
판매 전략3(X3)	2	2	2	1	1	1	2	2	2	1	2	1	1

H_0: 판매 전략별 효과 차이가 없다.
H_1: 판매 전략별 효과 차이가 있다.

[데이터: ch20-9.sav]

검정 변수란에 x1, x2, x3변수를 지정하고 [그림 20-15]에서 Cochran의 Q(C)를 선택하고 ▭확인▭ 단추를 누르면 다음의 결과가 나온다.

결과 20-10 코크란 큐 검정

빈도 분석		
	값	
	1	2
x1	7	6
x2	9	4
x3	6	7

검정 통계량	
N	13
Cochran의 Q	1.273[a]
자유도	2
근사 유의확률	.529

a. 1은(는) 성공한 것으로 처리됩니다.

[결과 20-10]의 설명

각 판매 전략에 따라 판매에 성공한 경우와 성공하지 못한 경우를 정리해서 보여 주고 있다. 판매 전략 1을 사용한 경우. 성공한 사례는 7건, 실패한 사례는 6건이고 판매 전략 2를 사용한 경우 성공한 사례는 9건, 실패한 사례는 4건이다. 그리고 판매 전략 3을 사용한 경우 성공한 사례는 6건, 실패한 사례는 7건임을 보여 주고 있다. 따라서 3가지 판매 전략 중 전략 2를 사용했을 경우 판매에 성공한 경우(9건)가 가장 많음을 알 수 있다. 그러나 코크란 큐 통계량 1.273에 대한 근사유의확률 = 0.529 > 0.05이므로 3가지 판매 전략별 효과가 같다는 귀무가설은 기각될 수 없다. 따라서 K화장품 회사에서는 현재 사용 중인 3가지 판매 전략 중에서 특별히 우수한 전략이 없으므로 그대로 이용할 수 있다.

20.6 집단 간 분포의 동질성 검정

1) 맨-휘트니 검정

맨-휘트니 검정(Mann-Whitney Test)은 윌콕슨 검정과 같이 두 개의 표본이 동일한 모집단에서 추출되었는지의 여부를 검정하는 방법이다. 이 방법은 자료가 최소한 연속적 서열척도라는 것을 가정하고 있다. 그리고 두 집단의 차이 검정에 있어서 분산의 동질성이나 정규분포를 요구하지 않으므로 일반적인 조건하에서는 t-TEST만큼 통계적 검정력이 있는 방법이다. 표본의 t-TEST 시, 요구되는 기본 가정이 맞지 않아서 거기에서 얻어진 결론이 오류를 범할 가능성이 상당히 클 때 이 방법은 특히 유용하다. 이 방법에서는 입력된 자료에 순위를 매겨서 각 집단의 순위 평균을 비교하여 검정하게 된다. 윌콕슨 순위 합계 검정 통계량이 이용되고 있다.

[상황 설정]

A연구소에서 개발한 새로운 혈청이 백혈병을 억제하는 효과가 있다고 한다. 이 약을 백혈병에 걸린 쥐 10마리 중에서 6마리(처리 집단)에게는 주사하고 나머지 4마리(통제 집단)에게는 주사하지 않았다. 그 결과, 백혈병에 걸린 쥐의 수명은 다음과 같았다. 여기서 두 집단의 쥐의 수명(life)이 같은지 검정하여라.

처리 집단(1)	2.1	5.3	1.4	4.6	0.9	3.5
통제 집단(2)	1.9	0.5	2.8	3.1		

H_0: 두 집단의 평균 수명은 같다.
H_1: 두 집단의 평균 수명은 다르다.

[데이터: ch20-10.sav]

맨-휘트니 검정을 위해서는 다음과 같은 절차를 따르면 된다.

분석(A)

　　비모수검정(N) ▶

　　　　독립 2-표본(2)...

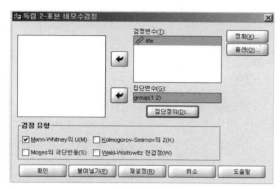

[그림 20-16] 맨-휘트니 검정

    [그림 20-16]의 **검정변수(T):** 란에는 'life'를, **집단변수(G):** 란에는 'group(1 2)'을 입력한 것을 보여 주고 있다. 여기서 검정 유형 상자에서 ☑ **Mann–Whitney의 U(M)**를 지정한다. 다음 [표 20-8]은 두 집단의 동질성 검정에 대한 키워드의 설명이다.

키워드	분석 결과 설명
검정변수(T):	변수 Life를 입력한다.
검정 유형	다음의 검정방법을 선택한다.
☑ Mann–Whiteny의 U(M)	맨–휘트니 검정
☐ Mose의 극단반동(S)	단일 오름차순 순서로 집단으로부터 취한 점수를 배열
☐ Komogorov–Smirnov의 Z(K)	콜모고로프–스미르노프 검정: 단일표본의 적합도검정에 이용되는 K–S검정을 일반화시킨 것이다. 따라서 두 독립된 표본이 동일한 분포를 가진 모집단에서 추출되었는지를 검정할 때 이용된다.
☐ Wald–Wolfowitz 런 검정(W)	월드–월포비츠 검정: 두 표본이 동일한 모집단으로부터 추출된 것인지를 런(Run)을 기준으로 검정하는 방법이다.
정확	초기 지정값
옵션	
통계량	통계량
☑ 기술통계량(D)	사례수, 표준편차, 최소치, 최대치, 평균 등이 나타난다.
◉ 검정별 결측값 제외(T)	여러 가지 검정들이 지정되었을 때, 각 검정은 무응답치에 대해서 무응답치가 있는 사례만 제외된다.

[표 20-8] 두 집단의 동질성 검정

여기서 [확인] 단추를 누르면 다음의 결과가 나온다.

→ 결과 20-11 맨-휘트니 검정

순위

	group	N	평균순위	순위합
life	처리집단	6	6.17	37.00
	통제집단	4	4.50	18.00
	합계	10		

검정 통계량[b]

	life
Mann-Whitney의 U	8.000
Wilcoxon의 W	18.000
Z	-.853
근사 유의확률(양측)	.394
정확한 유의확률 [2*(단측 유의확률)]	.476[a]

a. 동률에 대해 수정된 사항이 없습니다.

b. 집단변수: group

[결과 20-11]의 설명

처리 집단(1)과 통제 집단(2) 자료에 순위를 매겨서 그 순위의 평균을 보여 주고 있다. 집단 1의 순위 평균은 6.17, 집단 2의 순위 평균은 4.50이다. 위의 예에서와 같이 원래 자료를 입력해도 되고 자료의 순위를 매겨서 그 순위를 입력해도 결과는 같다. Z통계량에 대한 근사유의확률(양쪽)＝0.394＞0.05이므로 새로운 혈청을 처리한 집단이나 처리하지 않은 집단 간의 쥐의 평균 수명에는 차이가 없다고 볼 수 있다. 따라서 새로 개발한 혈청이 백혈병을 억제하는 효과가 있다고 볼 수 없다. 그러므로 A연구소에서는 이 혈청에 대해 연구를 계속해야 할 것으로 생각된다.

2) 월드-월포비치 검정

월드-월포비치 검정(Wald-Wolfwiz Test)은 두 표본이 동일한 모집단으로부터 추출된 것인지를 런 (Run)을 기준으로 검정하는 방법이다. 이 방법에서는 두 표본의 자료를 크기대로 나열한 다음 각 자료가 속해 있었던 표본에 의해 런을 계산하고 그 런의 수를 검정하게 된다.

[상황 설정]

다음은 학습 방법 1과 학습 방법 2에 의해 각각 수업을 받은 학생들의 통계학 점수이다. 이들 두 방법으로 지도한 학생들의 성적의 확률분포가 동일한지를 검정하라.

학생	1	2	3	4	5	6	7
학습 방법 1	90	86	70	68	80		
학습 방법 2	79	95	80	84	75	93	58

H_0: 두 확률분포는 동일하다.
H_1: 두 확률분포는 동일하지 않다.

[데이터: ch20-11.sav]

월드-월포비치 검정을 위해서는 다음과 같은 절차를 따르면 된다.

분석(A)

　　　비모수검정(N) ▶

　　　　　　독립 2-표본(2)...

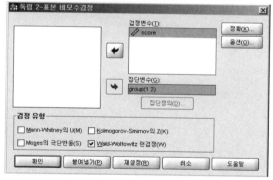

[그림 20-17] 월드-월포비치 런검정

　　[그림 20-14]의 **검정변수(T):** 란에는 'score'를, **집단변수(G):** 란에는 'group(1 2)'을 입력한 것을 보여 주고 있다. 여기서 검정 유형 상자에서 ☑ **Wald-Wolfowitz 런검정(W)**을 지정한다. 다음 [표 20-9]는 두 집단의 동질성 검정에 대한 키워드의 설명이다.

키워드	분석 결과 설명
검정변수(T) :	변수 Score를 입력한다.
검정 유형	다음의 검정방법을 선택한다.
□ Mann-Whiteny의 U(M)	맨-휘트니 검정
□ Mose의 극단반동(S)	단일 오름차순 순서로 집단으로부터 취한 점수를 배열
□ Komogorov-Smirnov의 Z(K)	콜모고로프-스미르노프 검정: 단일표본의 적합도검정에 이용되는 K-S검정을 일반화시킨 것이다. 따라서 두 독립된 표본이 동일한 분포를 가진 모집단에서 추출되었는지를 검정할 때 이용된다.
☑ Wald-Wolfowitz 런 검정(W)	월드-월포비츠 검정: 두 표본이 동일한 모집단으로부터 추출된 것인지를 런(Run)을 기준으로 검정하는 방법이다.
정확	초기 지정값
옵션	
통계량	통계량
☑ 기술통계량(D)	사례수, 표준편차, 최소치, 최대치, 평균 등이 나타난다.
◉ 검정별 결측값 제외(T)	여러 가지 검정들이 지정되었을 때, 각 검정은 무응답치에 대해서 무응답치가 있는 사례만 제외된다.

[표 20-9] 두 집단의 동질성 검정

여기서 [확인] 단추를 누르면 다음의 결과가 나온다.

➤ 결과 20-12 월드-월포비치 검정

빈도 분석

	group	N
score	학습방법1	5
	학습방법	7
	합계	12

검정 통계량[b,c]

		런의 수	Z	정확한 유의확률 (단측)
score	가능한 최소값	7[a]	.000	.652
	가능한 최대값	7[a]	.000	.652

a. 케이스 2를(를) 포함하는 집단-내 동률 1이(가) 있습니다.
b. Wald-Wolfowitz 검정
c. 집단변수: group

[결과 20-12]의 설명

평균 및 표준편차가 산출되어 있다. 그리고 학생들의 점수를 순서대로 배열하여 각 학생들이 속한 반을 표시하였을 때 그 반의 종류가 7개라는 것이 런(Run)의 개수로 나타나 있다. 총학생 수가 12명이므로 학생들이 속한 반의 최대 개수는 12개(1, 2, 3 ~12반)일 것이다. 따라서 연의 최대 개수도 12개가 될 것이다. Z통계량에 대한 정확한 유의확률 = 0.652 > 0.05이므로 두 방법으로 지도받은 학생들 간의 성적의 확률분포는 동일하다는 귀무가설을 채택할 수 있다. 즉, 학습 방법 1과 2로 지도받은 학생들 간에는 성적 차이가 없다고 볼 수 있다.

SPSS

21장 의사결정나무분석

의사결정나무분석은 의사 결정자가 신속한 의사 결정을 하도록 도와주는 방법이다. 의사결정나무분석은 자료의 분류 및 예측에 사용되는 방법이다.

1. 의사결정나무분석의 개념을 이해한다.
2. 의사결정나무분석의 운용 방법을 터득한다.
3. 의사결정나무분석 결과를 해석하고 전략적인 대안을 제시할 수 있다.

21.1 의사결정나무분석이란?

의사 결정자는 불확실한 상황에서 끊임없이 신속하고 정확한 의사 결정을 해야 한다. 의사 결정자는 고객 관련 수많은 행동 결과의 자료를 이용하여 자료 간의 관련성, 유사성 등을 고려하여 고객을 분류하고 예측할 필요가 있다. 의사 결정자는 고객이 우량 고객인지 불량 고객인지 분류할 수 있다. 또한 이들 고객군마다 상이한 전략을 구사할 수 있다. 고객 관련 자료를 분류하고 예측하는 것을 넘어 고객과의 관계를 강화하는 것이 최근 업계의 흐름이다. 고객과의 관계를 강화하여 고객에게는 만족을 제공하고 이 결과 고객 충성도를 유도하고 기업은 수익을 창출하려고 하는 경영 방법이 이른바 고객 관계 경영(CRM: Customer Relationship Management)이다. 의사결정나무분석(Decision Tree Analysis)은 자료를 탐색하여 분류·예측하여 이를 모형화하여 고객과의 관계를 강화하는 데 사용되는 의사 결정 방법이다. 의사결정나무분석과 고객 관계 경영의 관련성은 [그림 21-1]과 같이 나타낼 수 있다.

[그림 21-1] 의사결정나무분석의 개념

　　자료를 분류하고 예측하는 데 이용되는 방법이 의사결정나무분석이다. 의사결정나무는 말 그대로 나무를 거꾸로 세워 놓은 구조라고 생각하면 된다. 즉 뿌리(root)가 상단에 위치하고 하단에는 나뭇가지(branch)와 잎(leaf)이 연결되어 있다. 의사결정나무에서 상단에 놓여 있는 뿌리를 뿌리 마디(root node) 또는 부모 마디(parent node)라고 부른다. 나무에서 뿌리 마디와 끝마디(terminal node) 사이를 중간 마디(internal node)라고 부른다. 의사결정나무에서는 이를 자식 마디(child node)라고 부른다. 의사결정나무에서 마디와 마디는 가지(branch)로 연결되어 있다. 의사결정나무는 [그림 21-2]와 같은 기본 구조로 되어 있다.

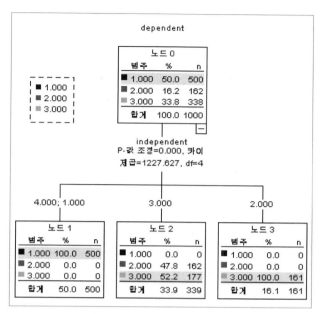

[그림 21-2] 의사결정나무 기본 구조

　　의사결정나무에서 고객 관련 정보가 어느 수준까지 이루어졌는지를 알아보기 위해서 깊이 (depth)라는 단어를 사용한다. 깊이는 의사결정나무 구조의 전개 과정 수준을 말한다. 앞의 그림 에서는 의사결정나무의 깊이는 1이 된다.

　　통계분석 방법에는 특성에 따른 장단점이 있다. 의사결정나무분석의 경우 장점을 살펴보 면 다음과 같다. 의사결정나무분석은 질적 변수나 양적 변수의 자료 분석이 가능하며 다변량 분석의 기본 가정인 선형성, 정규분포성, 등분산성을 따르지 않아도 된다. 분석 결과가 나무구 조로 되어 있어 해석이 용이하다는 점이다.

　　단점을 살펴보면 분석 결과가 표본의 크기에 영향을 받기 쉽고 연속 변수 사용이 많으면 많을수록 모형의 예측력이 떨어질 수 있다. 또한 분석에 무리하게 많은 예측 변수를 투입하면 과대 적합이 발생할 수 있다.

21.2 의사결정나무분석의 종류

1980년대 이후 의사결정나무 분석에 대한 알고리즘이 계속적으로 개발되고 있다. 의사결정나무 분석은 분석의 기본 목적과 자료의 구조에 의해서 분석 방법이 구분된다. 의사결정나무분석은 분류 기준, 정지 규칙, 가지 치기 등의 목적에 따라 방법이 나뉜다. 분류 기준(splitting criterion)은 목표 변수(종속변수)를 분류하는 예측 변수(독립변수)를 사용하여 어떻게 분리할 것인지를 정하는 것을 말한다. 예를 들어 2지 분리는 의사결정나무 분리에서 두 개의 자식노드를 갖는 경우를 말한다. 정지 규칙(stopping rule)이란 어느 수준에서 의사결정나무분석을 정지할 것인지를 정하는 것을 말한다. 가지치기(pruning)란 분류의 오류를 최소화하기 위해서 가지를 제거하거나 마디를 병합하는 것을 말한다.

통계분석 방법을 나누는 것은 기본적으로 자료 구조를 보고 판단한다. 의사결정나무분석에 투입될 변수는 목표 변수(종속변수에 해당됨, dependent variable)나 예측 변수(독립변수에 해당됨, predictor variable)로 구성된다.

SPSS 프로그램에서 제공되는 의사결정나무분석 방법은 CHAID, Exhaustive CHAID, CRT, QUEST 방법 등이 있다.

CHAID(chi-squared automatic interaction detection)는 목표 변수(종속변수)가 질적 변수이거나 양적 변수이며 예측 변수는 질적 변수인 경우에 사용된다. CHAID에서는 분리 기준으로 카이제곱 통계량나 F검정을 사용한다. 목표 변수가 질적 변수인 경우는 카이제곱 통계량을 이용하는데 카이제곱 통계량이 크며 이에 대한 확률(p)이 $\alpha = 0.05$ 보다 작은 경우 부모 마디는 자식 마디를 형성하게 된다. 목표 변수가 양적 변수인 경우는 분리 기준으로 F검정을 사용하는데 F통계량이 크고 이에 대한 확률(p)이 $\alpha = 0.05$ 보다 작은 경우 부모 마디와 자식 마디 간의 분리가 이루어진다.

Exhaustive CHAID는 CHAID의 수정된 분석 방법으로 예측 변수에서 모든 가능한 분리를 모두 고려하는 방법이다. 앞의 CHAID와 마찬가지로 Exhaustive CHAID는 목표 변수(종속변수)가 질적 변수이거나 양적 변수이며 예측 변수는 질적 변수인 경우에 사용한다. Exhaustive CHAID는 CHAID보다 실행 시간이 더 소요되는 단점이 있다.

CRT(Classification and Regression Trees)는 순수도(purity)나 불순도(impurity)로 목표 변수(종속변수)의 분포를 구별하는 방법이다. 순수도는 목표 변수의 특정 범주에 얼마나 많은 마디들이 연결되어 있는 정도를 나타내는 다양성 지수이다. 의사결정나무분석에서는 순수도가 가장 크도록 하여 부모 마디와 자식 마디를 구분한다. 순수도는 의사결정나무에서 부모 마디에서 자식 마디

로 갈수록 증가한다. 순수도의 반대개념이 불순도인데 이를 지니 계수(Gini index)라고 부른다. 의사결정나무분석 구조는 자식 마디의 불순도의 가중합을 나타내는 지니 계수를 최소화한다. 이를 통해서 부모 마디와 자식 마디가 구분된다. 목표 변수는 질적 변수와 양적 변수인 경우 예측 변수가 질적 변수와 양적 변수인 경우에 사용된다.

QUEST(Quick, Unbiased, Efficient Statistical Tree)는 CRT와 마찬가지로 2지분리(binary split)를 위해서 수행되는 알고리즘이다. 이는 의사결정나무분석의 계산 시간이 빨라 복잡한 계산에 자주 사용된다. QUEST는 목표 변수가 질적 변수이고 예측 변수는 질적 변수, 양적 변수인 경우에 사용된다. QUEST에서는 예측 변수의 척도에 따라 다른 분리 규칙을 사용한다. 예측 변수가 서열척도나 양적인 척도인 경우는 F검정이나 Levene 검정을 이용한다. 예측 변수가 명목척도인 경우는 Pearson 카이제곱 통계검정을 이용한다.

지금까지 설명한 내용을 표로 정리하면 [표 21-1]과 같다

	CHAID	Exhaustive CHAID	CRT	QUEST
목표 변수	질적 변수, 양적 변수	질적 변수, 양적 변수	질적 변수, 양적 변수	명목형 질적 변수
예측 변수	질적 변수, 양적 변수	질적 변수	질적 변수, 양적 변수	질적 변수, 양적 변수
분리 기준	F검정, 카이자승 통계량	F검정, 카이자승 통계량	지니 계수 감소	F검정, 카이자승 통계량
분리 개수	다지 분리	다지 분리	이지 분리	이지 분리

[표 21-1] 의사결정나무분석 비교

21.3 의사결정나무분석 실행 1

[내비게이션 소유 여부 분석 문제]

(주)길찾아는 국내 내비게이션 보유 현황을 파악하기 위해서 1,000명을 조사하였다. 이 예제는 내비게이션 보유 현황(Y = 1(보유하고 있음), 2 = 보유하고 있지 않음, 3 = 무응답)과 자동차 운전 경력(x = 1(1년 미만), 2(1년~2년), 3(2년~3년), 4(3년 이상))과의 관련성을 통해 자료를 분류하는 데 있다.

다음 그림은 SPSS에 입력된 자료의 일부 화면이다.

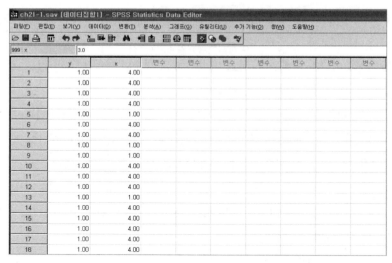

[그림 21-3] 자료 화면   [데이터: ch21-1.sav]

1. 의사결정나무분석을 위해서 우선 다음의 순서에 따라 진행을 한다. 그러면 다음과 같은 화면
을 얻을 수 있다.

분석(A)

　　　분류분석(Y) ▶

　　　　　　트리(R)...

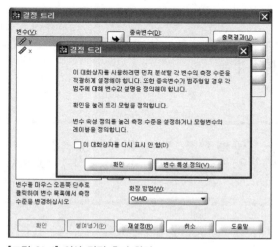

[그림 21-4] 의사 결정 초기 화면

의사 결정 초기 화면을 보면, 종속변수(목표 변수)가 범주형척도로 구성된 범주인 경우는 변수값에 설명을 정의할 것을 권장하는 노트의 글이 나온다. 그러면 여기서 [확인] 단추를 누른다. 그러면 다음과 같은 결정 트리 그림을 얻을 수 있다.

[그림 21-5] 결정 트리 화면

2. 본격적인 CHAID 분석에 앞서 현재 척도(✐)종속변수와 독립변수를 명목척도(⚫)로 지정할 필요가 있다. 참고로 이미 자료를 코딩하면서 정확하게 정의한 경우는 재정의할 필요가 없다. 변수의 척도를 재정의하기 위해서는 마우스로 y변수와 x변수를 동시에 지정한 상태에서 마우스의 오른쪽을 누르면 다음과 같은 화면을 얻을 수 있다.

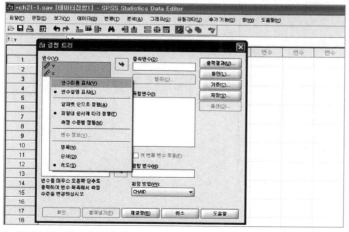

[그림 21-6] 자료 지정 화면

이 그림에서 • 척도(S)로 되어 있는 것을 명목(N) 단추를 눌러 재정의한다. 그러면 다음과 같은 화면을 얻을 수 있다.

[그림 21-7] 자료 지정 완료 화면

변수에 대한 재정의가 끝난 다음 종속변수(D): 란에는 y, 독립변수(I): 란에는 x변수를 지정한다. 그러면 다음과 같은 화면을 얻을 수 있다.

[그림 21-8] 변수 지정 화면

3. 앞 [그림 21-8]에서 출력결과(U)... 를 지정한다. 그러면 다음과 같은 화면을 얻을 수 있다.

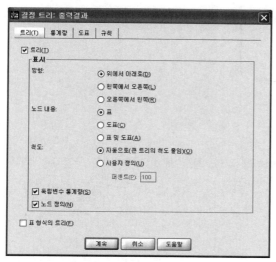

[그림 21-9] 출력 결과 지정 화면

트리(T) , 통계량 , 도표 , 규칙 등을 정의하는 출력 결과 지정 화면이 나타나 있다.
트리(T) 란에서 ☑표 형식의 트리(F) 를 지정한다. 통계량 란은 초기 지정 상태를 유지한다. 도표
란의 노드 성능에서 ☑ 평균(M) 을 지정한다. 규칙 란은 초기 지정 상태를 유지하고 계속
단추를 누른다. 그러면 앞 [그림 21-8]의 화면으로 돌아온다.

4. 앞 [그림 21-8]의 화면에서 초기 지정 상태로 확인(L)... 을 유지한다. 기준(C)...
단추를 누른다.

[그림 21-10] 기준 화면

확장 한계 란에는 최대 트리의 깊이를 나타내는 란, 최소 케이스를 결정하는 정보를 볼 수 있다. 초기 상태를 유지하고 다음으로 CHAID 단추를 누른다. 그러면 다음과 같은 화면을 얻을 수 있다.

5. 다음으로 결정 트리: 기준란을 살펴본다.

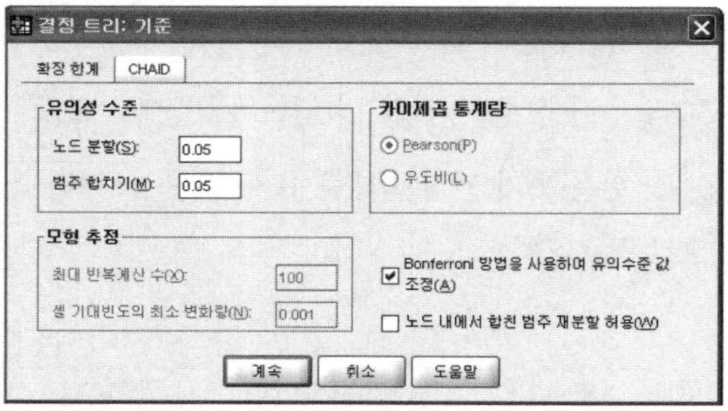

[그림 21-11] 결정 트리: 기준(CHAID)

결정 트리: 기준란에는 유의성 수준(노드 분할, 범주 합치기)이 나타나 있다. 카이제곱 통계량과 Bonferroni 방법을 사용하여 유의수준 값 조정(A)이 나타나 있다. 이것은 CHAID의 계산 방법에서는 일반적으로 사용하는 F수준을 정할 때 사용하는 α 대신에 다소 보수적인 방법을 적용하는 것을 말한다. [그림 21-11]에는 노드 내에서 합친 범주에 대한 재분할을 허용하는 노드 내에서 합친 범주가 재분할 허용(W)이 나타나 있다. 여기서 계속 단추를 누르면 [그림 21-9] 출력 결과 지정 화면으로 돌아온다.

6. [그림 21-9]에서 저장 변수와 생성된 트리 모형을 XML로 내보내도록 지정하는 저장 방식을 결정하는 ▨ 저장(S)... 단추를 누른다. 또한 결측값, 오분류 비용, 이익을 계산할 수 있도록 ▨ 옵션(O)... 단추를 지정할 수 있다. 여기서는 초기 지정 상태를 유지한다.

7. 의사결정나무분석에 투입될 변수는 목표 변수(종속변수에 해당됨, dependent variable)나 예측 변수(독립변수에 해당됨, predictor variable)의 척도 구성 여부를 판단하고 확장 방법(W)을 결정한다. 의사결정나무분석의 확장 방법은 [그림 21-12]에서 확장 방법(W)에서 드롭다운 단추(▼)를 이용해서 선택하면 된다. 여기서는 독립변수가 질적 변수이고 종속변수가 질적 변수이기 때문에 초기 지정 상태인 CHAID를 유지한다.

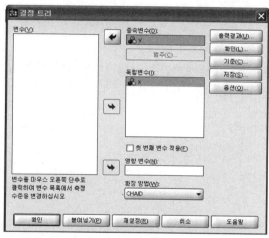

[그림 21-12] 의사결정트리 확장 방법 선정

8. 앞 [그림 21-12]에서 ▨ 확인 단추를 눌러 의사결정나무분석을 실시한다.

21.4 의사결정나무분석 결과

결과 21-1 모형 요약

		모형 요약	
지정 사항	성장방법	CHAID	
	종속 변수	y	
	독립 변수	x	
	타당성 검사	지정않음	
	최대 트리 깊이		3
	상위 노드의 최소 케이스		100
	하위 노드의 최소 케이스		50
결과	독립변수 포함	x	
	노드 수		4
	터미널 노드 수		3
	깊이		1

[결과 21-1]의 설명

의사결정나무분석의 성장 방법인 CHAID, 분석에 사용된 종속변수, 독립변수가 나와 있다. 노드수는 4, 터미널 노드수는 3, 의사결정나무의 깊이는 1로 나타나 있다.

결과 21-2 트리 다이어그램 1

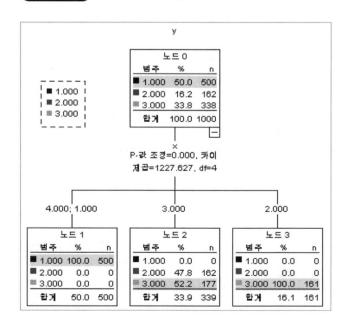

[결과 21-2]의 설명

나무구조(트리 다이어그램)의 상단을 보면, 내비게이션 보유자(1)는 500명(50.0%), 미보유자(2)는 162명(16.2%)이다. 또한 무응답자는 338명(33.8%)인 것으로 나타났다. Bonferroni 방법에 의해서 조정된 카이자승 통계량의 p값이 $\alpha = 0.05$보다 작기 때문에 운전자의 운전 경력이 내비게이션의 보유 현황에 유의한 영향을 미치고 있는 것을 알 수 있다.

이 그림 위에 마우스를 올려놓고 두 번 누르면 다음과 같이 편집기 화면을 얻을 수 있다.

▶ 결과 21-3 트리 편집기

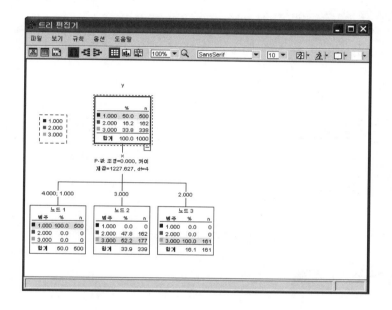

[결과 21-3]의 설명:

연구자는 각종 아이콘을 지정하여 취향에 맞는 도표나 정보를 얻고 보다 시각적인 작업을 진행할 수 있다.

아마도 연구자는 이런 의문을 가질 수도 있을 것이다. 내비게이션 보유 여부(y)에서 무응답(3)은 의사 결정 과정에 별 의미가 없다고(분석의 효용성이 떨어지기 때문에) 생각되어 무응답자를 분석에서 제외하면 어떨까?

이 경우는 데이터 창(ch21-1.sav)을 열어 놓은 상태에서 다음과 같이 의사결정나무분석을 재실시한다.

분석(A)

　　분류분석(Y) ▶

　　　　트리(R)...

1. 그러면 다음과 같은 화면을 얻을 수 있다.

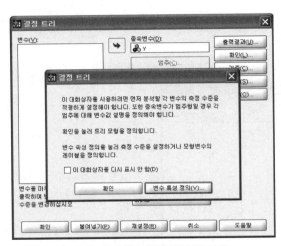

[그림 21-13] 결정트리의 변수 특성 정의 전 단계

2. 변수 특성 정의(V)... 단추를 누르면 다음과 같은 화면을 얻을 수 있다.

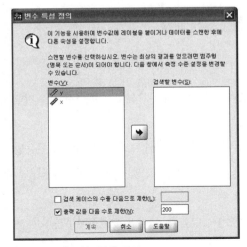

[그림 21-14] 변수 특성 정의

3. y변수를 지정하고 ⬇ 단추를 이용하여 검색할 변수(S) 란으로 보낸다. 그리고 〔 계속 〕 단추를 누른다.

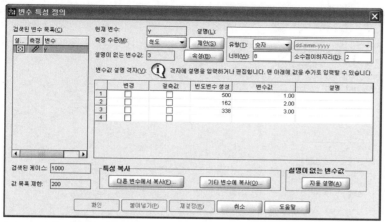

[그림 21-15] 변수 특성 정의

4. [그림 21-16]의 변수 특성 정의에서 변수값 3은 결측값으로 지정하기 위해서 3행-결측값 란에 ☑ 표시를 지정한다. 그리고 1의 설명은 'yes'로, 2의 설명은 'no'로 표시한다.

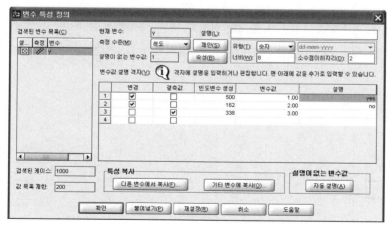

[그림 21-16] 변수 특성 정의

〔 확인 〕 단추를 누른다. 그리고 의사결정나무분석을 실행한다.

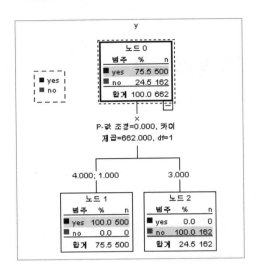

[결과 21-4]의 설명

무응답치(338명)가 분석에서 제외되어 총 662명이 분석에 포함된 것을 알 수 있다. 내비게이션의 보유자 중 운전 경력이 1년 미만(변수값 '1'), 3년 이상(변수값 '4')인 경우가 총 500명으로 75.5%를 차지하고 운전 경력 2년~3년인 경우는 내비게이션을 보유하고 있지 않은 것으로 나타났다.

의사 결정자는 이러한 의사결정나무분석 결과를 가지고 새로운 마케팅 전략이나 고객 관계 전략을 구축해야 한다. 이런 과정에서는 이른바 직관과 창의력이 요구되는 부분이다.

→ 결과 21-5 위험도

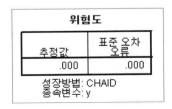

[결과 21-5]의 설명

구축된 모형이 관찰치를 오분류할 위험 추정값은 0이고 이에 대한 표준편차는 0임을 알 수 있다.

분류

감시됨	예측		
	yes	no	정확도(%)
yes	500	0	100.0%
no	0	162	100.0%
전체 퍼센트	75.5%	24.5%	100.0%

성장방법: CHAID
종속변수: y

[결과 21-6]의 설명

분류 결과를 보면 분류 확률은 100%로 완벽한 것으로 나타났다.

21.5 의사결정나무분석 실행 2

[신용 상태]

㈜신용캐피탈은 고객과 관련하여 신용 평가 자료를 보유하고 있다. 이 회사의 기획팀에서는 고객의 신용 상태를 결정하는 변수를 파악하기 위해서 노력하고 있다. 다음은 고객 관련 자료이다.

변수명	변수 설명	변수값
credit_rating	고객들의 신용 상태	0=신용 불량, 1=양호 9=정보 없음
age	연령	
income	고객의 소득	1=낮음, 2=중간, 3=높음
credit_card	신용카드 보유 개수	1=5개 미만 2=5개 이상
education	학력	1=고등학교 졸업 2=대학교 졸업
car_loans	자동차 대출	1=대출 경험 없음 또는 한 번 2=두 번 이상

[표 21-2] 자료 설명

다음 그림은 SPSS에 입력된 자료의 일부 화면이다.

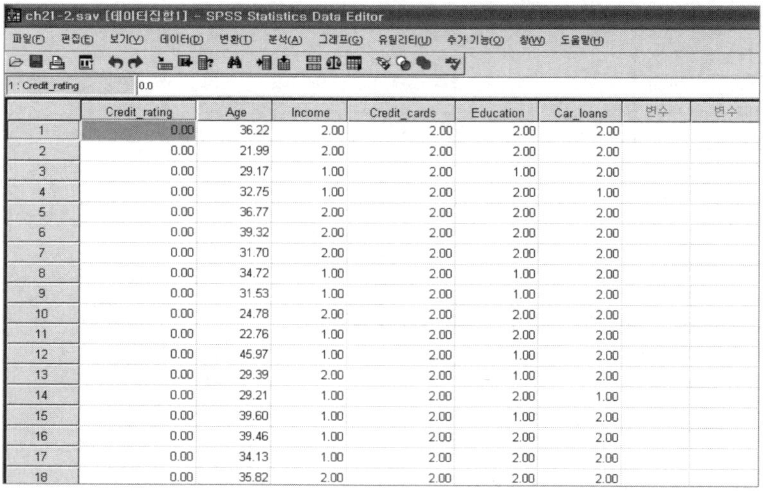

	Credit_rating	Age	Income	Credit_cards	Education	Car_loans	변수	변수
1	0.00	36.22	2.00	2.00	2.00	2.00		
2	0.00	21.99	2.00	2.00	2.00	2.00		
3	0.00	29.17	1.00	2.00	1.00	2.00		
4	0.00	32.75	1.00	2.00	2.00	1.00		
5	0.00	36.77	2.00	2.00	2.00	2.00		
6	0.00	39.32	2.00	2.00	2.00	2.00		
7	0.00	31.70	2.00	2.00	2.00	2.00		
8	0.00	34.72	1.00	2.00	1.00	2.00		
9	0.00	31.53	1.00	2.00	1.00	2.00		
10	0.00	24.78	2.00	2.00	2.00	2.00		
11	0.00	22.76	1.00	2.00	2.00	2.00		
12	0.00	45.97	1.00	2.00	1.00	2.00		
13	0.00	29.39	2.00	2.00	1.00	2.00		
14	0.00	29.21	1.00	2.00	2.00	1.00		
15	0.00	39.60	1.00	2.00	1.00	2.00		
16	0.00	39.46	1.00	2.00	2.00	2.00		
17	0.00	34.13	1.00	2.00	2.00	2.00		
18	0.00	35.82	2.00	2.00	2.00	2.00		

[그림 21-17] 자료 화면 [데이터: ch21-2.sav]

1. 의사결정나무분석을 위해서 우선 다음의 순서에 따라 진행을 한다. 그러면 [그림 21-18]과 같은 화면을 얻을 수 있다.

분석(A)

분류분석(Y) ▸

트리(R)...

[그림 21-18] 변수 지정 창

　　종속변수(credit_rating)를 종속변수(D) 란에 보내고 독립변수(I) 란에는 나머지 변수들(age, income, credit_card, education, car_loans)을 보낸다.

2. ⬚범주(C)...⬚ 단추를 눌러 관심 대상인 신용 불량(bad)의 경우를 다음과 같이 지정한다.

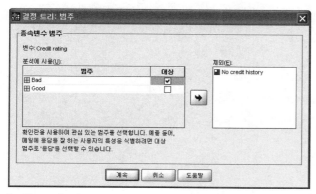

[그림 21-19] 범주

⬚계속⬚ 단추를 누른다. 그러면 [그림 21-18] 화면으로 복귀한다.

3. 각종 출력 결과 정보를 지정하기 위해서 다음 표와 같이 선택을 한다.

지정 창	세부 지정 창	
출력 결과(U)	트리(T)	☑ 트리(T): 초기 지정값 ☑ 표형식의 트리(F)
	통계량	모형: 모두 독립변수: 지정안함 노드성능: 초기지정
	도표	☑ 이득(G) ☑ 지수(N) ☑ 응답(L)
	규칙	지정안함
확인(L)	지정 안 함	
기준(C)	확장 한계	최대 트리 깊이: 초기지정
		최소 케이스수 상위노드(P): 400 하위노드(H): 200
	CHAID	초기 지정값
	구간	초기 지정값
저장(S)	저장된 변수	☑ 터미널 노드 수(T) ☑ 예측값(P) ☑ 예측확률(R)
옵션(O)	결측값: 초기 지정값	
	오분류 비용: 초기 지정값	
	이익: 초기 지정값	

[표 21-3] 자료 설명

4. ┌─────┐
     │ 확인 │ 단추를 누르면 다음과 같은 결과를 얻을 수 있다.
     └─────┘

21.6 결과 설명

▶ 결과 21-7 모형 요약

모형 요약		
지정 사항	성장방법	CHAID
	종속 변수	Credit rating
	독립 변수	Age, Income level, Number of credit cards, Education, Car loans
	타당성 검사	지정않음
	최대 트리 깊이	3
	상위 노드의 최소 케이스	400
	하위 노드의 최소 케이스	200
결과	독립변수 포함	Income level, Number of credit cards, Age
	노드 수	10
	터미널 노드 수	6
	깊이	3

[결과 21-7] 결과 설명

의사결정나무분석의 성장 방법인 CHAID, 분석에 사용된 종속변수, 독립변수가 나와 있다. 고객들의 신용을 결정하는 독립변수는 소득 수준(income), 카드 보유 수(credit_card), 연령(age)인 것으로 나타났다. 신용 노드 수는 10, 터미널 노드 수는 6, 의사결정나무의 깊이는 3으로 나타나 있다.

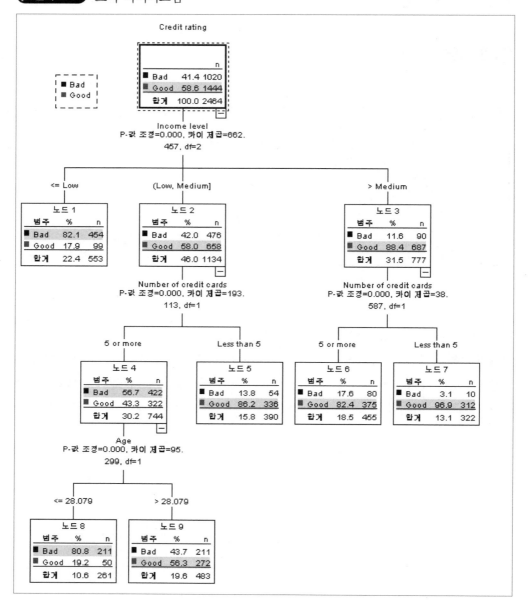

[결과 21-8] 결과 설명

신용 평가가 불량인 고객의 비율은 41.4%(1020/2464)이다. 신용 상태가 우량한 경우는 58.6% (1,444/2,464)인 것으로 나타났다. 카이자승값의 확률값이 $\alpha = 0.05$ 보다 작으므로 신용 상태

(credit rating)를 결정하는 변수는 소득 수준(income level)인 것으로 나타났다. 즉, 소득 수준이 낮을수록(1) 신용 불량일 가능성이 높음을 알 수 있다.

소득 수준이 중간인 경우(2)는 카드 보유 개수(credit_card)에 의해서 영향을 받는데 카드를 5개 이상 보유하고 있는 경우가 신용 불량인 확률이 높다(56.7%). 반면 카드를 5개 미만 보유하고 있으며 신용이 양호한 확률은 86.2%인 것으로 나타났다.

신용 카드를 다섯 개 이상 보유한 신용 불량자 중에서 나이가 28.079세 이하인 경우는 80.8%인 것으로 나타났다.

결과 21-9 대상 범주

대상 범주: Bad

노드에 대한 이익

노드	노드		이득		응답	지수
	N	퍼센트	N	퍼센트		
1	553	22.4%	454	44.5%	82.1%	198.3%
8	261	10.6%	211	20.7%	80.8%	195.3%
9	483	19.6%	211	20.7%	43.7%	105.5%
6	455	18.5%	80	7.8%	17.6%	42.5%
5	390	15.8%	54	5.3%	13.8%	33.4%
7	322	13.1%	10	1.0%	3.1%	7.5%

성장방법: CHAID
종속변수: Credit rating

[결과 21-9] 결과 설명

기획팀에서 관심 있는 신용 불량자에 대한 각 노드별 정보가 나타나 있다. 1번 노드의 경우 전체 553명 중 불량으로 판명된 경우가 454명으로 이득이 44.5%(454/553)임을 알 수 있다. 지수 응답률은 198.3%(82.1/41.4, 1번 노드 응답률/전체 응답률)이다. 즉 지수 응답률은 특별한 마디에 대한 응답 비율이 전체 응답 비율과 비교하는 지수이다.

결과 21-10 이익 도표

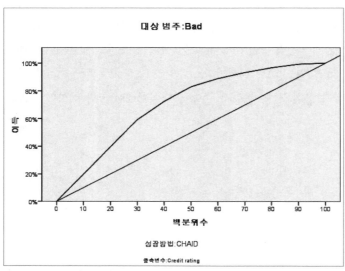

[결과 21-10] 이익 도표

[결과 21-10]의 설명

이 그림은 각 이익 도표에서 계산된 퍼센트지 구간에 대한 이익 퍼센트를 연속적으로 연결한 도표이다. 모형의 판단의 기준인 대각선에서 멀어질수록 모형이 우수하다고 해석한다.

결과 21-11 반응 도표

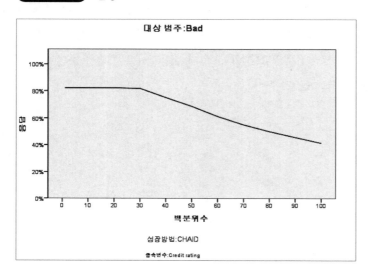

[결과 21-11]의 설명

신용 불량의 가능성 있는 상위 20% 내에서 전체 불량 고객 80% 이상을 포함하고 우수한 모형
이라고 판단한다.

결과21-12 리프트 차트

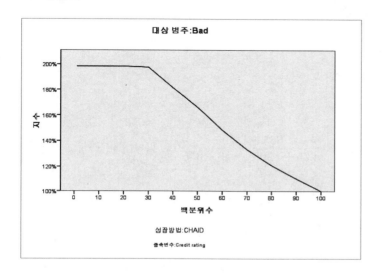

[결과 21-12] 설명

각 퍼센티지 구간에서 지수 퍼센트에 관한 내용을 시각적으로 확인할 수 있다.

결과21-13 위험도

위험도	
추정값	표준 오차 오류
.205	.008

성장방법: CHAID
종속변수: Credit
rating

[결과 21-13]의 설명

구축된 모형이 관찰치를 오분류할 위험 추정값은 0.205이고 이에 대한 표준편차는 0.008임을 알

수 있다.

→ 결과 21-13 분류

분류

감시된	예측		
	Bad	Good	정확도(%)
Bad	665	355	65.2%
Good	149	1295	89.7%
전체 퍼센트	33.0%	67.0%	79.5%

성장방법: CHAID
종속변수: Credit rating

[결과 21-13]의 설명

분류 결과를 보면 분류 확률은 79.5%($\dfrac{665+1,295}{665+1295+149+355}$)로 나타나 어느 정도 높은 것을 알 수 있다.

SPSS

22장 인공신경망

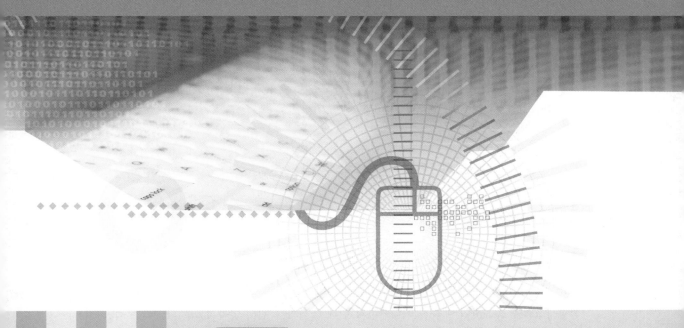

학습 목표

인공신경망은 인간의 뇌 작동 원리를 이용하여 개발된 예측 및 분류 방법이다.

1. 인공신경망의 개념을 이해한다.
2. 인공신경망의 종류를 이해한다.
3. 인공신경망 분석을 통해서 자료를 분석하고 해석할 수 있다.

22.1 인공신경망이란?

인공신경망은 인간의 뇌 작동 원리를 이용하여 개발된 예측 및 분류 방법이다. 인간의 뇌는 신경의 최소 단위인 뉴런(neuron)으로 구성되어 있다. 이 수많은 뉴런이 여러 자극과 감각 등 처리 요소들에 대한 신호를 보내고 처리한다. 자극이 수상 돌기에 전달되면 신경 세포체는 이에 대한 반응을 하고 가공을 한다. 신경 세포체는 이에 대하여 가공하여 다른 세포체의 축색 돌기로 자극을 전달한다. 다음은 생물학적 뉴런의 기본 구조를 그림으로 나타낸 것이다.

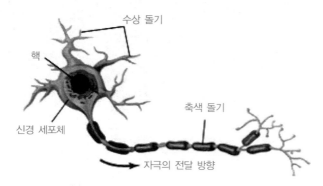

[그림 22-1] 뉴런

인간의 뇌처럼 다양한 뉴런이 서로 연결된 상황에서 의사 결정이 이루어지고 있는 구조를 이용한 것이 인공신경망이다. 인공신경망은 자료의 관련성을 나타내 줄 수 있는 기법으로 뇌의 신경시스템을 응용하여 예측을 최대화하기 위해 조직화를 위해 반복적으로 학습하는 작동 원리를 갖는다.

인공신경망은 복잡하고 비선형적이며 관계성을 갖는 다변량을 분석할 수 있는 방법이다. 이는 기존의 통계적 모형보다도 정확한 예측을 제공한다. 많은 연구자들은 일반성을 잃거나 특정 표본에 국한되지 않을 것을 권장한다. 인공신경망은 학문 분야뿐만 아니라 응용 분야에서 많이 사용된다. 인공신경망은 1950년대 연구가 시작되어 최근에 이르고 있다.

1950년대	시작
1960년대	한계점
1980년대	이론 개발 시기로 복잡한 시스템을 설명하는 은닉층(hidden layer) 추가
최근	많은 분야에서 응용

기존의 분석 방법인 다변량 회귀분석, 판별분석, 군집분석과 비슷한 분석 구조를 갖는 것이 인공신경망이라고 할 수 있다. 신경망이 기존의 다변량 통계분석 방법과 다른 점은 오류를 근거로 "자체 교정" 또는 "학습 능력"을 갖는다는 점이다. 인공신경망의 선택은 연구 목적과 분석 방법을 고려해서 이루어져야 한다. 연구자는 인공신경망을 통계적 기본 가정이 적지만 유연한 통계분석 방법의 한 분야로 생각하고 이를 적절하게 사용할 필요가 있다.

인공신경망은 미래 특정 상황이 발생할 확률을 예측(예, 연체 확률 모형)이나 고객이 취할 수 있는 특정한 값 추정(예, 소득 추정 모형)등에 이용된다.

22.2 인공신경망 작동 원리

기본적으로 인공신경망은 인간의 신경학적 뉴런과 작동 원리가 비슷한 노드(node)와 층(layer)으로 구성된다. 노드는 신경망 모형에서 가장 기본적인 요소를 말한다. 노드는 입력물을 받아들여 작동하는 인간의 뇌와 비슷하다. 이것을 그림을 나타내면 다음과 같다.

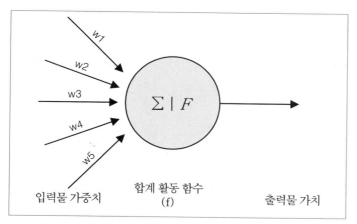

[그림 22-2] 노드

노드는 입력물, 가중치, 합계 활동 함수, 출력물 가치 등으로 구성된다. 가중치에 의해서 계산된 입력 변수들은 활동 함수(f)를 통해서 새로운 값으로 변환되어 출력된다. 활동 함수는 대체로 비선형(s) 함수(시그모드 함수) 형태를 보인다. 활동 함수에 의해서 계산된 출력물은 다음의 노드에는 입력물이 된다.

　　층은 입력층(Input Layer), 은닉층(Hidden Layers), 그리고 출력층(Output Layer)으로 구성된다. 입력층을 입력물이라고 부른다. 은닉층은 매개 프로세서라고도 한다. 이를 그림으로 나타내면 다음과 같다.

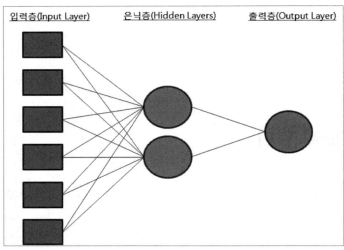

[그림 22-3] 인공신경망의 층

　　입력층은 여러 개의 노드로 구성되어 있다. 입력층의 노드에서 계산된 값은 은닉층의 입력값이 된다. 중간 은닉층에서 계산된 출력물은 출력층의 입력값이 된다. 출력층의 노드는 연구자가 임의로 하나 아니면 그 이상을 정할 수 있다. 물론 연구자는 입력층, 은닉층, 출력층 그리고 노드의 수를 임의로 정할 수 있다.

　　학습 패러다임에 근거한 인공신경망은 입력물 데이터를 기초로 가중치를 통해서 의사 결정을 지원한다. 예측 오차(prediction error)가 추가되고 모형은 예측 정확성을 증진시키기 위해서 가중치를 수정하고 다음 케이스로 움직인다. 이런 반복적인 사이클은 훈련 단계(training phase)라고 한다.

　　많은 연구자들은 신경망은 노드사이의 가중경로 및 노드 연결 간의 체계적 모형을 통제할 수 없는 암흑 상자(black box)라고 생각하기도 한다. 신경망은 모두 학습과정을 통해서 자기 조직화를 찾기 때문에 해를 도출하는 과정에서 많은 유연성을 제공한다.

　　인공신경망은 장점과 단점을 갖고 있다. 복잡하고 다양한 자료를 용이하게 해를 해결할 수 있다는 점, 질적 변수와 양적 변수에 관련 없이 모든 변수가 분석 대상이 될 수 있는 장점이 있다. 또한 입력 변수들 간 비선형 조합이 가능하여 예측력이 우수하다. 반면에 결과에 대한 분류와 예측 결과만을 제공하기 때문에 결과 생성의 원인과 이유를 설명하기가 곤란하다. 신경망을 설계하는 과정에서 전문가의 도움이 필요할 수 있어 통계 초보자가 사용하기에는 무리가 따를 수 있다.

22.3 인공신경망 종류와 분석 절차

인공신경망은 다중 레이어 인식(Multilayer Perceptron), 방사형 기본 함수(Radial Basis Function), 그리고 코헨 네트워크(Kohen Network) 등이 있다.

다중 레이어 인식은 신경망이라 불리는 최초의 것으로 입력 노드, 은닉 노드, 출력 노드로 구성되어 있다. 다중 레이어 인식은 관리 학습에 의해서 운용된다. 관리 학습이란 모형 분석 과정에서 입력 자료와 출력 결과에 관한 정보를 보유를 하고 있는 경우에 이용되는 방법이다. 다중레이어 인식은 투입되는 자료를 가지고 입력층에서부터 출력층에 이르기까지 가중치를 반복적으로 부과하는 과정을 거쳐 모형을 만들어 분석을 하게 된다. 다중레이어 인식은 신경망에서 가장 사용되는 방법이다.

방사형 기본 함수는 다중 레이어 인식과 비슷한 목표를 이루기 위해서 사용되나 상이한 방식에 의해서 적용된다.

코헨 네트워크(Kohen Network)는 앞에서 설명한 다중 레이어와 달리 입력층과 출력층에서 자료에 대한 가중치가 부과되지 않고 자료 간 유사성에 근간을 두고 군집이 분류되는 방법을 말한다. 코헨 네트워크는 군집분석의 문제점을 보완한 방법이라고 할 수 있다.

신경망 분석이 이루어지기 위해서는 표본 크기 결정, 데이터 관찰, 모형정의, 모형의 타당성 평가 등이 이루어져야 한다. 신경망에 사용될 표본의 크기가 클수록 유리하다. 소표본보다는 대표본이 분석 결과를 일반화하는 데 나을 수 있어 대표본을 사용할 것을 권장한다. 대표본은 사전에 훈련용 자료와 검정용 자료로 분리를 하여 타당성을 확인할 수 있다.

신경망 분석은 다변량 분석의 기본 가정에 큰 구애를 받지 않는다. 그러나 연구자들 중에는 자료의 왜도, 정규분포성, 이상치 등을 체크하는 경우도 있다. 사전에 다변량 분석의 기본 가정을 확인하는 것은 분석 결과를 올바르게 산출하는 하나의 방편이 될 수 있다.

연구자는 다양한 모형을 얻기 위해서 은닉층에서 노드의 수를 다양화 할 수 있다. 연구자는 다양한 모형을 통해서 다른 연구 결과와 시사점을 얻을 수 있다.

신경망의 최종 목적은 실제 현상과 일치하는 최적의 모형을 개발하는 데 있다. 자료에 표본오차가 발생한다면 완벽한 적합성을 기대하기는 어려울 것이다. 연구자는 모형의 타당성 평가를 통해서 최적의 모형을 찾기 위해서 끊임없이 노력해야 할 것이다.

22.4 인공신경망 실행

이 예제는 15장 판별분석의 예제로 다루었던 것이다. 다음의 내용을 인공신경망을 통해서 실행하여 보자.

경희콘도의 마케팅부에 근무하는 김 대리는 지난 2년 동안 여름철 휴가 기간 동안 경희콘도를 이용하는 고객들의 특성을 파악하고, 어떠한 특성을 가진 고객들이 경희콘도를 이용하는지 파악하기 위해 30명에 대하여 조사를 실시하였다.

변수명	내용	코딩
id	고객 번호	
x1	방문 여부	1=방문, 2=방문 안 함
x2	월 평균 소득	만원
x3	여행 성향	1-10(1: 매우 싫어함, 10: 매우 좋아함)
x4	가족 여행에 대한 중요성	1-10(1: 매우 중요치 않음, 10: 매우 중요)
x5	가족 구성원 수	( )명
x6	가장의 연령	( )세

[데이터] ch22-1.sav

---

1. 데이터를 입력하거나 ch22-1.sav를 연다. 그러면 다음과 같은 화면을 얻을 수 있다.

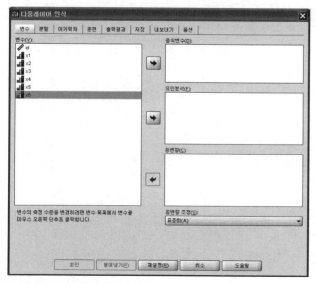

[그림 22-4] 데이터 창   [데이터: ch22-1.sav]

	id	x1	x2	x3	x4	x5	x6	변수	변수
1	1	1	330	5	8	3	43		
2	2	1	400	6	7	4	61		
3	3	1	340	6	5	6	52		
4	4	1	350	7	5	5	36		
5	5	1	320	6	6	4	55		
6	6	1	300	8	7	5	68		
7	7	1	310	5	3	3	62		
8	8	1	330	2	4	6	51		
9	9	1	320	7	5	4	57		
10	10	1	200	7	6	5	45		
11	11	1	310	6	7	5	44		
12	12	1	300	5	8	4	64		
13	13	1	320	1	8	6	54		
14	14	1	350	4	2	3	56		
15	15	1	400	5	6	2	58		
16	16	2	170	5	4	3	58		
17	17	2	200	4	3	2	55		
18	18	2	240	2	5	2	57		

2. 다음과 같이 신경망을 실시하면 다음과 같은 화면을 얻을 수 있다.

분석(A)
         신경망(W) ▶
                 다중 레이어 인식(M)...

[그림 22-5] 신경망-다중 레이어 인식

3. x1(방문 여부) 변수를 종속변수에, 나머지 변수들을 공변량(C) 란에 지정한다. 그러면 다음과
같은 화면을 얻을 수 있다.

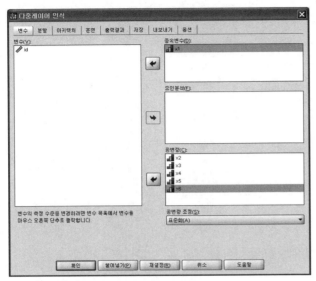

[그림 22-6] 다중 레이어 변수 입력 창

4. 각 단추를 눌러 다음과 같이 지정을 한다.

지정 창	세부 지정 창
분석	⊙ 케이스의 상대수를 기준으로 케이스 무작위 할당(N) 무작위 할당(N): 훈련 70%, 검정 30%
아키텍처	초기 지정값
훈련	초기 지정값
출력 결과	네트워크 구조: ☑ 설명 ☑ 다이어그램(A)
	네트워크 성능: ☑ 모형요약(M) 분류결과(S) ☑ ROC곡선(O) ☑ 누적이득차트(U) ☑ 리프트차트 ☑ 케이스처리 요약(S) ☑ 독립변수 중요도 분석(T)
저장	초기 지정값
내보내기	지정 안 함
옵션	초기 지정값

[표 22-1] 지정 단추

앞 [그림 22-6]에서 공변량 조정(S)을 보면 표준화(A), 정규화, 조정된 정규화, 없음 등이 등장한다. 표준화는 $(x_i - \mu)/s$의 식을 이용한다. 정규화는 $(x_i - 최대)/(최대 - 최소)$의 식을 이용하여 자료를 0과 1 사이에 놓이게 하는 경우를 말한다. 조정화된 정규화는 $[2*(x_i - 최대)/(최대 - 최소)] - 1$의 식을 이용하고 조정된 정규화 값이 -1과 1 사이에 놓이게 된다. 여기서는 초기에 지정된 표준화(A)를 누른다.

5. 모든 지정 작업을 마치고 확인 단추를 누르면 결과를 얻을 수 있다.

22.6 결과 설명

→ 결과 22-1 케이스 처리 요약

케이스 처리 요약

		N	퍼센트
표본	훈련	21	70.0%
	검정	9	30.0%
유효		30	100.0%
제외됨		0	
합계		30	

[결과 22-1]의 설명

전체 30개의 표본 중 훈련용에 21명(70.0%), 검정용에는 9명(30%)의 표본이 이용되었음을 알 수 있다.

결과 22-2 네트워크 정보

네트워크 정보				
입력 레이어	공변량	1	x2	
		2	x3	
		3	x4	
		4	x5	
		5	x6	
	단위 수[a]			5
	공변량을 위한 방법 조정		표준화	
숨겨진 레이어	숨겨진 레이어 수			1
	숨겨진 레이어 1에서 단위의 수[a]			3
	활성화 함수		쌍곡 탄젠트	
출력 레이어	종속변수	1	x1	
	단위 수			2
	활성화 함수		Softmax	
	오차 함수		교차-엔트로피	
a. bias 단위 제외				

[결과 22-2]의 설명

입력 레이어의 공변량의 변수는 5개가 투입되었으며 이 공변량의 조정 방법은 표준화의 방법으로 계산되었음을 알 수 있다. 활성화 함수는 쌍곡 탄젠트에 의한 계산 방법에 의해서 계산되었음을 알 수 있다. 종속변수는 x1변수이고 출력 레이어의 분류는 Softmax활성화 함수에 의해서 이루어진 것을 확인할 수 있다.

결과 22-3 네트워크 다이어그램

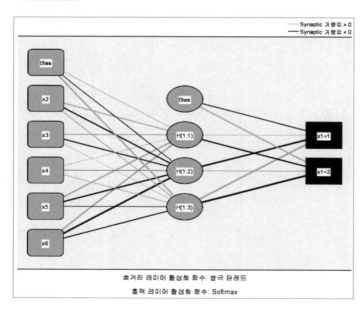

[결과 22-3]의 설명

훈련 후의 네트워크 다이어그램을 보여 주고 있다. 네트워크 다이어그램에서 스냅스 가중값 (synaptic weight)은 주어진 레이어와 그 다음 레이어 사이에서의 관련성을 시각적으로 보여 준다. 이 스냅스 가중값은 활성화된 데이터에서 훈련용 표본(training sample)에 의해서 계산된다. 레이어 간 굵은 실선으로 연결된 것을 보면서 결과 해석을 하면 된다. 콘도 방문 여부를 나타내는 x1 변 수에서 콘도를 방문하는 경우(x1 =1)는 x2(월 평균 소득), x3(여행 성향), x5(가족 구성원 수), x6(가장 의 연령)이 주된 영향을 미치고 콘도를 방문하지 않는 경우(x1 =2)는 가장의 연령(가장의 연령)이 중요한 변수임을 알 수 있다. 그러나 이러한 결과는 15장 판별분석의 결과와 다르다는 것을 확인 할 수 있을 것이다. 또한 이 데이터를 분석할 때마다 랜덤(random)하게 표본을 선정하기 때문에 결과가 조금씩 달라질 수 있음을 유의하기 바란다. 이에 대한 내용은 각자 확인하여 보자.

▶ 결과 22-4 모수 추정값

모수 추정값

		예측				
		숨겨진 레이어 1			출력 레이어	
예상자		H(1:1)	H(1:2)	H(1:3)	[x1=1]	[x1=2]
입력 레이어	(Bias)	1.084	-1.129	1.791		
	x2	1.592	-1.658	1.413		
	x3	1.526	-1.467	.562		
	x4	.594	-.358	1.242		
	x5	1.733	-1.669	-1.016		
	x6	1.979	-2.017	-1.433		
숨겨진 레이어 1	(Bias)				-1.336	1.716
	H(1:1)				1.033	-1.666
	H(1:2)				-1.843	1.251
	H(1:3)				2.431	-2.322

[결과 22-4]의 설명

입력 레이어, 숨겨진 레이어 1, 출력 레이어에 대한 모수 추정값이 나타나 있다.

분류

표본	감시됨	예측 1	2	정확도(%)
훈련	1	10	0	100.0%
	2	0	11	100.0%
	전체 퍼센트	47.6%	52.4%	100.0%
검정	1	5	0	100.0%
	2	0	4	100.0%
	전체 퍼센트	55.6%	44.4%	100.0%

종속변수: x1

[결과 22-5]의 설명

훈련용과 검정용에 대한 비율과 정확도가 나타나 있다.

결과 22-6 누적 이득 도표

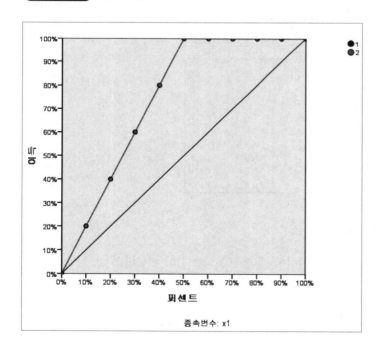

종속변수: x1

[결과 22-6]의 설명

45도 대각선의 기준선을 기준으로 종속변수(x1)에 대한 이득과 퍼센트가 누적적으로 나타나 있다.

→ 결과 22-7 리프트 도표

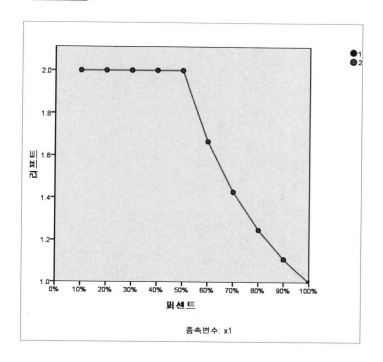

종속변수: x1

[결과 22-7]의 설명

리프트 도표는 누적 이익 차트로부터 유도된다. 종속변수의 리프트와 퍼센트가 나타나 있다.

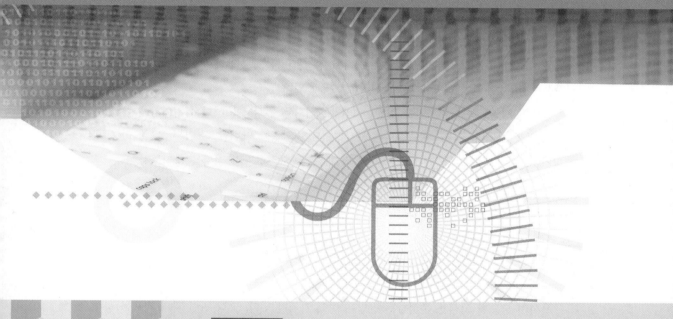

SPSS

23장   RFM 분석

학습 목표

RFM(Recency, Frequency, Monetary) 분석은 고객 관련 자료로 고객을 세분화하여 고객별로 전략 대안을 마련하는 방법이다.

1. RFM 분석의 의의를 이해한다.
2. RFM 분석의 중요성을 이해한다.
3. 거래 데이터 분석 방법을 이해한다.
4. 고객 데이터 분석 방법을 이해한다.

23.1 고객의 중요성

'고객은 왕이다'라는 이야기가 있다. 군주제를 채택하고 있는 나라를 제외하고는 현대 사회에서 '왕'이라는 존재는 상징성에 불과할 수 있다. 현대 사회에서 고객은 '왕' 이상이다. 고객은 개인, 조직이 살아가는 데 반드시 있어야 할 동반자이다.

고객이 없는 개인, 조직은 존재의 의미를 잃는 것과 같다. 고객으로 인한 스트레스는 지금 당장 개인에게 손해를 미치는 것 같지만 문제를 해결해 주면 고객은 우리 개인과 조직을 위해서 충성하는 영원한 고객으로 남는다.

최근 고객은 왕보다 더 절대적이다. 살아 있는 모든 조직은 고객 중심의 경영 비전, 경영 전략을 수립한다. 조직 내부의 발상으로 시작된 경영 전략은 백전백패한다. 조직 내부 마인드로 시작한 사업은 개인이 허공에 펀치를 날리는 것과 같다.

일찍이 경영학의 아버지라고 일컫는 피터 드러커는 컨설팅을 하면서 경영자에게 항상 세 가지 질문을 하였다. 그는 다음 질문에 빠르면서도 명확하게 답변할 수 있는 조직이라면 생존할 가치가 있다고 판단한 것이다. 그러면 피터 드러커의 세 가지 질문을 살펴보자.

첫째, 우리의 사업은 무엇인가?
둘째, 우리의 고객은 누구인가?
셋째, 우리의 고객은 무엇을 가장 가치 있는 것으로 생각하는가?

요사이 중요한 고객을 분석하는 방법은 여러 가지가 있다. 고객 관련 과거 자료를 통해서 미래를 예측하는 방법, 고객의 일부를 선발한 모니터 그룹을 운용하는 방법, 경영자나 조직 구성원이 고객 접점(MOT: Moment Of Truth)에서 경영 전략이나 제품 아이디어 마련 등이다. 잘 되는 조직을 특징을 살펴보면, 경영자를 비롯한 모든 구성원이 일렬로 고객 지향적인 마인드를 갖고 있다는 데 있다. 따라서 고객 관련 정보를 얻기 위해서는 여러 가지 방법을 다각도로 적용할 필요가 있다. 여러 가지 방법에 의해서 고객의 가치를 발견하고 고객이 소중하게 여기는 제품과 서비스를 제공하는 것이 개인과 조직이 해야 할 일이다.

이 장에서는 고객 관련 과거 자료를 이용하는 RFM 분석 방법에 대하여 집중적으로 다루도록 하겠다.

23.2 RFM 분석

"백화점 매출액의 80%는 20%의 단골에서 나온다." "회사의 전체 실적 중 80%는 20%의 우수인재가 올린다." 이는 '20대 80대 법칙'이라고 불리는 '파레토 법칙(pareto's Rule)'이다. 일설에 따르면 이탈리아의 경제학자였던 파레토는 20%만이 열심히 일하고 나머지 80%는 노는 일개미들의 모습에서 힌트를 얻었다고 한다.

이러한 파레토 법칙이 최근에는 도전을 맞고 있다. 인터넷 시대를 도전을 맞고 있다. 미국 인터넷 비즈니스 잡지 와이어드의 크리스 앤더슨 편집장은 인터넷 서점의 매출을 조사한 결과 다음과 같은 결론에 도달한다. "흥행성이 없어 보이는 80%의 책 매출이 잘 팔리는 책 20%의 매출을 추월하고 있다." 이를 이른바 '롱테일(long tail) 법칙'이라고 한다. 또는 '역 파레토 법칙'이라고 한다.

아무튼 파레토 법칙이든 롱테일 법칙이 작용하든 고객에 관련된 측정은 이루어져야 한다. 제대로 된 측정과 분석이 없는 조직은 급변하는 환경에서 사라질 것이다. 이제 고객 정보를 이용하여 현상을 기술하고 미래를 예측하는 것이 무엇보다 중요해졌다.

고객 관계 경영은 고객 분석을 통해 고객군을 세분화하고 이들 군(群)에 적합한 차별화 전략을 구사하는 것이라고 할 수 있다. [그림 23-1]은 고객 관계 경영의 틀을 나타낸 것이다.

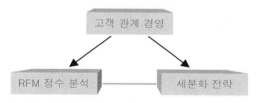

[그림 23-1] 고객 관계 경영

고객 관계 경영의 일환인 RFM 분석은 고객 거래 자료를 통해서 조직의 새로운 제안에 대한 반응할 잠재 고객을 확인하기 위해서 사용하는 방법이다. RFM 분석은 구입 가능성이 있는 고객들을 걸러내는 방법이다. 이를 통해서 기업은 우수 고객에 대해서 '지속적인 유지 전략'을 하위 고객에 대해서는 장기적으로 '우량 고객화 전략'을 강구할 필요가 있다. RFM(Recency, Frequency, Monetary)분석은 다음의 간단한 이론에 근거한다.

첫째, 새로운 제안에 반응할 가능성이 있는 고객을 확인하는 중요 요소가 최근성(Recency)

이다. 이는 과거에 구매할 고객들보다 최근에 구매한 고객이 더 구매할 가능성이 높다는 기본 가정에 근거한다. 이에 알맞은 질문은 "고객은 최근에 얼마나 구매하였는가?"이다.

둘째, 고객 관리에서 중요한 요인은 빈도(Frequency)이다. 이는 자주 구매한 고객은 구매 경험이 적은 경우보다 더 구매할 가능성이 높을 것이라는 기본 가정에 근거한다. 이에 적합한 질문은 "고객이 얼마나 빈번하게 우리 상품을 구입했는가?"이다.

셋째, 중요한 요소는 전체 소비 금액(Monetary) 기준이다. 과거 많이 구매한 고객들이 과거에 덜 소비한 고객보다 더 구매할 가능성이 높다는 가정에 근거한다. 이에 알맞은 질문은 "고객이 구매한 총금액은 얼마인가?"이다.

이와 같은 세 가지 기본 질문에 근거하여 기업은 고객 거래 정보를 통해서 구매 고객의 성향을 분석하고 고객 관계 경영 전략을 마련할 수 있다. 이에 대한 내용을 그림으로 나타내면 다음과 같다.

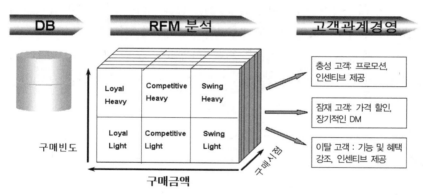

[그림 23-2] RFM 분석과 고객 관계 경영

RFM 분석에서 점수(score)를 구하는 것이 중요한데 이는 조직이 처한 환경에 따라 계산 방식이 달라질 수 있다. 여기서는 RFM 점수(score)를 산출하는 기본 공식을 소개한다.

$$\text{RFM 점수} = [(W_1 \times R) + (W_2 \times F) + W_3 \times M)]/\text{등급수} \times 100$$

여기서 W_i = 가중치, R=최근성, F=빈도, M=금액을 나타냄.

SPSS 프로그램에서는 RFM 분석을 하는 방법으로 거래 데이터(Transaction Data) 이용 방법

과 고객 데이터(Customer Data) 이용 방법이 있다. 거래 데이터 이용 방법은 데이터 베이스상의 행(row)에 다양한 거래 내역이 정리되어 있지 않은 경우에 행하는 방법이다. 반면에 고객 데이터 이용 방법은 데이터베이스 상에 행이 고객 관련 거래 자료로 일목요연하게 정리되어 있는 경우에 사용하는 방법이다.

의사 결정자는 RFM 점수에 의해서 고객을 세분화하여 이에 맞는 고객 관련 전략을 구사할 수 있다.

23.3 트랜잭션 데이터 분석 방법

다음은 거래 내역이 행(ID)기준으로 보면 제대로 정리가 되지 않은 4,906건의 트랜잭션데이터이다. 해당 변수는 고객 식별 변수(id), 제품 라인(Product Line), 제품 번호(Product Number), 날짜(Data), 금액(Amount) 등이다. 이에 대한 일부 자료를 그림으로 나타내면 다음과 같다.

	ID	ProductLine	ProductNumber	Date	Amount	변수	변수	변수	변수
1	955	C-300	384	16-Jul-2006	51				
2	607	A-100	194	12-May-2005	27				
3	791	A-100	131	18-Nov-2005	29				
4	18	D-400	421	05-Aug-2004	123				
5	65	A-100	130	01-Jun-2004	31				
6	380	C-300	305	13-Aug-2004	70				
7	209	E-500	504	29-Oct-2005	178				
8	830	B-200	229	02-Jul-2006	55				
9	321	A-100	159	07-Jul-2004	40				
10	108	B-200	204	03-Jul-2005	46				
11	382	A-100	184	05-Jan-2006	47				
12	448	B-200	294	10-May-2004	55				
13	334	E-500	596	05-May-2006	194				
14	647	B-200	248	05-Mar-2005	60				
15	641	A-100	151	28-Feb-2004	40				
16	989	B-200	235	20-Apr-2006	56				
17	21	C-300	386	01-Jul-2005	119				
18	107	A-100	175	09-May-2006	47				

[그림 23-3] 데이터 일부 창　　　　　　　　[데이터: ch23-1.sav]

1. 다음과 같이 트랜잭션 데이터의 RFM 분석을 실행하기 위해서는 다음과 같은 순서로 지정을 하면 된다.

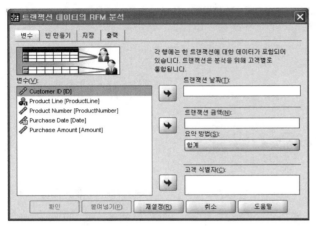

[그림 23-4] 트랜잭션 데이터의 RFM 분석

2. 왼쪽 변수(V) 란에서 트랜잭션 날짜(T) 란에는 Date(날짜) 변수를 보낸다. 트랜잭션 금액(N): 란에는 Amount(금액) 변수를 보낸다. 트랜잭션 금액(N)의 아래에 있는 요약 방법(S) 란에는 합계, 최대값, 평균, 중위수(중앙값)를 지정할 수 있는 란이 있다. 고객 식별자(C) 란에는 ID(고객 식별자)를 보낸다. 이를 그림으로 나타내면 다음과 같다.

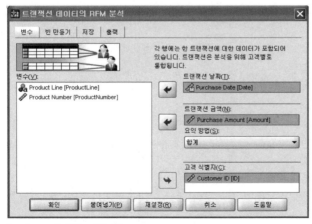

[그림 23-5] 변수 지정 창

3. 다음으로 빈 만들기(저장소 만들기), 저장, 출력에 대한 내용을 다음과 같이 지정한다.

지정 창	세부 지정 창
빈 만들기	⊙ 중첩 선정: 최근, 빈도, 금액 기준에 중첩 허용
	빈수 최근(C): 5, 빈도(F): 5, 통화(M): 5 동률: 같은 빈에 동률 할당(A)
훈련	초기 지정
출력	초기 지정

[표 22-1] 지정 단추

4. 지정 작업이 끝난 다음 [확인] 단추를 누르면 다음과 같은 결과를 얻을 수 있다.

23.4 결과 해석

▶ 결과 23-1 결과 창

	ID	Date_most_recent	Transaction_count	금액	Recency_score	Frequency_score	Monetary_score	RFM_score
1	1	04-Sep-2006	5	485.00	4	3	4	434
2	2	10-Nov-2005	4	350.00	2	2	2	222
3	3	04-Jun-2005	2	233.00	1	2	4	124
4	4	18-Aug-2006	7	936.00	4	4	5	445
5	5	07-Jul-2006	3	359.00	4	1	5	415
6	6	16-Jul-2006	3	249.00	4	1	4	414
7	7	15-Feb-2006	7	1089.00	2	5	5	255
8	8	21-Aug-2006	4	423.00	4	2	4	424
9	9	31-Aug-2006	7	689.00	4	4	4	444
10	10	13-Oct-2005	3	325.00	2	1	4	214
11	11	22-Dec-2006	4	431.00	5	2	4	524
12	12	24-Sep-2006	7	596.00	5	4	3	543
13	13	12-Oct-2006	5	519.00	5	3	3	533
14	15	03-Jul-2006	8	845.00	3	5	4	354
15	16	23-Feb-2006	9	1008.00	2	5	5	255
16	17	06-May-2005	1	89.00	1	1	3	113
17	18	05-Aug-2006	8	770.00	4	5	2	452
18	19	22-Nov-2005	4	504.00	2	2	5	225

트랜잭션 데이터의 RFM 분석을 실시한 결과 생성된 화면이다. 고객별로 정리된 표를 얻을 수 있다. 최근성(Recency), 빈도(Frequency), 금액(Monetary) 기준으로 점수가 계산되고 고객별 RFM 점수(RFM_score)가 계산된 것을 확인할 수 있다. 첫 번째 고객의 RFM 점수는 다음과 같은 방법에 의해서 계산된 것이다.

$$(recency \times 100) + (frequency \times 10) + Monetary = 434$$

결과 23-2 RFM빈(Bin) 빈도

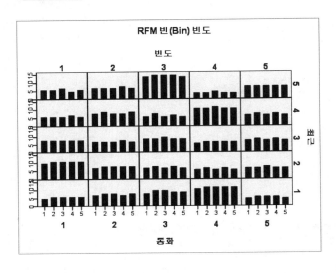

[결과 23-2]의 설명

각 RFM 범주별 고객의 수를 나타낸 그림이다. 빈은 125(5×5×5)개의 조합이 가능하다. 최근 5, 빈도 3, 통화 3인 경우에 막대 크기가 커서 눈에 띄는 빈임을 알 수 있다. 참고로 SPSS 프로그램에서 통화라는 단어보다는 금액이라는 번역이 더 정확할 것 같다.

결과 23-3 RF 범주당 평균 통화 값

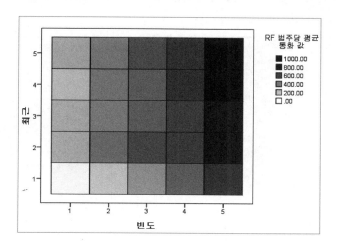

[결과 23-3]의 결과 해석

최근 성과 빈도별 금액이 나타나 있다. 해당 금액으로 해당 영역별 색깔을 달리하고 있다. 금액 단위가 큰 경우는 진한 색으로 인쇄되어 있음을 확인할 수 있다.

23.5 고객 데이터

다음은 거래 내역이 행(ID) 기준으로 정리된 고객 39,999명의 고객 데이터이다. 해당 변수는 고객 식별 변수(id), 총금액(Total Amount), 최고 빈도(Most Recent), 구매 횟수(Number of Purchase), 재구매 시점(Purchase interval) 등이다. 이에 대한 일부 자료를 그림으로 나타내면 다음과 같다.

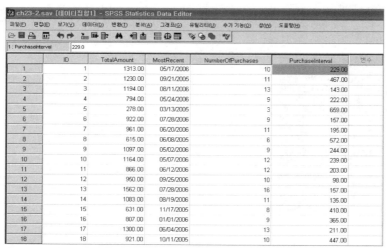

[그림 23-6] 데이터 창   [데이터: ch23-2.sav]

1. 다음과 같이 트랜잭션 데이터의 RFM 분석을 실행하기 위해서는 다음과 같은 순서로 지정을 하면 된다.

> 분석(A)
>> RFM(W) ▶
>>> 트랜잭션 데이터(T)...

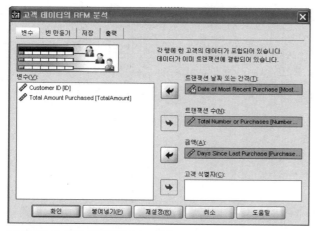

[그림 23-7] 고객 데이터의 RFM 분석

2. 왼쪽 변수(V) 란에서 트랜잭션 날짜 또는 간격(T) 란에는 Date of Most Recent Purchase(날짜) 변수를 보낸다. 트랜잭션 수(N): 란에는 Total Number or Purchases(빈도수) 변수를 보낸다. 그리고 금액(N) 란에는 Days Since Last Purchase(재구매 시점) 변수를 보낸다.

3. 나머지(빈 만들기, 저장, 출력)는 초기 지정을 한 다음 ▭확인▭ 단추를 누르면 새로운 RFM 계산 창과 다음과 같은 결과를 얻을 수 있다.

▶ **결과 23-4** RFM빈(Bin) 빈도

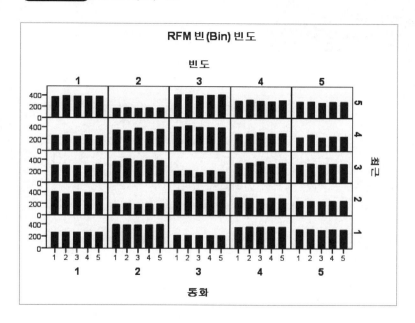

[결과 23-4]의 결과 해석

각 RFM 범주별 고객의 수를 나타낸 그림이다. 빈은 125(5×5×5)개의 조합이 가능하다. 최근 5, 빈도 3, 통화 3인 경우에 막대 크기가 커서 눈에 띄는 빈임을 알 수 있다. 앞에서 언급한 것처럼 SPSS 프로그램에서 통화라는 단어보다는 금액이라는 번역이 더 정확할 것 같다.

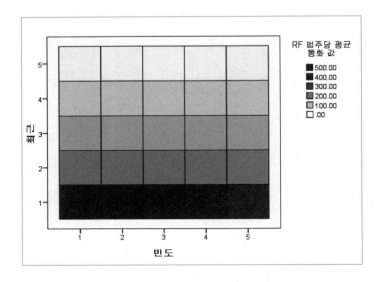

[결과 23-5]의 결과 해석

최근 성과 빈도별 금액이 나타나 있다. 해당 금액으로 해당 영역별 색깔을 달리하고 있다. 금액 단위가 큰 주요 영역은 상대적으로 진한 색으로 인쇄되어 있다.

SPSS

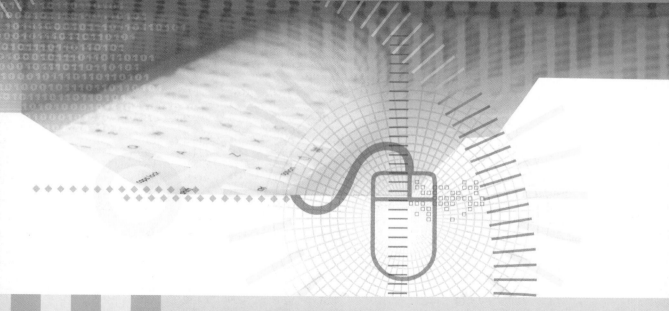

부 록

표준정규분포표

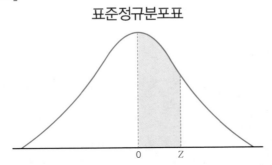

이 표는 Z = 0에서 Z값까지의 면적을 나타낸다. 예를 들어 Z = 1.25일 때 0 ~ 1.25 사이의 면적은 0.395이다.

Z	.00	.01	.02	.03	.04	.05	.06	.07	08	.09
0.0	.0000	.0040	.0080	.012	.0160	.0199	.0239	.0279	.0319	.0359
0.1	.0398	.0438	0.478	0.517	.0557	.0596	.0636	.0675	.0714	.0753
0.2	.0793	.0832	.0871	.0910	.0948	.0987	.1026	.1064	.1103	.1141
0.3	.1179	.1217	.1255	.1293	.1331	.1368	.1406	.1443	.1480	.1517
0.4	.1554	.1591	.1628	.1664	.1700	.1736	.1772	.1808	.1844	.1879
0.5	.1915	.1950	.1985	.2019	.2054	.2088	.2123	.2157	.2190	.2224
0.6	.2257	.2291	.2324	.2357	.2389	.2422	.2454	.2486	.2517	.2549
0.7	.2580	.2611	.2642	.2673	.2704	.2734	.2764	.2794	.2823	.2852
0.8	.2881	.2910	.2939	.2967	.2995	.3023	.3051	.3078	.3106	.3133
0.9	.3159	.3186	.3212	.3238	.3264	.3289	.3315	.3340	.3365	.3389
1.0	.3413	.3438	.3461	.3485	.3508	.3531	.3554	.3577	.3599	.3621
1.1	.3643	.3665	.3686	.3708	.3279	.3749	.3770	.3790	.3810	.3830
1.2	.3849	.3869	.3888	.3907	.3925	.3944	.3962	.3980	.3997	.4015
1.3	.4032	.4049	.4066	.4082	.4099	.4115	.4131	.4147	.4162	.4177
1.4	.4192	.4207	.4222	.4236	.4251	.4265	.4279	.4292	.4306	.4319
1.5	.4332	.4345	.4357	.4370	.7382	.4394	.4406	.4418	.4429	.4441
1.6	.4452	.4463	.4474	.4484	.4495	.4505	.4515	.4525	.4535	.4545
1.7	.4554	.4564	.4573	.4582	.4591	.4599	.4608	.4616	.4625	.4633
1.8	.4641	.4649	.4656	.4664	.4671	.4678	.4686	.4693	.4699	.4706
1.9	.4713	.4719	.4726	.4732	.4738	.4744	.4750	.4756	.4761	.4767
2.0	.4772	.4778	.4783	.4788	.4793	.4798	.4803	.4808	.4812	.4817
2.1	.4821	.4826	.4830	.4834	.4838	.4842	.4846	.4850	.4856	.4857
2.2	.4861	.4864	.4868	.4871	.4875	.4878	.4881	.4884	.4887	.4890
2.3	.4893	.4896	.4898	.4901	.4904	.4906	.4909	.4911	.4913	.4916
2.4	.4918	.4920	.4922	.4925	.4927	.4929	.4931	.4932	.4934	.4936
2.5	.4938	.4940	.4941	.4943	.4945	.4946	.4948	.4949	.4951	.4952
2.6	.4953	.4955	.4956	.4957	.4959	.4960	.4961	.4962	.4963	.4964
2.7	.4965	.4966	.4967	.4968	.4969	.4970	.4971	.4972	.4973	.4974
2.8	.4974	.4975	.4976	.4977	.4977	.4978	.4979	.4979	.4980	.4981
2.9	.4981	.4982	.4982	.4983	.4984	.4984	.4985	.4985	.4986	.4986
3.0	.4987	.4987	.4987	.4988	.4988	.4989	.4989	.4989	.4990	.4990
4.0	.4997									

t분포표

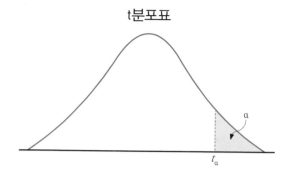

d.f.	$t_{.025}$	$t_{.100}$	$t_{.050}$	$t_{.025}$	$t_{.010}$	$t_{.005}$
1	1.000	3.078	6.314	12.706	31.821	63.657
2	0.816	1.886	2.920	4.303	6.965	9.925
3	0.745	1.638	2.353	3.182	4.541	5.841
4	0.741	1.533	2.132	2.776	3.747	4.604
5	0.727	1.476	2.015	2.571	3.365	4.032
6	0.718	1.440	1.943	2.447	3.143	3.707
7	0.711	1.415	1.895	2.365	2.998	3.499
8	0.706	1.397	1.860	2.306	2.896	3.355
9	0.703	1.383	1.833	2.262	2.821	3.250
10	0.700	1.372	1.812	2.228	2.876	3.169
11	0.697	1.363	1.796	2.201	2.718	3.106
12	0.695	1.356	1.782	2.179	2.681	3.055
13	0.694	1.350	1.771	2.160	2.650	3.012
14	0.692	1.345	1.761	2.145	2.624	2.977
15	0.691	1.341	1.753	2.131	2.602	2.947
16	0.690	1.337	1.746	2.120	2.583	2.921
17	0.689	1.333	1.740	2.110	2.567	2.898
18	0.688	1.330	1.734	2.101	2.552	2.878
19	0.688	1.328	1.729	2.093	2.539	2.861
20	0.687	1.325	1.725	2.086	2.528	2.845
21	0.686	1.323	1.721	2.080	2.518	2.831
22	0.686	1.321	1.717	2.074	2.508	2.819
23	0.685	1.319	1.714	2.069	2.500	2.807
24	0.685	1.318	1.711	2.064	2.492	2.797
25	0.684	1.316	1.708	2.060	2.485	2.787
26	0.684	1.315	1.706	2.056	2.479	2.779
27	0684	1.314	1.703	2.052	2.473	2.771
28	0.683	1.313	1.701	2.048	2.467	2.763
29	0.683	1.311	1.699	2.045	2.464	2.756
30	0.683	1.310	1.697	2.042	2.457	2.750
40	0.681	1.303	1.684	2.021	2.423	2.704
60	0.697	1.296	1.671	2.000	2.390	2.660
120	0.677	1.289	1.658	1.980	2.358	2.617
∞	0.674	1.282	1.645	1.960	2.326	2.576

d.f.	$t_{0.0025}$	$t_{0.001}$	$t_{0.0005}$	$t_{0.00025}$	$t_{0.0001}$	$t_{0.00005}$	$t_{0.000025}$	$t_{0.00001}$
1	127.321	318.309	636.919	1,273.239	3,183.099	6,366.198	12,732.395	31,380.989
2	14.089	22.327	31.598	44.705	70.700	99.950	141.416	223.603
3	7.453	10.214	12.924	16.326	22.204	28.000	35.298	47.928
4	5.598	7.173	8.610	10.306	13.034	15.544	18.522	23.332
5	4.773	5.893	6.869	7.976	9.678	11.178	12.893	15.547
6	4.317	5.208	5.959	6.788	8.025	9.082	10.261	12.032
7	4.029	4.785	5.408	6.082	7.063	7.885	8.782	10.103
8	3.833	4.501	5.041	5.618	6.442	7.120	7.851	8.907
9	3.690	4.297	4.781	5.291	6.010	6.594	7.215	8.102
10	3.581	4.144	4.587	5.049	5.694	6.211	6.757	7.527
11	3.497	4.025	4.437	4.863	5.453	5.921	6.412	7.098
12	3.428	3.930	4.318	4.716	5.263	5.694	6.143	6.756
13	3.372	3.852	4.221	4.597	5.111	5.513	5.928	6.501
14	3.326	3.787	4.140	4.499	4.985	5.363	5.753	6.287
15	3.286	3.733	4.073	4.417	4.880	5.239	5.607	6.109
16	3.252	3.686	4.015	4.346	4.791	5.134	5.484	5.960
17	3.223	3.646	3.965	4.286	4.714	5.044	5.379	5.832
18	3.197	3.610	3.922	4.233	4.648	4.966	5.288	5.722
19	3.174	3.579	3.883	4.187	4.590	4.897	5.209	5.627
20	3.153	3.552	3.850	4.146	4.539	4.837	5.139	5.543
21	3.135	3.527	3.819	4.110	4.493	4.784	5.077	5.469
22	3.119	3.505	3.792	4.077	4.452	4.736	5.022	5.402
23	3.104	3.485	3.768	4.048	4.415	4.693	4.992	5.343
24	3.090	3.467	3.745	4.021	4.382	4.654	4.927	5.290
25	3.078	3.450	3.725	3.997	4.352	4.619	4.887	5.241
26	3.067	3.435	3.707	3.974	4.324	4.587	4.850	5.197
27	3.057	3.421	3.690	3.954	4.299	4.558	4.816	5.157
28	3.047	3.408	3.674	3.935	4.275	4.530	4.784	5.120
29	3.038	3.396	3.659	3.918	4.254	4.506	4.756	5.086
30	3.030	3.385	3.646	3.902	4.234	4.482	4.729	5.054
40	2.971	3.307	3.551	3.788	4.094	4.321	4.544	4.835
60	2.915	3.232	3.460	3.681	3.962	4.169	4.370	4.631
100	2.871	3.174	3.390	3.598	3.862	4.053	4.240	4.478
∞	2.807	3.090	3.291	3.481	3.719	3.891	4.056	4.265

χ^2 분포표

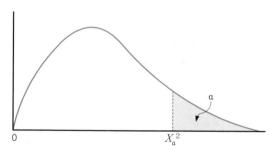

d.f.	$\chi_{0.990}$	$\chi_{0.975}$	$\chi_{0.950}$	$\chi_{0.900}$	$\chi_{0.500}$	$\chi_{0.100}$	$\chi_{0.050}$	$\chi_{0.025}$	$\chi_{0.010}$	$\chi_{0.005}$
1	0.0002	0.0001	0.004	0.02	0.45	2.71	3.84	5.02	6.63	7.88
2	0.02	0.05	0.10	0.21	1.39	4.61	5.99	7.38	9.21	10.60
3	0.11	0.22	0.35	0.58	2.37	6.25	7.81	9.35	11.34	12.84
4	0.30	0.48	0.71	1.06	3.36	7.78	9.49	11.14	13.28	14.86
5	0.55	0.83	1.15	1.61	4.35	9.24	11.07	12.83	15.09	16.75
6	0.87	1.24	1.64	2.20	5.35	10.64	12.59	14.45	16.81	18.55
7	1.24	1.69	2.17	2.83	6.35	12.02	14.07	16.01	18.48	20.28
8	1.65	2.18	2.73	3.49	7.34	13.36	15.51	17.53	20.09	21.95
9	2.09	2.70	3.33	4.17	8.34	14.68	16.92	19.02	21.67	23.59
10	2.56	3.25	3.94	4.87	9.34	15.99	18.31	20.48	23.21	25.19
11	3.05	3.82	4.57	5.58	10.34	17.28	19.68	21.92	24.72	26.76
12	3.57	4.40	5.23	6.30	11.34	18.55	21.03	23.34	26.22	28.30
13	4.11	5.01	5.89	7.04	12.34	19.81	22.36	24.74	27.69	29.82
14	4.66	5.63	6.57	7.79	13.34	21.06	23.68	26.12	29.14	31.32
15	5.23	6.26	7.26	8.55	14.34	22.31	25.00	27.49	30.58	32.80
16	5.81	6.91	7.96	9.31	15.34	23.54	26.30	28.85	32.00	34.27
17	6.41	7.56	8.67	10.09	16.34	24.77	27.59	30.19	33.41	35.72
18	7.01	8.23	9.39	10.86	17.34	25.99	28.87	31.53	34.81	37.16
19	7.63	8.91	10.12	11.65	18.34	27.20	30.14	32.85	36.19	38.58
20	8.26	9.59	10.85	12.44	19.34	28.41	31.14	34.17	37.57	40.00
21	8.90	10.28	11.59	13.24	20.34	29.62	32.67	35.48	38.93	41.40
22	9.54	10.98	12.34	14.04	21.34	30.81	33.92	36.78	40.29	42.80
23	10.20	11.69	13.09	14.85	22.34	32.01	35.17	38.08	41.64	44.18
24	10.86	12.40	13.85	15.66	23.34	33.20	36.74	39.36	42.98	45.56
25	11.52	13.12	14.61	16.47	24.34	34.38	37.92	40.65	44.31	46.93
26	12.20	13.84	15.38	17.29	25.34	35.56	38.89	41.92	45.64	48.29
27	12.83	14.57	16.15	18.11	26.34	36.74	40.11	43.19	46.96	49.64
28	13.56	15.31	16.93	18.94	27.34	37.92	41.34	44.46	48.28	50.99
29	14.26	16.05	17.71	19.77	28.34	39.09	42.56	45.72	49.59	52.34
30	14.95	16.79	18.49	20.60	29.34	40.26	43.77	46.98	50.89	53.67
40	22.16	24.43	26.51	29.05	39.34	51.81	55.76	59.34	63.69	66.77
50	29.71	32.36	34.76	37.69	49.33	63.17	67.50	71.42	76.15	79.49
60	37.48	40.48	43.19	46.46	59.33	74.40	79.08	83.30	88.38	91.95
70	45.44	48.76	51.74	55.33	69.33	85.53	90.53	95.02	100.43	104.21
80	53.54	57.15	60.39	64.28	79.33	96.58	101.88	106.63	112.33	116.32
90	61.75	65.65	69.13	73.29	89.33	107.57	113.15	118.14	124.12	128.30
100	70.06	74.22	77.93	82.36	99.33	118.50	124.34	129.56	135.81	140.17

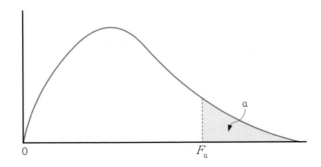

F 분포표

$$\alpha = 0.01$$

d.f.	1	2	3	4	5	6	7	8	9
1	4052.0	4999.0	5403.0	5625.0	5764.0	5859.0	5928.0	5982.0	5022.0
2	98.50	99.00	99.17	99.25	99.30	99.33	99.36	99.37	99.39
3	34.12	30.82	29.46	28.71	28.24	27.91	27.67	27.49	27.34
4	21.20	18.00	16.69	15.98	15.52	15.21	14.98	14.80	14.66
5	16.26	13.27	12.06	11.39	10.97	10.67	10.46	10.29	10.16
6	13.74	10.92	9.78	9.15	8.75	8.47	8.26	8.10	7.98
7	12.25	9.55	8.45	7.85	7.46	7.19	6.99	6.84	6.72
8	11.26	8.65	7.59	7.01	6.63	6.37	6.18	6.03	5.91
9	10.56	8.02	6.99	6.42	6.06	5.80	5.61	5.47	5.35
10	10.04	7.56	6.55	5.99	5.64	5.39	5.20	5.06	4.94
11	9.65	7.21	6.22	5.67	5.32	5.07	4.89	4.74	4.63
12	9.33	6.93	5.95	5.41	5.06	4.82	4.64	4.50	4.39
13	9.07	6.70	5.74	5.21	4.86	4.62	4.44	4.30	4.19
14	8.86	6.51	5.56	5.04	4.69	4.46	4.28	4.14	4.03
15	8.68	6.36	5.42	4.89	4.56	4.32	4.14	4.00	3.89
16	8.53	6.23	5.29	4.77	4.44	4.20	4.03	3.89	3.78
17	8.40	6.11	5.18	4.67	4.34	4.10	3.93	3.79	3.68
18	8.29	6.01	5.09	4.58	4.25	4.01	3.84	3.71	3.60
19	8.18	5.93	5.01	4.50	4.17	3.94	3.77	3.63	3.52
20	8.10	5.85	4.94	4.43	4.10	3.87	3.70	3.56	3.46
21	8.02	5.78	4.87	4.37	4.04	3.81	3.64	3.51	3.40
22	7.95	5.72	4.82	4.31	3.99	3.76	3.59	3.45	3.35
23	7.88	5.66	4.76	4.26	3.94	3.71	3.54	3.41	3.30
24	7.82	5.61	4.72	4.22	3.90	3.67	3.50	3.36	3.26
25	7.77	5.57	4.68	4.18	3.85	3.63	3.46	3.32	3.22
26	7.72	5.53	4.64	4.14	3.82	3.59	3.42	3.29	3.18
27	7.68	5.49	4.60	4.11	3.78	3.56	3.39	3.26	3.15
28	7.64	5.45	4.57	4.07	3.75	3.53	3.36	3.23	3.12
29	7.60	5.42	4.54	4.04	3.73	3.50	3.33	3.20	3.09
30	7.56	5.39	4.51	4.02	3.70	3.47	3.30	3.17	3.07
40	7.31	5.18	4.31	3.83	3.51	3.29	3.12	2.99	2.89
60	7.08	4.98	4.13	3.65	3.34	3.12	2.95	2.82	2.72
120	6.85	4.79	3.95	3.48	3.17	2.96	2.79	2.66	2.56
∞	6.63	4.61	3.78	3.32	3.02	2.80	2.64	2.51	2.41

$$\alpha = 0.01$$

d.f.	10	15	20	24	30	40	60	120	∞
1	6056.0	6157.0	6209.0	6235.0	6261.0	6387.0	6313.0	6339.0	6366.0
2	99.40	99.43	99.45	99.46	99.47	99.47	99.48	99.49	99.50
3	27.23	26.87	26.69	26.60	26.50	26.41	26.32	26.22	26.12
4	14.55	14.20	14.02	13.93	13.84	13.74	13.65	13.56	13.46
5	10.05	9.72	9.55	9.47	9.38	9.29	9.20	9.11	9.02
6	7.87	7.56	7.40	7.31	7.23	7.14	7.06	6.97	6.88
7	6.62	6.31	6.16	6.07	5.99	5.91	5.82	5.74	5.65
8	5.81	5.52	5.36	5.28	5.20	5.12	5.03	4.95	4.86
9	5.26	4.96	4.81	4.73	4.65	4.57	4.48	4.40	4.31
10	4.85	4.56	4.41	4.33	4.25	4.17	4.08	4.00	3.91
11	4.54	4.25	4.10	4.02	3.94	3.86	3.78	3.69	3.60
12	4.30	4.01	3.86	3.78	3.70	3.62	3.54	3.45	3.36
13	4.10	3.82	3.66	3.59	3.51	3.43	3.34	3.25	3.17
14	3.94	3.66	3.51	3.43	3.35	3.27	3.18	3.09	3.00
15	3.80	3.52	3.37	3.29	3.21	3.13	3.05	2.96	2.87
16	3.69	3.41	3.26	3.18	3.10	3.02	2.93	2.84	2.75
17	3.59	3.23	**3.16**	**3.08**	**3.00**	**2.92**	**2.83**	**2.75**	2.65
18	3.51	3.23	3.08	3.00	2.92	2.84	2.75	2.66	2.57
19	3.43	3.15	3.00	2.92	2.84	2.76	2.67	2.58	2.49
20	3.37	3.09	2.94	2.86	2.78	2.69	2.61	2.52	2.42
21	3.31	3.03	2.88	2.80	2.72	2.64	2.55	2.46	2.36
22	3.26	2.98	2.83	2.75	2.67	2.58	2.50	2.40	2.31
23	3.21	2.93	2.78	2.70	2.62	2.54	2.45	2.35	2.26
24	3.17	2.89	2.74	2.66	2.58	2.49	2.40	2.31	2.21
25	3.13	2.85	2.70	2.62	2.54	2.45	2.36	2.27	2.17
26	3.09	2.81	2.66	2.58	2.50	2.42	2.33	2.23	2.13
27	3.06	2.78	2.63	2.55	2.47	2.38	2.29	2.20	2.10
28	3.03	2.75	2.60	2.52	2.44	2.35	2.26	2.17	2.06
29	3.00	2.73	2.57	2.49	2.41	2.33	2.23	2.14	2.03
30	2.98	2.70	2.55	2.47	2.39	2.30	2.21	2.11	2.01
40	2.80	2.52	2.37	2.29	2.20	2.11	2.02	1.92	1.80
60	2.63	2.35	2.20	2.12	2.03	1.94	1.84	1.73	1.60
120	2.47	2.19	2.03	1.95	1.86	1.76	1.66	1.53	1.38
∞	2.32	2.04	1.88	1.79	1.70	1.59	1.47	1.32	1.00

$$\alpha = 0.05$$

d.f.	1	2	3	4	5	6	7	8	9
1	161.45	199.50	215.71	224.58	230.16	233.99	236.77	238.88	240.54
2	18.51	19.00	19.16	19.25	19.30	19.33	19.35	19.37	19.38
3	10.13	9.55	9.28	9.12	9.01	8.94	8.89	8.85	8.81
4	7.71	6.94	6.59	6.39	6.26	6.16	6.09	6.04	6.00
5	6.61	5.79	5.41	5.19	5.05	4.95	4.88	4.82	4.77
6	5.99	5.14	4.76	4.53	4.39	4.28	4.21	4.15	4.10
7	5.59	4.74	4.35	4.12	3.97	3.87	3.79	3.73	3.68
8	5.32	4.46	4.07	3.84	3.69	3.58	3.50	3.44	3.39
9	5.12	4.26	3.86	3.63	3.48	3.37	3.29	3.23	3.18
10	4.96	4.10	3.71	3.48	3.33	3.22	3.14	3.07	3.02
11	4.84	3.98	3.59	3.36	3.20	3.09	3.01	2.95	2.90
12	4.75	3.89	3.49	3.26	3.11	3.00	2.91	2.85	2.80
13	4.67	3.81	3.41	3.18	3.03	2.92	2.83	2.77	2.71
14	4.60	3.74	3.34	3.11	2.96	2.85	2.76	2.70	2.65
15	4.54	3.68	3.29	3.06	2.90	2.79	2.71	2.64	2.59
16	4.49	3.63	3.24	3.01	2.85	2.74	2.66	2.59	2.54
17	4.45	3.59	3.20	2.96	2.81	2.70	2.61	2.55	2.49
18	4.41	3.52	3.16	2.93	2.77	2.66	2.58	2.51	2.46
19	4.38	3.52	3.13	2.90	2.74	2.63	2.54	2.48	2.42
20	4.35	3.49	3.10	2.87	2.71	2.60	2.51	2.45	2.39
21	4.32	3.47	3.07	2.84	2.68	2.57	2.49	2.42	2.37
22	4.30	3.44	3.05	2.82	2.66	2.55	2.46	2.40	2.34
23	4.28	3.42	3.03	2.80	2.64	2.53	2.44	2.37	2.32
24	4.26	3.40	3.01	2.78	2.62	2.51	2.42	2.36	2.30
25	4.24	3.39	2.99	2.76	2.60	2.49	2.40	2.34	2.28
26	4.23	3.37	2.98	2.74	2.59	2.47	2.39	2.32	2.27
27	4.21	3.35	2.96	2.73	2.57	2.46	2.37	2.31	2.25
28	4.20	3.34	2.95	2.71	2.56	2.45	2.36	2.29	2.24
29	4.18	3.33	2.93	2.70	2.55	2.43	2.35	2.28	2.22
30	4.17	3.32	2.92	2.69	2.53	2.42	2.33	2.27	2.21
40	4.08	3.23	2.84	2.61	2.45	2.34	2.25	2.18	2.12
60	4.00	3.15	2.76	2.53	2.37	2.25	2.17	2.10	2.04
120	3.92	3.07	2.68	2.45	2.29	2.17	2.09	2.02	1.96
∞	3.84	3.00	2.60	2.37	2.21	2.10	2.01	1.94	1.88

$$\alpha = 0.05$$

d.f.	10	15	20	24	30	40	60	120	∞
1	241.88	245.95	248.01	249.05	250.09	251.14	252.20	253.25	254.32
2	19.40	19.43	19.45	19.45	19.46	19.47	19.48	19.49	19.50
3	8.76	8.70	8.66	8.64	8.62	8.59	8.57	8.55	8.53
4	5.96	5.86	5.80	5.77	5.75	5.72	5.69	5.66	5.63
5	4.74	4.62	4.56	4.53	4.50	4.46	4.43	4.40	4.36
6	4.06	3.94	3.87	3.84	3.81	3.77	3.74	3.70	3.67
7	3.64	3.51	3.44	3.41	3.38	3.34	3.30	3.27	3.23
8	3.35	3.22	3.15	3.12	3.08	3.04	3.01	2.97	2.93
9	3.14	3.01	2.94	2.90	2.86	2.83	2.79	2.75	2.71
10	2.98	2.84	2.77	2.74	2.70	2.66	2.62	2.58	2.54
11	2.85	2.72	2.65	2.61	2.57	2.53	2.49	2.45	2.40
12	2.75	2.62	2.54	2.51	2.47	2.43	2.38	2.34	2.30
13	2.67	2.53	2.46	2.42	2.38	2.34	2.30	2.25	2.21
14	2.60	2.46	2.39	2.35	2.31	2.27	2.22	2.18	2.13
15	2.54	2.40	2.33	2.29	2.25	2.20	2.16	2.11	2.07
16	2.49	2.35	2.28	2.24	2.19	2.15	2.11	2.06	2.01
17	2.45	2.31	2.23	2.19	2.15	2.10	2.06	2.01	1.96
18	2.41	2.27	2.19	2.15	2.11	2.06	2.02	1.97	1.92
19	2.38	2.23	2.16	2.11	2.07	2.03	1.98	1.93	1.88
20	2.35	2.20	2.12	2.08	2.04	1.99	1.95	1.90	1.84
21	2.32	2.18	2.10	2.05	2.01	1.96	1.92	1.87	1.81
22	2.30	2.15	2.07	2.03	1.98	1.94	1.89	1.84	1.78
23	2.27	2.13	2.05	2.00	1.96	1.91	1.86	1.81	1.76
24	2.25	2.11	2.03	1.98	1.94	1.89	1.84	1.79	1.73
25	2.24	2.09	2.01	1.96	1.92	1.87	1.82	1.77	1.71
26	2.22	2.07	1.99	1.95	1.90	1.85	1.80	1.75	1.69
27	2.20	2.06	1.97	1.93	1.88	1.84	1.79	1.73	1.67
28	2.19	2.04	1.96	1.91	1.87	1.82	1.77	1.71	1.65
29	2.18	2.03	1.94	1.90	1.85	1.81	1.75	1.70	1.64
30	2.16	2.01	1.93	1.89	1.84	1.79	1.74	1.68	1.62
40	2.08	1.92	1.84	1.79	1.74	1.69	1.64	1.58	1.51
60	1.99	1.84	1.75	1.70	1.65	1.59	1.53	1.47	1.39
120	1.91	1.75	1.66	1.61	1.55	1.50	1.43	1.35	1.25
∞	1.83	1.67	1.57	1.52	1.46	1.39	1.31	1.22	1.00

$$\alpha = 0.10$$

d.f.	1	2	3	4	5	6	7	8	9
1	39.86	49.50	53.59	55.83	57.24	58.20	58.91	59.44	59.86
2	8.53	9.00	9.16	9.24	9.26	9.33	9.35	9.37	9.38
3	5.54	5.46	5.39	5.34	5.31	5.28	5.27	5.25	5.24
4	4.54	5.32	4.19	4.11	4.05	4.01	3.98	3.95	3.94
5	4.06	3.78	3.62	3.52	3.45	3.40	3.37	3.34	3.32
6	3.78	3.46	3.29	3.18	3.11	3.05	3.01	2.98	2.96
7	3.59	3.26	3.07	2.96	2.88	2.83	2.78	2.75	2.72
8	3.46	3.11	2.92	2.81	2.73	2.67	2.62	2.59	2.56
9	3.36	3.01	2.81	2.69	2.61	2.55	2.51	2.47	2.44
10	3.28	2.92	2.73	2.61	2.52	2.46	2.41	2.38	2.35
11	3.23	2.86	2.66	2.54	2.45	2.39	2.34	2.30	2.27
12	3.13	2.81	2.61	2.48	2.39	2.33	2.28	2.24	2.21
13	3.14	2.76	2.56	2.43	2.35	2.28	2.23	2.20	2.16
14	3.10	2.73	2.52	2.39	2.31	2.24	2.19	2.15	2.12
15	3.07	2.70	2.49	2.36	2.27	2.21	2.16	2.12	2.09
16	3.05	2.67	2.46	2.33	2.24	2.18	2.13	2.09	2.06
17	3.03	2.64	2.44	2.31	2.22	2.15	2.10	2.06	2.03
18	3.01	2.62	2.42	2.29	2.20	2.13	2.08	2.04	2.00
19	2.99	2.61	2.40	2.27	2.18	2.11	2.06	2.02	1.98
20	2.97	2.59	2.38	2.25	2.16	2.09	2.04	2.00	1.96
21	2.96	2.57	2.36	2.23	2.14	2.08	2.02	1.98	1.95
22	2.95	2.56	2.35	2.22	2.13	2.06	2.01	1.97	1.93
23	2.94	2.55	2.34	2.21	2.11	2.05	1.99	1.95	1.92
24	2.93	2.54	2.33	2.19	2.10	2.04	1.98	1.94	1.91
25	2.92	2.53	2.32	2.18	2.09	2.02	1.97	1.93	1.89
26	2.91	2.52	2.31	2.17	2.08	2.01	1.96	1.92	1.88
27	2.90	2.51	2.30	2.17	2.07	2.00	1.95	1.91	1.87
28	2.89	2.50	2.29	2.16	2.06	2.00	1.94	1.90	1.87
29	2.89	2.50	2.28	2.15	2.06	1.99	1.93	1.89	1.86
30	2.88	2.49	2.28	2.14	2.05	1.98	1.93	1.88	1.85
40	2.84	2.44	2.23	2.09	2.00	1.93	1.87	1.83	1.79
60	2.79	2.39	2.18	2.04	1.95	1.87	1.82	1.77	1.74
120	2.75	2.35	2.13	1.99	1.90	1.82	1.77	1.72	1.68
∞	2.71	2.30	2.08	1.94	1.85	1.77	1.72	1.67	1.63

$$\alpha = 0.10$$

d.f.	10	12	15	20	24	30	40	60	120	∞
1	60.20	60.71	61.22	61.74	62.00	62.26	62.53	62.79	63.06	63.83
2	9.39	9.41	9.42	9.44	9.45	9.46	9.47	9.47	9.48	9.49
3	5.23	5.22	5.20	5.18	5.18	5.17	5.16	5.15	5.14	5.13
4	3.92	3.90	3.87	3.84	3.83	3.82	3.80	3.79	3.78	3.76
5	3.30	3.27	3.24	3.21	3.19	3.17	3.16	3.14	3.12	3.10
6	2.94	2.90	2.87	2.84	2.82	2.80	2.78	2.70	2.74	2.72
7	2.70	2.67	2.63	2.59	2.58	2.56	2.54	2.51	2.49	2.47
8	2.54	2.50	2.46	2.42	2.40	2.38	2.36	2.34	2.32	2.29
9	2.42	2.38	2.34	2.30	2.28	2.25	2.23	2.21	2.18	2.16
10	2.32	2.28	2.24	2.20	2.18	2.16	2.13	2.11	2.08	2.06
11	2.25	2.21	2.17	2.12	2.10	2.08	2.05	2.03	2.00	1.97
12	2.19	2.15	2.10	2.06	2.04	2.01	1.99	1.96	1.93	1.90
13	2.14	2.10	2.05	2.01	1.98	1.96	1.93	1.90	1.88	1.85
14	2.10	2.05	2.01	1.96	1.94	1.91	1.89	1.86	1.83	1.80
15	2.06	2.02	1.97	1.92	1.90	1.87	1.85	1.82	1.79	1.76
16	2.03	1.99	1.94	1.89	1.87	1.84	1.81	1.78	1.75	1.72
17	2.00	1.96	1.91	1.86	1.84	1.81	1.78	1.75	1.72	1.69
18	1.98	1.93	1.89	1.84	1.81	1.78	1.75	1.72	1.69	1.66
19	1.96	1.91	1.86	1.81	1.79	1.76	1.73	1.70	1.67	1.63
20	1.94	1.89	1.84	1.79	1.77	1.74	1.71	1.68	1.64	1.61
21	1.92	1.88	1.83	1.78	1.75	1.72	1.69	1.66	1.62	1.59
22	1.90	1.86	1.81	1.76	1.73	1.70	1.67	1.64	1.60	1.57
23	1.89	1.84	1.80	1.74	1.72	1.69	1.66	1.62	1.59	1.55
24	1.88	1.83	1.78	1.73	1.70	1.67	1.64	1.61	1.57	1.53
25	1.87	1.82	1.77	1.72	1.69	1.66	1.63	1.59	1.56	1.52
26	1.86	1.81	1.76	1.71	1.68	1.65	1.61	1.58	1.54	1.50
27	1.85	1.80	1.75	1.70	1.67	1.64	1.60	1.57	1.53	1.49
28	1.84	1.79	1.74	1.69	1.66	1.63	1.59	1.56	1.52	1.48
29	1.83	1.78	1.73	1.68	1.65	1.62	1.58	1.55	1.51	1.47
30	1.82	1.77	1.72	1.67	1.64	1.61	1.57	1.54	1.50	1.49
40	1.76	1.71	1.66	1.61	1.57	1.54	1.51	1.47	1.42	1.38
60	1.71	1.66	1.60	1.54	1.51	1.48	1.44	1.40	1.35	1.29
120	1.65	1.60	1.54	1.48	1.45	1.41	1.37	1.32	1.26	1.19
∞	1.60	1.55	1.49	1.42	1.38	1.34	1.30	1.24	1.17	1.00

[부록 2 Durbin-Watson 검정의 상한과 하한]

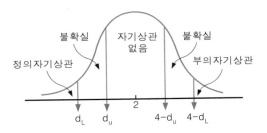

k: 독립변수의 수
d_L: 하한
d_U: 상한

$\alpha = 0.05$

n	k = 1		k = 2		k = 3		k = 4		k = 5	
	d_L	d_U	d_L	d_U	d_L	d_U	d_L	d_U	d_L	d_U
15	1.08	1.36	0.95	1.54	0.82	1.75	0.69	1.97	0.56	2.21
16	1.10	1.37	0.98	1.54	0.86	1.73	0.74	1.93	0.62	2.15
17	1.13	1.38	1.02	1.54	0.90	1.71	0.78	1.90	0.67	2.10
18	1.16	1.39	1.05	1.53	0.93	1.69	0.82	1.87	0.71	2.06
19	1.18	1.40	1.08	1.53	0.97	1.68	0.86	1.85	0.75	2.02
20	1.20	1.41	1.10	1.54	1.00	1.68	0.90	1.83	0.79	1.99
21	1.22	1.42	1.13	1.54	1.03	1.67	0.93	1.18	0.83	1.96
22	1.24	1.43	1.15	1.54	1.05	1.66	0.96	1.80	0.86	1.94
23	1.26	1.44	1.17	1.54	1.08	1.66	0.99	1.79	0.90	1.92
24	1.27	1.45	1.19	1.55	1.10	1.66	1.01	1.78	0.93	1.90
25	1.29	1.45	1.21	1.55	1.12	1.66	1.04	1.77	0.95	1.89
26	1.30	1.46	1.22	1.55	1.14	1.65	1.06	1.76	0.98	1.88
27	1.32	1.47	1.24	1.56	1.16	1.65	1.08	1.76	1.01	1.86
28	1.33	1.48	1.26	1.56	1.18	1.65	1.10	1.75	1.03	1.85
29	1.34	1.48	1.27	1.56	1.20	1.65	1.12	1.74	1.05	1.84
30	1.35	1.49	1.28	1.57	1.21	1.65	1.14	1.74	1.07	1.83
31	1.36	1.50	1.30	1.57	1.23	1.65	1.16	1.74	1.09	1.83
32	1.37	1.51	1.31	1.57	1.24	1.65	1.18	1.73	1.11	1.82
33	1.38	1.51	1.32	1.58	1.26	1.65	1.19	1.73	1.13	1.81
34	1.39	1.51	1.33	1.58	1.27	1.65	1.21	1.73	1.15	1.81
35	1.40	1.52	1.34	1.58	1.28	1.65	1.22	1.73	1.16	1.80
36	1.41	1.52	1.35	1.59	1.29	1.65	1.24	1.73	1.18	1.80
37	1.42	1.53	1.36	1.59	1.31	1.66	1.25	1.72	1.19	1.80
38	1.43	1.54	1.37	1.59	1.32	1.66	1.26	1.72	1.21	1.79
39	1.43	1.54	1.38	1.60	1.33	1.66	1.27	1.72	1.22	1.79
40	1.44	1.54	1.39	1.60	1.34	1.66	1.29	1.72	1.23	1.79
45	1.48	1.57	1.43	1.62	1.38	1.67	1.34	1.72	1.29	1.78
50	1.50	1.59	1.46	1.63	1.42	1.67	1.38	1.72	1.34	1.77
55	1.53	1.60	1.49	1.64	1.45	1.68	1.41	1.72	1.38	1.77
60	1.55	1.62	1.51	1.65	1.48	1.69	1.44	1.73	1.41	1.77
65	1.57	1.63	1.54	1.66	1.50	1.70	1.47	1.73	1.44	1.77
70	1.58	1.64	1.55	1.67	1.52	1.70	1.49	1.74	1.46	1.77
75	1.60	1.65	1.57	1.68	1.54	1.71	1.51	1.74	1.49	1.77
80	1.61	1.66	1.59	1.69	1.56	1.72	1.53	1.74	1.51	1.77
85	1.62	1.67	1.60	1.70	1.57	1.72	1.55	1.75	1.52	1.77
90	1.63	1.68	1.61	1.70	1.59	1.73	1.57	1.75	1.54	1.78
95	1.64	1.68	1.62	1.71	1.60	1.73	1.58	1.75	1.56	1.78
100	1.65	1.69	1.63	1.72	1.61	1.74	1.59	1.76	1.57	1.78

608